高等职业教育精品示范教材（信息安全系列）

Linux 服务器配置与安全管理

主　编　李贺华　李　腾

副主编　鲁先志　胡云冰　赵瑞华

杨建存　宋　娜　曲　晨

中国水利水电出版社

www.waterpub.com.cn

·北京·

内 容 提 要

本书详细介绍了 Linux 的文件管理、网络连接管理、服务器的配置与管理，包括 DNS 服务、DHCP 服务、Samba 服务、NFS 服务、Apache 服务、FTP 服务、电子邮件服务、Squid 代理服务、VNC 服务、SSH 服务、OpenLDAP、MariaDB、防火墙配置与管理、安全子系统 SELinux 配置与管理、Linux 日志服务器、系统漏洞扫描与安全加固、杀毒软件使用和新一代服务管理系统 Systemd 的配置与管理，以及 Linux 远程访问控制，包括 SSH 和 VNC 等。

本书的写作融入了作者丰富的教学和实践经验，并力求语言精炼、知识点介绍准确，而且配备了详细的操作过程和结果验证，便于读者上机实践和检查学习效果。

本书为更好地适应高职院校的"基于项目引领、任务驱动的理实一体化"教学模式，以任务为线索、以子任务为模块，精心组织安排教材内容，使之符合当前高职院校教学改革的特点，并特别强调所学知识与时代同步，选择最新的 RHEL 7 系统为平台。

本书可作为高职高专院校学生的教材，也可作为 Linux 系统管理员及相关应用开发人员的技术参考手册。

图书在版编目（CIP）数据

Linux服务器配置与安全管理 / 李贺华，李腾主编
. -- 北京 ：中国水利水电出版社，2019.5（2021.6 重印）
高等职业教育精品示范教材. 信息安全系列
ISBN 978-7-5170-7690-2

Ⅰ. ①L… Ⅱ. ①李… ②李… Ⅲ. ①Linux操作系统
—高等职业教育—教材 Ⅳ. ①TP316.89

中国版本图书馆CIP数据核字(2019)第092896号

策划编辑：寇文杰　责任编辑：张玉玲　加工编辑：邹澎涛　封面设计：李　佳

书　名	高等职业教育精品示范教材（信息安全系列） Linux 服务器配置与安全管理 LINUX FUWUQI PEIZHI YU ANQUAN GUANLI
作　者	主　编　李贺华　李　腾 副主编　鲁先志　胡云冰　赵瑞华　杨建存　宋　娜　曲　晨
出版发行	中国水利水电出版社 （北京市海淀区玉渊潭南路 1 号 D 座　100038） 网址：www.waterpub.com.cn E-mail：mchannel@263.net（万水） sales@waterpub.com.cn 电话：（010）68367658（营销中心）、82562819（万水）
经　售	全国各地新华书店和相关出版物销售网点
排　版	北京万水电子信息有限公司
印　刷	三河市铭浩彩色印装有限公司
规　格	184mm×260mm　16 开本　21.5 印张　526 千字
版　次	2019 年 5 月第 1 版　2021 年 6 月第 2 次印刷
印　数	3001—6000 册
定　价	56.00 元

前　　言

基于项目引领和任务驱动的理实一体化教学法是教师以项目（实例）为引领，以任务为导向，将教学内容（学习型项目）设置成一个或多个具体的、可操作性强的任务或子任务，学生紧密围绕任务活动，在教师的引导下，通过自主学习与合作探究，实现知识的内在建构，提高学生自主学习能力和创新能力的一种先进教学方法。

这种教学法是融“教、学、做”为一体的突出对学生职业能力培养的教学方法，它实现了教师教与学生学、课外教学与课内教学、理论教学与实践训练的有机结合，推动了教学内容、方法、手段以及课程体系的改革，使得教学结构和教学过程得以优化，有效促进师生共同学习和进步，使教学水平和质量得以全面提升。

首先，从学生的角度，任务驱动是一种有效的学习方法。它从浅显的实例入手，带动理论学习和应用软件的操作学习，大大提高了学习的效率和兴趣，培养学生独立探索、勇于开拓进取的自学能力。一个“任务”完成了，学生就会获得满足感、成就感，从而激发了他们的求知欲望，逐步形成一个感知心智活动的良性循环。其次，从教师的角度，任务驱动是建构主义教学理论基础上的教学方法。任务驱动将以往以传授知识为主的传统教学理念转变为以解决问题完成任务为主的多维互动式的教学理念，将再现式教学转变为探究式学习。任务驱动使学生处于积极的学习状态，每一位学生都能根据自己对当前任务的理解，运用共有的知识和自己特有的经验提出方案、解决问题，为每一位学生的思考、探索、发现和创新提供了开放的空间，使课堂教学过程充满了民主、充满了个性，课堂氛围真正活跃起来。

因此，教师首先要将“组织教学”转变为“创设情景”，创设与当前学习主题相关的、尽可能真实的学习情景，引导学习者带着真实的“任务”进入学习情境。其次，要将“演绎教学”转变为“归纳发展”，采用“问题讨论法”“主题研究法”“师生交谈法”等方式展开教学活动，让学生摆脱教师那种生硬的“灌输式”教学模式，掌握学习的主动权。再次，要将“专业书籍”转变为“实践创新”，教师在这一阶段要打破常规，运用一些具有挑战性的问题来强化学生的创新意识和合作意识。

对应于上述思想，课程教材的开发要遵循教师为主导、学生为主体的教学原则。首先，在教材内容的安排上，要根据学生的接受能力及信息时代的需求，以“任务”为线索、以“子任务”为模块，精心组织教学内容，使其符合学生的认知特点，特别是要强调所学知识要与时代同步。其次，由于采用“任务驱动”的教学模式，在教学过程中学生的自由度较大，在教学方法上要强调学生的自主发展，强调培养学生的自学能力。在教学过程中不断地用“任务”来引导学生自学，让学生根据“任务”的需求来学习，变被动地接受知识到主动地寻求知识。

当前的很多教材，并没有根据这一新型教学方法的要求做出改变。教材内容的组织上仍然以知识传授为核心，以学生被动地接受知识为前提，不利于教师开展教学模式的变革。本书为更好地适应“项目引领、任务驱动”的理实一体化教学模式，以任务为线索、以子任务为模块，精心组织安排教材内容，通过创设不同的问题情景，将所要学习的内容巧妙地隐含在具体的任务当中。我们相信在老师的引导下，学生将积极主动地应用各种学习资源进行自主探索和合作学习，在完成任务的过程中加深对知识的理解，更好地掌握相应的知识和技能。

本书选择目前最新的 Red Hat Enterprise Linux 7（RHEL 7）为平台，从实际应用的角度全面介绍了 Linux 的系统管理与网络应用管理技术。RHEL 7 在应用性能、可扩展性和安全性方面相比之前所有的版本都有巨大改进，可以在数据中心部署物理的或虚拟的云计算，降低复杂度并提高效率，最大限度地减少管理开销，同时充分利用各种技术。在内容选取上，强调先进性、技术性和实用性，淡化理论，突出实践，强调应用。本书共设置 16 个项目，主要内容包括 Linux 系统的文件管理、用户管理、进程管理、软件包安装与管理、SELinux 安全子系统、Iptables/Firewalld/Tcp_Wrappers 防火墙、新一代的服务管理系统 Systemd 应用与管理，以及 DNS 服务、DHCP 服务、Samba 服务、NFS 服务、Apache 服务、Vsftpd 服务、电子邮件服务、Squid 代理服务、VNC 服务、SSH 服务、OpenLDAP、MariaDB 等的安装、配置与管理技术、Linux 系统漏洞扫描和安全加固，以及杀毒软件 ClamAV 的应用。

本书由重庆电子工程职业学院的李贺华、李腾任主编，负责统稿并共同完成项目 7 至项目 16 的编写，鲁先志、胡云冰、赵瑞华、杨建存、宋娜、曲晨任副主编，共同完成项目 1 至项目 6 的编写。在编写过程中，编者得到了蓝盾信息安全有限公司王全喜高工的大力帮助和指导，并参考了书后所列专著、教材和网站的部分内容，在此一并表示感谢。由于时间仓促及编者水平有限，书中疏漏甚至错误之处在所难免，恳请读者批评指正。

编　者

2019 年 3 月

目　录

1

开启 Linux 系统网络应用与运维之门

学习目标

- 了解 Linux 内核版本和发行版本
- 了解 RHEL 与 CentOS 的区别与联系
- 熟悉 Linux 系统安装的分区方案
- 熟悉 Linux 系统字符界面使用技巧
- 掌握 Linux 文件与目录的基本操作
- 掌握使用 vim 编辑器处理文本的方法

任务导引

对 Linux 的读法并不统一，大致有这么几种：里那克斯、里你克斯和里扭克斯等。其实官方的标准发音为['li:nəks]，因为这是创始人 Linus Torvalds 名字的发音。如果读者不认识这个音标，那么就读成“里那克斯”。当然读者发音成什么，完全是个人的习惯而已，并没有人会说什么。在计算机操作系统的应用中，Windows 绝对不是唯一平台，尤其是在服务器和开发环境等领域，Linux 操作系统正得到越来越广泛的应用。在很多企业级应用中，Linux 操作系统在稳定性、高效性和安全性等方面都具有相当优秀的表现。在生产环境中，Windows 服务器主要应用在局域网内部，而众多面向互联网的服务器则更多地采用 Linux 操作系统。在实际工作中就会发现 Web 服务器 Tomcat、Jobss 等都是搭建在 Linux 平台上，数据库 MySQL、Oracle、DB2、Greenplum 等在企业中也都普遍使用 Linux 搭建。本项目主要介绍 Linux 操作系统的安装、字符界面使用技巧和基本的文件操作，带领读者开启 Linux 操作系统的网络应用和运维之门。

任务实施

任务 1　在虚拟环境中部署 Linux 系统

子任务 1　选择 Linux 操作系统的版本

1．为什么需要学习 Linux

在全球超级计算机 TOP 500 强操作系统排行榜中，Linux 的占比最近十几年长期保持在 85%以上，且一直呈现快速上升趋势。根据 2016 年的排行榜，Linux 的占比已经高达 98.80%。其实在各种大中小型企业的服务器应用领域，Linux 系统的市场份额也越来越接近这个比例，这足以说明 Linux 的表现是多么出色。有一个令很多新手都很疑惑的问题："Linux 我听过，但是学习 Linux 系统，能在上面干什么呢，或者说 Linux 系统具体能做什么？"带着这个疑问，我们先来了解下 Linux 的应用领域和未来发展。

（1）Linux 在服务器领域的发展。随着开源软件在世界范围内影响力日益增强，Linux 服务器操作系统在整个服务器操作系统市场中占据越来越多的市场份额，已经形成了大规模市场应用的局面，并且保持着快速增长，尤其在政府、金融、农业、交通、电信等国家关键领域。此外，考虑到 Linux 的快速成长性以及国家相关政策的扶持力度，Linux 服务器产品一定能够冲击更大的服务器市场。据权威部门统计，目前 Linux 在服务器领域已经占据 75%的市场份额，同时，Linux 在服务器市场的迅速崛起已经引起全球 IT 产业的高度关注，并以强劲的势头成为服务器操作系统领域的中坚力量。

（2）Linux 在桌面领域的发展。近年来，特别是在国内市场，Linux 桌面操作系统的发展趋势非常迅猛。国内如中标麒麟 Linux、红旗 Linux、深度 Linux 等系统软件厂商所推出的 Linux 桌面操作系统目前已经在政府、企业、OEM 等领域得到了广泛应用。另外 SUSE、Ubuntu 也相继推出了基于 Linux 的桌面系统，特别是 Ubuntu Linux 已经积累了大量社区用户。但是从系统的整体功能、性能来看，Linux 桌面系统与 Windows 系列相比还有一定的差距，主要表现在系统易用性、系统管理、软硬件兼容性、软件的丰富程度等方面。

（3）Linux 在嵌入式系统领域的发展。Linux 的低成本、强大的定制功能以及良好的移植性能，使得 Linux 在嵌入式系统方面也得到广泛应用。目前 Linux 已广泛应用于手机、平板电脑、路由器、电视和电子游戏机等领域。Android 操作系统就是创建在 Linux 内核之上的。目前，Android 已经成为全球最流行的智能手机操作系统。据 2015 年权威部门最新统计，Android 操作系统的全球市场份额已达 84.6%。

此外，思科的网络防火墙和路由器也使用了定制的 Linux；阿里云也开发了一套基于 Linux 的操作系统 YunOS，可用于智能手机、平板电脑和网络电视；常见的数字视频录像机、舞台灯光控制系统等都在逐渐采用定制版本的 Linux 来实现，而这一切均归功于 Linux 和开源的力量。

（4）Linux 在云计算/大数据领域的发展。互联网产业的迅猛发展，促使云计算、大数据产业形成并快速发展。云计算、大数据作为一个基于开源软件的平台，Linux 占据了核心优势。据 Linux 基金会的研究，86%的企业已经使用 Linux 操作系统进行云计算、大数据平台的构建，目前 Linux 已开始取代 UNIX 成为最受青睐的云计算、大数据平台操作系统。

2. Linux 内核版本与发行版本

内核是 Linux 系统的心脏，是运行程序和管理硬件设备的核心程序，负责控制硬件设备、管理文件系统和程序流程以及其他工作。Linux 内核的开发和规范一直由 Linux 社区控制和管理，内核版本号的格式通常为 r.x.y。r 为目前发布的内核主版本；x 为偶数表示稳定版本，奇数表示开发中版本；y 为错误修补的次数。以版本号 2.6.9-5.ELsmp 为例说明，r：2，主版本号；x：6，次版本号，表示稳定版本；y：9，修订版本号，表示修改的次数；5：表示这个当前版本的第 5 次微调 patch；ELsmp 指出了当前内核是为 ELsmp 特别调校的；EL 为 Enterprise Linux，smp 表示该内核版本支持多处理器。头两个数字合在一起可以描述内核系列，如稳定版的 2.6.0，它是 2.6 版内核系列。

主版本号随内核的重大改动递增；次版本号表示稳定性，偶数编号用于稳定的版本，奇数编号用于新开发的版本，包含新的特性，可能是不稳定的；修正编号表示校正过的版本，一个新开发的内核可能有许多修订版。Linux 开发商一般也会根据自己的需要对基本内核进行某些定制，在其中加入一些基本内核中没有的特性和支持。如 RedHat 将部分 2.6 内核的特性向前移植到它的 2.4.x 内核中，比如对 ext3 文件系统的支持、对 USB 的支持等。

Linux 操作系统的开发过程不同于其他商业化软件。许多公司把 Linux 内核、实用工具软件以及许多应用程序组织起来，然后再编写图形界面的安装程序，形成一个大的软件包，以光盘的形式发布，即形成了 Linux 的各个发行版本。因此，确切地说把 Linux 的发行版本叫做 Linux 是不准确的，应该叫做“以 Linux 为核心的操作系统软件包”。

根据 GPL（GNU General Public License，简称 GNU GPL 或 GPL）准则，各个 Linux 的发行版本虽然都源自一个内核，并且都有各自的贡献，但都没有自己的版权。它们都是使用 Linus Torvalds 主导开发并发布的同一个 Linux 内核，因此在内核层不存在兼容性的问题。至于每个发行版本的不同，只是在发行版本的最外层才有所体现，而绝不是内核不统一或不兼容。我们平时所说的 Linux 免费，其实只是说 Linux 的内核是免费的。较知名的发行版有 Ubuntu、RedHat、CentOS、Debian、Fedora、SUSE、OpenSUSE、TurboLinux、BluePoint、RedFlag、Xterm、SlackWare 等。笔者常用的就是 RedHat 和 CentOS。

3. CentOS 与 RHEL 的关系

CentOS（Community Enterprise Operating System）是 Linux 发布版之一，中文意思是社区企业操作系统。它是由来自RedHat Enterprise Linux依照开放源代码规定发布的源代码所编译而成的。由于出自同样的源代码，因此有些要求高度稳定的服务器以 CentOS 替代商业版的 RHEL 使用。两者的不同在于，CentOS 并不包含封闭源代码软件。CentOS 完全遵守 RedHat 的再发行政策，并且致力于与上游产品在功能上完全兼容。CentOS 对组件的修改主要是去除 RedHat 的商标及美工图。

每个版本的 CentOS 都会获得十年的支持（通过安全更新方式）。新版本的 CentOS 大约每两年发行一次，而每个版本的 CentOS 会定期（大概每六个月）更新一次，以便支持新的硬件，从而建立一个安全、低维护、稳定、高预测性、高重复性的 Linux 环境。

CentOS 在 2014 初宣布加入RedHat。CentOS 加入 RedHat 后不变的是：①CentOS 继续不收费；②保持赞助内容驱动的网络中心不变；③Bug、Issue 和紧急事件处理策略不变；④RHEL 和 CentOS 防火墙依然存在。变化的是：①我们是为 RedHat 工作，不是为 RHEL；②RedHat

提供构建系统和初始内容分发资源的赞助；③一些开发的资源包括源码的获取将更加容易；④避免了原来和 RedHat 的一些法律上的问题。

2016 年 12 月 12 日，CentOS 维护人员 Karanbir Singh 高兴地宣布，期待已久的基于 RHEL 的 CentOS Linux 7（1611）系统发布。CentOS 的发行历史就是 RHEL 的发行历史，亦步亦趋。CentOS 基本上会在对应的 RHEL 版本推出不久之后发行。从 CentOS 7 开始，CentOS 版本号有 3 个部分，主要和次要版本号分别对应 RHEL 的主要版本与更新包，并使用第三部分代表发行的时间。

当前最新版本是 CentOS 7.3.1611（基于 RHEL 7.3）。自从 1503 发布之后，CentOS 7 可以直接从 bugs.centos.org 反馈问题。一如每个主要版本的首个发行本，多数组件都已作出改动并更新至较新版本。最重大的改动有：

（1）当前仅支持 64 位 CPU。可以将 32 位操作系统作为虚拟机运行，包括之前的 RHEL 版本。

（2）包含 Kernel 3.10 版本，支持 swap 内存压缩可保证显著减少 I/O 并提高性能，采用 NUMA（统一内存访问）的调度和内存分配，支持 APIC（高级程序中断控制器）虚拟化，全面的 DynTick 支持，将内核模块列入黑名单，kpatch 动态内核补丁等。

（3）存储和文件系统方面，使用 LIO 内核目标子系统，支持快速设备为较慢的块设备提供缓存，引进了 LVM 缓存，将 XFS 作为默认的文件系统。

（4）引进网络分组技术作为链路聚集的捆绑备用方法，对 NetworkManager 进行大量改进，提供动态防火墙守护进程 firewalld，加入 DNSSEC 域名系统安全扩展，附带 OpenLMI 用来管理 Linux 系统提供常用的基础设施，引进了可信网络连接功能等。

（5）对 KVM（基于内核的虚拟化）提供了大量改进，诸如使用 virtio-blk-data-plane 提高 I/O 性能，支持 PCI 桥接、QEMU 沙箱、多队列 NIC、USB 3.0 等。

（6）引入 Linux 容器 Docker，Linux 容器能够提供轻量化的虚拟化，以便隔离进程和资源，提高资源的使用效率。

（7）编译工具链方面，包含 GCC 4.8.x、glibc 2.17、GDB 7.6.1。

（8）包含 Ruby 2.0.0、Python 2.7.5、Java 7 等编程语言。

（9）包含 Apache 2.4、MariaDB 5.5、PostgreSQL 9.2 等。

（10）在系统和服务上，使用 systemd 替换了 SysV。

（11）引入 Pacemaker 集群管理器，同时使用 keepalived 和 HAProxy 替换了负载均衡程序 Piranha。

（12）对安装程序 Anaconda 进行了重新设计和增强，并使用引导装载程序 GRUB 2。

4. 选择 CentOS 还是RHEL

RHEL 在发行的时候有两种方式：一种是二进制的发行方式，另一种是源代码的发行方式。无论是哪一种发行方式，都可以免费获得（例如从网上下载）并再次发布。但如果使用了在线升级（包括补丁）或咨询服务，就必须要付费。

RHEL 一直都提供源代码的发行方式，CentOS 就是将 RHEL 发行的源代码重新编译一次，形成一个可使用的二进制版本。由于 Linux 的源代码是GNU，所以从获得 RHEL 的源代码到编译成新的二进制都是合法的。只是 RedHat 是商标，所以必须在新的发行版里将 RedHat 的商标去掉。

RedHat 对这种发行版的态度是："我们其实并不反对这种发行版，真正向我们付费的用户，他们重视的并不是系统本身，而是我们所提供的商业服务。"所以，CentOS 可以得到 RHEL 的所有功能，甚至是更好的软件。但 CentOS 并不向用户提供商业支持，当然也不负任何商业责任。用户要将 RHEL 转到 CentOS 上，原因是不希望为 RHEL 升级而付费，当然用户必须要有丰富的 Linux 使用经验，从而 RHEL 的商业技术支持对用户来说并不重要。

尽管没有 RHEL 的商业支持，现在也有不少企业选择使用 CentOS，比如著名会议管理系统 MUNPANEL。但如果用户是单纯的业务型企业，那么还是建议选购 RHEL 软件并购买相应服务。这样可以节省 IT 管理费用，并可得到专业服务。一句话，选用 CentOS 还是 RHEL，取决于用户所在公司是否拥有相应的技术力量。

子任务 2　选择 Linux 系统磁盘分区方案

1. 静态磁盘分区方案

在 Windows 系统中，分区类型是一个已经淡化的概念，但在 Linux 系统分区时，分区类型的相关概念非常重要。

（1）关于 MBR 与 GPT。

MBR，全称为 Master Boot Record，即硬盘的主引导记录。一般把它和分区联系起来的时候，就代表一种分区的制式。由于硬盘的主引导记录中仅仅为分区表保留了 64 个字节的存储空间，而每个分区的参数占据 16 个字节，故主引导扇区最多只能存储 4 个分区的数据。也就是说，一块物理硬盘最多只能划分为 4 个主分区。并且 MBR 最大仅支持 2TB 的硬盘，在目前这个连 4TB 都不稀奇的时代，MBR 出场的机会恐怕会越来越少。

GPT，即 Globally Unique Identifier Partition Table Format（全局唯一标识符分区表格式）。这种分区模式相比 MBR 有着非常多的优势。首先，它至少可以分出 128 个分区，完全不需要扩展分区和逻辑分区来帮忙就可以分出任何想要的分区来。其次，GPT 最大支持 18EB的硬盘，几乎就相当于没有限制，未来很有可能将不存在扩展分区和逻辑分区的概念。

（2）MBR模式下的分区。

早期MBR模式分区只能划分 4 个分区，而 4 个分区肯定不够用，所以就催生了扩展分区和逻辑分区的概念，而之前的分区类型便起名为主分区。在 MBR 模式下，一个硬盘主分区至少有 1 个，最多有 4 个；扩展分区可以没有，最多有 1 个。主分区+扩展分区总共不能超过 4 个。逻辑分区可以有若干个。分出主分区后，其余的部分可以分成扩展分区，一般是剩下的部分全部分成扩展分区，也可以不全分，剩下的部分就浪费了。当然也可以利用剩下的两个主分区机会，用来在日后临时增加分区使用。扩展分区不能直接使用，必须分成若干逻辑分区。所有的逻辑分区都是扩展分区的一部分。由主分区和逻辑分区构成的逻辑磁盘称为驱动器（Driver）或卷（Volume）。

系统分区担负系统引导功能，如果该分区文件丢失就会造成系统无法引导。比如对于 Windows XP 用户，如果丢失 ntldr 引导文件，开机就会出现 ntldr is missing（ntldr 文件丢失）提示。常规修复方法是添加启动文件或对启动配置（比如 Windows 7 下的 BCD 文件）进行重新编辑。启动分区则是系统核心文件、系统初始化、核心加载、驱动配置、系统服务管理都是基于该分区文件存在。系统分区与启动分区的区别：系统分区就是保存各种引导文件的分区（也叫引导分区），启动分区则是指保存 Windows 目录的分区。比如对于 Windows 7 系统，保存

Bootmgr 文件和 boot 目录的分区就是系统分区，启动分区则是保存 Windows 目录的分区。

情况 1：系统分区就是启动分区。对于单系统用户，系统分区一般就是启动分区，因为引导文件和 Windows 目录都存在于同一位置。比如 XP 安装在 C 盘的单系统用户，ntldr、boot.ini、ntdetect.com 引导文件和 Windows 目录都在 C 盘，所以这两个分区是一致的。

情况 2：系统分区不是启动分区。对于 C:Windows XP+D:Windows 7 双系统用户，此时系统分区就不一定是启动分区了。比如当你通过 Bootmgr 多重启动菜单进入 Windows 7 时，对于 Windows 7 而言系统分区就是 C 盘（因为其中包含 C:\bootmgr 引导文件和 C:\boot 引导目录），启动分区则是 D 盘（因为该分区保存着 C:\windows 系统目录）。进入 Windows 7 后打开磁盘管理组件，可以非常清楚地看到两者的不同。

对于一些品牌机或者使用 Windows 7 安装光盘全新安装系统的用户，由于这些计算机的 C 盘前还存在隐藏分区保存系统引导文件，因此系统分区也不是启动分区。别轻易修改系统分区。清楚了系统分区和启动分区的联系与区别，就可轻松处理一些常见启动故障了。比如，对于 C:Windows XP+D:Windows 7 双系统用户，如果对 C 盘进行格式化重装 XP 后，则无法进入 Windows 7。因为对于 Windows 7 来说，格式化 C 盘后就破坏了其系统分区，自然无法进行成功的引导。

2. Linux 的静态分区

Linux 系统中没有盘符的概念，不同的分区被挂载在不同的目录，这些目录又被称为挂载点。挂载操作完成后，对挂载点目录的操作就是对相应分区的操作。在安装 Linux 时，一个最简单的分区方案如下：

（1）boot 分区：创建一个 300MB～500MB 的分区挂载到/boot 下面，这个分区主要用来存放系统引导时使用的文件，通常我们称之为引导分区。

（2）swap 分区：这个分区通常为物理内存的 2 倍，没有挂载点。当物理内存不够用时，操作系统把内存中暂时用不到的数据调入 swap 分区存放，用到的时候再调入内存，即 swap 分区被当作虚拟内存。

（3）根分区：根分区的挂载点是“/”，这个目录是系统的起点，可以将剩下的所有空间都分到这个分区中。此时该分区包含了用户家目录、配置文件、数据文件等。

也可以尝试再多分几个区，将其他目录也挂载到不同分区中，例如分一个 2GB 的分区挂载到/home 的下面。生产环境一般奉行系统、软件与数据分开的原则，即操作系统和应用软件存放在一个分区或硬盘上，数据存放在另外的一个分区或硬盘上。

3. 动态磁盘分区方案

要求不间断运行的数据库中心会随着时间增加逐渐占用大量的磁盘空间。如果使用静态磁盘分区方案，这类服务会在磁盘空间耗尽后自动停止，即使运维工程师及时发现，也会在更换磁盘时停止服务。为了避免出现这种情况，应该使用更加先进的逻辑卷管理（Logical Volume Manager，LVM）方案。

（1）LVM 的基本概念。

LVM 是一个运行在物理机器上的管理逻辑和物理存储设备的软件。它可以把几个小的磁盘组合成一个大的虚拟磁盘，或是反过来把一个大容量物理磁盘划分成若干小的虚拟磁盘，提供给应用程序使用。下面讨论几个 LVM 术语。

- 物理存储介质（Physical Media，PM）：这里指系统的存储设备硬盘，如/dev/hda1、

/dev/sda 等，是存储系统最低层的存储单元。

- 物理卷（Physical Volume，PV）：物理卷就是指硬盘分区或从逻辑上与磁盘分区具有同样功能的设备（如 RAID），是 LVM 的基本存储逻辑块，但和基本的物理存储介质（如分区、磁盘等）比较，却包含有与 LVM 相关的管理参数。
- 卷组（Volume Group，VG）：LVM 卷组类似于非 LVM 系统中的物理硬盘，由一个或多个物理卷组成。可以在卷组上创建一个或多个“LVM 分区”（逻辑卷）。
- 逻辑卷（Logical Volume，LV）：LVM 的逻辑卷类似于非 LVM 系统中的硬盘分区，在逻辑卷之上可以建立文件系统（比如/home 或/usr 等）。
- 物理块（Physical Extent，PE）：每一个物理卷被划分为称为 PE 的基本单元，具有唯一编号的 PE 是可以被 LVM 寻址的最小单元。PE 的大小是可配置的，默认为 4MB。
- 逻辑块（Logical Extent，LE）：逻辑卷也被划分为被称为 LE 的可被寻址的基本单位。在同一个卷组中，LE 的大小和 PE 是相同的，并且一一对应。

（2）创建逻辑卷的过程。

LVM 的出现改变了传统的磁盘空间管理理念。Linux 下创建 LVM 逻辑卷分 3 个步骤来完成。首先，需要选择用于 LVM 的物理存储器资源。这些通常是标准分区、物理硬盘或是已经创建好的 Linux Software RAID 卷。这些资源在 LVM 术语中统称为“物理卷”。设置 LVM 的第一步是正确初始化这些分区以使它们可以被 LVM 系统识别。如果添加物理分区，它还包括设置正确的分区类型，以及运行 pvcreate 命令。

在初始化 LVM 使用的一个或多个物理卷后，可以继续进行第二步创建卷组。可以把卷组看作是由一个或多个物理卷所组成的存储器池。在 LVM 运行时，可以向卷组添加物理卷，甚至从中除去它们。在卷组上不能直接创建文件系统，需要在卷组上先创建逻辑卷，逻辑卷可以作为操作系统的虚拟磁盘分区被文件系统格式化和挂载使用。图 1-1 所示为在两个物理卷上创建卷组，图 1-2 所示为在卷组中创建两个逻辑卷。

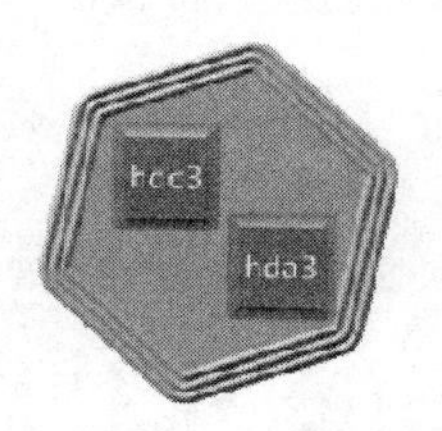

图 1-1　在物理卷上创建卷组

图 1-2　在卷组中创建逻辑卷

（3）逻辑卷管理的优点。

- 实现了动态扩充磁盘空间。只要卷组中还有剩余空间，就可以为逻辑卷扩容，而且不需要停止服务。当卷组中没有剩余空间时，也可以在线向卷组中添加物理卷。
- 可以为逻辑卷添加快照卷，利用这一功能实现数据备份等操作，无需担心数据的一致性受到影响。

虽然逻辑卷有诸多好处，但依然建议初学者在安装系统时使用静态分区，待系统安装好之后再学习逻辑卷管理的相关操作。

子任务 3　在 VMware 上安装 RHEL7

1．开启安装进程

运行 VMware WorkStation，按照提示模拟出用于安装 RHEL 7 操作系统的硬件配置。然后启动电源开始安装 Linux 系统，如图 1-3 所示。可以使用↑键和↓键选择 Test this media & install Red Hat Enterprise Linux 7.0 选项，再按 Enter 键以字符界面的方式安装系统。本次直接按 Enter 键，开始以图形界面方式安装系统。

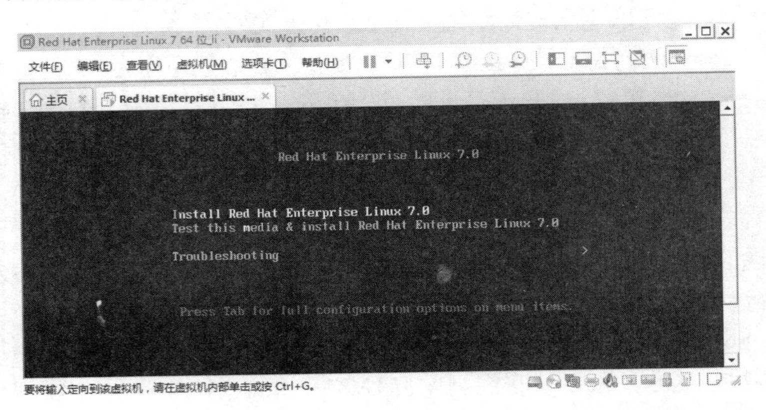

图 1-3　选择安装方式

2．选择安装过程语言

在图 1-4 所示的语言选择界面中，可以选择安装过程界面使用中文。

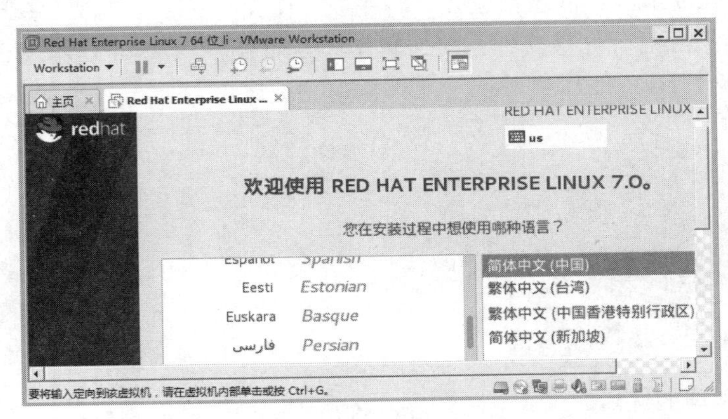

图 1-4　安装界面语言选择

3．确认各项安装信息

单击“继续”按钮，出现“安装信息摘要”界面，如图 1-5 所示。分别设置和确认“日期和时间”“键盘”“安装源”“软件选择”“安装位置”和“网络和主机名”等相关信息。

4．查看修改磁盘分区

在图 1-5 中单击“安装位置”按钮，出现如图 1-6 所示的界面。在 Linux 系统安装过程中有自动分区和手动分区两种方式。

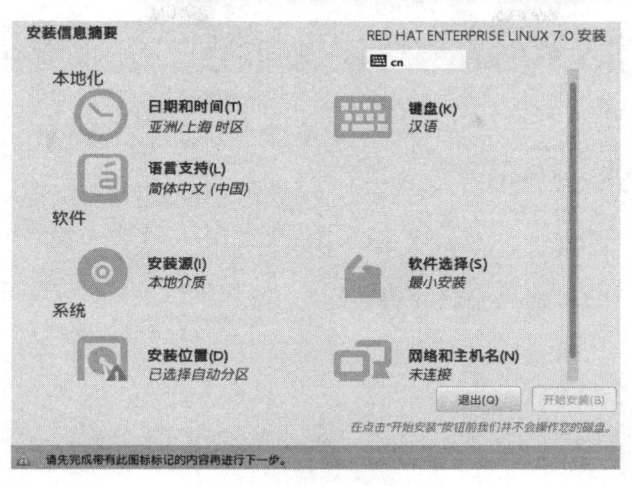

图 1-5　安装信息摘要

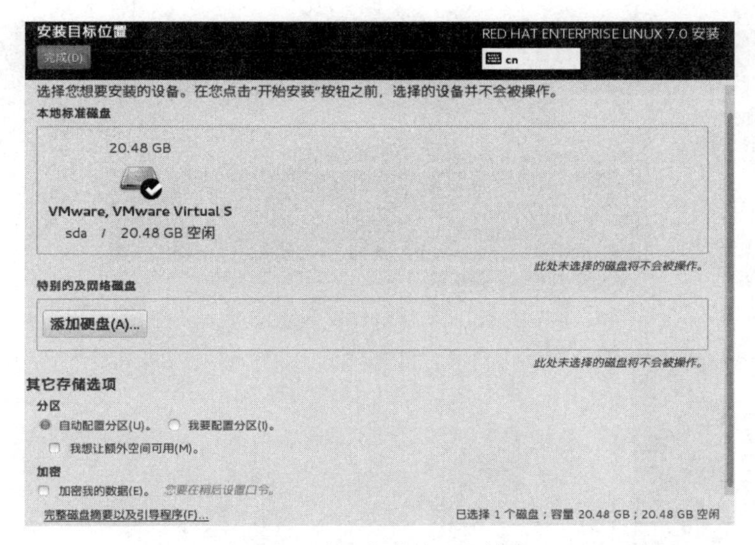

图 1-6　分区信息确认和修改

自动分区，默认创建“/”分区、/boot 分区、/home 分区和 swap 分区；手动分区，允许用户按照预先的规划定制分区个数和大小。本次选择自动分区。

5. 选择查看要安装的软件

在图 1-5 中单击“软件选择”按钮，出现“软件选择”对话框，选择需要安装的软件构建不同的工作环境。本次选择“带 GUI 的服务器”，如图 1-7 所示。

6. 开始安装系统软件

在图 1-5 中单击“开始安装”按钮，进入图 1-8 所示的界面。该界面会显示每一个正在安装的软件包的名字，直至最后系统安装完毕。系统安装完成后如图 1-9 所示。

在系统软件的安装过程中，可以按照提示设置 root 用户的密码并创建一个用户。比如本次安装为 root 用户设置密码 654321，新创建密码为 123456 的普通用户 lihua，如图 1-10 和图 1-11 所示。

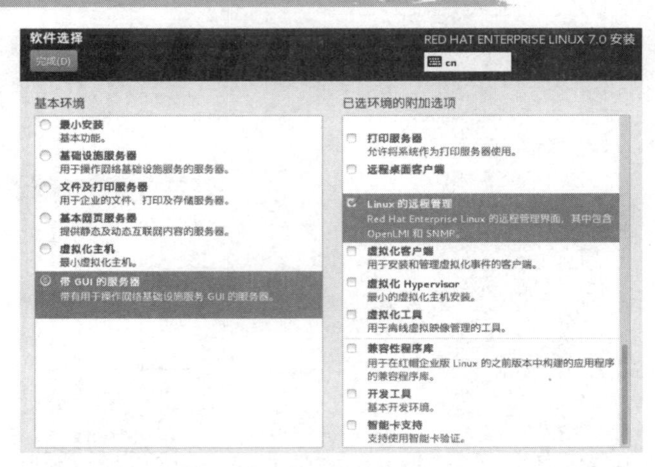

图 1-7　软件选择

图 1-8　开始软件的安装过程

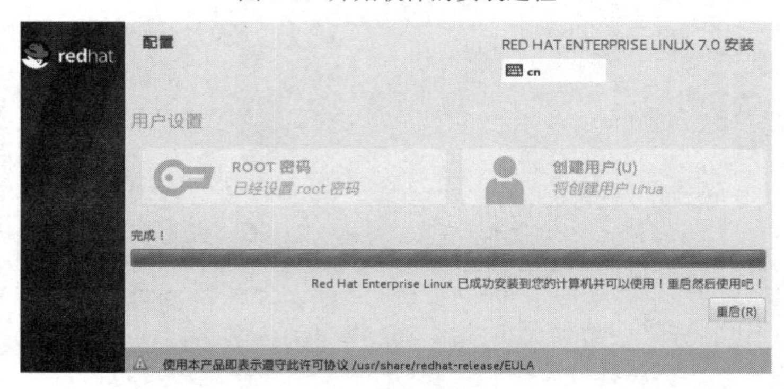

图 1-9　系统安装完毕

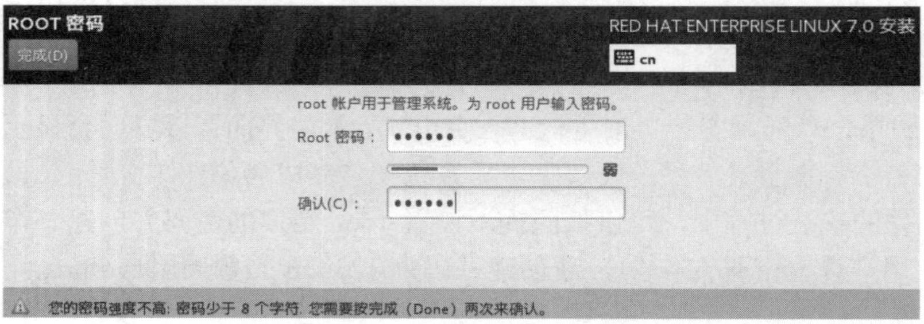

图 1-10　为 root 用户设置密码

图 1-11　创建普通用户

RHEL 7 系统安装完毕后，重新引导系统启动时会提示对其进行基本的初始化以方便使用，主要内容为同意许可协议、确认开启 Kdump 功能、配置网络和主机名等，分别按照界面的交互提示完成即可。

任务 2　学习 Linux 字符界面使用技巧

子任务 1　使用命令登录与关机

1. 登录 Linux 系统

登录字符界面的过程是：在登录提示符“login:”后输入用户名（如 root）并按 Enter 键，然后在“password:”后输入用户密码并按 Enter 键。

Linux 不会在屏幕上显示出口令。在输入口令的过程中，用户必须注意大小写的区别。如果系统显示信息 login incorrect，主要有两种原因，即用户名或者口令输入不正确。在这两种情况下，登录提示符会重新显示在屏幕上。图 1-12 所示为 root 成功登录的过程。

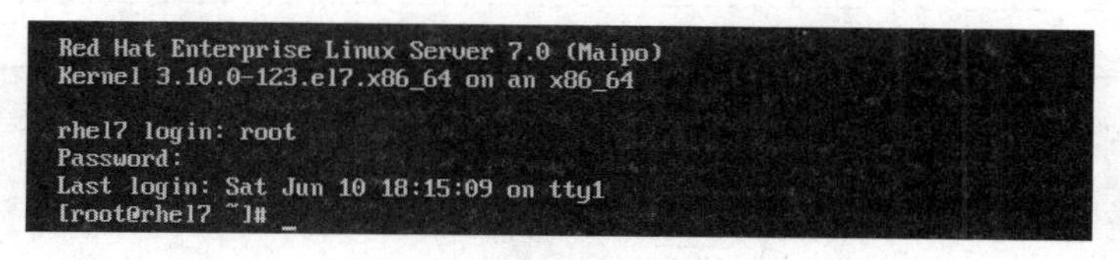

Red Hat Enterprise Linux Server 7.0 (Maipo)
Kernel 3.10.0-123.el7.x86_64 on an x86_64
rhel7 login: root
Password:
Last login: Sat Jun 10 18:15:09 on tty1
[root@rhel7 ~]# _

图 1-12　以 root 用户登录

登录后系统会显示当前登录用户的上次登录时间、登录位置以及现在是否有新的邮件。系统通过 shell 提示符来显示系统已经准备好和用户进行交互。root 用户的命令提示符是“#”，普通用户的提示符为“$”。@前面的 root 表示当前控制台上登录的用户是 root，@后的 rhel7 是当前主机的名字，~表示当前工作目录是当前用户的主目录。

默认情况下，在一个用户登录后，当前的工作目录就是该用户的主目录。如果想知道当前工作目录的详细路径，可以执行命令 pwd，如图 1-13 所示。

```
[root@rhel7 ~]# pwd
/root
```

图 1-13　显示当前工作目录的绝对路径

在命令行界面下要执行某种操作，就要输入相应的命令。每条命令输入完毕后，必须按Enter键才会执行。如果输入的命令中有某个字符需要删除或修改，可以用左右方向键将光标移到要修改字符的后面或前面，再按Backspace或Del键删除，然后再输入正确的字符。

2. Linux命令行的特点

Linux系统的主要特色之一就是它的命令，系统中所有的命令都由Shell先解释然后提交给内核执行。在Shell提示符后输入命令时，所输入的整行称为命令行。

Linux命令行界面下的操作与DOS系统下的操作有很多相似的地方，但也有很多不同。它们之间的差异是：

（1）在DOS系统中，命令、文件名和目录名中的字母不区分大小写，而在Linux操作系统中区分大小写。

（2）在DOS系统中用“\”表示根目录，在Linux系统中则用“/”来表示；在DOS系统中用“\”来分隔每一层次目录，如C:\windows，而在Linux系统中则用“/”来分隔，如/home/student。

（3）在Linux下要执行一个程序，就像DOS下那样，输入它的名字即可。不同的是，Linux不像DOS那样，可以直接执行放在当前工作目录下的程序。在Linux下，若要执行当前工作目录下的程序，需要在文件名前加上“./”。

3. 关机与重启

命令行界面下的关机，一般使用shutdown命令。shutdown的命令格式：shutdown [选项] [时间] [警告信息]。该命令中的常用选项及其含义如表1.1所示，命令中的[时间]可以用多种形式表示。警告信息将发送给当前正在登录Linux系统的所有用户，通常用来提示所有用户在系统关闭之前完成正在进行的工作。

表1.1　常用选项及其含义

选项	描述
-r	重新启动系统
-h	关闭系统
-c	取消一个已经运行的shutdown

```
[root@rhel7 ~]# shutdown     -h     +45                                    //45分钟之后关机
Shutdown scheduled for 五 2017-06-09 19:05:28 CST, use 'shutdown -c' to cancel.
[root@rhel7 ~]# shutdown     -c                                            //取消关机
Broadcast message from root@rhel7 (Fri 2017-06-09 18:21:24 CST):

The system shutdown has been cancelled at Fri 2017-06-09 18:22:24 CST!
[root@rhel7 ~]# shutdown        -r     20:30                     //定时在20:30重新启动系统
Shutdown scheduled for 五 2017-06-09 20:30:00 CST, use 'shutdown -c' to cancel.
```

在关闭系统之前，系统会产生一个/etc/nologin 文件，用于说明系统即将关闭，用户不能登录。在这段时间内，只有管理员可以进入系统。

在重启系统的操作到达预定时刻之前，随时可以在执行该命令的终端上使用Ctrl+C组合键取消该操作。另外，也可以使用halt命令来关机，halt命令等同于shutdown -h now。重启系统可以使用reboot命令，reboot命令等同于shutdown -r now。

计算机一般会在关闭Linux系统后自动切断电源。如果不能正常切断，用户可以在看到

Power down 或 System halted 消息后手动关闭计算机电源。

4. 自动进入字符登录界面

RHEL 7 之前的版本使用运行级别代表特定的运行环境。运行级别被定义为 7 个，用 0～6 表示。每个运行级别可以启动一些特定的服务。RHEL 7 使用目标（target）替换运行级别。目标使用目标单元文件来描述，其扩展名是.target。

在安装 RHEL 7 系统时，如果安装有图形界面系统，那么系统启动时会默认进入图形化登录界面。可以通过修改系统的默认运行级别来让系统在重新启动之后自动进入字符登录界面。

```
[root@rhel7 ~]# systemctl   get-default
graphical.target
[root@rhel7 ~]# systemctl   set-default   multi-user.target
rm '/etc/systemd/system/default.target'
ln -s '/usr/lib/systemd/system/multi-user.target' '/etc/systemd/system/default.target'
[root@rhel7 ~]# telinit    6                                  //级别 6 表示重启系统
```

级别 0 代表关机，级别 6 代表重新启动。因此，Linux 系统的关机和重启也可以分别通过命令 init　0 和 init　6 来实现。

5. 用虚拟终端实现多用户同时登录

终端是指用户的输入和输出设备，主要包括键盘和显示器。RHEL 7 共有 6 个虚拟终端（tty1～tty6），也称为虚拟控制台。用户可以使用组合键 Ctrl+Alt+F1、Ctrl+Alt+F2 等从一个终端切换到另一个。图形界面如果启动的话，默认将位于 F1 上面，通过 Ctrl+Alt+F1 可以到达。在图形界面下，还可以开启若干仿真终端（pts/0、pts/1 等）的窗口。

每一个虚拟终端都可以被看作是一个完全独立的工作站，在切换到另一个之后，Linux 也会首先显示登录提示符，并像第一次登录一样询问用户名和密码。用不同账号从多个不同控制台登录，登录后执行 tty 命令可以看到当前所在虚拟终端的名字，执行 w 命令可以看到当前登录系统的所有用户及其登录终端。

```
[lihua@rhel7 ~]$ w
 18:47:45 up 3 min,   4 users,   load average: 1.97, 1.15, 0.47
USER     TTY      LOGIN@    IDLE    JCPU    PCPU WHAT
lihua    :0         18:46    ?xdm?   25.82s   0.14s   gdm-session-worker [pam/gdm-pas
lihua    tty5       18:47    41.00s   0.08s   0.08s   -bash
root     tty6       18:47    25.00s   0.03s   0.03s   -bash
lihua    pts/0      18:47     1.00s   0.07s   0.04s    w
[lihua@rhel7 ~]$ tty
/dev/pts/0                                         //图形界面中开启的第一个“终端”
```

子任务 2　获取 Linux 命令的帮助

由于 Linux 系统中的命令非常多，而且每个命令都有不同的选项和参数，所以不要尝试记住所有命令，也没有必要。因为我们可以通过下述几种方法来获取命令的帮助。

1. 使用 help 命令获取内置命令帮助

一些命令位于 Shell 的内部，称为内置命令，执行内置命令时，Shell 将在自己的进程内运行该命令。其他的命令都是外部命令，当输入外部命令时，Shell 将搜索合适的程序，然后以一个单独的进程运行该命令。简单来说，在 Linux 系统中有存储位置的命令为外部命令，没有存储位置的为内置命令，可以理解为内置命令嵌入在 Linux 的 Shell 中，所以看不到。命令 type 可以用来判断到底为外部命令还是内置命令。

```
[root@rhel7 ~]# type   pwd                    //查看 pwd 命令的内外类型
pwd 是 shell 内嵌
[root@rhel7 ~]# type   shutdown
shutdown 是 /usr/sbin/shutdown                //可以看到 shutdown 的存储位置，因此 shutdown 为外部命令
[root@rhel7 ~]# type   init
init 已被哈希 (/usr/sbin/init)
```

对于内置命令，所有的帮助都位于 Shell 的说明书页中，可以使用内置命令 help 来获取。help 语法如下：help [-s] [command...]，选项-s 用来显示命令的简短使用语法。

```
[root@rhel7 ~]# help   shutdown               // shutdown 不是内置命令，不能用 help 命令获得帮助
bash: help: 没有与 'shutdown' 匹配的帮助主题，尝试'man -k shutdown' 或者 'info shutdown'
[root@rhel7 ~]# help   pwd
pwd: pwd [-LP]
    打印当前工作目录的名字。

    选项：
      -L    打印 $PWD 变量的值，如果它命名了当前的工作目录
      -P    打印当前的物理路径，不带有任何的符号链接
…
```

2. 使用--help 选项获取外部命令帮助

使用命令选项--help 可以显示出命令的使用摘要和参数列表，绝大多数的外部命令都有--help 选项。使用语法如下：command --help。

```
[root@rhel7 ~]# runlevel   --help
runlevel [OPTIONS...]

Prints the previous and current runlevel of the init system.

     --help          Show this help
```

3. 使用 man 命令查看 man 手册

以全屏显示系统提供的在线帮助，按 Q 键退出，按↑和↓键上下移动。格式：man [-w] 命令。选项-w 用来显示手册的存放位置。另一种在线帮助为 info，和 man 功能类似，但用得很少。一般用 help、--help 足够，man 用来补充。

使用 man 命令时，输入?键，向前查找，如“? -h”，将会搜索含有-h 的行；输入/键，向后查找，如“/ -k”，将会向后搜索含有-k 的行；按 N 或 n 键来进行上一个下一个相关匹配项查找。

```
[root@rhel7 ~]# man   cd
[root@rhel7 ~]# man   -w   cd
/usr/share/man/man1/builtins.1.gz
```

4. 掌握 Shell 的使用技巧

用户直接面对的不是计算机硬件而是 Shell。用户把指令告诉 Shell，然后 Shell 再传输给系统内核，接着内核控制计算机硬件去执行各种操作。简单点理解，Shell 就是系统跟计算机硬件交互时使用的中间介质，它只是系统的一个工具。

Bourne Shell 是最早流行起来的一个 Shell，创始人叫 Steven Bourne，为了纪念他所以叫做 Bourne Shell，简称 sh。RHEL 7 默认使用的 Shell 叫做 Bash，即 Bourne Again Shell，它是 sh（Bourne Shell）的增强版本。那么这个 Bash 有什么特点呢？

（1）记录命令历史。用户执行过的命令，Linux 是会有记录的，保存在用户家目录下的.bash_history 文件中，预设可以记录 1000 条历史命令。用户可以使用方向键↑和↓来查阅

以前执行过的命令。

与命令历史有关的一个有意思的字符那就是“!”。常用的有这么几个应用：①!!（连续两个“!”），表示执行上一条命令；②!n（这里的 n 是数字），表示执行命令历史中的第 n 条命令，例如“!100”表示执行命令历史中的第 100 条命令；③!字符串，例如!ta，表示执行命令历史中最近一次以 ta 开头的命令。

```
[root@rhel7 ~]# ls
anaconda-ks.cfg        公共  视频  文档  音乐
initial-setup-ks.cfg   模板  图片  下载  桌面
[root@rhel7 ~]# !!
ls
anaconda-ks.cfg        公共  视频  文档  音乐
initial-setup-ks.cfg   模板  图片  下载  桌面
[root@rhel7 ~]# history
    1  ping  192.168.0.100
    2  ifconfig
…
    102  history
[root@rhel7 ~]# !101
runlevel
3  5
[root@rhel7 ~]# !run
runlevel
3  5
```

（2）命令和文件名补全。当用户忘了命令或程序名时，敲入命令或程序名的一部分。如果剩余的部分在系统中唯一的话，只需要再按一次 Tab 键即可自动补齐。比如输入 r，因为以 r 开头的命令或程序名有两种以上的可能，所以需要连续按两下 Tab 键，这时系统将给出提示，询问是否列出所有的 131 种可能，如果想列出的话，就输入 y，不想列出的话就输入 n。

```
[root@rhel7 ~]# r            [Tab]  [Tab]
Display all 131 possibilities? (y or n)
[root@rhel7 ~]# run          [Tab]  [Tab]
runcon    runlevel    run-parts    runuser
```

（3）命令别名。可以使用 alias 命令给其他命令或可执行程序起别名，这样就可以以自己习惯的方式执行命令。命令 unalias 用于删除使用 alias 创建的别名。

```
[root@rhel7 ~]# alias
alias cp='cp -i'
alias egrep='egrep --color=auto'
…
alias which='alias | /usr/bin/which --tty-only --read-alias --show-dot --show-tilde'
[root@rhel7 ~]# unalias cp
```

（4）通配符。在 Bash 下，可以使用*来匹配零个或多个字符，用?匹配一个字符。可以用[a-z]表示所有小写字符集合，[!0-9]表示所有非数字集合。中括号[ ]中间为字符组合，代表中间字符中的任意一个。

```
[root@rhel7 ~]# ls    /var/
account   crash    ftp    gopher    local   mail   preserve   tmp adm     db     games   kerberos   lock   nis
run       var    cache    empty     gdm     lib       log     opt     spool     yp
[root@rhel7 ~]# ls    /var/    [a-c]*    -d
/var/account   /var/adm   /var/cache   /var/crash
```

（5）输入/输出重定向。输入重定向用于改变命令的输入，输出重定向用于改变命令的输出。输出重定向更为常用，经常用于将命令的结果输入到文件中而不是屏幕上。输入重定向的符号是<，输出重定向的符号是>，输出追加重定向的符号是>>。

```
[root@rhel7 ~]# uptime
 11:55:14 up   2:52,   3 users,   load average: 0.31, 0.14, 0.09
[root@rhel7 ~]# uptime   >/root/pp
[root@rhel7 ~]# more     /root/pp
 11:55:31 up   2:52,   3 users,   load average: 0.22, 0.13, 0.09
[root@rhel7 ~]# date
2017 年 06 月 12 日 星期一 11:55:58 CST
[root@rhel7 ~]# date >>/root/pp
[root@rhel7 ~]# more     /root/pp
 11:55:31 up   2:52,   3 users,   load average: 0.22, 0.13, 0.09
2017 年 06 月 12 日 星期一 11:56:10 CST
```

另外，还有错误重定向 2>，以及追加错误重定向 2>>，当我们运行一个命令报错时，报错信息会输出到当前的屏幕，如果想重定向到一个文本里，则要用 2>或者 2>>。

（6）管道。管道用于将一系列命令连接起来，就是把前面命令的运行结果传给后面的命令继续处理。管道符为“|”。这里提到的后面的命令，并不是所有的命令都可以，一般针对文档操作的命令比较常用，例如 cat、less、head、tail、grep、cut、sort、wc、uniq、tee、tr、split、sed、awk 等，其中 grep、sed、awk 为正则表达式必须掌握的工具。

```
[root@rhel7 ~]# ls   /boot/
config-3.10.0-123.el7.x86_64
…
vmlinuz-0-rescue-6e9c21ee168a4a07af869f84e54fa4a5
vmlinuz-3.10.0-123.el7.x86_64
[root@rhel7 ~]# ls   /boot/   |grep   lin
vmlinuz-0-rescue-6e9c21ee168a4a07af869f84e54fa4a5
vmlinuz-3.10.0-123.el7.x86_64
```

（7）清除和重设 Shell 窗口。在命令提示符下即使只是执行了一个 ls 命令，所在的终端窗口也可能会因为显示的内容过多而显得拥挤。这时，可以执行命令 clear，清除终端窗口中显示的内容。也可以使用快捷键 Ctrl + L。

在另一种比较少见的情况下，可能会需要使用命令 reset 重设窗口。比如，有时可能会无意地在一个终端中打开一个程序文件或其他非文本文件，而它们可能会改变终端的某些设置。因而，当用户关闭了那个文件后，再输入的文本与显示器上的输出就不相符了。在这种情况下，执行 reset 命令可以把终端窗口设置还原到它的默认值。

（8）作业控制。如果想把一条命令放到后台执行的话，则需要加上&这个符号。通常用于命令运行时间非常长的情况。使用 jobs 可以查看当前 Shell 中后台执行的任务。

用 fg 可以把任务调到前台执行。如果是多任务情况下，想要把任务调到前台执行的话，fg 后面跟任务号，任务号可以使用 jobs 命令得到。

当运行一个进程时，你可以使它暂停（按 Ctrl+Z 组合键），也可以利用 bg 命令使它到后台运行，还可以使它终止（按 Ctrl+C 组合键）。

```
[root@rhel7 ~]# sleep   500   &        //sleep 命令就是休眠的意思，后面跟数字，单位为秒
[1] 6728
[root@rhel7 ~]# sleep   800   &
[2] 6732
[root@rhel7 ~]# jobs
[1]-  运行中                    sleep 500 &
```

```
[2]+  运行中                     sleep 800 &
[root@rhel7 ~]# fg  2
sleep 800
^C                                              //按 Ctrl+C 键
[root@rhel7 ~]# jobs
[1]+  运行中                     sleep 500 &
[root@rhel7 ~]# fg   1
sleep 500
^Z                                              //按 Ctrl+Z 键
[1]+  已停止                     sleep 500
[root@rhel7 ~]# bg   1
[1]+ sleep 500 &
[root@rhel7 ~]# jobs
[1]+  运行中                     sleep 500 &
```

（9）其他控制和特殊控制字符。Linux Shell 提供了许多控制字符及特殊字符，用来简化命令行的输入。Ctrl+Z 组合键：功能与 BackSpace 键相同。Ctrl+U 组合键：删除光标所在的命令行。Ctrl+J 组合键：相当于 Enter 键。如果在命令行中使用了一对单引号（' '），Shell 将不解释被单引号引起来的内容。使用两个倒引号（` `）引用命令，替换命令执行的结果。


```
[root@rhel7 ~]# a=date
[root@rhel7 ~]# echo $a
date
[root@rhel7 ~]# b=`date`
[root@rhel7 ~]# echo  $b
2017 年 06 月 12 日 星期一 12:03:16 CST
```

分号（;）可以将两个命令隔开，实现在一行中输入多个命令。与管道不同，多重命令是顺序执行的，第一条命令执行结束后，才执行第 2 条命令，依此类推。

```
[root@rhel7 ~]# cal;uptime
      六月 2017
日 一 二 三 四 五 六
                1  2  3
 4  5  6  7  8  9 10
11 12 13 14 15 16 17
18 19 20 21 22 23 24
25 26 27 28 29 30

 12:21:05 up  3:18,  3 users,  load average: 0.46, 0.34, 0.22
```

在上面刚刚提到了分号，用于多条命令间分隔。另外还有两个可以用于多条命令中间的特殊符号，那就是&&和||。下面把这几种情况全部列出：command1 ; command2、 command1 && command2 和 command1 || command2。

使用“;”时，不管 command1 是否执行成功都会执行 command2；使用“&&”时，只有 command1 执行成功后，command2 才会执行；使用“||”时，command1 执行成功后 command2 不执行，否则去执行 command2，总之 command1 和 command2 总有一条命令会执行。

```
[root@rhel7 ~]# ls  /mnt
[root@rhel7 ~]# ls   /mnt/test1 && touch /mnt/test1
ls: 无法访问/mnt/test1: 没有那个文件或目录
[root@rhel7 ~]# ls  /mnt
[root@rhel7 ~]# ls   /mnt/test1 || touch /mnt/test1
ls: 无法访问/mnt/test1: 没有那个文件或目录
[root@rhel7 ~]# ls  /mnt
test1                    //test1 由 touch 命令创建
```

子任务 3　学习使用 vim 编辑器

1．vim 的 3 种工作模式

vim 是从 vi 发展出来的一个文本编辑器。vim 程序有 3 种基本工作模式：命令模式、插入模式和末行模式。默认情况下，vim 启动时为命令模式。命令模式用来执行编排文件的操作命令，比如 dd 命令用于删除一整行，wq 命令用于保存文件并退出 vim 系统。插入模式用来输入文本；末行模式用于存档、退出以及设置 vim。

用户可以根据需要改变 vim 的工作模式：进入命令模式，按 Esc 键；进入插入模式，可以按 i、insert、a 或 o 中的任何一个；进入末行模式，要先进入命令模式，再输入字符“:”。如果不能断定目前处于什么模式，则可以多按几次 Esc 键，这时系统会发出蜂鸣声，证明已经进入命令模式。

编辑是在命令模式下进行的，先利用光标移动命令移动光标，定位到要进行编辑的地方，然后再输入指令对文本进行的操作。常见的文本编辑命令如表 1.2 所示。

表 1.2　常用的文本编辑命令

命令	说明
y+y	连续输入两个 y，将整行复制光标所在的行
n+y+y	n 表示数字。从光标所在行起，向后复制共 n 行
n+d+d	n 表示数字。删除包括光标所在行起向后的 n 行
d+d	连续按两次 D 键，将删除光标所在的行。若是连续删除，可按住 D 键不放
n+d+↓	n 表示数字。删除包括光标所在行起向后的 n+1 行
n+d+↑	n 表示数字。删除包括光标所在行起向前的 n+1 行
d+↓	删除包括光标所在行起向后的 2 行
d+↑	删除包括光标所在行起向前的 2 行
P	将复制或删除内容粘贴到当前光标所在的位置
U	撤销上个步骤所做的修改
.	重复执行上一命令
J	将下一行合并到光标所在的行
/pattern	向下查找 pattern 匹配的字符串。n：同向继续查找，N：反向继续查找
?pattern	向上查找 pattern 匹配的字符串。n：同向继续查找，N：反向继续查找
:s/str1/str2/	用字符串 str2 替换当前行中首次出现的字符串 str1
:s/str1/str2/g	用字符串 str2 替换当前行中所有出现的字符串 str1
:n,$ s/str1/str2/g	用字符串 str2 替换第 n 行开始到最后一行所有出现的字符串 str1

2．使用 vim 编辑文件

（1）新建或修改的文本文件。在命令行提示符下输入 vim 和新建文件名，便可进入 vim 文本编辑器。例如在目录/tmp 下面新建一个名字为 aa 的文本文件。

```
[root@rhel7 ~]# vim   /tmp/aa        //如 aa 已经存在，则会打开该文件并显示其内容
█
```

```
~
~
"/tmp/aa" [未命名]                                    0,0-1          全部
```

进入 vim 之后，首先进入命令模式。这时 vim 显示一个带字符“~”栏的屏幕。由于当前 vim 是在命令模式，还不能输入文本。如果想输入文本，可以按 i 或 insert 键，使 vim 编辑器进入插入模式，这时末行有提示“--插入--”，表示现在可以输入文本。并且，在屏幕最下一行会出现“-- 插入 --”提示、光标所在位置（行数，字符数），以及打开区域占全文件的比例。

```
[root@rhel7 ~]# vim   /tmpt/aa
你好！
我是张三，下午 4 点钟要开班会。请通知大家做好准备工作。
谢谢。
~
-- 插入 --                                      4,7          全部
```

（2）保存编辑的文件并退出。当编辑完文件后准备保存文件时，按 Esc 键将 vim 编辑器从插入模式转为命令模式，再输入命令“:wq”。w 表示存盘，q 表示退出 vim。也可以先执行 w，再执行 q。这时，编辑的文件被保存并退出 vim 编辑器。

```
[root@rhel7 ~]# vim   /tmp/aa
你好！
我是张三，下午 4 点钟要开班会。请通知大家做好准备工作。
谢谢。
~
: wq                           //注意“:”号必须是在英文状态下输入
```

在 vim 编辑器中，要保存文件并返回到 Shell 命令提示符下，还可以使用以下几种方法：

1）在命令模式中，连按两次大写字母 Z，若当前编辑的文件曾被修改过，则 vim 保存该文件后退出，返回到 Shell 命令提示符下；若当前编辑的文件没有修改过，则 vim 直接退出，返回到 Shell 命令提示符下。

2）在末行模式下，输入命令“:w”。“:w”命令表示保存当前文件，但不退出。在使用“:w”命令时，还可以把当前正在编辑的文件保存为另一个新的文件，而原有文件保持不变。执行命令“:w 新文件名”，如果指定的是已经使用过的文件名，则在显示窗口的状态行会出现提示信息“File exists（use ! to override）”。此时如果用户真的想用当前的内容替代原有内容，可以输入命令“:w！ 新文件名”。

3）在末行模式下，输入命令“:q”。系统退出 vim 并返回到 Shell 命令提示符下。若用“:q”命令退出 vim 时，编辑的文件没有保存，则 vim 在显示窗口的最末行显示“No write since last change（use ! to overrides）”。此信息提示用户该文件修改了但没有保存，如果想强制执行请用“!”，提示完后并不退出 vim，而是继续等待用户命令。若用户不想保存修改后的文件而要强行退出时，可以输入命令“:q!”。

4）在末行模式下，输入命令“:x”。该命令的功能与命令模式下的 ZZ 命令功能相同。

vim 编辑器还提供了一个文件内容部分存档的功能。例如将文件 aa.txt 文件中第 2 列至第 6 列之间的内容保存成文件 bb.txt。操作方法是：首先打开 aa.txt 文件，方法是：在命令提示符下输入命令“vim　aa.txt”；然后在 vim 编辑器命令模式下，输入命令“:2　6　w　bb.txt”并执行。

（3）行号设置与光标位置。vim 中的许多命令都要用到行号及行数等数字。若编辑的文件较大时，自己去人工数行数是非常不方便的。为此 vim 提供了给文本加行号的功能。这些行号显示在屏幕的左边，而相应行的内容则显示在行号右边。

使用的方法是，在末行模式下输入命令“: set number”。注意这里的行号只是显示给用户看的，它并不是文件内容的一部分。如果想取消行号显示，则在末行模式下输入命令“: set nonu”。

在一些较大的文件中，用户可能需要了解光标当前行是哪一行，在文件中处于什么位置，可以在命令模式下用组合键 Ctrl+G，此时 vim 会在显示窗口的末行显示出相应信息。该命令可以在任何时候使用。另外，还可以在末行模式下输入命令 nu（number 的缩写）来获得光标当前的行号与该行的内容。

```
[root@rhel7 ~]# vim    /root/anaconda-ks.cfg
1 # Kickstart file automatically generated by anaconda.
2
3 install
…
33 @ Engineering and Scientific
:set    nu                                          30,1              30%
```


任务 3 掌握文件与目录的基本操作

子任务 1 学习操作文件和目录

1. 切换当前工作目录

使用 cd 命令可以改变当前工作目录。该命令的格式为：“cd　路径名”。如省略“路径名”，则切换至当前用户主目录。如果“路径名”是当前用户无权访问的，则系统将显示一个出错信息予以提示。命令 pwd 用于显示当前工作目录的绝对路径，不需要带任何选项或参数。

```
[root@rhel7 ~]# pwd
/root                          //当前用户 root 的当前工作目录是/root
[root@rhel7 ~]# cd      /var/www
[root@rhel7 www]# pwd
/var/www                  //当前用户 root 的当前工作目录变更为/var/www
```

另外，在“路径名”中可以使用英文状态下的“.”“..”和“~”符号。“.”代表当前工作目录本身，“..”代表当前工作目录的父目录，“~”代表当前用户的主目录。

```
[root@rhel7 www]# cd      ../..   //将当前目录切换到上一级目录的上一级目录
[root@rhel7 /]# cd    ~           //将当前目录切换到当前用户的主目录
[root@rhel7 ~]# pwd
/root                             //用户 root 的主目录没有在/home 的下面
```

2. 列出目录下的文件

命令 ls 相当于 DOS 下的 dir 命令，用于显示目录里面的内容，格式是：“ls　[选项]　[目录列表]”，常用的选项如表 1.3 所示。目录列表可以用通配符，多个目录名中间用空格隔开。如没给出，将默认是当前工作目录。

表 1.3　ls 的主要选项及作用

选项	作用
--help	显示该命令的帮助信息
-a	显示指定目录下的所有文件和子目录，包括隐藏的文件（“.”开头）
-l	给出列表，详细显示每个文件的信息，包括类型与权限、链接数、所有者、所属组、文件大小（字节）、建立或最近修改的时间等

续表

选项	作用
-t	按照文件的修改时间排序。若时间相同则按字母顺序。默认的时间标记是最后一次修改时间
-c	按照文件的修改时间排序
-u	按照文件最后一次访问的时间排序
-X	按照文件的扩展名排序
-s	以块大小为单位列出所有文件的大小
-S	根据文件大小排序
-R	递归显示下层子目录
-p	在文件名后面加上文件类型的指示符号（/=@| 中的一个）
-i	查看文件名对应的 inode 号码


```
[root@rhel7 ~]# ls   -l   /
总用量 104
lrwxrwxrwx.   1 root root      7 3 月    1 22:51 bin -> usr/bin
dr-xr-xr-x.   4 root root   4096 3 月    1 15:40 boot
…
-rw-r--r--.   1 root root 57189 3 月    1 23:08 parser.out
…
drwxr-x--x.  25 root root   4096 3 月    1 15:44 var
```

“ls　-l”输出的信息分成多列，它们依次是文件类型与权限、连接数、所有者、所属组、文件大小（字节）、创建或最近修改日期及时间、文件名。每个文件都会将其权限与属性记录到文件系统的 i-node 中。因此，每个文件名都会链接到一个 i-node。连接数属性记录的就是有多少个不同名的文件链接到一个相同的 i-node 上。

```
[root@rhel7 ~]# ls   -p
1777/   anaconda-ks.cfg        公共/   视频/   文档/   音乐/
aa/     initial-setup-ks.cfg   模板/   图片/   下载/   桌面/
//文件名后的“/”表示目录，“@”表示符号链接，“*”表示可执行文件，“|”表示管道（或 FIFO），“=”表示 socket
//文件
[root@rhel7 ~]# ls   -i   /root/anaconda-ks.cfg
68120280 /root/anaconda-ks.cfg
```

3．建立和删除目录

命令的格式是：“mkdir　[选项]　目录名”，常用的选项如表 1.4 所示。如果在目录名的前面没有加任何路径名，则在当前目录下创建由“目录名”指定的目录；如果给出了一个已经存在的路径，将会在该目录下创建一个指定的目录。在创建目录时，应保证新建的目录与它所在目录下的文件没有重名。目录名的路径可以是绝对路径，也可以是相对路径。

表 1.4　mkdir 的主要选项及作用

选项	作用
-v	输出命令执行的过程
-p	如果目录名路径中的上一级目录不存在就先自动创建上级目录
--help	显示该命令的帮助信息

```
[root@rhel7 ~]# mkdir   aa      //在当前工作目录下创建名为 aa 的目录
```

```
[root@rhel7 ~]# ls   -l       | grep   aa      //验证是否创建成功
drwxr-xr-x     2 root      root      4096   7 月 12   16:02    aa
[root@rhel7 ~]# mkdir   -m   777   aa2
//在当前工作目录下创建名为 aa2 的目录，并使其权限最低（所有用户都对其可读、可写、可执行）
[root@rhel7 ~]# ls   -l   |grep   aa
drwxr-xr-x.    2   root   root    6 8 月   13 10:00 aa
drwxrwxrwx.   2   root   root    6 8 月   13 10:01 aa2
[root@rhel7 ~]# mkdir     -pv   /root/bb/bb/bb
mkdir: 已创建目录 "/root/bb"
mkdir: 已创建目录 "/root/bb/bb"
mkdir: 已创建目录 "/root/bb/bb/bb"
```

rmdir 命令用于删除空目录，如果给出的目录不为空则报错。命令格式为："rmdir [选项] 目录列表"，常用的选项及作用如表 1.5 所示，"目录列表"中的多个目录要用空格分开。

表 1.5 rmdir 的主要选项及作用

选项	作用
-v	处理每个目录时都给出信息
-p	在删除指定的目录后，如果该目录的父目录为空，则也删除父目录
--help	显示该命令的帮助信息

```
[root@rhel7 ~]# rmdir    /root/bb
rmdir: 删除 "/root/bb" 失败: 目录非空
[root@rhel7 ~]# rmdir     -pv    bb/bb/bb
rmdir: 正在删除目录 "bb/bb/bb"
rmdir: 正在删除目录 "bb/bb"
rmdir: 正在删除目录 "bb"
```

如果要删除的是非空目录，这个时候可以使用 rm 命令。该命令不但可以删除目录，还可以删除文件。关于该命令的详细内容将在后面介绍。

4. 复制文件和目录

使用命令 cp，相当于 DOS 下的 copy 命令，格式为"cp [选项] 源文件 目标文件"，常用的选项及作用如表 1.6 所示，源文件可以使用通配符。

表 1.6 cp 的主要选项及作用

选项	作用
-p	连同文件的属性一起复制，而非使用默认属性
-r	如源文件中含有目录，将目录中的文件递归复制到目的地
-d	若目标文件为链接文件，则复制链接文件，而不是复制目标文件
-f	如目的地已经有同名文件存在，不提示确认直接予以覆盖
-v	输出复制操作的执行过程

如果源文件是普通文件，则该命令把它复制到指定的目标文件；如果是目录，就需要使用"-r"选项将整个目录下的所有文件和子目录都复制到目标位置。

```
[root@rhel7 ~]# ls     /root
1777   aa2 initial-setup-ks.cfg   模板   图片   下载   桌面
aa     anaconda-ks.cfg            公共   视频   文档   音乐
[root@rhel7 ~]# cp      -v    /root/anaconda-ks.cfg   /mnt/ana    //复制普通文件并改名
```

```
"/root/anaconda-ks.cfg" -> "/mnt/ana"
[root@rhel7 ~]# cp    -v    /root/anaconda-ks.cfg   /mnt/ana
cp：是否覆盖"/mnt/ana"？ y
"/root/anaconda-ks.cfg" -> "/mnt/ana"
//文件 ins 已经存在，输入“y”表示覆盖，输入“n”表示跳过，或者使用组合键 Ctrl+C 终止该命令继续执行
[root@rhel7 ~]# alias    |grep   cp
alias cp='cp -i'
[root@rhel7 ~]# unalias   cp
[root@rhel7 ~]# cp    -vf    /root/anaconda-ks.cfg   /mnt/ana     //强制覆盖，不提示确认
"/root/anaconda-ks.cfg" -> "/mnt/ana"
[root@rhel7 ~]# cp    /root/aa*      /tmp    //通配符“*”表示任意字符串
cp: 略过目录"/root/aa"                       //复制目录，未使用-r 选项，复制不成功
cp: 略过目录"/root/aa2"
[root@rhel7 ~]# cp    /root/aa*      /tmp     -rv
"/root/aa" -> "/tmp/aa"
"/root/aa2" -> "/tmp/aa2"
```

5. 删除文件和目录

文件和目录的删除都可以使用 rm 命令，相当于 DOS 下的 del。该命令的格式是：“rm [选项] 文件名或目录名列表”，常用的选项及作用如表 1.7 所示。文件和目录名可以使用通配符。如果要一次性删除多个对象，则在删除列表中用空格将它们分隔开。

表 1.7　rm 的主要选项及作用

选项	作用
-r	递归删除目录，即包括目录下的所有文件和各级子目录
-f	强制删除，不提示确认。很危险，请慎用
-v	输出操作的执行过程
--help	显示该命令的帮助信息

```
[root@rhel7 ~]# rm      /root/aa
rm: 无法删除"/root/aa": 是一个目录
[root@rhel7 ~]# rm      /root/aa     -r
rm：是否删除目录 "/root/aa"? y
[root@rhel7 ~]# rm      /root/aa2    -rf
```

6. 文件与目录的移动及改名

移动以及重命名文件和目录可以使用 mv 命令。格式为：“mv [选项] 源文件 目标文件”。该命令常用的选项及作用如表 1.8 所示。如果源文件和目标文件在同一个目录下，则目标文件应该重新命名，即执行的是改名操作。如果，目标文件和源文件没在同一个目录，则执行的移动操作。

表 1.8　mv 的主要选项及作用

选项	作用
-f	如果目标位置有同名文件，直接覆盖，不提示确认。危险，请慎用
-v	输出操作的执行过程
--help	显示该命令的帮助信息

```
[root@rhel7 ~]# ls
```

```
1777    ana                    initial-setup-ks.cfg   公共   视频   文档   音乐
aa      anaconda-ks.cfg   lihua                        模板   图片   下载   桌面
[root@rhel7 ~]# mv    /root/initial-setup-ks.cfg   /tmp   -v      //移动文件，但不改名
"/root/initial-setup-ks.cfg" -> "/tmp/initial-setup-ks.cfg"
[root@rhel7 ~]# mv   aa        /tmp/bb     -v                    //移动目录，同时改名
"aa" -> "/tmp/bb"
```

7. 判断文件的类型

Linux 用颜色来区分不同类型的文件，默认情况下蓝色表示目录，浅蓝色表示链接文件，绿色表示可执行文件，红色表示压缩文件，粉红色表示图像文件，白色表示普通文件，黄色表示设备文件等。另外，也可以用 file 命令显示文件的类型。该命令的常用格式是“file [选项] 文件或目录”。常用选项-z 来深入观察一个压缩文件，并试图查出其类型。

```
[root@rhel7 ~]# file      /root/ana                                   //符号链接文件
/root/ana: symbolic link to 'anaconda-ks.cfg'
[root@rhel7 ~]# file      /root/anaconda-ks.cfg                       //文本文件
/root/anaconda-ks.cfg: ASCII text
[root@rhel7 ~]# file      /root/aa/                                   //目录文件
/root/aa/: directory
[root@rhel7 ~]# file    /usr/share/icons/kcm_gtk.png                  //png 类型的图像文件
/usr/share/icons/kcm_gtk.png: PNG image data, 48 x 48, 8-bit/color RGBA, non-interlaced
[root@rhel7 ~]# file      /boot/symvers-3.10.0-123.el7.x86_64.gz      //用 gzip 生成的压缩文件
/boot/symvers-3.10.0-123.el7.x86_64.gz: gzip compressed data, from Unix, last modified: Mon May  5 23:20:42 2014,
max compression
```

8. 显示文件或目录的属性

stat 命令用于显示文件或目录的各种信息，包括被访问时间、修改时间、变更时间、文件大小、文件所有者、所属组、文件权限等。该命令的格式为“stat [选项] 文件名”。

```
[root@rhel7 ~]# stat    --help
用法：stat [选项]... 文件...
Display file or file system status.

Mandatory arguments to long options are mandatory for short options too.
  -L, --dereference          follow links
  -f, --file-system        display file system status instead of file status
  -c   --format=FORMAT     use the specified FORMAT instead of the default;
                             output a newline after each use of FORMAT
       --printf=FORMAT     like --format, but interpret backslash escapes,
                             and do not output a mandatory trailing newline;
                             if you want a newline, include \n in FORMAT
  -t, --terse              print the information in terse form
       --help              显示此帮助信息并退出
       --version           显示版本信息并退出

The valid format sequences for files (without --file-system):

  %a    access rights in octal
  %A    access rights in human readable form
  %b    number of blocks allocated (see %B)
  %B    the size in bytes of each block reported by %b
 …
[root@rhel7 ~]# stat     /root/anaconda-ks.cfg
  文件："/root/anaconda-ks.cfg"
  大小：1516          块：8              IO 块：4096     普通文件
设备：fd00h/64768d     Inode：68120280      硬链接：1
```

```
权限：(0600/-rw-------)  Uid：(    0/    root)   Gid：(    0/    root)
环境：system_u:object_r:admin_home_t:s0
最近访问：2017-08-13 10:07:29.086202209 +0800
最近更改：2017-03-01 23:14:19.809943450 +0800
最近改动：2017-06-20 17:37:20.648668016 +0800
创建时间：-
[root@rhel7 ~]# stat   /root
  文件："/root"
  大小：4096         块：8          IO 块：4096    目录
设备：fd00h/64768d     Inode：67149953     硬链接：20
权限：(0550/dr-xr-x---)  Uid：(    0/    root)   Gid：(    0/    root)
环境：system_u:object_r:admin_home_t:s0
最近访问：2017-08-13 12:00:25.875820857 +0800
最近更改：2017-08-13 12:00:24.845778386 +0800
最近改动：2017-08-13 12:00:24.845778386 +0800
创建时间：-
[root@rhel7 ~]# stat   /root/anaconda-ks.cfg   -f
  文件："/root/anaconda-ks.cfg"
    ID：fd0000000000 文件名长度：255     类型：xfs
块大小：4096        基本块大小：4096
    块：总计：4587008     空闲：3373784     可用：3373784
Inodes: 总计：18358272     空闲：18175751
[root@rhel7 ~]# stat   /root   -f
  文件："/root"
    ID：fd0000000000 文件名长度：255     类型：xfs
块大小：4096        基本块大小：4096
    块：总计：4587008     空闲：3373778     可用：3373778
Inodes: 总计：18358272     空闲：18175751
```

9. 创建空文件与修改时间

命令 touch 可以用来修改文件的时间属性，包括最后访问时间、最后修改时间等。该命令的使用格式是“touch [选项] 文件或目录名”，常用的选项如表 1.9 所示。该命令也可以用来创建空文件，即 0 字节文件。

表 1.9 touch 的主要选项及作用

选项	作用
-d	把文件的存取/修改时间修改为当前时间，时间格式采用 yyyymmdd
-a	只把文件的存取时间修改为当前时间
-m	只把文件的修改时间修改为当前时间

```
[root@rhel7 ~]# touch   /root/lihua
[root@rhel7 ~]# ll   /root/lihua
-rw-r--r--. 1 root root 0 8 月   13 11:57 /root/lihua
[root@rhel7 ~]# du   -h   /root/lihua
0      /root/lihua
//不带选项的 touch 在指定的文件不存在时创建空文件
[root@rhel7 ~]# touch   -d   20091220   /root/lihua
[root@rhel7 ~]# ll   /root/lihua
-rw-r--r--.  1  root  root  0  12 月  20 2009   /root/lihua
//把/root/lihua 文件的建立/修改时间改为 2009 年 12 月 20 日
```

10. 查看文件或目录的大小

命令 du 常用的格式是“du [选项] 文件或目录”，常用的选项如表 1.10 所示。该命令可以用来获得文件或目录所占的硬盘空间大小。

表 1.10 du 的主要选项及作用

选项	作用
-h	将文件或目录的大小以容易理解的格式显示出来
-s	只显示指定目录的总大小，不显示目录下的每一项的大小
-S	显示出来的大小不包括子目录以及子目录下文件的大小
--help	显示帮助信息


```
[root@rhel7 ~]# du  -sh  /boot
96M  /boot
[root@rhel7 ~]# du  -h  /boot
1.4M  /boot/extlinux
0     /boot/grub2/themes/system
0     /boot/grub2/themes
2.4M  /boot/grub2/i386-pc
3.3M  /boot/grub2/locale
2.5M  /boot/grub2/fonts
8.1M  /boot/grub2
96M   /boot
[root@rhel7 ~]# mkdir   /boot/xin
[root@rhel7 ~]# du   -h   /boot/xin
0     /boot/xin                          //空目录本身占用的磁盘空间是 0 字节
```

子任务 2 创建和使用链接文件

Linux 可以为一个文件起多个名字，称为链接。链接文件可以和原文件存放在同一目录下，但不能同名。如果链接文件与原文件有相同的名字，可存放在不同的目录下。链接有两种形式，即软链接（符号链接）和硬链接。

软链接，类似于 Windows 下的快捷方式，只不过是指向原文件的一个指针而已。如果删除了软链接，原文件不会有任何变化。从大小上看，一般符号链接远小于被链接的原文件。

1. 创建硬链接

一般情况下，文件名和 inode 号码存在一一对应关系，每个 inode 号码对应一个文件名。但是，Unix/Linux 系统允许多个文件名指向同一个 inode 号码。这意味着，可以用不同的文件名访问同样的内容；对文件内容进行修改，会影响到所有文件名；但是，删除一个文件名，不影响另一个文件名的访问。这种情况就被称为“硬链接”（hard link）。

ln 命令可以创建硬链接，格式为“ln 源文件 目标文件”。运行这条命令以后，源文件与目标文件的 inode 号码相同，都指向同一个 inode。inode 信息中有一项叫做“链接数”，记录指向该 inode 的文件名总数，这时就会增加 1。反过来，删除一个文件名，就会使得 inode 节点中的链接数减 1。当这个值减到 0，表明没有文件名指向这个 inode，系统就会回收这个 inode 号码及其所对应 block 区域。

这里顺便说一下目录文件的“链接数”。创建目录时，默认会生成两个目录项：“.”和“..”。

前者的 inode 号码就是当前目录的 inode 号码，等同于当前目录的硬链接；后者的 inode 号码就是当前目录的父目录的 inode 号码，等同于父目录的硬链接。所以，任何一个目录的硬链接总数，总是等于 2 加上它的子目录总数（含隐藏目录），这里的 2 是父目录到它的硬链接和当前目录下的硬链接。

```
[root@rhel7 ~]# ln   /root        /tmp/root
ln: "/root": 不允许将硬链接指向目录
[root@rhel7 ~]# cat     > /root/lih
aa
bb
cc                    [Ctrl+D]
[root@rhel7 ~]# ll      /root/lih
-rw-r--r--. 1 root root 9 8 月    13 13:10 /root/lih
[root@rhel7 ~]# ln    /root/lih    /root/lih2          //创建至文件/root/lih 的硬链接/root/lih2
[root@rhel7 ~]# ll         |grep    li
-rw-r--r--. 2 root root       9 8 月    13 13:10 lih
-rw-r--r--. 2 root root       9 8 月    13 13:10 lih2              //硬链接和被链接文件的相关属性都相同
[root@rhel7 ~]# ls    -l     /root/anaconda-ks.cfg    >> lih2  //在新建的硬链接文件的后面添加一行
[root@rhel7 ~]# more    /root/lih                             //被硬链接的文件也发生了同样的变化
aa
bb
cc
-rw-------. 1 root root 1516 3 月      1 23:14 /root/anaconda-ks.cfg
```

2．创建软链接

除了硬链接以外，还有一种特殊情况。文件 A 和文件 B 的 inode 号码虽然不一样，但是文件 A 的内容是文件 B 的路径。读取文件 A 时，系统会自动将访问者导向文件 B。因此，无论打开哪一个文件，最终读取的都是文件 B。这时，文件 A 就被称为文件 B 的“软链接”（soft link）或者“符号链接”（symbolic link）。

这意味着，文件 A 依赖于文件 B 存在，如果删除了文件 B，打开文件 A 就会报错“No such file or directory”。这是软链接与硬链接最大的不同：文件 A 指向文件 B 的文件名，而不是文件 B 的 inode 号码，文件 B 的 inode 链接数不会因此发生变化。

```
[root@rhel7 ~]# ln    /root/lih    /root/lih3     -s       //创建至文件/root/lih 的软链接/root/lih3
[root@rhel7 ~]# ll         |grep    li
-rw-r--r--. 2 root root       9 8 月    13 13:10 lih
-rw-r--r--. 2 root root       9 8 月    13 13:10 lih2       //硬链接和被链接文件的相关属性都相同
lrwxrwxrwx. 1 root root       9 8 月    13 13:11 lih3 -> /root/lih
[root@rhel7 ~]# du    -h      /root/lih
4.0K  /root/lih
[root@rhel7 ~]# du    -h      /root/lih2
4.0K  /root/lih2
[root@rhel7 ~]# du    -h      /root/lih3
/root/lih3
```

子任务 3　排序、比较与处理文本

1．显示文本文件的内容

more 命令可以让用户在查看文件时一次阅读一屏或者一行，格式为“more [选项] 文件”。该命令的常用选项及作用如表 1.11 所示。

表 1.11　more 的主要选项及作用

选项	作用
-s	多个连续的空白行显示为一行
+num	从第 num 行开始显示
-c 或-p	显示下一屏之前先清屏
-d	在每屏的底部显示提示信息：[Press space to continue,q to quit.]，如果用户按错键，则显示[Press h for instructions.]

该命令一次显示一屏文件内容，满屏后显示停止，并且在屏幕的底部显示--More--，并给出至今已显示的百分比。按 Enter 键可以向后移动一行；按 Space 键可以向后移动一屏；按 Q 键可以退出该命令。


```
[root@rhel7 ~]# more    +2    /etc/passwd
bin:x:1:1:bin:/bin:/sbin/nologin
daemon:x:2:2:daemon:/sbin:/sbin/nologin
adm:x:3:4:adm:/var/adm:/sbin/nologin
lp:x:4:7:lp:/var/spool/lpd:/sbin/nologin
sync:x:5:0:sync:/sbin:/bin/sync
shutdown:x:6:0:shutdown:/sbin:/sbin/shutdown
halt:x:7:0:halt:/sbin:/sbin/halt
mail:x:8:12:mail:/var/spool/mail:/sbin/nologin
--More--（25%）
```

less 命令和 more 一样都是分页显示命令，但是 less 命令的功能比 more 命令更强大。less 的使用格式为“less　[选项]　文件”。可以使用选项-M 看到更多关于文件的信息。

当使用选项-M 浏览文件的时候，less 命令将显示出这个文件的名字、当前行号范围及总的行数、当前位置在整个文件中位置的百分比数值。这个提示类似下面的样子：/etc/passwd lines 3-24/36 65%，这表明正在阅读的是文件/etc/passwd，当前屏幕显示的是总数为 36 行文本的第 3-24 行。

less 命令从文件开头显示。如果想向下翻一页，按 Enter 键；如果想向上翻一页，按 B 键。也可以按 PageUp 键向上翻页，按 PageDown 键向下翻页，还可以用光标键向前后，甚至左右移动。按 Q 键可以退出命令。

less 屏幕底部的信息提示更容易使用，而且提供了更多的信息。在一般情况下，less 命令的命令提示符是显示在屏幕左下角的一个冒号（:）。

如果想运行其他命令，比如 wc 字数统计程序，需要输入一个叹号（!），后面再跟上命令，然后按 Enter 键。当这个命令执行完毕之后，less 命令显示单词 done（完成）并等用户按 Enter 键。还可以使用 less 搜索功能在一个文本文件中进行快速查找。先按“/”键，再输入一个单词或者词组的一部分。less 命令会在文本文件中进行快速查找，并把找到的第一个搜索目标高亮度显示。如果希望继续查找，请按“/”键，再按 Enter 键。如果想退出阅读，按 Q 键就返回到 shell 命令行。

2. 对文件内容进行排序

把文件中的内容排序输出使用 sort 命令，格式为“sort [-t 分隔符] [-kn1,n2] [-nru] [文件列表]”，这里的 n1 < n2。常用的选项及作用如表 1.12 所示。

表 1.12 sort 的主要选项及作用

选项	作用
-r	反向排序
-t	分隔符，作用与 cut 的-d 相同
-u	去重复项
-n	使用纯数字排序
-kn1,n2	由 n1 区间排序到 n2 区间，可以只写-kn1，即对 n1 字段排序
-o filen	把排序结果输出到指定的文件 filen

```
[root@rhel7 ~]# cat    >    a.txt           //创建文件 a.txt
b
c
a
d
a
[Ctrl+D]
[root@rhel7 ~]# sort    a.txt                //正向排序
a
a
b
c
d
[root@rhel7 ~]# sort    -r    a.txt          //反向排序
d
c
b
a
a
[root@rhel7 ~]# sort    -o    b.txt    a.txt          //将文件 a.txt 排序，并将结果输出到 b.txt
[root@rhel7 ~]# cat    b.txt                          //显示文本文件 b.txt 的内容
a
a
b
c
d
[root@rhel7 ~]# sort    a.txt    b.txt                //把文件 a.txt 和 b.txt 的内容联合排序输出
a
a
a
a
b
b
c
c
d
d
```

```
[root@rhel7 ~]# head    -n5        /etc/passwd    |sort
adm:x:3:4:adm:/var/adm:/sbin/nologin
bin:x:1:1:bin:/bin:/sbin/nologin
daemon:x:2:2:daemon:/sbin:/sbin/nologin
```

```
lp:x:4:7:lp:/var/spool/lpd:/sbin/nologin
root:x:0:0:root:/root:/bin/bash
[root@rhel7 ~]# head   -n5     /etc/passwd   |sort   -t:   -k3nr
lp:x:4:7:lp:/var/spool/lpd:/sbin/nologin
adm:x:3:4:adm:/var/adm:/sbin/nologin
daemon:x:2:2:daemon:/sbin:/sbin/nologin
bin:x:1:1:bin:/bin:/sbin/nologin
root:x:0:0:root:/root:/bin/bash
```

3. 统计文本文件的字数/行数

wc 命令统计文件的行数、字数和字节数，使用格式为“wc [选项] [文件]”。常用选项及作用如表 1.13 所示。不带选项的命令将依次显示统计的行数、字数、字节数和文件名。

表 1.13　wc 的主要选项及作用

选项	作用
-l 或--lines	统计行数
-w 或--words	统计字数。一个字被定义为由空格、跳格或换行字符分隔的字符串
-c 或--bytes 或--chars	统计字节数
-m	统计字符数。这个选项不能与 -c 选项一起使用
-L	打印最长行的长度

```
[root@rhel7 ~]# cat   >   d
aa
bb
cc
dd
e
[root@rhel7 ~]# wc   d
     5      5     14   d
[root@rhel7 ~]# wc   -c   d
   14 d
[root@rhel7 ~]# wc   -l   d
     5 d
[root@rhel7 ~]# wc   -w   d
     5 d
[root@rhel7 ~]# cat   >   e
aa a
bb b
cc
e
[root@rhel7 ~]# wc   e
     4      6     15   e
[root@rhel7 ~]# wc   -c   e
   15   e
[root@rhel7 ~]# wc   -w   e
     6   e
[root@rhel7 ~]# wc   -l   e
     4   e
```

```
[root@rhel7 ~]# cat   /etc/passwd   |wc   -l
54
[root@rhel7 ~]# cat   /etc/passwd   |wc   -w
```

```
102
[root@rhel7 ~]# cat    /etc/passwd   |wc    -c
2882
[root@rhel7 ~]# cat    /etc/passwd   |wc    -m
2882
```

4. 字符串的截取

cut 命令从文件的每一行剪切字节、字符和字段并将这些字节、字符和字段写至标准输出。语法格式为：cut [-bn] [file] 或 cut [-c] [file] 或 cut [-df] [file]。如果不指定 File 参数，cut 命令将读取标准输入。必须指定 -b、-c 或 -f 选项之一。常用选项及作用如表 1.14 所示。

表 1.14　cut 的主要选项及作用

选项	作用
-b	以字节为单位进行分割。这些字节位置将忽略多字节字符边界，除非也指定了 -n 选项
-c	以字符为单位进行分割，适用于中文
-d	自定义分隔符，默认为制表符
-f	与-d 一起使用，指定显示哪个区域
-n	取消分割多字节字符。仅和 -b 选项一起使用。如果字符的最后一个字节落在由 -b 选项的 List 参数指示的 范围之内，该字符将被写出；否则，该字符将被排除

```
[root@rhel7 ~]# head   -n2     /etc/passwd
root:x:0:0:root:/root:/bin/bash
bin:x:1:1:bin:/bin:/sbin/nologin
[root@rhel7 ~]# head   -n2     /etc/passwd    |cut      -c 1-3,5-7,9
roo:x::
binx:11
[root@rhel7 ~]# head   -n2     /etc/passwd    |cut      -b   1-3,5-7,9
roo:x::
binx:11
[root@rhel7 ~]# head   -n2     /etc/passwd    |cut   -d   ":"   -f   6
/root
/bin
[root@rhel7 ~]# head   -n2     /etc/passwd    |cut   -d   ":"   -f   6-7
/root:/bin/bash
/bin:/sbin/nologin
```

上面的例子中用-b 虽然说和-c 看起来的效果一样，那是因为字母都是单字节字符，如果遇到双字节字符或者多字节字符就会有区别。比如说中文遇见多字节字符也可以使用-n 来告诉 cut 不要将多字节字符分开来切。

5. 去除重复的行

uniq 命令用于比较同一个文本文件中是否有相邻的行是重复的，在相邻的重复行中，只显示其中的一行。常用格式为“uniq [-c] 文件名”，选项-c 用来显示该行重复出现的次数。

```
[root@rhel7 ~]# cat    b.txt
a
a
b
c
d
[root@rhel7 ~]#uniq    b.txt
a
```

```
b
c
d
[root@rhel7 ~]# cat    b.txt    |uniq      -c
        2 a
        1 b
        1 c
        1 d
```

6. 替换删除字符

使用 tr 命令替换字符，常用来处理文档中出现的特殊符号，如 DOS 文档中出现的^M 符号。常用的选项有两个，-d：删除某个字符，-d 后面跟要删除的字符；-s：把重复的字符去掉。最常用的就是把小写变大写：tr '[a-z]' '[A-Z]'。

```
[root@rhel7 ~]# more     /etc/passwd|grep root      |tr    'r'    'R'
Root:x:0:0:Root:/Root:/bin/bash
opeRatoR:x:11:0:opeRatoR:/Root:/sbin/nologin
[root@rhel7 ~]# head     -n2       /etc/passwd |tr '[a-z]' '[A-Z]'
ROOT:X:0:0:ROOT:/ROOT:/BIN/BASH
BIN:X:1:1:BIN:/BIN:/SBIN/NOLOGIN
[root@rhel7 ~]# more       /etc/passwd |grep    root |tr    -s    'o'
rot:x:0:0:rot:/rot:/bin/bash
operator:x:11:0:operator:/rot:/sbin/nologin
[root@rhel7 ~]# more       /etc/passwd |grep    root |tr    -d    'o'
rt:x:0:0:rt:/rt:/bin/bash
peratr:x:11:0:peratr:/rt:/sbin/nlgin
```

不过替换、删除、去重复都是针对一个字符来说的，有一定局限性。如果是针对一个字符串就不再管用了。

子任务 4 查找文件或字符串

1. 使用 find 命令查找文件

find 命令用来在指定目录下查找文件，格式为“find [路径] [选项]”。路径可以是多个路径，路径之间用空格隔开。查找时，会递归查找子目录。如果使用该命令时不设置任何参数，则 find 命令将在当前目录下查找子目录与文件。find 的主要选项及作用如表 1.15 所示。

表 1.15 find 的主要选项及作用

选项	作用
-exec command {} \;	对查到的文件执行 command 操作，{} 和 \;之间有空格
-ok command {} \;	和-exec 的作用相同，只不过以一种更为安全的模式来执行该参数所给出的 shell 命令，在执行每一个命令之前都会给出提示，让用户来确定是否执行
-name "文件名"	指明要查找的文件名，支持通配符“*”和“?”
-user 拥有者名称	查找符合指定的拥有者名称的文件或目录
-group 群组名称	查找符合指定的群组名称的文件或目录
-perm 权限数值	查找符合指定的权限数值的文件或目录
-type 文件类型	只查找符合指定的文件类型的文件。F 表示普通文件，l 表示符号连接，d 表示目录，c 表示字符设备，b 表示块设备，s 表示套接字，p 表示 Fifo
-nouser	找出不属于本地主机用户识别码的文件或目录

```
[root@rhel7 ~]# tail  -2   /etc/passwd
zhangs:x:1007:1007::/home/zhangs:/bin/bash
wangxi:x:1008:1008::/home/wangxi:/bin/bash
[root@rhel7 ~]# find   /var   /home   -user wangxi
/var/spool/mail/wangxi
/home/wangxi
…
/home/wangxi/.viminfo
```

```
[root@rhel7 ~]# find  /   -name   "aa*"              //“*”代表零个或多个任意字符
/root/aaa
/tmp/aa
…
/usr/src/kernels/3.10.0-123.el7.x86_64/include/linux/mfd/aat2870.h
[root@rhel7 ~]# find  /   -name   aa*
/root/aaa
[root@rhel7 ~]# find  /   -name   "a?"              //“?”代表一个任意字符
/sys/bus/acpi/drivers/ac
/tmp/aa
…
/usr/src/kernels/3.10.0-123.el7.x86_64/include/config/hisax/a
```

```
[root@rhel7 ~]# ls  -al  /root  |grep  ^l
lrwxrwxrwx.  1 root root     9 8 月   13 13:11 lih3 -> /root/lih
[root@rhel7 ~]# find   /root   -type  l
/root/.mozilla/extensions/{ec8030f7-c20a-464f-9b0e-13a3a9e97384}/langpack-zh-CN@firefox.mozilla.org.xpi
/root/lih3
[root@rhel7 ~]# find  .   -perm   777
./.mozilla/extensions/{ec8030f7-c20a-464f-9b0e-13a3a9e97384}/langpack-zh-CN@firefox.mozilla.org.xpi
./lih3
[root@rhel7 ~]# find  /tmp  -type  f  -exec  ls  -l {} \;
-r--r--r--. 1 root root 11 8 月   13 09:49 /tmp/.X0-lock
-rw-r--r--. 1 root root 1567 3 月    1 15:41 /tmp/initial-setup-ks.cfg
```

还可以根据文件时间戳进行搜索“find　路径 -type　f　时间戳”。Linux 文件系统每个文件都有 3 种时间戳：①访问时间（-atime/天，-amin/分钟）：用户最近一次访问时间；②修改时间（-mtime/天，-mmin/分钟）：文件最后一次修改时间；③变化时间（-ctime/天，-cmin/分钟）：文件数据元（例如权限等）最后一次修改时间。

```
[root@rhel7 ~]# find  /root  -cmin  -120
[root@rhel7 ~]# find  /root  -cmin  -160
/root
/root/.cache/tracker/meta.db-wal
…
/root/bbbb
[root@rhel7 ~]# find  /tmp/  -cmin  -120            //-表示小于，+表示大于
/tmp/
[root@rhel7 ~]# find  /tmp  -cmin  +120
/tmp/.X11-unix
/tmp/.X11-unix/X0
…
/tmp/bb
```

2. 使用 grep 在文件中查找字符串

grep 是 Linux 中很常用的一个命令，主要功能就是进行字符串数据的对比，能使用正则表达式搜索文本，并将符合用户需求的字符串显示出来。Grep 的全称是 Global Regular Expression

Print，表示全局正则表达式版本，它的使用权限是所有用户。

grep 在数据中查找出一个字符串时，是以整行为单位来选取的，查找文件中包含有指定字符串的行，格式为“grep [选项] 字符串 文件名”。常用的选项及作用如表 1.16 所示，文件名可以使用通配符“*”和“?”，如果要查找的字符串带空格，则必须用单引号或双引号引起来。

表 1.16 grep 的主要选项及作用

选项	作用
-num	输出匹配行前后各 num 行的内容
-b	显示匹配查找条件的行距离文件开头有多少字节
-c	计算找到“搜索字符串”的次数，但不显示内容
-v	列出不匹配的行
-n	显示匹配行的行号
-i	忽略大小写的不同，所以大小写视为相同
--color=auto	将找到的关键字部分加上颜色的显示

在关键字的显示方面，grep 可以使用--color=auto 来将关键字部分加上颜色显示。这是个很不错的功能。但是如果每次使用 grep 都得要加上--color=auto 又显得很麻烦，此时那个好用的 alias 就要来处理一下了，可以在~/.bashrc 内加上这行“alias grep='grep --color=auto'”，再以“source ~/.bashrc”立即生效即可，这样每次运行 grep 关键字都会自动加上颜色显示。

```
[root@rhel7 ~]# grep   root    /etc/passwd     -n
1:root:x:0:0:root:/root:/bin/bash
10:operator:x:11:0:operator:/root:/sbin/nologin
[root@rhel7 ~]# grep root /etc/passwd -v |grep nologin -vn     //将/etc/passwd 中没有出现 root 和 nologin 的行取出来
5:sync:x:5:0:sync:/sbin:/bin/sync
6:shutdown:x:6:0:shutdown:/sbin:/sbin/shutdown
7:halt:x:7:0:halt:/sbin:/sbin/halt
29:amandabackup:x:33:6:Amanda user:/var/lib/amanda:/bin/bash
43:postgres:x:26:26:PostgreSQL Server:/var/lib/pgsql:/bin/bash
49:lihh:x:1000:1000:lihehua:/home/lihh:/bin/bash
50:lihua:x:1001:1001::/home/lihua:/bin/bash
51:zhangs:x:1007:1007::/home/zhangs:/bin/bash
52:wangxi:x:1008:1008::/home/wangxi:/bin/bash
```

要用好 grep 这个工具，其实就是要写好正则表达式，精确地表述要查找的字符串。正则表达式的主要参数及作用如表 1.17 所示。

表 1.17 正则表达式的主要参数及作用

正则表达式参数	作用
\	转义字符，忽略正则表达式中特殊字符的原有含义
^	匹配以某个字符串开始的行
$	匹配以某个字符串结束的行
\< 和 \>	分别标注字符串的开始与结束
[ ]	在[]内的某单个字符，如[A]即 A 符合要求

续表

正则表达式参数	作用
[-]	属于[-]所标记的范围字符，如[A-Z]，即 A、B、C 一直到 Z 都符合要求
.	表示一定有一个任意字符
*	重复前面零个或多个字符

```
[root@rhel7 ~]# grep    '\<sh'    /etc/passwd
shutdown:x:6:0:shutdown:/sbin:/sbin/shutdown
apache:x:48:48:Apache:/usr/share/httpd:/sbin/nologin
tomcat:x:91:91:Apache Tomcat:/usr/share/tomcat:/sbin/nologin
[root@rhel7 ~]# grep    ^'\<sh'    /etc/passwd
shutdown:x:6:0:shutdown:/sbin:/sbin/shutdown
[root@rhel7 ~]# grep    ^'\<sh*'    /etc/passwd
sync:x:5:0:sync:/sbin:/bin/sync
shutdown:x:6:0:shutdown:/sbin:/sbin/shutdown
saslauth:x:997:76:"Saslauthd user":/run/saslauthd:/sbin/nologin
sshd:x:74:74:Privilege-separated SSH:/var/empty/sshd:/sbin/nologin
[root@rhel7 ~]# grep    ^'\<sh.'    /etc/passwd
shutdown:x:6:0:shutdown:/sbin:/sbin/shutdown
[root@rhel7 ~]# grep    '\<shutdown\>'    /etc/passwd
shutdown:x:6:0:shutdown:/sbin:/sbin/shutdown
```

3. 查找指定命令文件的位置

whereis 命令只能用于程序名的搜索，而且只搜索二进制文件（参数-b）、man 说明文件（参数-m）和源代码文件（参数-s）。如果省略参数，则返回所有信息。命令格式“whereis [-bms] 文件名”。

```
[root@rhel7 ~]# whereis   mv
mv: /usr/bin/mv /usr/share/man/man1/mv.1.gz /usr/share/man/man1p/mv.1p.gz
[root@rhel7 ~]# whereis -m   mv
mv: /usr/share/man/man1/mv.1.gz /usr/share/man/man1p/mv.1p.gz
[root@rhel7 ~]# whereis   -b   mv
mv: /usr/bin/mv
```

思考与练习

一、填空题

1．链接文件分为________和________。其中，________类似于 Windows 系统中的快捷方式，其本身并不保存文件内容，只是记录被链接文件的路径。

2．Linux 操作系统是由________、________和________等软件构成的。

3．目前比较流行的 Linux 发行版本有________、________和________。

4．Linux 为用户提供的操作界面有两大类，即________和________。

5．用长格式查看目录内容时，每行表示一个文件或目录的信息，其中每行第一个字符表示文件的类型，“-”表示________文件，“b”表示________文件，“c”表示________文件，“d”表示________，“l”表示________。

6．X-Window 图形界面系统简称________，是基于________模式实现的，由________、________和________三部分组成。

7．硬盘上的分区可以分为 3 种类型：________、________和________。其中，最多只能有一个是________，必须至少有一个是________。

8．在安装 Linux 操作系统时，至少需要划分的两个基本分区是________和________。其中有一个分区用于实现虚拟内存，该分区的大小通常设置为物理内存的________倍。

9．将/dev/hda 分成 4 个分区，其中只有 1 个主分区，另外 3 个都是逻辑分区，则这 4 个分区对应的设备文件分别是________、________、________和________。

10．在安装 RHEL 7 的时候，如果选择自动分区，则安装程序会自动将 Linux 使用的空间分成________个分区。

二、判断题

1．由于 Linux 内核体积小，并且没有知识产权，所以在嵌入式开发中被广泛使用。（　）

2．Linux 的某一版本的内核只有一个，而基于该内核的发行版本会根据开发公司的不同有很多。（　）

3．所谓自由软件是指用户不必支付任何费用就可以免费使用的软件。（　）

4．目前，只有极少数的厂商宣布支持 Linux 系统。（　）

5．Windows 版本的应用程序也可以在 Linux 系统中使用。（　）

6．Fedora 版本的生存周期很短，新旧版本之间交替会带有重大的变动，这些变动可能会导致原来的服务无法正常运行。（　）

7．Linux 操作系统比 Windows 操作系统具有更高的安全性。（　）

8．Linux 具有良好的可移植性，这意味着 Linux 系统中的很多软件也可以在 Windows 系统中使用。（　）

9．扩展分区上面不能直接存放数据，它的存在是为了在上面创建逻辑分区，逻辑分区的个数不受限制，所有的逻辑分区加在一起相当于扩展分区。（　）

10．可以将 Linux 系统和 Windows 系统安装到同一块硬盘的同一个分区上，让两个操作系统同时存在。（　）

三、选择题

1．下列选项中（　）不是 Linux 的特点。

A．开放源代码　　B．使用 GNU 版权

C．支持 IDE 设备　　D．只能在 Intel 平台的 PC 机上运行

2．3.10.0-123.el7.x86_64 的 Linux 核心是（　）。

A．测试版　　B．稳定版　　C．Windows 版　　D．PC 版

3．下列公司中的（　）是 Linux 操作系统的发布商。

A．RedHat　　B．Slackware　　C．Turbo Linux　　D．以上全是

4．如果要对整个目录树进行删除、移动或复制的操作，应该使用的选项是（　）。

A．-r　　B．-f　　C．-v　　D．-i

5．表示管道的符号是（　　）。

A．|　　B．>>　　C．||　　D．//

四、简答题

1．在安装 Linux 过程中使用自动分区，安装程序会自动将 Linux 占用的磁盘空间分成几个分区？

2．什么是 Linux 的发行版本？什么是 Linux 的内核版本？简述 Linux 内核版本号的构成及具体含义。

3．如何让 RHEL 7 主机开机后默认进入字符登录界面？

4．Linux 与 Windows 有哪些主要区别？

5．用户登录后有如下信息：[lihh@localhost　lihh] $，请解释@前的lihh和@后的 lihh 分别表示什么含义？localhost 表示什么含义？$表示什么含义？执行什么命令后可以使$变为#？

6．若一个文件的文件名以“.”开头，例如.bashrc 文件，这代表什么？如何显示这种文件的文件名及其相关属性？

2

Linux 系统的网络连接应用与管理

学习目标

- 了解 IP 地址、网关和路由等基本概念
- 熟悉 Linux 系统中重要的网络配置文件
- 掌握常见 Linux 网络配置和测试命令
- 熟悉 nmcli 命令的功能和语法
- 掌握使用 nmcli 管理网络连接的方法

任务导引

从 RHEL 7 开始，网络由 NetworkManager 服务负责管理。相对于旧的/etc/init.d/network 脚本，NetworkManager 是动态的、事件驱动的网络管理服务。旧的/etc/init.d/network、ifup、ifdown 等依然存在，但是处于备用状态，即 NetworkManager 运行时，多数情况下这些脚本会调用 NetworkManager 去完成网络配置任务；其没有运行时，这些脚本就按照以前的方式管理网络。体验过 RHEL7 系统的都知道，虽然是 RHEL 6.8 的下一个版本，但两者的性能以及各个方面都发生了很大的变化，单从网络配置模块来说就变化巨大。本项目主要介绍 Linux 系统中的主要网络配置文件、常用的网络配置和测试命令，以及新一代网络配置工具 nmcli（command-line tool for controlling NetworkManager），引导读者逐步掌握新一代 Linux 网络系统的基本概念、参数配置，以及网络连接的管理与测试方法。

任务 1　详解常用的 Linux 网络配置文件

RHEL 7 中默认的网络服务由 NetworkManager 提供，这是动态控制及配置网络的守护进

程，它用于保持当前网络设备及连接处于工作状态，同时也支持传统的 ifcfg 类型的配置文件。

```
[root@linux7 ~]# service  network  restart
Restarting network (via systemctl):                          [  确定  ]
[root@linux7 ~]# /etc/init.d/network  restart
Restarting network (via systemctl):                          [  确定  ] // 注意(via systemctl)
```

网络配置文件/etc/sysconfig/network 是全局设置，默认空白；/etc/hostname 用 hostnamectl 或 nmtui 修改后的主机名保存；/etc/resolv.conf 保存 DNS 设置，nmtui 里面设置的 DNS 会出现在该文件中，不需要手工改；/etc/sysconfig/network-scripts/用来存放连接配置信息 ifcfg 文件；/etc/NetworkManager/system-connections/存放 VPN、移动宽带、PPPoE 等连接信息；/etc/nsswitch.conf，名字服务切换配置（name service switch configuration），由它规定通过哪些途径以及按照什么顺序来查找特定类型的信息，还可以指定某个方法奏效或失效时系统将采取什么动作。

1．/etc/sysconfig/network-scripts/ifcfg-eno16777736

在 Linux 系统中，网络设备的配置保存在/etc/sysconfig/network-scripts/目录下。其中 ifcfg-eno16777736 包含一块网卡的配置信息，文件 ifcfg-lo 包括回路 IP 地址信息。

```
[root@rhel7 ~]# vim  /etc/sysconfig/network-scripts/ifcfg-eno16777736
TYPE=Ethernet                //表示网卡的类型为以太网
BOOTPROTO=none               //dhcp：自动获取 IP，static：静态 IP，none：不用协议
IPADDR0=192.168.0.105
PREFIX0=24                   //子网掩码是 255.255.255.0
GATEWAY0=192.168.0.1
DNS1=8.8.8.8
DEFROUTE=yes
IPV4_FAILURE_FATAL=no
IPV6INIT=yes
IPV6_AUTOCONF=yes
IPV6_DEFROUTE=yes
IPV6_PEERDNS=yes     //允许 dhcp 服务器分配的 IPv6 dns 服务器指向信息直接覆盖至/etc/resolv.conf
IPV6_PEERROUTES=yes
IPV6_FAILURE_FATAL=no
NAME=" ifcfg-eno16777736"                          //网络连接的名字
UUID=42de94c9-04d4-4615-ae4d-109a95e159d2          //网络连接的 UUID
ONBOOT=yes           //启动 network 服务时是否启用该网卡，yes 为启用
[root@linux7 ~]# systemctl restart NetworkManager.service
[root@linux7 ~]# service network  restart
Restarting network (via systemctl):                          [  确定  ]
[root@rhel7 ~]# more  /etc/sysconfig/network-scripts/ifcf g-lo
DEVICE=lo
IPADDR=127.0.0.1
NETMASK=255.0.0.0
NETWORK=127.0.0.0
# If you're having problems with gated making 127.0.0.0/8 a martian,
# you can change this to something else (255.255.255.255, for example)
BROADCAST=127.255.255.255
ONBOOT=yes
NAME=loopback
```

RHEL 7 中的网卡命名方式变成了 enoxxxxxxxx 的格式，en 代表的是 enthernet（以太网），o 代表的是 onboard（内置），xxxxxxxx 自动生成的索引编号保证了唯一性，在做系统迁移的时候不容易出错。

2. /etc/resolv.conf

/etc/resolv.conf 文件是 DNS 客户机配置文件，用于设置 DNS 服务器的 IP 地址及 DNS 域名，还包含了主机的域名搜索顺序。该文件是由域名解析器（resolver，一个根据主机名解析 IP 地址的库）所使用的配置文件组成的。它的格式很简单，每行以一个关键字开头，后接一个或多个由空格隔开的参数。

resolv.conf 的关键字主要有 4 个：①nameserver，定义 DNS 服务器的 IP 地址；②domain，定义本地域名，很多程序用到它，如邮件系统，当为没有域名的主机进行 DNS 查询时也要用到；③search，定义域名的搜索列表，当要查询没有域名的主机时将在由 search 声明的域中分别查找；④sortlist，对返回的域名进行排序，它的参数为网络/掩码对，允许任意的排列顺序。最主要的是 nameserver 关键字，如果没指定 nameserver 就找不到 DNS 服务器，其他关键字是可选的。domain 和 search 不能共存；如果同时存在，后面出现的将会被使用。

```
[root@rhel7 ~]# vim  /etc/resolv.conf
# Generated by NetworkManager
search cqcet.edu.cn
nameserver 114.114.114.114
nameserver 8.8.8.8
options  timeout:3 attemps:3
~
: wq
```

选项 timeout:3 表示解析超时时间 3 秒，默认为 5 秒，上限是 30 秒；attemps:3 表示解析尝试次数为 3 次，默认是 2 次，上限是 5 次。/etc/resolv.conf 文件修改以后不需要重启网络服务就可以生效，可以使用命令 nslookup 来测试。

```
[root@linux7 ~]# nslookup  www.sohu.com
Server:      114.114.114.114
Address:     114.114.114.114#53

Non-authoritative answer:
www.sohu.com    canonical name = gs.a.sohu.com.
gs.a.sohu.com   canonical name = fyd.a.sohu.com.
Name:           fyd.a.sohu.com
Address: 221.179.177.58
```

3. /etc/hosts

/etc/hosts 文件是用来将主机名映射为 IP 地址的文件，也起域名解析的作用。在之前没有 DNS 的时候是使用该文件来进行域名和 IP 地址的映射。127.0.0.1 表示 IPv4 的本地地址，而::1 表示的是 IPv6 的本地地址，也就是 0000:0000:0000:0000:0000:0000:0000:0001。

```
[root@linux7 ~]# more  /etc/hosts
127.0.0.1    localhost  localhost.localdomain localhost4  localhost4.localdomain4
::1          localhost  localhost.localdomain localhost6  localhost6.localdomain6
192.168.0.254  linux7  linux7.cqcet.edu.cn   //左边是主机 IP，中间是主机名或域名，右边的都是主机别名
```

4. /etc/host.conf

/etc/host.conf 文件主要有两个功能：①通过 multi on 指定/etc/hosts 文件中指定的主机可以有多个地址，拥有多个 IP 地址的主机一般称为多穴主机，off 表示不能，这个选项对 DNS 或 NIS 请求是没有作用的。通过 nospoof on 设置不允许对该服务器进行 IP 地址欺骗，IP 欺骗是一种攻击系统安全的手段，通过把 IP 地址伪装成别的计算机来取得其他计算机的信任；②使用 order bind,hosts 指定主机名查询顺序，这里规定先使用 DNS 来解析域名，然后再查

询/etc/hosts 文件，也可以相反。

RHEL 7 系统/etc/host.conf 文件默认的内容如下，里面并没有指定域名解析方法的选择顺序，而是在 nsswitch.conf 文件中进行设置：

```
[root@linux7 ~]# more    /etc/host.conf
multi on
[root@linux7 ~]# more    /etc/nsswitch.conf |grep hosts
#hosts:     db files nisplus nis dns
hosts:      files dns     //先使用本地文件/etc/hosts 搜索，如果失败的话再使用 DNS 搜索
```

5. /etc/networks

RHEL 7 系统中的/etc/networks 文件定义了网络名和网络地址的映射关系。

```
[root@linux7 ~]# more    /etc/networks
default 0.0.0.0
loopback 127.0.0.0
link-local 169.254.0.0
```

169.264.x.x 是私有保留地址，一般开启了 dhcp 服务但又无法获取到 dhcp 的设备会随机使用这个网段的 IP。每次使用 route -n 命令查看路由的时候，总是能看见 169.254.0.0 这个静态路由项目的存在，这个路由表项是干什么的，从哪里来？

资料显示，该项是由 Zero Configuration Network（ZEROCONF）生成的。ZEROCONF 又被称为 IPv4 Link-Local（IPv4LL）和 Automatic Private IP Addressing（APIPA）。它是一个动态配置协议，系统可以通过它来连接到网络。很多 Linux 发行版都默认安装该服务，当系统无法连接 DHCP Server 的时候，就会尝试通过 ZEROCONF 来获取 IP。在 RHEL 7 系统中，ZEROCONF 的路由项是在下面的启动脚本中被添加到路由表的。/etc/init.d/network 会调用/etc/sysconfig/network-scripts/ifup-eth 脚本，ifup-eth 脚本会添加 ZEROCONF 路由项，代码如下：

```
# Add Zeroconf route.
if [ -z "${NOZEROCONF}" -a "${ISALIAS}" = "no" -a "${REALDEVICE}" != "lo" ]; then
ip route replace 169.254.0.0/16 dev ${REALDEVICE}
fi
```

有什么办法让它不显示呢？方法很简单。执行#vi /etc/sysconfig/network，再添加一行 NOZEROCONF=yes，执行#systemctl restart network.service 重启网络服务就不会再出现这个路由表项了。

6. /etc/protocols

该文件是网络协议定义文件，里面记录了 TCP/IP 协议簇的所有协议类型。文件中的每一行对应一个协议类型。它有 4 个字段，中间用 Tab 或空格分隔，分别表示“协议名称”“协议号”“协议全名”和“注释”。下面是该文件的节选内容，不要对该文件进行任何修改。

```
[root@linux7 ~]# more    /etc/protocols |sort|uniq    |grep    -v "^#"

3pc          34      3PC             # Third Party Connect Protocol
ah           51      AH              # Authentication Header
a/n          107     A/N             # Active Networks
…
bbn-rcc      10      BBN-RCC-MON     # BBN RCC Monitoring
bna          49      BNA             # BNA
…
cbt          7       CBT             # CBT, Tony Ballardie <A.Ballardie@cs.ucl.ac.uk>
cftp         62      CFTP            # CFTP
```

7. /etc/services

/etc/services 文件记录网络服务名和它们对应使用的端口号及协议。文件中的每一行对应一种服务，由 4 个字段组成，中间用 Tab 或空格分隔，分别表示“服务名称”“使用端口”“协议名称”和“别名”。

很多系统程序要使用该文件。如果每一个服务都能够严格遵循该机制，在此文件里标注自己所使用的端口信息，则主机上各服务对端口的使用将会非常清晰明了，易于管理。在该文件中定义的服务名可以作为配置文件的参数使用。例如，在配置路由策略时，使用 www 代替 80，就是调用了此文件中的条目 www 80。当有特殊情况，需要调整端口设置时，只需要在 /etc/services 中修改 www 的定义，即可影响到服务。例如，在文件中增加条目 privPort 55555，在某个私有服务的多个配置文件里广泛应用，进行配置。当有特殊需要时，需要将这些端口配置改为 66666，则只需修改/etc/services 文件中的对应行即可。

在应用程序中可以通过服务名和协议获取对应的端口号。通过在该文件中注册可以使应用程序不再关心端口号。Linux 系统的端口号范围为 0～65535，不同范围有不同的意义：0，不使用；1～1023，系统保留，只能由 root 用户使用；1024～4999，由客户端程序自由分配；5000～65535，由服务器端程序自由分配。


```
[root@linux7 ~]# more   /etc/services|sort|uniq    |grep    -v "#"
acap              674/tcp
acap              674/udp
…
bgp               179/sctp
bgp               179/udp
…
```

任务 2　学习使用 Linux 网络配置和测试命令

前浪 net-tools 是一套标准的 UNIX 网络工具，用于配置网络接口、设置路由表信息、管理 ARP 表、显示和统计各类网络信息等，但是遗憾的是这个工具自 2001 年起便不再更新和维护了。即将隆重登场的便是后浪 iproute，这是一套可以支持 IPv4/IPv6 网络的用于管理 TCP/UDP/IP 网络的工具集，这套工具由Stephen Hemminger负责维护和升级，目前的主版本号是 2。从某种意义上说，iproute 工具集基本可以替代 net-tools 工具集，如表 2.1 所示。

表 2.1　iproute 与 net-tools 工具集替代方案

用途	net-tool（被淘汰）	iproute2
地址和链路配置	ifconfig	ip addr, ip link
路由表	route	ip route
邻居	arp	ip neigh
VLAN	vconfig	ip link
隧道	iptunnel	ip tunnel
组播	ipmaddr	ip maddr
统计	netstat	ss

子任务 1　使用 hostnamectl 命令设置主机名

在 RHEL 7 系统中，有 3 种主机名：静态的（static）、瞬态的（transient）和灵活的（pretty）。"静态"主机名也称为内核主机名，是系统在启动时从/etc/hostname 自动初始化的主机名。"瞬态"主机名是在系统运行时临时分配的主机名，例如通过 DHCP 或 DNS 服务器分配。静态主机名和瞬态主机名都遵从与互联网域名同样的字符限制规则。而另一方面，"灵活"主机名则允许使用自由形式（包括特殊/空白字符），以展示给终端用户（如 Linux idc）。在 RHEL 7 中，通过 hostnamectl 命令行工具查看或修改与主机名相关的配置。

1. 查看主机名相关的设置

```
[root@rhel7 ~]# hostnamectl
   Static hostname:  rhel7.cqcet.edu.cn
         Icon name:  computer
           Chassis:  n/a
        Machine ID:  3b6216975bb94da7b5da3090eeefa5fa
           Boot ID:  003010b5aa7248e0982996c600090f1b
    Virtualization:  vmware
  Operating System:  RedHat Enterprise Linux Server 7.0 (Maipo)
       CPE OS Name:  cpe:/o:redhat:enterprise_linux:7.0:GA:server
            Kernel:  Linux 3.10.0-123.el7.x86_64
      Architecture:  x86_64
```

2. 只查看静态、瞬态或灵活主机名

```
[root@rhel7 ~]# hostnamectl  --static
rhel7.cqcet.edu.cn
[root@rhel7 ~]# hostnamectl  --transient
rhel7.cqcet.edu.cn
[root@rhel7 ~]# hostnamectl  --pretty

[root@rhel7 ~]#
```

3. 只修改某个（静态、瞬态或灵活）主机名

```
[root@rhel7 ~]# hostnamectl  --transient  set-hostname   linux7dzx
[root@rhel7 ~]# hostnamectl  --transient
linux7dzx
[root@rhel7 ~]# hostnamectl  --static  set-hostname   linux7.cqcet.cn
[root@rhel7 ~]# hostnamectl  --static
linux7.cqcet.cn
[root@rhel7 ~]# hostnamectl  --pretty  set-hostname   "linux7 lih"
[root@rhel7 ~]# hostnamectl  --pretty
linux7 lih
[root@rhel7 ~]# hostnamectl  --transient
linux7dzx
```

在修改静态/瞬态主机名时，任何特殊字符或空白字符会被移除，而参数中的任何大写字母会自动转化为小写。一旦修改了静态主机名，/etc/hostname 将被自动更新。然而，/etc/hosts 不会自动更新以保存对应的修改。要永久修改主机名，可以手动修改/etc/hosts 文件，不必重启机器，注销并重新登入后在命令行提示位置可以查看到新的静态主机名。

子任务 2　使用 ifconfig 命令设置 IP 地址

命令 ifconfig 用来设置主机 IP 地址相关信息，命令格式：ifconfig [网络设备] [选项]，常

用选项及作用如表 2.2 所示。该命令不修改对应配置文件，所做设置在系统重启后会自动失效。

表 2.2 ifconfig 的主要选项及作用

选项	作用
up	启动指定网络设备/网卡
down	关闭指定网络设备/网卡
add <地址>	给指定网卡配置 IPv6 地址
del <地址>	删除指定网卡的 IPv6 地址
<地址>	为网卡设置 IPv4 地址
hw <网络设备类型> <硬件地址>	设置网络设备的类型与硬件地址
tunel <地址>	建立 IPv4 与 IPv6 之间的隧道通信地址
netmask <子网掩码>	设置网卡的子网掩码
-s	显示摘要信息（类似于 netstat -i）

1. 修改和查看临时 IP 地址

```
[root@linux7 ~]# ifconfig   eno16777736               // eno16777736 是网络设备名，不是网络连接名
eno16777736: flags=4163<UP,BROADCAST,RUNNING,MULTICAST>  mtu 1500
        inet 192.168.0.101  netmask 255.255.255.0  broadcast 192.168.0.255
        inet6 fe80::20c:29ff:fe26:f0ff  prefixlen 64  scopeid 0x20<link>
        ether 00:0c:29:26:f0:ff  txqueuelen 1000  (Ethernet)
        RX packets 296  bytes 27046 (26.4 KiB)
        RX errors 0  dropped 0  overruns 0  frame 0
        TX packets 173  bytes 16037 (15.6 KiB)
        TX errors 0  dropped 0 overruns 0  carrier 0  collisions 0

[root@linux7 ~]# ifconfig   eno16777736:1    192.168.0.102 netmask   255.255.255.0  //设置 IP 地址
[root@linux7 ~]# ifconfig
eno16777736: flags=4163<UP,BROADCAST,RUNNING,MULTICAST>  mtu 1500
        inet 192.168.0.101  netmask 255.255.255.0  broadcast 192.168.0.255
        inet6 fe80::20c:29ff:fe26:f0ff  prefixlen 64  scopeid 0x20<link>
        ether 00:0c:29:26:f0:ff  txqueuelen 1000  (Ethernet)
        RX packets 340  bytes 31095 (30.3 KiB)              //接收、发送数据包情况统计。
        RX errors 0  dropped 0  overruns 0  frame 0
        TX packets 228  bytes 21091 (20.5 KiB)
        TX errors 0  dropped 0 overruns 0  carrier 0  collisions 0

eno16777736:1: flags=4163<UP,BROADCAST,RUNNING,MULTICAST>  mtu 1500
        inet 192.168.0.102  netmask 255.255.255.0  broadcast 192.168.0.255
        ether 00:0c:29:26:f0:ff  txqueuelen 1000  (Ethernet)

lo: flags=73<UP,LOOPBACK,RUNNING>  mtu 65536
        inet 127.0.0.1  netmask 255.0.0.0
        inet6 ::1  prefixlen 128  scopeid 0x10<host>
        loop  txqueuelen 0  (Local Loopback)
        RX packets 8  bytes 644 (644.0 B)
        RX errors 0  dropped 0  overruns 0  frame 0
        TX packets 8  bytes 644 (644.0 B)
        TX errors 0  dropped 0 overruns 0  carrier 0  collisions 0
```

2. 修改和查看 MAC 地址

```
[root@linux7 ~]# ifconfig    eno16777736    hw    ether 00:AA:BB:CC:DD:EE        //修改 MAC 地址
[root@linux7 ~]# ifconfig eno16777736
eno16777736: flags=4163<UP,BROADCAST,RUNNING,MULTICAST>    mtu 1500
        inet 192.168.0.101    netmask 255.255.255.0    broadcast 192.168.0.255
        inet6 fe80::20c:29ff:fe26:f0ff    prefixlen 64    scopeid 0x20<link>
        ether 00:aa:bb:cc:dd:ee    txqueuelen 1000    (Ethernet)
        RX packets 355    bytes 32494 (31.7 KiB)
        RX errors 0    dropped 0    overruns 0    frame 0
        TX packets 233    bytes 21481 (20.9 KiB)
        TX errors 0    dropped 0 overruns 0    carrier 0    collisions 0
[root@linux7 ~]# ifconfig    eno16777736:1
eno16777736:1: flags=4163<UP,BROADCAST,RUNNING,MULTICAST>    mtu 1500
        inet 192.168.0.102    netmask 255.255.255.0    broadcast 192.168.0.255
        ether 00:aa:bb:cc:dd:ee    txqueuelen 1000    (Ethernet)
```

UP 代表网卡开启状态，RUNNING 代表网卡的网线被接上，MULTICAST 代表支持组播，mtu1500 代表最大传输单元 1500 字节。

lo 是表示主机的回环地址，这个一般是用来测试一个网络程序，但又不想让局域网或外网的用户能够查看，只能在此台主机上运行和查看所用的网络接口。比如把httpd服务器指定到回环地址，在浏览器中输入 127.0.0.1 就能看到本机所架的 Web 网站了。但只是本机能看得到，局域网的其他主机或用户无从知道。

3. 禁用与启动网卡

```
[root@linux7 ~]# ifconfig    eno16777736    down
[root@linux7 ~]# ifconfig    eno16777736
eno16777736: flags=4098<BROADCAST,MULTICAST>    mtu 1500
        inet 192.168.0.101    netmask 255.255.255.0    broadcast 192.168.0.255
        ether 00:aa:bb:cc:dd:ee    txqueuelen 1000    (Ethernet)
        RX packets 364    bytes 33497 (32.7 KiB)
        RX errors 0    dropped 0    overruns 0    frame 0
        TX packets 266    bytes 26070 (25.4 KiB)
        TX errors 0    dropped 0 overruns 0    carrier 0    collisions 0

[root@linux7 ~]# ifconfig eno16777736:1
eno16777736:1: flags=4098<BROADCAST,MULTICAST>    mtu 1500
        ether 00:aa:bb:cc:dd:ee    txqueuelen 1000    (Ethernet)
```

子任务 3　使用 route 命令管理路由信息表

Linux 系统的 route 命令用于显示和操作 IP 路由表。要实现两个不同的子网之间的通信，需要一台连接两个网络的路由器，或者同时位于两个网络的网关来实现。命令格式：route [add|del][-net|-host] target [netmask Nm] [gw Gw] [metric Mt] [[dev] If]。常用选项及作用如表 2.3 所示。

表 2.3　route 的主要选项及作用

选项	作用
add	添加一条路由项
del	删除一条路由项

续表

选项	作用
-net	目的地址是一个网络
-host	目的地址是一个主机
target	目的网络或主机
netmask	目的地址的网络掩码
gw	路由数据包通过的网关
dev	为路由指定的网络接口
metric	设置路由跳数

1. 显示当前的路由

```
[root@linux7 ~]# route
Kernel IP routing table
Destination     Gateway         Genmask         Flags Metric Ref    Use Iface
default         192.168.0.1     0.0.0.0         UG    1024   0        0 eno16777736
192.168.0.0     0.0.0.0         255.255.255.0   U     0      0        0 eno16777736
192.168.122.0   0.0.0.0         255.255.255.0   U     0      0        0 virbr0
```

其中 Ref 表示此路由项引用次数，Linux 内核中没有使用，恒为 0；Use 表示此路由项被路由软件查找的次数；Metric 表示路由距离，到达指定网络所需的跳数，Linux 内核中没有使用。

Flags 为路由标志，标记当前网络节点的状态。Flags 标志说明：①U：Up，表示此路由当前为启动状态；②H：Host，目标是一台主机（IP）而非网络；③G：Gateway，表示需要通过外部的主机（gateway）来转发数据包；④R：Reinstate Route，使用动态路由时，恢复路由的标志；⑤D：Dynamically，由路由的后台程序动态地安装；⑥M：Modified，由路由的后台程序修改；⑦!：拒绝路由，表示此路由当前为关闭状态。

有以下 3 种路由类型：

（1）主机路由：主机路由是路由选择表中指向单个 IP 地址或主机名的路由记录。主机路由的 Flags 字段为 H。例如，在下面的示例中，本地主机通过 IP 地址 192.168.1.1 的路由器到达 IP 地址为 10.0.0.10 的主机。

```
Destination    Gateway       Genmask          Flags  Metric  Ref  Use  Iface
-----------    -------       -------          -----  ------  ---  ---  -----
10.0.0.10      192.168.1.1   255.255.255.255  UH     0       0    0    eno16777736
```

（2）网络路由：是路由选择表中指向网络的路由记录，Flags 字段为 N。例如，在下面的示例中，本地主机将发送到网络 192.19.12.0 的数据包转发到 IP 地址为 192.168.1.1 的路由器。

```
Destination    Gateway       Genmask          Flags  Metric  Ref  Use  Iface
-----------    -------       -------          -----  -----   ---  ---  -----
192.19.12.0    192.168.1.1   255.255.255.0    UN     0       0    0    eno16777736
```

（3）默认路由：不能在路由表中查找到目标主机或目标网络的路由时，数据包就被发送到默认路由（默认网关）上，默认路由的 Flags 字段为 G。例如，在下面的示例中，默认路由是 IP 地址为 192.168.1.1 的路由器。

```
Destination    Gateway       Genmask    Flags  Metric  Ref  Use  Iface
-----------    -------       -------    -----  ------  ---  ---  -----
default        192.168.1.1   0.0.0.0    UG     0       0    0    eno16777736
```

2. 添加/屏蔽/删除一条路由

```
[root@linux7 ~]# route add -net 224.0.0.0    netmask 255.0.0.0 dev eno16777736    //添加一条路由
[root@linux7 ~]# route
Kernel IP routing table
Destination     Gateway         Genmask          Flags Metric Ref    Use Iface
default         192.168.0.1     0.0.0.0          UG    1024   0        0 eno16777736
192.168.0.0     0.0.0.0         255.255.255.0    U     0      0        0 eno16777736
192.168.122.0   0.0.0.0         255.255.255.0    U     0      0        0 virbr0
224.0.0.0       0.0.0.0         255.0.0.0        U     0      0        0 eno1677773
[root@linux7 ~]# route add    -net   224.0.0.0 netmask 255.0.0.0    reject
[root@linux7 ~]# route                                              //屏蔽一条路由
Kernel IP routing table
Destination     Gateway         Genmask          Flags Metric Ref    Use Iface
default         192.168.0.1     0.0.0.0          UG    1024   0        0 eno16777736
192.168.0.0     0.0.0.0         255.255.255.0    U     0      0        0 eno16777736
192.168.122.0   0.0.0.0         255.255.255.0    U     0      0        0 virbr0
224.0.0.0       -               255.0.0.0        !     0      -        0 -
224.0.0.0       0.0.0.0         255.0.0.0        U     0      0        0 eno16777736
[root@linux7 ~]# route del    -net   224.0.0.0 netmask 255.0.0.0    //删除一条路由
[root@linux7 ~]# route
Kernel IP routing table
Destination     Gateway         Genmask          Flags Metric Ref    Use Iface
default         192.168.0.1     0.0.0.0          UG    1024   0        0 eno16777736
192.168.0.0     0.0.0.0         255.255.255.0    U     0      0        0 eno16777736
192.168.122.0   0.0.0.0         255.255.255.0    U     0      0        0 virbr0
224.0.0.0       -               255.0.0.0        !     0      -        0 –
[root@linux7 ~]# route del    -net   224.0.0.0 netmask 255.0.0.0
SIOCDELRT: 没有那个进程
```

```
[root@linux7 ~]# ifconfig    eno16777736:1    10.10.10.1    netmask    255.255.255.0
[root@linux7 ~]# route add    -net 10.10.10.0    netmask 255.255.255.0    gw    10.10.10.1
[root@linux7 ~]# route
Kernel IP routing table
Destination     Gateway         Genmask          Flags Metric Ref    Use Iface
default         192.168.0.1     0.0.0.0          UG    1024   0        0 eno16777736
10.10.10.0      10.10.10.1      255.255.255.0    UG    0      0        0 eno16777736
10.10.10.0      0.0.0.0         255.255.255.0    U     0      0        0 eno16777736
192.168.0.0     0.0.0.0         255.255.255.0    U     0      0        0 eno16777736
192.168.122.0   0.0.0.0         255.255.255.0    U     0      0        0 virbr0
224.0.0.0       -               255.0.0.0        !     0      -        0 -
```

3. 删除和添加默认网关

```
[root@linux7 ~]# route add default gw    10.10.10.2
[root@linux7 ~]# route
Kernel IP routing table
Destination     Gateway         Genmask          Flags   Metric   Ref     Use   Iface
default         10.10.10.2      0.0.0.0          UG      0        0       0     eno16777736
default         192.168.0.1     0.0.0.0          UG      1024     0       0     eno16777736
10.10.10.0      10.10.10.1      255.255.255.0    UG      0        0       0     eno16777736
10.10.10.0      0.0.0.0         255.255.255.0    U       0        0       0     eno16777736
192.168.0.0     0.0.0.0         255.255.255.0    U       0        0       0     eno16777736
192.168.122.0   0.0.0.0         255.255.255.0    U       0        0       0     virbr0
224.0.0.0       -               255.0.0.0        !       0        -       0     -
[root@linux7 ~]# route    del default gw    10.10.10.2
```

要注意的是，在命令行下执行 route 命令添加的路由不会永久保存，当网卡重启或者机器重启之后，该路由就失效了。可以在相关配置文件中添加 route 命令来保证该路由设置永久有效。查询相关资料可知有 3 种方法：①在/etc/rc.local 里添加：route add -net x.x.x.x/m gw y.y.y.y；②在/etc/sysconfig/network 里添加到末尾：GATEWAY=gw-ip 或 GATEWAY=gw-dev；③在/etc/sysconfig/network-scripts/ifcfg-接口文件中添加：GATEWAY=gw-ip。上述修改完成后执行#servcie netwok restart 重启，网络服务生效。

子任务 4 使用 sysctl、ss、arp、ping 和 traceroute 命令

1. 使用 sysctl 查看和设置数据包转发

在 RHEL7 系统默认的内核配置已经包含了路由功能，但默认在系统启动时不启用此功能。开启 Linux 的路由功能可以通过调整内核的网络参数来实现。查看和调整内核参数可以使用 sysctl 命令。

例如，要开启 Linux 内核的数据包转发功能可以使用如下命令：# sysctl -w net.ipv4.ip_forward=1，这样设置之后，当前系统就能实现包转发，但下次启动计算机时将失效。为了使在下次启动计算机时仍然有效，需要在配置文件/etc/sysctl.conf 中写入一行 net.ipv4.ip_forward = 1。


```
[root@linux7 ~]# sysctl    net.ipv4.ip_forward              //查看当前系统是否支持包转发
net.ipv4.ip_forward = 1
[root@linux7 ~]# more    /proc/sys/net/ipv4/ip_forward
1
[root@linux7 ~]# sysctl -w net.ipv4.ip_forward=0    //关闭 IPv4 包转发，-w 选项让写入变量的值生效
net.ipv4.ip_forward = 0
[root@linux7 ~]# more     /etc/sysctl.conf                 //查看该配置文件的内容
# System default settings live in /usr/lib/sysctl.d/00-system.conf.
# To override those settings, enter new settings here, or in an /etc/sysctl.d/<name>.conf file
#
# For more information, see sysctl.conf(5) and sysctl.d(5).
net.ipv4.ip_forward = 0
```

2. 使用 ss 查看和设置网络状态

ss 是 Socket Statistics 的缩写。顾名思义，ss 命令可以用来获取 socket 统计信息，它可以显示和 netstat 类似的内容。但 ss 的优势在于它能够显示更多更详细的有关 TCP 和连接状态的信息，而且比 netstat 更快速更高效。当服务器维持的 socket 连接数量达到上万个的时候，无论是使用 netstat 命令还是直接 cat /proc/net/tcp，执行速度都会很慢，而用 ss 可以节省时间。

为什么 ss 比 netstat 快？netstat 是遍历/proc 下面的每个 PID 目录，而 ss 直接读/proc/net 下面的统计信息，所以 ss 执行的时候消耗资源和时间都比 netstat 少很多。命令格式：ss [选项]，其中常用选项及作用如表 2.4 所示。

表 2.4 ss 的主要选项及作用

选项	作用
-a|--all	显示所有套接字
-t|--tcp	仅显示 TCP 套接字
-n|--numeric	不解析服务名称
-s|--summary	显示套接字（socket）使用概况

续表

选项	作用
-l|--listening	显示监听状态的套接字（sockets）
-p|--processed	显示使用套接字的进程
-u|--udp	仅显示 UDP 套接字
-x|--Unix	仅显示 UNIX 套接字

```
[root@linux7 ~]# ss -antp    |column   -t
State    Recv-Q   Send-Q    Local Address:Port    Peer Address:Port
LISTEN   0        100       127.0.0.1:25          *:*                 users:(("master",2501,13))
LISTEN   0        128       *:52129               *:*                 users:(("rpc.statd",1832,9))
LISTEN   0        128       *:111                 *:*                 users:(("rpcbind",1759,9))
LISTEN   0        5         192.168.122.1:53      *:*                 users:(("dnsmasq",3090,7))
LISTEN   0        128       *:22                  *:*                 users:(("sshd",1768,3))
LISTEN   0        128       127.0.0.1:631         *:*                 users:(("cupsd",3405,11))
ESTAB    0        0         192.168.9.252:22      192.168.9.1:52736   users:(("sshd",30524,3))
LISTEN   0        128       :::34893              :::*                users:(("rpc.statd",1832,11))
LISTEN   0        128       :::111                :::*                users:(("rpcbind",1759,12))
LISTEN   0        128       :::22                 :::*                users:(("sshd",1768,4))
LISTEN   0        128       ::1:631               :::*                users:(("cupsd",3405,10))
```

ss 命令的显示结果中，不管多宽的终端屏，users:部分都会折到下一行，其实是在一行的。需要格式化一下，内容才会整齐，但是标题行会错位。

3. 使用 arp 管理 ARP 缓存条目

arp 命令用于操作主机的 arp 缓冲区，它可以显示 arp 缓冲区中的所有条目、删除指定的条目或者添加静态的 IP 地址与 MAC 地址的对应关系。命令格式：arp [选项] [IP 地址] [MAC 地址]。常用选项及作用如表 2.5 所示。

表 2.5　arp 的主要选项及作用

选项	作用
-a<主机>	显示 arp 缓冲区的所有条目
-d<主机>	从 arp 缓冲区中删除指定主机的 arp 条目
-i<接口>	指定要操作 arp 缓冲区的网络接口
-s<IP 地址><MAC 地址>	设置指定主机的 IP 地址与 MAC 地址的静态映射
-f<文件>	使/etc/ethers 中的静态 ARP 记录生效
-v	显示详细的 arp 缓冲区条目，包括缓冲区条目的统计信息

```
[root@linux7 ~]# arp   -s   192.168.9.254     70:1A:04:CC:2B:21
[root@linux7 ~]# arp
Address           HWtype   HWaddress           Flags Mask    Iface
192.168.9.1       ether    00:50:56:c0:00:01   C             eno16777736
192.168.9.254     ether    70:1a:04:cc:2b:21   CM            eno16777736
192.168.0.1                (incomplete)
//Flags Mask，C 表示 arp cache 中的内容，M 表示是静态 ARP entry
[root@linux7 ~]# ip neigh
192.168.9.1 dev eno16777736 lladdr 00:50:56:c0:00:01 STALE
192.168.9.254 dev eno16777736 lladdr 70:1a:04:cc:2b:21 PERMANENT
```

```
192.168.0.1 dev eno16777736    FAILED
[root@linux7 ~]# ip neigh    help
Usage: ip neigh { add | del | change | replace } { ADDR [ lladdr LLADDR ]
              [ nud { permanent | noarp | stale | reachable } ]
              | proxy ADDR } [ dev DEV ]
       ip neigh {show|flush} [ to PREFIX ] [ dev DEV ] [ nud STATE ]
[root@linux7 ~]# arp -d    192.168.9.254
[root@linux7 ~]# ip neigh
192.168.9.1 dev eno16777736 lladdr 00:50:56:c0:00:01 STALE
192.168.9.254 dev eno16777736    FAILED
192.168.0.1 dev eno16777736    FAILED
```

但是 arp -s 设置的静态项在用户注销之后或重启之后会失效。如果想要任何时候都不失效，可以将 IP 和 MAC 的对应关系写入 arp 命令的默认配置文件/etc/ethers 中。例如，写入一行 211.144.68.254　00:12:D9:32:BF:44。写入之后重启网络服务即可。

4．使用 ping 检测网络连通性

使用 ping 命令发送 ICMP ECHO_REQUEST 数据包到网络主机并显示响应来确定目标主机是否可访问。但有些服务器通过防火墙或者在内核参数中禁止响应 ping，这样就不能通过 ping 确定该主机是否还处于开启状态。Linux 下的 ping 不会自动终止，需要按 Ctrl+C 组合键终止。命令格式：ping [参数] [主机名或 IP 地址]。其中常用选项及作用如表 2.6 所示。

表 2.6　ping 的主要选项及作用

选项	作用
-c 数目	在发送指定数目的包后停止
-i 秒数	设定间隔几秒送一个网络封包给一台机器，预设值是一秒送一次
-s 字节数	指定发送的数据字节数，预设值是 56，加上 8 字节的 ICMP 头，一共是 64 字节 ICMP 数据
-t 存活数值	设置存活数值 TTL 的大小

```
[root@linux7 ~]# ping -i 2 -s 1024 -t 255 -c 3 192.168.120.206
PING 192.168.120.206 (192.168.120.206) 1024(1052) bytes of data.
From 192.168.9.252 icmp_seq=1 Destination Host Unreachable
From 192.168.9.252 icmp_seq=2 Destination Host Unreachable
From 192.168.9.252 icmp_seq=3 Destination Host Unreachable

--- 192.168.120.206 ping statistics ---
3 packets transmitted, 0 received, +3 errors, 100% packet loss, time 4018ms
pipe 2
```

5．使用 traceroute 追踪路由信息

路由扫描工具的原理都是利用存活时间（TTL）来实现的。每当数据包经过一个路由器，其存活时间就会减 1。当其存活时间是 0 时，主机便丢弃该数据包，并传送一个 ICMP TTL=0 报错数据包给原数据包的发出者。路由扫描工具就通过这个回送的 ICMP 数据包来获得经过的每一跳路由的信息。traceroute 通过发送小的数据包（默认 40 字节）到目的设备直到其返回来测量其需要多长时间。一条路径上的每个设备 traceroute 要测 3 次。输出结果中包括每次测试的时间（ms）和设备的名称（如果有的话）及其IP地址。

Linux 下的 traceroute 和 Windows 下的 tracert 功能相同，所不同的是前者发送的是 UDP

数据包，后者发送的是 ICMP 报文。由于 traceroute 使用 UDP 协议，所以其目标端口号默认为 33433，一般应用程序都不会用到这个端口，所以目标主机会回送 ICMP。命令格式：traceroute [参数] [主机名或 IP 地址]，常用选项及作用如表 2.7 所示。

表 2.7　traceroute 的主要选项及作用

选项	作用
-T|--tcp	使用 TCP 回应取代 UDP 回应
-I|--icmp	使用 ICMP 回应取代 UDP 回应
-p port|--port=port	设置 UDP 传输协议的通信端口，默认值是 33434
-n	直接使用 IP 地址而不进行 DNS 解析，当 DNS 不起作用时常用到这个参数
-q num	在每次设置生存期时，把探测包的个数设置为值 num，默认为 3

```
[root@linux7 ~]# traceroute    www.cqcet.edu.cn
traceroute to www.cqcet.edu.cn (42.247.8.131), 30 hops max, 60 byte packets
 1   192.168.0.1 (192.168.0.1)    2.936 ms    2.938 ms    2.542 ms
 2   192.168.1.1 (192.168.1.1)    2.668 ms    2.713 ms    2.897 ms
 3   10.92.0.1 (10.92.0.1)    21.795 ms    21.530 ms    21.282 ms
 4   218.206.11.213 (218.206.11.213)    7.720 ms    8.549 ms    8.222 ms
 5   * * *
 6   218.206.11.18 (218.206.11.18)    6.857 ms 218.206.11.194 (218.206.11.194)    6.280 ms    18.264 ms
…
29   * * *
30   * * *
[root@linux7 ~]# traceroute    -T -p 80    www.cqcet.edu.cn
traceroute to www.cqcet.edu.cn (42.247.8.131), 30 hops max, 60 byte packets
 1   192.168.0.1 (192.168.0.1)    309.914 ms    2.048 ms    1.948 ms
 2   192.168.1.1 (192.168.1.1)    2.031 ms    1.882 ms    1.735 ms
 3   * * *
 4   * * *
…
21   42.247.8.131 (42.247.8.131)    56.562 ms    39.855 ms    39.142 ms
[root@linux7 ~]# traceroute    -T    -n    -p 80    -I    www.cqcet.edu.cn
traceroute to www.cqcet.edu.cn (42.247.8.131), 30 hops max, 60 byte packets
 1   192.168.0.1    3.031 ms    5.884 ms    5.760 ms
 2   192.168.1.1    3.180 ms    5.039 ms    5.874 ms
…
20   42.247.8.131    49.039 ms    49.453 ms    64.935 ms
```

注意：在 traceroute 一些网站时，可能无法到达最终节点，主要是因为有些服务器把 UDP 数据包屏蔽了，所以没有返回 ICMP。对于有 HTTP 服务的主机，使用 TCP 协议进行探测，就可以获得最终节点回应。当然如果某台 DNS 出现问题，不能解析主机名、域名时，也会有延时的现象，可以加-n 参数来避免 DNS 解析，以 IP 格式输出数据。

任务 3　使用 nmcli 命令管理 Linux 网络

子任务 1　了解 nmcli 命令的功能和语法

NetworkManager 可以用于以下类型的连接：Ethernet、VLANS、Bridges、Bonds、Teams、Wi-Fi、mobile boradband（如移动 3G）和 IP-over-InfiniBand。针对这些网络类型，NetworkManager

可以配置它们的网络别名、IP 地址、静态路由、DNS、VPN 连接，以及很多其他的特殊参数。

1. RHEL 7 网卡命名

RHEL 6 之前，网络接口使用连续号码命名：eth0、eth1 等，当增加或删除网卡时，名称可能会发生变化。RHEL 7 之后，使用基于硬件、设备拓扑和设置类型命名。

（1）网卡命名机制。Systemd 对网络设备的命名方式：①如果 Firmware 或 BIOS 为主板上集成的设备提供的索引信息可用且可预测，则根据此索引进行命名，例如 eno1；②如果 Firmware 或 BIOS 为 PCI-E 扩展槽所提供的索引信息可用且可预测，则根据此索引进行命名，例如 ens1；③如果硬件接口的物理位置信息可用，则根据此信息进行命名，例如 enp2s0；④如果用户显式启动，也可根据 MAC 地址进行命名，enx2387a1dc56；⑤上述均不可用时，则使用传统命名机制，基于 BIOS 支持 biosdevname 中。

（2）名称组成格式。En，Ethernet；wl，有线局域网；wlan，无线局域网；ww，wwan 无线广域网。

（3）名称类型。

o<index>：集成设备的设备索引号。

s<slot>：扩展槽的索引号。

x<MAC>：基于 MAC 地址的命名。

p<bus>s<slot>：基于总线及槽的拓扑结构进行命名。

2. 网卡设备的命名过程

第一步：udev，辅助工具程序/lib/udev/rename_device 和/usr/lib/udev/rules.d/60-net.rules。

第二步：biosdevname 会根据/usr/lib/udev/rules.d/71-biosdevname.rules。

第三步：通过检测网络接口设备，根据/usr/lib/udev/rules.d/75-net-description：ID_NET_NAME_ONBOARD、ID_NET_NAME_SLOT、ID_NET_NAME_PATH。

biosdevname 是一款 udev 帮助程序，可根据系统 BIOS 提供的信息对网络接口进行重命名。

3. 改回传统命名方式

（1）编辑/etc/default/grub 配置文件：GRUB_CMDLINE_LINUX="net.ifnames=0 rhgb quiet"。

（2）修改/boot/grub2/grub.cfg 为 grub2 生成其配置文件：grub2-mkconfig -o /etc/grub2.cfg。

（3）重启系统。

4. 配置工具

在 RHEL7 中网络管理命令行工具叫 nmcli，会自动把配置写到/etc/sysconfig/network-scripts/目录下面。经常使用 ifconfig 的用户应该在 RHEL 7 中避免使用 ifconfig。nmcli 的功能要强大、复杂得多。nmcli 命令语法：nmcli [OPTIONS] OBJECT { COMMAND | help }。OBJECT 和 COMMAND 可以用全称也可以用简称，最少可以只用一个字母，建议用头三个字母。

OBJECT 里面我们平时用得最多的就是 connection 和 device，这里需要简单区分一下 connection 和 device。

（1）device 叫网络接口，是物理设备。

device -show and manage network interfaces

nmcli device help

（2）connection 是网络连接，偏重于逻辑设置。

connection -start, stop, and manage network connections

nmcli connection help

设备即网络接口，连接是对网络接口的配置。一个网络接口可有多个连接配置，但同时只有一个连接配置生效。多个 connection 可以应用到同一个 device，但同一时间只能启用其中一个 connection。这样的好处是针对一个网络接口可以设置多个网络连接，比如静态 IP 和动态 IP，再根据需要 up 相应的 connection。

5. nmcli 命令集

RHEL 7 上配置网络的主要工具是 nmcli 命令集。刚接触这个命令集的朋友都会感觉很不习惯，这个命令下面的选项及参数非常多，所以记忆起来确实很麻烦。但有弊就有利，使用 RHEL 7 之前的系统时如果要配置网络，要使用很多命令组合完成，而且还不会直接修改配置文件。而 RHEL 7 上推出的 nmcli 命令集就很好地解决了这一问题，虽然选项、参数比较多，但一个命令可以把所有的配置工作全部完成，而且直接写入配置文件。

- 显示所有网络连接：nmcli con show
- 显示活动网络连接：nmcli con show --active
- 显示指定网络连接的详情：nmcli con show eno16777728
- 显示网络设备连接状态：nmcli dev status
- 显示所有网络设备的详情：nmcli dev show
- 显示指定网络设备的详情：nmcli dev show eno16777728
- 启用网络连接：nmcli con up eno16777728
- 停用网络连接（可被自动激活）：nmcli con down eno33554960
- 禁用网卡，防止被自动激活：nmcli dev dis eth0
- 删除网络连接的配置文件：nmcli con del eno33554960
- 重新加载网络配置文件：nmcli con reload
- 动态获取 IP 方式的网络连接配置：nmcli con add con-name eno16777728 type ethernet ifname eno16777728
- 指定静态 IP 方式的网络连接配置：nmcli con add con-name eno16777728 ifname eno16777728 autoconnect yes type ethernet ip4 10.1.254.254/16 gw4 10.1.0.1
- 启用/关闭所有的网络连接：nmcli net on/off
- 禁用网络设备并防止自动激活：nmcli con dis eno33554960
- 查看添加网络连接配置的帮助：nmcli con add help
- 修改网络连接单项参数，如下：

```
nmcli con mod IF-NAME connection.autoconnect yes                       修改为自动连接
nmcli con mod IF-NAME ipv4.method manual | dhcp                        修改 IP 地址是静态还是 DHCP
nmcli con mod IF-NAME ipv4.addresses    "172.25.X.10/24 172.25.X.254"  修改 IP 配置及网关
nmcli con mod IF-NAME ipv4.routes '3.3.3.0/24 1.1.1.4,4.4.4.0/24 1.1.1.4'  修改静态路由
nmcli con mod IF-NAME +ipv4.addresses 10.10.10.10/16                   添加第二个 IP 地址
nmcli con mod IF-NAME ipv4.dns 114.114.114.114                         添加 dns1
nmcli con mod IF-NAME +ipv4.dns    8.8.8.8                             添加 dns2
nmcli con mod IF-NAME -ipv4.dns    8.8.8.8                             删除 dns
```

- nmcli 命令修改的参数所对应的文件条目如下：

```
nmcli con mod                  ifcfg-* 文件
ipv4.method manual             BOOTPROTO=none
```

```
ipv4.method auto                          BOOTPROTO=dhcp
connection.id eth0                        NAME=eth0
(ipv4.addresses                           IPADDR0=192.0.2.1
"192.0.2.1/24                             PREFIX0=24
192.0.2.254")                             GATEWAY0=192.0.2.254
ipv4.dns 8.8.8.8                          DNS0=8.8.8.8
pv4.dns-search example.com                DOMAIN=example.com
pv4.ignore-auto-dns true                  PEERDNS=no
connection.autoconnect yes                ONBOOT=yes
connection.interface-name eth0            DEVICE=eth0
802-3-ethernet.mac-address...             HWADDR=...
```

- 图形工具：nm-connection-editor（系统自带的图形模块）
- 网络接口配置 tui 工具：nmtui
- 修改配置文件执行生效：systemctl restart network 或 nmcli con reload
- nmcli 命令生效：nmclicon down eth0 ; nmclicon up eth0

子任务 2　使用 nmcli 命令管理网络连接

1．显示网络连接状态

```
[root@rhel7 ~]# nmcli   connection   show            //显示所有网络连接
名称        UUID                                      类型              设备
virbr0     26d730b6-5098-422d-99a6-e99cb1474c1c      bridge            virbr0
peizhi_1   42de94c9-04d4-4615-ae4d-109a95e159d2      802-3-ethernet    eno16777736
virbr0     b34aeef5-d543-4844-8b45-9279ae36e86b      bridge            --
[root@rhel7 ~]# nmcli   con   show -active           //显示活动网络连接
[root@rhel7 ~]# nmcli   connection   show   --active
名称        UUID                                      类型              设备
virbr0     26d730b6-5098-422d-99a6-e99cb1474c1c      bridge            virbr0
peizhi_1   42de94c9-04d4-4615-ae4d-109a95e159d2      802-3-ethernet    eno16777736
[root@rhel7 ~]# nmcli   connection   show   peizhi_1         //显示指定网络连接的详情
connection.id:                            peizhi_1
connection.uuid:                          42de94c9-04d4-4615-ae4d-109a95e159d2
connection.interface-name:                --
connection.type:                          802-3-ethernet
connection.autoconnect:                   yes
connection.timestamp:                     1507975914
connection.read-only:                     no
connection.permissions:
connection.zone:                          --
connection.master:                        --
connection.slave-type:                    --
connection.secondaries:
connection.gateway-ping-timeout:          0
802-3-ethernet.port:                      --
802-3-ethernet.speed:                     0
802-3-ethernet.duplex:                    --
802-3-ethernet.auto-negotiate:            yes
802-3-ethernet.mac-address:               --
802-3-ethernet.cloned-mac-address:        --
802-3-ethernet.mac-address-blacklist:
802-3-ethernet.mtu:                       自动
802-3-ethernet.s390-subchannels:
802-3-ethernet.s390-nettype:              --
```

```
802-3-ethernet.s390-options:
ipv4.method:                         manual
ipv4.dns:                            8.8.8.8
ipv4.dns-search:
ipv4.addresses:                      { ip = 192.168.0.105/24, gw = 192.168.0.1 }
ipv4.routes:
ipv4.ignore-auto-routes:             no
ipv4.ignore-auto-dns:                no
ipv4.dhcp-client-id:                 --
ipv4.dhcp-send-hostname:             yes
ipv4.dhcp-hostname:                  --
ipv4.never-default:                  no
ipv4.may-fail:                       yes
ipv6.method:                         auto
ipv6.dns:
ipv6.dns-search:
ipv6.addresses:
ipv6.routes:
ipv6.ignore-auto-routes:             no
ipv6.ignore-auto-dns:                no
ipv6.never-default:                  no
ipv6.may-fail:                       yes
ipv6.ip6-privacy:                    -1（未知）
ipv6.dhcp-hostname:                  --
GENERAL.名称:                        peizhi_1
GENERAL.UUID:                        42de94c9-04d4-4615-ae4d-109a95e159d2
GENERAL.设备:                        eno16777736
GENERAL.状态:                        已激活
GENERAL.默认:                        是
GENERAL.DEFAULT6:                    否
GENERAL.VPN:                         否
GENERAL.ZONE:                        --
GENERAL.DBUS-PATH:                   /org/freedesktop/NetworkManager/ActiveConnection/1
GENERAL.CON-PATH:                    /org/freedesktop/NetworkManager/Settings/1
GENERAL.SPEC 对象:                   --
GENERAL.MASTER-PATH:                 --
IP4.地址[1]:                         ip = 192.168.0.105/24, gw = 192.168.0.1
IP4.DNS[1]:                          8.8.8.8
IP6.地址[1]:                         ip = fe80::20c:29ff:fe26:f0ff/64, gw = ::
```

其中名称（NAME）内容为网卡配置文件中定义的 NAME 内容，修改配置文件 NAME 项可以更改名称，修改后可以选择重启网络服务，执行命令#systemctl restart network，或者执行重读配置文件命令#nmcli con reload，使其生效。如果一个连接的设备（DEVICE）选项为空，说明没有与网卡绑定，并未生效。

2. 显示网络设备状态

```
[root@rhel7 ~]# nmcli  device  status              //显示网络设备状态
设备           类型        状态                      CONNECTION
eno16777736   ethernet   连接的                     peizhi_1
virbr0        bridge     连接中（获得 IP 配置）       virbr0
lo            loopback   未管理                     --
[root@rhel7 ~]# nmcli  dev  show  eno16777736      //显示指定网络设备的详情
GENERAL.设备:                                      eno16777736
GENERAL.类型:                                      ethernet
GENERAL.硬盘:                                      00:0C:29:26:F0:FF
```

```
GENERAL.MTU:                        1500
GENERAL.状态:                       100（连接的）
GENERAL.CONNECTION:                 peizhi_1
GENERAL.CON-PATH:                   /org/freedesktop/NetworkManager/ActiveConnection/1
WIRED-PROPERTIES.容器:              开
IP4.地址[1]:                        ip = 192.168.0.105/24, gw = 192.168.0.1
IP4.DNS[1]:                         8.8.8.8
IP6.地址[1]:                        ip = fe80::20c:29ff:fe26:f0ff/64, gw = ::
```

3. 新建网络连接配置文件

```
//新建动态获取 IP 方式的网络连接
[root@rhel7 ~]# nmcli con add con-name eno16777736-1 type ethernet ifname eno16777736
Connection 'eno16777736-1' (9208aa61-6e01-405b-b314-f72faa1d45a6) successfully added.
[root@rhel7 ~]# more   /etc/sysconfig/network-scripts/ifcfg-eno16777736-1
TYPE=Ethernet
BOOTPROTO=dhcp
DEFROUTE=yes
PEERDNS=yes
PEERROUTES=yes
IPV4_FAILURE_FATAL=no
IPV6INIT=yes
IPV6_AUTOCONF=yes
IPV6_DEFROUTE=yes
IPV6_PEERDNS=yes
IPV6_PEERROUTES=yes
IPV6_FAILURE_FATAL=no
NAME=eno16777736-1
UUID=9208aa61-6e01-405b-b314-f72faa1d45a6
DEVICE=eno16777736
ONBOOT=yes
//新建静态 IP 方式的网络连接
[root@rhel7 ~]# nmcli con add con-name eno16777736-2 ifname eno16777736 autoconnect yes type ethernet ip4
10.0.0.254/24 gw4 10.0.0.1
Connection 'eno16777736-2' (41926484-79d1-42a0-afae-158089a36c59) successfully added.
//同一个网络连接上可以设置多个 IP 地址
[root@rhel7 ~]# nmcli con add con-name eno16777736-2 ifname eno16777736 autoconnect yes type ethernet ip4
172.16.0.254/24 gw4 172.16.0.1
Connection 'eno16777736-2' (a3950676-7c13-412a-9160-ff4a796913f5) successfully added.
[root@rhel7 ~]# ls   /etc/sysconfig/network-scripts/    |grep enoifcfg-eno16777728
ifcfg-eno16777736-1
ifcfg-eno16777736-2
ifcfg-eno16777736-2-1
```

参数说明：con add，添加新的连接；con-name，连接名；type，设备类型；ifname，接口名；autoconnect no，禁止开机自动启动。由于命令过长，要善于使用 Tab 键补全，命令完成后，会在/etc/sysconfig/network-scripts/下生成一个配置文件，但是并未生效，需要使用命令“# nmcli connection up 连接名”将这个连接启用（即绑定网卡）才能生效。

同一个连接在同一时间只能绑定到一个接口上。平时如果工作需要，可以多设置几套配置文件，当环境需要时可以进行临时切换。当不需要再用时可以使用命令“#nmcli connection delete 连接名”将其删除。

4. 修改连接的单项设置

```
[root@rhel7 ~]# nmcli   connection   modify   peizhi_1   +ipv4.addresses   192.168.0.254/24
[root@rhel7 ~]# nmcli connection   up   peizhi_1
Connection successfully activated (D-Bus active path: /org/freedesktop/NetworkManager/ActiveConnection/9)
```

```
[root@rhel7 ~]# ip add   |grep eno
2: eno16777736: <BROADCAST,MULTICAST,UP,LOWER_UP> mtu 1500 qdisc pfifo_fast state UP qlen 1000
  inet 192.168.0.15/24 brd 192.168.0.255 scope global eno16777736
  inet 192.168.0.254/24 brd 192.168.0.255 scope global secondary eno16777736   //添加第二个 IP 地址
[root@rhel7 ~]# nmcli   conn   mod   peizhi_1   ipv4.addresses   "192.168.0.101/24   192.168.0.1"
```

5. *启用或停用网络连接*

```
[root@rhel7 ~]# nmcli   connection   up   eno16777736-1   //启用网络连接
Connection successfully activated (D-Bus active path: /org/freedesktop/NetworkManager/ActiveConnection/3)
[root@rhel7 ~]# nmcli   connection   down   eno16777736-1       //停用网络连接
```

停用的网络连接，计算机重启时会被自动激活，如果需要防止被自动激活，需要使用命令禁用连接所绑定的网卡"nmcli dev dis 网卡名"。上面例子中 eno16777736-1 为网络连接名。使用命令 nmcli net on/off 可以启用或者关闭所有的网络连接。

思考与练习

一、填空题

1．在 Linux 系统中，网络设备的配置保存在/etc/sysconfig/network-scripts/目录下，其中 ifcfg-eno16777736 包含一块网卡的配置信息，文件________保存回路 IP 地址有关信息。

2．RHEL7 系统中的网卡命名方式变成了 enoxxxxxxxx 格式，en 代表的是________，o 代表的是________，xxxxxxxx 自动生成的索引编号保证了唯一性，在做系统迁移的时候不容易出错。

3．________文件是 DNS 客户机配置文件，用于设置 DNS 服务器的 IP 地址及 DNS 域名，还包含了主机的域名搜索顺序。

4．Linux 系统端口号的范围为 0～65535，不同范围有不同的意义：0，不使用；1～1023，系统保留，只能由 root 用户使用；________由客户端程序自由分配；________由服务器端程序自由分配。

5．主机路由是路由选择表中指向单个 IP 地址或主机名的路由记录，主机路由的 Flags 字段为________。网络路由是路由选择表中指向网络的路由记录，Flags 字段为________。不能在路由表中查找到目标主机或目标网络的路由时，数据包就被发送到默认路由（默认网关）上，默认路由的 Flags 字段为________。

二、判断题

1．RHEL 7 系统中的/etc/networks 文件定义了网络名和网络地址的映射关系。（　）

2．RHEL 7 系统中的/etc/host.conf 文件里面并没有指定域名解析方法的选择顺序，而是在 nsswitch.conf 文件中进行设置。（　）

3．通过终端命令 ifconfig 设置主机的 IP 地址相关信息。因为该命令可以修改对应配置文件，在系统重新启动后所做的设置并不会失效。（　）

4．在命令行下执行 route 命令添加的路由不会永久保存，当网卡重启或者计算机重启之后，该路由就失效了。（　）

5．要开启 Linux 内核的数据包转发功能可以使用命令# sysctl -w net.ipv4.ip_ forward=1，

这样设置之后，当前系统就能实现包转发，但下次启动计算机时将失效。（　）

6．Linux 下 ping 不会自动终止，需要按 Ctrl+C 组合键终止。（　）

三、简答题

1．在 RHEL 7 系统中，有 3 种定义的主机名：静态的（static）、瞬态的（transient）和灵活的（pretty），它们有什么区别？

2．RHEL 7 虽然是 RHEL 6.8 的下一个版本，但两者的性能以及各个方面都发生了很大变化，单从网络配置模块来说就做了很大改变，主要体现在哪些地方？

3．在 CentOS/RHEL 7 中使用网络管理命令行工具 nmcli 的时候，需要搞清楚网络连接（connection）和网络设备（device）的含义，两者有什么区别和联系？

四、综合题

在 RHEL7 系统中，使用网卡 eno16777736 创建一个网络连接，使其能够访问互联网，并对其进行使用和管理。请将主要操作步骤截屏并保存到 Word 文档中。

（1）创建一个名字为 home 的连接，类型为以太网卡，绑定网卡为 eth1，开机自动启动，定义 IPv4 地址和网关。

（2）名称为 home 的连接创建成功后，查看默认情况下是否有绑定网卡？只有绑定了网卡，该连接才能生效。

（3）启用名称为 home 的网络连接。

（4）为其添加 DNS 配置，然后通过该连接访问互联网。

（5）删除该网络连接。

3

服务管理系统 Systemd 的应用与管理

学习目标

- 了解 Systemd 的功能和特点
- 了解 Systemd 的日志服务 journald
- 掌握编写 Systemd 服务脚本的方法
- 掌握 Systemd 的基本管理命令
- 熟悉 Unit 配置文件的功能和特点
- 掌握 journalctl 命令的使用

任务导引

Linux 操作系统开机过程：从 BIOS 开始→进入 Boot Loader→加载内核→内核初始化→启动初始化进程。初始化进程作为系统的第一个进程，它需要完成相关的初始化工作，为用户提供合适的工作环境。历史上，Linux 的启动一直采用init进程，也被称为 SysV init 启动系统。这种方法有两个缺点：一是启动时间长，init 进程是串行启动，只有前一个进程启动完才会启动下一个进程；二是启动脚本复杂，init 进程只是执行启动脚本不管其他事情，脚本需要自己处理各种情况，这往往使得脚本变得很长。近年来，Linux 系统的 init 进程经历了两次重大的演进，传统 SysV init 已经逐渐淡出历史舞台，之后的 Upstart 和 Systemd 各有特点。目前越来越多的 Linux 发行版采纳了这种全新的初始化进程。Systemd 是 Linux 系统中最新的初始化系统，使用了并发启动机制，所以开机速度得到了很大提高。根据 Linux 惯例，字母 d 是守护进程 Daemon 的缩写，Systemd 这个名字的含义就是它要守护整个系统，为系统的启动和管理提供一套完整的解决方案。学完 Systemd 命令后，会发现 Systemd 很强大。本项目主要介绍 Systemd 的相关概念、基于 Systemd 的常用系统管理，以及 Systemd 的日志服务 Journald 的使用与管理。

任务 1　初识新一代服务管理系统 Systemd

子任务 1　了解 Systemd 的功能和特点

Systemd 是 Upstart 的竞争对手，它的很多概念来源于苹果 MAC OS 操作系统上的 Launchd。下面详细讲述 Systemd 的重要特性。

1. 同 SysV init 和 Lsb init Scripts 兼容

Systemd 是一个“新来的”服务管理工具，Linux 上的很多应用程序并没有来得及为它做出相应的改变。和 Upstart 一样，Systemd 引入了新的配置方式，对应用程序的开发也有一些新的要求。如果 Systemd 想要取代目前正在运行的初始化系统，就必须和现有的程序兼容。

RHEL 7 使用Systemd替换了 SysV init，兼容 SysV 和 Lsb 的启动脚本。系统中已经存在的服务和进程无需修改，这降低了系统向 Systemd 迁移的成本，使得Systemd替换现有初始化系统成为可能。

2. 更快的启动速度

为了减少系统启动时间，Systemd 的目标是：①尽可能启动更少的进程；②尽可能地将更多的进程并行启动。同样地，Upstart 也试图实现这两个目标。Upstart 采用事件驱动机制，服务可以暂不启动，当需要的时候才通过事件触发其启动，这符合第一个设计目标；此外，不相干的服务可以并行启动，这实现了第二个目标。但是在 Upstart 中，有依赖关系的服务还是必须先后启动。

Systemd 提供了比 Upstart 更加激进的并行启动能力，Systemd 能够更进一步提高并发性。即使对于那些 Upstart 认为存在相互依赖而必须串行的服务，比如 Avahi 和 D-Bus，也可以并发启动。从而实现所有的任务都同时并发执行，总的启动时间被进一步降低。因此，Systemd 比 Upstart 更进一步提高了并行启动能力，极大地加快了系统启动时间。

Systemd 的优点是功能强大、使用方便，缺点是体系庞大、非常复杂。事实上，现在还有很多人反对使用 Systemd，理由就是它过于复杂，与操作系统的其他部分强耦合，违反“Keep simple, keep stupid”的UNIX 哲学。

3. 提供按需启动能力

当 SysV init 系统初始化的时候，它会将所有可能用到的后台服务进程全部启动运行，并且系统必须等待所有的服务都启动就绪之后才允许用户登录。这种做法有两个缺点：首先是启动时间过长；其次是系统资源浪费。

某些服务很可能在很长一段时间内，甚至整个服务器运行期间都没有被使用过。比如 CUPS 打印服务，在多数服务器上很少被真正使用到。读者可能没有想到，在很多服务器上 SSHD 也是很少被真正访问到的。花费在启动这些服务上的时间是不必要的，同样花费在这些服务上的系统资源也是一种浪费。

Systemd 可以提供按需启动的能力，只有在某个服务被真正请求的时候才启动它。当该服务结束后，Systemd 可以关闭它，等待下次需要时再次启动它。

4. 采用 CGroup 特性跟踪和管理进程的生命周期

SysV init 系统的一个重要职责就是负责跟踪和管理服务进程的生命周期。它不仅可以启动一个服务，也必须能够停止服务。这看上去没有什么特别的，然而在真正用代码实现的时候或许会发现停止服务比一开始想的要困难，可能会导致服务失去控制的情况发生。

Systemd 利用了 Linux 内核的特性即 CGroup 来完成跟踪任务。当停止服务时，通过查询 CGroup，Systemd 可以确保找到所有的相关进程，从而干净地停止服务。

CGroup 已经出现了很久，主要用来实现系统资源配额管理。CGroup 提供了类似文件系统的接口，使用方便。当进程创建子进程时，子进程会继承父进程的 CGroup。因此无论服务如何启动新的子进程，所有的这些相关进程都会属于同一个 CGroup，Systemd 只需要简单地遍历指定的 CGroup 即可正确地找到所有的相关进程，将它们一一停止即可。

5. 启动挂载点和自动挂载的管理

传统的 Linux 系统中，用户可以用/etc/fstab 文件来维护固定的文件系统挂载点。这些挂载点在系统启动过程中被自动挂载，一旦启动过程结束，这些挂载点就会确保存在。这些挂载点都是对系统运行至关重要的文件系统，比如 home 目录。和 SysV init 一样，Systemd 管理这些挂载点，以便能够在系统启动时自动挂载它们。Systemd 还兼容/etc/fstab 文件，可以继续使用该文件管理挂载点。

有时候用户还需要动态挂载，比如打算访问 DVD 内容时才临时执行挂载以便访问其中的内容，而不访问光盘时该挂载点被取消（umount），以便节约资源。传统方法依赖 autofs 服务来实现这种功能。Systemd 内建了自动挂载服务，无需另外安装 autofs 服务，可以直接使用 Systemd 提供的自动挂载管理能力来实现 autofs 的功能。

6. 实现事务性依赖关系管理

系统启动过程是由很多独立工作共同组成的，这些工作之间可能存在依赖关系，比如挂载一个 NFS 文件系统必须依赖网络来正常工作。Systemd 虽然能够最大限度地并发执行很多有依赖关系的工作，但是类似“挂载 NFS”和“启动网络”这样的工作还是存在天生的先后依赖关系，无法并发执行。对于这些任务，Systemd 维护一个“事务一致性”的概念，保证所有相关的服务都可以正常启动而不会出现互相依赖，以至于死锁的情况。

7. 能够对系统进行快照和恢复

Systemd 支持按需启动，因此系统的运行状态是动态变化的，人们无法准确地知道系统当前运行了哪些服务。Systemd 快照提供了一种将当前系统运行状态保存并恢复的能力。

比如系统当前正运行服务 A 和 B，可以用 Systemd 命令行对当前系统运行状况创建快照。然后将进程 A 停止，或者做其他任意的对系统的改变，比如启动新的进程 C。在这些改变之后，运行 Systemd 的快照恢复命令即可立即将系统恢复到快照时刻的状态，即只有服务 A 和 B 在运行。一个可能的应用场景是调试：比如服务器出现一些异常，为了调试用户将当前状态保存为快照，然后可以进行任意的操作，比如停止服务等。等调试结束，恢复快照即可。

这个快照功能目前在 Systemd 中并不完善，似乎开发人员也没有特别关注它，因此有报告指出它还存在一些使用上的问题，使用时尚需慎重。

子任务 2　了解 Systemd 的日志服务 Journald

作为最具吸引力的优势，Systemd 拥有强大的处理系统日志记录的功能。在使用其他工具时，日志往往被分散在整套系统当中，由不同的守护进程负责处理，这意味着我们很难跨越多种应用程序对其内容进行解读。

相比之下，Systemd 尝试提供一套集中化管理方案，从而统一打理全部内核及用户级进程的日志信息。这套系统能够收集并管理日志内容，而这也就是我们所熟知的 Journal。Journal 的实现归功于 Journald 守护进程，其负责处理由内核、Initrd 和服务等产生的信息。

1. Journald 日志服务的特点

Systemd 自带日志服务 Journald，该日志系统的设计初衷是克服现有的 Syslog 服务的缺点，替换 SysV init 中的 Syslogd 守护进程。比如：①Syslog 不安全，消息的内容无法验证，每一个本地进程都可以声称自己是 Apache PID 4711，而 Syslog 也就相信并保存到磁盘上；②数据没有严格的格式，非常随意。

自动化的日志分析器需要分析人类语言字符串来识别消息。一方面此类分析困难低效，另一方面日志格式的变化会导致分析代码需要更新甚至重写。Systemd Journal 用二进制格式保存所有日志信息，用户使用 journalctl 命令来查看日志信息，无需自己编写复杂脆弱的字符串分析处理程序。

Journal 是 Systemd 的日志系统，它可以替代 Syslog 来记录日志，也可以与 Syslog 共存。Systemd Journal 的优点如下：

- 简单性：代码少，依赖少，抽象开销最小化。
- 零维护：日志是除错和监控系统的核心功能，因此它自己不能再产生问题。举例来说，自动管理磁盘空间，避免由于日志的不断产生而将磁盘空间耗尽。
- 移植性：日志文件应该在所有类型的 Linux 系统上可用，无论它使用的是何种 CPU 或者字节序。
- 性能：添加和浏览日志非常快。
- 最小资源占用：日志数据文件需要较小。
- 统一化：各种不同的日志存储技术应该统一起来，将所有的可记录事件保存在同一个数据存储中。所以日志内容的全局上下文都会被保存并且可供日后查询。例如一条固件记录后通常会跟随一条内核记录，最终还会有一条用户态记录。重要的是当保存到硬盘上时这三者之间的关系不会丢失。
- 扩展性：日志的适用范围很广，从嵌入式设备到超级计算机集群都可以满足需求。
- 安全性：日志文件是可以验证的，让无法检测的修改不再出现。

2. 使用命令 journalctl 查看日志

journalctl 命令可用于检索由systemd-journald.service记录的systemd日志，语法为：journalctl [OPTIONS...] [MATCHES...]。各常用选项的含义如表 3.1 所示。

如果不带任何参数直接调用此命令，那么将显示所有日志内容（从最早一条日志记录开始）。如果指定了[MATCHES...] 参数，那么输出的日志将会按照[MATCHES...]参数进行过滤。

表 3.1　journalctl 的主要选项及作用

选项	作用
-u, --unit=UNIT	仅显示属于特定单元的日志。这相当于添加了一个"_SYSTEMD_UNIT=UNIT"匹配项(对于 UNIT 来说)。可以多次使用此选项以添加多个并列的匹配条件(相当于用"OR"逻辑连接)
-n, --lines=	限制显示最新的日志行数。若为正整数则表示最大行数；若为"all"则表示不限制行数；若不设参数则表示默认值 10 行
-f, --follow	只显示最新的日志项，并且不断显示新生成的日志项。此选项隐含了-n 选项
-b [ID][±offset],--boot =[ID][±offset]	显示特定于某次引导的日志，这相当于添加了一个"_BOOT_ID="匹配条件。如果参数为空（也就是 ID 与±offset 都未指定），则表示仅显示本次引导的日志。如果省略 ID，那么当±offset 是正数的时候将正向查找，否则（也就是为负数或零）将从日志尾开始反向查找。比如"-b 1"表示按时间顺序排列最早的那次启动，"-b 2"则表示在时间上第二早的那次启动；"-b -0"表示最后一次启动，"-b -1"表示在时间上第二近的那次启动，依此类推。如果±offse 也省略了，那么相当于"-b -0"，除非本次启动不是最后一次启动。如果指定了 32 字符的 ID，那么表示以此 ID 所代表的那次启动为基准计算偏移量（±offset），计算方法同上。换句话说，省略 ID 表示以本次启动为基准计算偏移量（±offset）
--list-boots	列出每次启动的序号（也就是相对于本次启动的偏移量）、32 字符的 ID、第一条日志的时间戳、最后一条日志的时间戳
-k, --dmesg	仅显示内核日志，此选项隐含了-b 选项
-S, --since=, -U, --until=	显示晚于指定时间（--since=）的日志、早于指定时间（--until=）的日志。时间格式类似 2012-10-30 18:17:16，如果省略则相当于设为当前日期。除了“年-月-日 时:分:秒”格式，参数还可以进行如下设置：①设为"yesterday""today""tomorrow"以表示那一天的零点（00:00:00）；②设为"now"以表示当前时间；③可以在"年-月-日 时:分:秒"前加上"-"（前移）或"+"（后移）前缀以表示相对于设定时间的偏移
-r, --reverse	反转日志行的输出顺序，也就是最先显示最新的日志
-p, --priority=	根据日志等级（包括等级范围）过滤输出结果。日志等级数字与其名称之间的对应关系如下："emerg"（0）,"alert"（1）,"crit"（2）,"err"（3）,"warning"（4）,"notice"（5）,"info"（6）,"debug"（7）。若设为一个单独的数字或日志等级名称，则表示仅显示小于或等于此等级的日志（也就是重要程度等于或高于此等级的日志）
--system, --user	仅显示系统服务与内核的日志（--system）、仅显示当前用户的日志（--user）。如果两个选项都未指定，则显示当前用户的所有可见日志
-D DIR, --directory=DIR	仅显示来自于特定目录的日志，而不是默认的运行时和系统日志目录中的日志
-h, --help	显示简短的帮助信息并退出

MATCHE 必须符合"FIELD=VALUE"格式，例如"_SYSTEMD_UNIT=httpd.service"。如果有多个不同的字段被[MATCHES...]参数匹配，那么这些字段之间使用"AND"逻辑连接，也就是日志项必须同时满足全部字段的匹配条件才能被输出。如果同一个字段被多个[MATCHES...]参数匹配，那么这些匹配条件之间使用"OR"逻辑连接，也就是对于同一个字段，日志项只需满足任意一个匹配条件即可输出。最后，"+"字符可用作[MATCHES...]组之间的分隔符，并被视为使用"OR"逻辑连接。也就是，MATCHE1 MATCHE2+MATCHE3 MATCHE4 MATCHE5+MATCHE6 MATCHE7 相当于(MATCHE1 MATCHE2) OR (MATCHE3 MATCHE4 MATCHE5)

OR (MATCHE6 MATCHE7)。

还可以使用绝对路径作为参数来过滤日志。绝对路径可以是普通文件，也可以是软链接，但必须指向一个确实存在的文件。如果路径指向了一个二进制可执行文件，那么它实际上相当于是一个对"_EXE="字段的匹配（仅匹配完整的绝对路径）。如果路径指向了一个可执行脚本，那么它实际上相当于是一个对"_COMM="字段的匹配（仅匹配脚本的文件名）。如果路径指向了一个设备节点，那么它实际上相当于是一个对"_KERNEL_DEVICE="字段的匹配（匹配该设备及其所有父设备的内核设备名称）。在查询时软链接会被追踪到底，内核设备名称将被合成，父设备将按照当时的实际情况被提列出来。因为日志项一般并不包含标记实际物理设备的字段，所以设备节点一般就是实际物理设备的最佳代表。但是又因为设备节点与物理设备之间的对应关系在系统重启之后可能会发生变化，所以根据设备节点过滤日志仅对本次启动有意义，除非能确认对应关系在重启之后保持不变。可以使用—boot、--unit=等选项进一步附加额外的约束条件，相当于使用"AND"逻辑连接。

最终的输出结果来自所有可访问的日志文件的综合，无论这些日志文件是否正在滚动或者正在被写入，也无论这些日志文件是属于系统日志还是用户日志，只要有访问权限，就会被包括进来。用于提取日志的日志文件的集合可以使用--user、--system、--directory、--file 选项进行筛选。

每个用户都可以访问其专属的用户日志。但是默认情况下，只有 root 用户以及"systemd-journal"、"adm"、"wheel"组中的用户才可以访问全部的日志（系统与其他用户）。注意，一般发行版还会给"adm"与"wheel"组一些其他的额外特权，例如"wheel"组的用户一般都可以执行一些系统管理任务。

默认情况下，结果会通过 less 工具进行分页输出，并且超长行会在屏幕边缘被截断。如果是输出到 tty 的话，行的颜色还会根据日志的级别变化：ERROR 或更高级别为红色，NOTICE 或更高级别为高亮，其他级别则正常显示。

```
[root@rhel7 ~]# journalctl _SYSTEMD_UNIT=httpd.service + _SYSTEMD_UNIT=sshd.service
-- Logs begin at 三 2017-08-23 13:23:54 CST, end at 四 2018-08-23 14:40:40 CST. --
8 月 23 13:24:16 rhel7 sshd[1633]: Server listening on 0.0.0.0 port 22.
8 月 23 13:24:16 rhel7 sshd[1633]: Server listening on :: port 22.
8 月 23 14:31:29 rhel7 httpd[9208]: AH00557: httpd: apr_sockaddr_info_get() failed for rhel7
8 月 23 14:31:29 rhel7 httpd[9208]: AH00558: httpd: Could not reliably determine the server'
8 月 23 14:38:46 rhel7 sshd[9418]: Server listening on 0.0.0.0 port 22.
8 月 23 14:38:46 rhel7 sshd[9418]: Server listening on :: port 22.
8 月 23 14:40:40 rhel7 sshd[9459]: Accepted password for root from 192.168.0.100 port 50518
lines 1-8/8 (END)
[root@rhel7 ~]# journalctl -b -0            //不带任何选项与参数，表示显示全部日志
-- Logs begin at 三 2017-08-23 13:23:54 CST, end at 四 2018-08-23 14:40:40 CST. --
8 月 23 13:23:54 localhost.localdomain systemd-journal[335]: Runtime journal is using 8.0M (
8 月 23 13:23:54 localhost.localdomain systemd-journal[335]: Runtime journal is using 8.0M (
8 月 23 13:23:54 localhost.localdomain kernel: Initializing cgroup subsys cpuset
…
8 月 23 14:50:01 rhel7 CROND[9650]: (root) CMD (/usr/lib64/sa/sa1 1 1)
lines 3192-3212/3212 (END)
[root@rhel7 ~]# journalctl   /usr/sbin/anacron          //查看某可执行程序的日志
-- Logs begin at 三 2017-08-23 13:23:54 CST, end at 四 2018-08-23 15:01:02 CST. --
8 月 23 15:01:02 rhel7 anacron[10781]: Anacron started on 2018-08-23
…
8 月 23 15:01:02 rhel7 anacron[10781]: Jobs will be executed sequentially
[root@rhel7 ~]# journalctl   -f   -u   sshd.service        //持续显示 sshd.服务不断生成的日志
```

```
-- Logs begin at 三 2017-08-23 13:23:54 CST. --
8 月 23 15:19:43 rhel7 systemd[1]: Starting OpenSSH server daemon...
8 月 23 15:19:43 rhel7 systemd[1]: Started OpenSSH server daemon.
8 月 23 15:19:43 rhel7 sshd[11109]: Server listening on 0.0.0.0 port 22.
8 月 23 15:19:43 rhel7 sshd[11109]: Server listening on :: port 22.
8 月 23 15:20:40 rhel7 sshd[11128]: Accepted password for root from 192.168.0.100 port 50777 ssh2
[root@rhel7 ~]# journalctl -p err              //根据日志的等级过滤输出结果
-- Logs begin at 三 2017-08-23 13:23:54 CST, end at 四 2018-08-23 15:30:01 CST. --
8 月 23 13:23:54 localhost.localdomain kernel: Detected CPU family 6 model 76
8 月 23 13:23:54 localhost.localdomain kernel: Warning: Intel CPU model - this hardware has
…
8 月 23 13:35:32 rhel7 pulseaudio[3210]: [alsa-sink] alsa-sink.c: 提醒我们设置 POLLOUT
8 月 23 13:49:38 rhel7 systemd[1]: Failed to start LSB: Starts the Spacewalk Daemon.
8 月 23 13:49:39 rhel7 gdm[1081]: GLib-GObject: g_object_ref: assertion `object->ref_count >
lines 1-21
```

任务 2　编写 Systemd 管理下的服务脚本

RHEL 7 已经将服务管理工具从 SysV init 和 Upstart 迁移到了 Systemd 上，相应地服务脚本也需要改变。前面的版本里，所有的启动脚本都放在/etc/rc.d/init.d/目录下。这些脚本都是 bash 脚本，可以让系统管理员控制这些服务的状态。通常这些脚本中包含了 start、stop、restart 方法，以提供系统自动调用。但是在 RHEL 7 中完全摒弃了这种方法，而采用一种叫 Unit 的配置文件来管理服务。

子任务 1　理解 Systemd 的 Unit

Systemd 开启和监督整个系统是基于 Unit 的概念。Unit 由一个与配置文件同名的名字和类型组成。例如 avahi.service unit 有一个具有相同名字的配置文件，它是守护进程 avahi 的一个封装单元。

1．Unit 类型

Unit 有以下几种类型：

- service：代表一个后台服务进程，比如 mysqld。这是最常用的一类。
- socket：此类配置单元封装系统和互联网中的一个套接字。当下，Systemd 支持流式、数据报和连续包的 AF_INET、AF_INET6、AF_UNIX socket。每个套接字配置单元都有一个相应的服务配置单元，相应的服务在第一个“连接”进入套接字时就会启动，例如 nscd.socket 在有新连接后便启动 nscd.service。
- device：此类配置单元封装一个存在于 Linux 设备树中的设备。每个使用 udev 规则标记的设备都将会在 Systemd 中作为一个设备配置单元出现。
- mount：此类配置单元封装文件系统结构层次中的一个挂载点。Systemd 将对这个挂载点进行监控和管理。比如，可以在启动时自动将其挂载，可以在某些条件下自动卸载。Systemd 会将/etc/fstab 中的条目都转换为挂载点，并在开机时处理。
- automount：此类配置单元封装文件系统结构层次中的一个自动挂载点。每个自动挂载配置单元对应一个挂载配置单元，当该自动挂载点被访问时，Systemd 执行挂载点中定义的挂载行为。

- swap：和挂载配置单元类似，交换配置单元用来管理交换分区。用户可以用交换配置单元来定义系统中的交换分区，可以让这些交换分区在启动时被激活。
- target：此类配置单元对其他配置单元进行逻辑分组。它们本身实际上并不做什么，只是引用其他配置单元而已，这样便可以对配置单元做一个统一的控制，就可以实现大家都非常熟悉的运行级别的概念。比如，想让系统进入图形化模式，需要运行许多服务和配置命令，这些操作都由一个个的配置单元表示。将所有的这些配置单元组合为一个目标（target），就表示需要将这些配置单元全部执行一遍，以便进入目标所代表的系统运行状态，例如 multi-user.target 相当于在传统使用 sysv 的系统中运行级别 5。
- timer：定时器配置单元用来定时触发用户定义的操作。这类配置单元取代了 atd、crond 等传统的定时服务。
- snapshot：与 target 配置单元相似，快照是一组配置单元，它保存了系统当前的运行状态。

每个配置单元都有一个对应的配置文件，比如一个 MySQL 服务对应一个 mysql.service 文件。这种配置文件的语法非常简单，用户不再需要编写和维护复杂的 SysV 脚本了。

2. 依赖关系

虽然 Systemd 将大量的启动工作解除了依赖，使得它们可以并行启动，但还是存在一些任务，它们之间存在天生的依赖关系，不能用“套接字激活”（socket activation）、D-Bus activation 和 autofs 三大方法来解除依赖。比如，挂载必须等待挂载点在文件系统中被创建；挂载也必须等待相应的物理设备就绪。为了解决这类依赖问题，Systemd 的配置单元之间可以彼此定义依赖关系。比如，Unit B 依赖 Unit A，可以在 Unit B 的定义中用 require A 来表示，这样 Systemd 就会保证先启动 A 再启动 B。Systemd 能保证事务完整性。Systemd 的事务概念和数据库中的有所不同，主要是为了保证多个依赖的配置单元之间没有环形引用。如果存在循环依赖，那么 Systemd 将无法启动任何一个服务。此时，Systemd 将会尝试解决这个问题。配置单元之间的依赖关系有两种：Requireds 是强依赖，Wants 是弱依赖。Systemd 将去掉 Wants 关键字指定的依赖看看是否能打破循环。如果无法修复，Systemd 会报错。Systemd 能够自动检测和修复这类配置错误，极大地减轻了管理员的拔锚负担。

3. target 和运行级别

Systemd 用目标（target）替代了运行级别的概念，提供了更大的灵活性，比如可以继承一个已有的目标，并添加其他服务来创建自己的目标。表 3.2 所示为 SysV init 运行级别和 Systemd 目标的对应关系。

表 3.2　SysV init 运行级别和 Systemd 目标

SysV init 运行级别	Systemd 目标	备注
0	runlevel0.target,poweroff.target	关闭系统
1,s,single	runlevel1.target,rescue.target	单用户模式
2,4	runlevel2.target,runlevel4.target, multi-user.target	用户定义/域特定运行级别。默认等同于 3
3	runlevel3.target,multi-user.target	多用户，非图形化。用户可以通过多个控制台或网络登录

续表

sysvinit 运行级别	Systemd 目标	备注
5	runlevel5.target,graphical.target	多用户，图形化。通常为所有运行级别 3 的服务外加图形化登录
6	runlevel6.target,reboot.target	重启
emergency	emergency.target	急救模式（Emergency shell）

子任务 2　认识 Service 的 Unit 文件

Unit 文件专门用于 Systemd 下控制资源，所有的 Unit 文件都应该配置[Unit]或者[Install]段。由于通用的信息在[Unit]和[Install]中描述，每一个 Unit 应该有一个指定类型段，例如[Service]来对应后台服务类型 Unit。Service 的 Unit 文件的扩展名为.service，按其用途有以下 3 个存放路径：

- /etc/systemd/system/*：供系统管理员和用户使用。
- /run/systemd/system/*：运行时配置文件。
- /usr/lib/systemd/system/*：安装程序使用（如 RPM 包安装）。

以下是一段 Service Unit 文件的例子，属于/usr/lib/systemd/system/NetworkManager.service 文件，描述的是系统中的网络管理服务。

```
[root@rhel7 ~]# more    /usr/lib/systemd/system/NetworkManager.service
[Unit]
Description=Network Manager
Wants=network.target
Before=network.target network.service

[Service]
Type=dbus
BusName=org.freedesktop.NetworkManager
ExecStart=/usr/sbin/NetworkManager --no-daemon
# NM doesn't want systemd to kill its children for it
KillMode=process

[Install]
WantedBy=multi-user.target
Alias=dbus-org.freedesktop.NetworkManager.service
Also=NetworkManager-dispatcher.service
```

整个文件分三个部分。第一部分，[Unit]：记录 Unit 文件的通用信息；第二部分，[Service]：记录 Service 的信息；第三部分，[Install]：记录安装信息。

Unit 主要包含以下内容：

- Description：对本 Service 的描述。
- Before，After：定义启动顺序，Before=xxx.service，代表本服务在 xxx.service 启动之前启动；After=xxx.service，代表本服务在 xxx.service 之后启动。
- Requires：这个单元启动了，那么它“需要”的单元也会被启动；它“需要”的单元被停止了，它自己也活不了。但是请注意，这个设定并不能控制某单元与它“需要”的单元的启动顺序（启动顺序是另外控制的），即 Systemd 不是先启动 Requires 再启动本单元，而是在本单元被激活时并行启动两者。于是会产生同步问题：如果 Requires 先启动成功，那么皆大欢喜，如果 Requires 启动得慢，那么本单元就会失败（Systemd 没有自动重试）。所以为了系统的健壮性，不建议使用这个标记，而建议使用 Wants 标记。可以使用多个 Requires。

- RequiresOverridable：跟 Requires 很像。但是如果这条服务是由用户手动启动的，那么 RequiresOverridable 后面的服务即使启动不成功也不报错。跟 Requires 相比增加了一定的容错性，但是用户要确定服务是有等待功能的。另外，如果不由用户手动启动而是随系统开机启动，那么依然会有 Requires 面临的问题。
- Requisite：强势版本的 Requires。要是这里需要的服务启动不成功，那么本单元文件不管能不能检测能不能等待都立刻就会失败。
- Wants：推荐使用。本单元启动了，它“想要”的单元也会被启动。但是启动不成功，对本单元没有影响。
- Conflicts：一个单元的启动会停止与它“冲突”的单元，反之亦然。

Service 主要包含以下内容：

- Type：Service 的种类，包含以下几种类型：
  - simple：默认，这是最简单的服务类型，含义是启动的程序就是主体程序，这个程序若是退出则一切都退出。
  - forking：标准 UNIX Daemon 使用的启动方式。启动程序后会调用 fork()函数，把必要的通信频道都设置好之后父进程退出，留下子进程。
  - oneshot：顾名思义，打一枪换一个地方。所以这种类型服务就是启动，完成，进程结束。常见的比如设置网络，ifup eth0 up 就是一次性的，不存在 ifup 的子进程。Notify、idle 类型比较少见，不作介绍。
- ExecStart：服务启动时执行的命令，通常此命令就是服务的主体。如果服务类型不是 oneshot，那么它只可以接受一个命令，参数不限。多个命令用分号隔开，多行用“\”跨行。
- ExecStartPre，ExecStartPost：ExecStart 执行前后所调用的命令。
- ExecStop：定义停止服务时所执行的命令，定义服务退出前所做的处理。如果没有指定，使用 systemctl stop xxx 命令时，服务将立即被终结而不作处理。
- Restart：定义服务何种情况下重启（启动失败、启动超时、进程被终结），可选选项有：no、on-success、on-failure、on-watchdog、on-abort。
- SuccessExitStatus：参考 ExecStart 中的返回值，定义何种情况算是启动成功。例如 SuccessExitStatus=1 2 8 SIGKILL。

Install 主要包含以下内容：

- WantedBy：何种情况下服务被启用。例如 WantedBy= multi-user.target，多用户环境下启用。
- Alias：别名。

子任务 3　创建自己的 Systemd 文件

弄清了 Unit 文件各项的意义，即可尝试编写自己的服务。与以前用 SysV 编写服务相比，整个过程比较简单。Unit 文件有着简洁的特点，是以前臃肿的脚本所不能比的。

在本例中，尝试写一个命名为 my-demo.service 的服务，整个服务很简单：在开机的时候将服务启动时的时间写到一个文件当中。可以通过这个例子来说明整个服务的创建过程。

Step1：编写属于自己的 Unit 文件，命名为 my-demo.service。

```
[root@rhel7 ~]# vim   /root/my-demo.service
[Unit]
Description=My-demo Service

[Service]
Type=oneshot
ExecStart=/bin/bash /root/mytest.sh
StandardOutput=syslog
StandardError=inherit

[Install]
WantedBy=multi-user.target
: wq
```

Step2：将上述文件拷贝到 RHEL 7 系统中的/usr/lib/systemd/system/*目录下。

```
[root@rhel7 ~]# cp    /root/my-demo.service    /usr/lib/systemd/system/    -v
"/root/my-demo.service" -> "/usr/lib/systemd/system/my-demo.service"
```

Step3：编写 Unit 文件中 ExecStart=/bin/bash /root/mytest.sh 所定义的 mytest.sh 文件，将其放在定义的目录当中，此文件是服务的执行主体，内容如下：

```
[root@rhel7 ~]# vi    /root/mytest.sh
#!/bin/bash
date >> /tmp/date
: wq
```

Step4：将 my-demo.service 注册到系统当中执行命令。

```
[root@rhel7 ~]# systemctl enable my-demo.service
ln -s '/usr/lib/systemd/system/my-demo.service' '/etc/systemd/system/multi-user.target.wants/my-demo.service'
```

至此服务已经创建完成。重新启动系统，会发现/tmp/date 文件已经生成，服务在开机时启动成功。本例当中的 mytest.sh 文件可以换成任意的可执行文件作为服务的主体，这样即可实现各种各样的功能。

任务 3　使用 Systemd 实现系统基本管理

Systemd 并不是一个命令，而是一组命令，涉及系统管理的方方面面。检查和控制 Systemd 的主要命令是 systemctl。该命令可用于查看系统状态和管理系统及单元。

子任务 1　理解 systemctl 命令的语法和功能

通过 systemctl --help 可以看到该命令主要包括：查询或发送控制命令给 Systemd 服务，管理单元服务的命令，服务文件的相关命令，任务、环境、快照相关命令，Systemd 服务的配置重载，系统开机关机相关的命令。

1. systemctl 的语法和参数

systemctl 可用于检查和控制Systemd系统与服务管理器的状态，语法为 systemctl [OPTIONS...] COMMAND [NAME...]，各常用选项的含义如表 3.3 所示。

表 3.3　systemctl 的主要选项及作用

选项	作用
-a, --all	列出所有已加载的单元。在使用 show 命令显示属性时表示显示所有属性，而不管这些属性是否已被设置。如果想要列出所有已安装的单元，请使用 list-unit-files 命令
-t, --type=	参数必须是一个逗号分隔的单元类型列表（例如"service,socket"）。在列出单元时，如果使用了此选项那么表示只列出指定类型的单元，否则将列出所有类型的单元
--state=	参数必须是一个逗号分隔的单元状态列表（只有 LOAD、ACTIVE、SUB 三大类）。如果使用了此选项，那么表示只列出处于指定状态的单元，否则将列出所有状态的单元。例如使用--state=failed 表示只列出处于失败（failed）状态的单元
-H, --host=	操作指定的远程主机。可以仅指定一个主机名（hostname），也可以使用 "username@hostname"格式。hostname 后面还可以加上容器名"hostname:container"。操作将通过 SSH 协议进行。可以通过 machinectl -H HOST 命令列出远程主机上的所有容器名称
--user	与当前调用用户的用户服务管理器（Systemd 用户实例）通信，而不是默认的系统服务管理器（Systemd 系统实例）
--no-ask-password	与 start 及其相关命令（reload、restart、try-restart、reload-or-restart、reload-or-try-restart、isolate）连用，表示不询问密码。单元在启动时可能要求输入密码，例如用于解密证书或挂载加密文件系统
--runtime	当与 enable、disable、edit、set-property 等相关命令连用时，表示仅作临时变更，从而确保这些变更会在重启后失效。这意味着所作的变更将会保存在/run 目录下而不是保存在/etc 目录下
-f, --force	当与 enable 命令连用时，表示覆盖所有现存的同名符号链接。当与 edit 命令连用时，表示创建所有尚不存在的指定单元。当与 halt、poweroff、reboot、kexec 命令连用时，表示跳过单元的正常停止步骤，强制直接执行关机操作
-q, --quiet	安静模式，也就是禁止输出任何信息到标准输出。注意：①这并不适用于输出信息是唯一结果的命令（例如 show）；②显示在标准输出上的出错信息永远不会被屏蔽
-h, --help	显示简短的帮助信息并退出

2. Systemctl 的 COMMAND

模式（PATTERN）参数的语法与文件名匹配语法类似：用“*”匹配任意数量的字符，用“?”匹配单个字符，用“[]”匹配字符范围。如果给出了模式参数，那么表示该命令仅作用于单元名称与至少一个模式相匹配的单元。

（1）单元命令。

- list-units [PATTERN...]：列出 Systemd 已加载的单元。除非明确使用--all 选项列出全部单元（包括直接引用的单元、出于依赖关系而被引用的单元、活动的单元、失败的单元），否则默认仅列出：活动的单元、失败的单元、正处于任务队列中的单元。如果给出了模式参数，那么表示该命令仅作用于单元名称与至少一个模式相匹配的单元。还可以通过--type=与--state=选项过滤要列出的单元。
- list-sockets [PATTERN...]：列出已加载的套接字（socket）单元，并按照监听地址排序。如果给出了模式（PATTERN）参数，那么表示该命令仅作用于单元名称与至少一个模式相匹配的单元。

- list-timers [PATTERN...]：列出已加载的定时器（timer）单元，并按照下次执行的时间点排序。如果给出了模式（PATTERN）参数，那么表示该命令仅作用于单元名称与至少一个模式相匹配的单元。
- start PATTERN...：启动（activate）指定的已加载单元（无法启动未加载的单元）。如果某个单元未被启动，又没有处于失败（failed）状态，那么通常是因为该单元没有被加载，所以根本没有被模式匹配到。
- stop PATTERN...：停止（deactivate）指定的单元。
- reload PATTERN...：要求指定的单元重新加载它们的配置。注意，这里所说的"配置"是服务进程专属的配置（例如 httpd.conf 之类），而不是 Systemd 的"单元文件"。如果想重新加载 Systemd 的"单元文件"，那么应该使用 daemon-reload 命令。以 Apache 为例，该命令会导致重新加载 httpd.conf 文件，而不是 apache.service 文件。不要将此命令与 daemon-reload 命令混淆。
- restart PATTERN...：重新启动指定的单元。若指定的单元尚未启动，则启动它们。
- try-restart PATTERN..：重新启动指定的已启动单元。注意，若指定的单元尚未启动，则不做任何操作。
- isolate NAME：启动指定的单元以及所有的依赖单元，同时停止所有其他单元。如果没有给出单元的后缀名，那么相当于以.target 作为后缀名。这类似于传统上切换 SysV 运行级的概念。该命令会立即停止所有在新目标单元中不需要的进程，其中可能包括当前正在运行的图形环境以及正在使用的终端。
- kill PATTERN...：向指定单元的--kill-who=进程发送--signal=信号。
- is-active PATTERN...：检查指定的单元中是否有处于活动（active）状态的单元。如果存在至少一个处于活动（active）状态的单元，那么返回 0 值，否则返回非零值。除非同时使用了--quiet 选项，否则此命令还会在标准输出上显示单元的状态。
- is-failed PATTERN...：检查指定的单元中是否有处于失败（failed）状态的单元。如果存在至少一个处于失败（failed）状态的单元，那么返回 0 值，否则返回非零值。除非同时使用了--quiet 选项，否则此命令还会在标准输出上显示单元的状态。
- status [PATTERN...|PID...]：如果指定了单元，那么显示指定单元的运行时状态信息以及这些单元最近的日志数据。如果指定了 PID，那么显示指定 PID 所属单元的运行时状态信息以及这些单元最近的日志数据。如果未指定任何单元或 PID，那么显示整个系统的状态信息，此时若与--all 连用，则同时显示所有已加载单元（可以用 -t 限定单元类型）的状态信息。
- show [PATTERN...|JOB...]：以"属性=值"的格式显示指定单元或任务的所有属性。单元用其名称表示，而任务用其 id 表示。如果没有指定任何单元或任务，那么显示管理器（Systemd）自身的属性。除非使用了--all 选项，否则默认不显示属性值为空的属性。可以使用--property=选项限定仅显示特定的属性。此命令的输出适合用于程序分析，而不适合被人们阅读（应该使用 status 命令）。
- cat PATTERN...：显示指定单元的单元文件内容。在显示每个单元文件的内容之前，会额外显示一行单元文件的绝对路径。

- list-dependencies [NAME]：显示单元的依赖关系，也就是显示由 Requires=, Requisite=, ConsistsOf=, Wants=, BindsTo=所形成的依赖关系。如果没有明确指定单元的名称，那么显示 default.target 的依赖关系树。

（2）单元文件命令。

- list-unit-files [PATTERN...]：列出所有已安装的单元文件及其启用状态（相当于同时使用了 is-enabled 命令）。如果给出了模式（PATTERN）参数，那么表示该命令仅作用于单元文件名称与至少一个模式相匹配的单元（仅匹配文件名，不匹配路径）。
- enable NAME..., enable PATH...：启用指定的单元或单元实例（多数时候相当于将这些单元设为“开机时自动启动”或“插入某个硬件时自动启动”）。如果此命令的参数是一个有效的单元名称（NAME），那么将自动搜索所有单元目录。如果此命令的参数是一个单元文件的绝对路径（PATH），那么将直接使用指定的单元文件。如果参数是一个位于标准单元目录之外的单元文件，那么将会在标准单元目录中额外创建一个指向此单元文件的软链接，以确保该单元文件能够被 start 之类的命令找到。不可将此命令应用于已被 mask 命令屏蔽的单元，否则将会导致错误。
- disable NAME...：停用指定的单元或单元实例（多数时候相当于撤销这些单元的“开机时自动启动”或“插入某个硬件时自动启动”）。这将会从单元目录中删除所有指向单元自身及所有支持单元的软链接。这相当于撤销 enable 或 link 命令所做的操作。此命令的参数仅能接受单元的名字，而不能接受单元文件的路径。
- reenable NAME…：重新启用指定的单元或单元实例。这相当于先使用 disable 命令之后再使用 enable 命令。通常用于按照单元文件中“[Install]”小节的指示重置软链接名称。此命令的参数仅能接受单元的名字，而不能接受单元文件的路径。
- is-enabled NAME...：检查是否有至少一个指定的单元或单元实例已经被启用。如果有，那么返回 0，否则返回非零。除非使用了--quiet 选项，否则此命令还会显示指定的单元或单元实例的当前启用状态。
- mask NAME...：屏蔽指定的单元或单元实例，也就是在单元目录中创建指向 /dev/null 的同名符号链接，从而在根本上确保无法启动这些单元。这比 disable 命令更彻底，可以通杀一切启动方法（包括手动启动），所以应该谨慎使用该命令。若与--runtime 选项连用，则表示仅作临时性屏蔽（重启后屏蔽将失效），否则默认为永久性屏蔽。
- unmask NAME...：解除对指定单元或单元实例的屏蔽，这是 mask 命令的反动作，也就是在单元目录中删除指向/dev/null 的同名符号链接。
- link PATH...：将不在标准单元目录中的单元文件（通过软链接）连接到标准单元目录中去。PATH 参数必须是单元文件的绝对路径。该命令的结果可以通过 disable 命令撤消。
- get-default：显示默认的启动目标。这将显示 default.target 软链接所指向的实际单元文件的名称。
- set-default NAME：设置默认的启动目标。这会将 default.target 软链接指向 NAME 单元。

（3）机器命令。

- list-machines [PATTERN...]：列出主机和所有运行中的本地容器以及它们的状态。如果给出了模式（PATTERN）参数，那么仅显示容器名称与至少一个模式匹配的本地容器。

（4）任务（job）命令。

- list-jobs [PATTERN...]：列出正在运行中的任务。如果给出了模式（PATTERN）参数，那么仅显示单元名称与至少一个模式匹配的任务。
- cancel JOB...：根据给定的任务 ID 撤销任务。如果没有给出任务 ID，那么表示撤销所有尚未执行的任务。

（5）环境变量命令。

- show-environment：显示所有 Systemd 环境变量及其值。显示格式遵守 shell 脚本语法，可以直接用于 shell 脚本中。这些环境变量会被传递给所有由 Systemd 派生的进程。
- set-environment VARIABLE=VALUE...：设置指定的 Systemd 环境变量。
- unset-environment VARIABLE...：撤销指定的 Systemd 环境变量。如果仅指定了变量名，那么表示无条件地撤销该变量，无论其值是什么。如果以 VARIABLE=VALUE 格式同时给出了变量值，那么表示仅当 VARIABLE 的值恰好等于 VALUE 时才撤销 VARIABLE 变量。
- import-environment [VARIABLE...]：导入指定的客户端环境变量。如果未指定任何参数，则表示导入全部客户端环境变量。

（6）Systemd 生命周期命令。

- daemon-reload：重新加载 Systemd 守护进程的配置。在重新加载过程中，所有由 Systemd 代为监听的用户套接字都始终保持可访问状态。不要将此命令与 reload 命令混淆。
- daemon-reexec：重新执行 Systemd 守护进程。此命令仅供调试和升级 Systemd 使用。有时候也作为 daemon-reload 命令的重量级版本使用。在重新执行过程中，所有由 Systemd 代为监听的用户套接字都始终保持可访问状态。

（7）系统命令。

- is-system-running：检查当前系统是否处于正常运行状态（running），若正常则返回 0，否则返回大于零的正整数。所谓正常运行状态是指，系统完成了全部的启动操作，整个系统已经处于完全可用的状态，特别是没有处于启动/关闭/维护状态，并且没有任何单元处于失败（failed）状态。
- default：进入默认模式。差不多相当于执行 isolate default.target 命令。
- rescue：进入救援模式。差不多相当于执行 isolate rescue.target 命令。但同时会向所有用户显示一条警告信息。
- emergency：进入紧急维修模式。差不多相当于执行 isolate emergency.target 命令。但同时会向所有用户显示一条警告信息。
- halt：关闭系统但不切断电源。差不多相当于执行 start halt.target --job-mode=replace-irreversibly 命令。但同时会向所有用户显示一条警告信息。若仅用一次--force 选项，则跳过单元的正常停止步骤直接杀死所有进程，强制卸载所有文件系统或以只读模式重新挂载，并立即关闭系统。若用了两次--force 选项，则跳过杀死进程和卸载文件系统的步骤立即关闭系统，这会导致数据丢失、文件系统不一致等不良后果。

- poweroff：关闭系统的同时切断电源。差不多相当于执行 start poweroff.target --job-mode= replace-irreversibly 命令。但同时会向所有用户显示一条警告信息。
- reboot [arg]：关闭系统然后重新启动。差不多相当于执行 start reboot.target --job-mode= replace-irreversibly 命令。但同时会向所有用户显示一条警告信息。
- suspend：休眠到内存。相当于启动 suspend.target 目标。
- hibernate：休眠到硬盘。相当于启动 hibernate.target 目标。
- hybrid-sleep：进入混合休眠模式，也就是同时休眠到内存和硬盘，相当于启动 hybrid-sleep.target 目标。

3. Systemctl 的参数语法

单元命令的参数可能是一个单独的单元名称（NAME），也可能是多个匹配模式（PATTERN...）。对于第一种情况，如果省略单元名称的后缀，那么默认以“.service”为后缀，除非那个命令只能用于某种特定类型的单元。例如，# systemctl start sshd 等价于#systemctl start sshd.service，而#systemctl isolate default 等价于#systemctl isolate default.target，因为 isolate 命令只能用于.target 单元。注意，设备文件路径（绝对路径）会自动转化为 device 单元名称，其他非设备文件路径（绝对路径）会自动转化为 mount 单元名称。例如，命令#systemctl status /dev/sda、#systemctl status /home 分别等价于#systemctl status dev-sda.device 和#systemctl status home.mount。

对于第二种情况，可以在模式中使用 shell 风格的匹配符对所有已加载单元的主名称进行匹配。如果没有使用匹配符并且省略了单元后缀，那么处理方式与第一种情况完全相同。这就意味着，如果没有使用匹配符，那么该模式就等价于一个单独的单元名称（NAME），只表示一个明确的单元。如果使用了匹配符，那么该模式就可以匹配任意数量的单元（包括零个）。

使用fnmatch语法，也就是可以使用 shell 风格的*、?、[]匹配符，模式将基于所有已加载单元的主名称进行匹配。如果某个模式未能匹配到任何单元，那么将会被悄无声息地忽略掉。例如#systemctl stop sshd@*.service 命令将会停止所有 sshd@.service 的实例单元。注意，单元的别名（软链接）以及未被加载的单元不在匹配范围内（也就是不作为匹配目标）。

对于单元文件命令，NAME 参数必须是单元名称（完整的全称或省略了后缀的简称）或单元文件的绝对路径。例如# systemctl enable foo.service 或# systemctl link /path/to/foo.service。

子任务 2　使用 systemctl 命令进行管理

Systemd 可以管理所有系统资源，不同的资源统称为 Unit（单位），一共分成 12 种：Service unit（系统服务）、Target unit（多个 Unit 构成的一个组）、Device Unit（硬件设备）、Mount Unit（文件系统的挂载点）、Automount Unit（自动挂载点）、Path Unit（文件或路径）、Scope Unit（不是由 Systemd 启动的外部进程）、Slice Unit（进程组）、Snapshot Unit（Systemd 快照，用于切回某个快照）、Socket Unit（进程间通信的 socket）、Swap Unit（swap 文件）、Timer Unit（定时器）。

1. 列出当前有哪些 Unit

```
[root@rhel7 ~]# systemctl list-units                    //列出正在运行的 Unit
UNIT                              LOAD    ACTIVE   SUB      DESCRIPTION
proc-sys-...mt_misc.automount     loaded  active   waiting  Arbitrary Executable File For
…
```

```
timers.target                        loaded   active   active    Timers
systemd-tmpfiles-clean.timer         loaded   active   waiting   Daily Cleanup of Temporary Direc

LOAD    = Reflects whether the unit definition was properly loaded.
ACTIVE = The high-level unit activation state, i.e. generalization of SUB.
SUB     = The low-level unit activation state, values depend on unit type.

151 loaded units listed. Pass --all to see loaded but inactive units, too.
To show all installed unit files use 'systemctl list-unit-files'.
lines 137-159/159 (END)
//可以使用--all 选项列出所有的 Unit，包括没有找到配置文件的或者启动失败的
[root@ rhel7 ~]# systemctl list-units --all --state=inactive   //列出所有没有运行的 Unit
UNIT                               LOAD    ACTIVE   SUB  DESCRIPTION
proc-sys-fs-binfmt_misc.mount      loaded  inactive  dead Arbitrary Executable File Forma
systemd-a...sword-console.path     loaded  inactive  dead Dispatch Password Requests to C
…
systemd-readahead-done.timer       loaded  inactive  dead Stop Read-Ahead Data Collection

LOAD    = Reflects whether the unit definition was properly loaded.
ACTIVE = The high-level unit activation state, i.e. generalization of SUB.
SUB     = The low-level unit activation state, values depend on unit type.

86 loaded units listed.
To show all installed unit files use 'systemctl list-unit-files'.
lines 72-94/94 (END)
[root@ rhel7 ~]# systemctl list-units --type=service      //列出所有正在运行的 service 类型的 Unit
UNIT                     LOAD     ACTIVE    SUB       DESCRIPTION
abrt-ccpp.service        loaded   active    exited    Install ABRT coredump hook
abrt-oops.service        loaded   active    running   ABRT kernel log watcher
…
vsftpd.service           loaded   active    running   Vsftpd ftp daemon

LOAD    = Reflects whether the unit definition was properly loaded.
ACTIVE = The high-level unit activation state, i.e. generalization of SUB.
SUB     = The low-level unit activation state, values depend on unit type.

72 loaded units listed. Pass --all to see loaded but inactive units, too.
To show all installed unit files use 'systemctl list-unit-files'.
lines 58-80/80 (END)
[root@rhel7 ~]# systemctl list-units --failed     //列出所有加载失败的 Unit
UNIT           LOAD    ACTIVE   SUB     DESCRIPTION
rhnsd.service  loaded  failed   failed  LSB: Starts the Spacewalk Daemon

LOAD    = Reflects whether the unit definition was properly loaded.
ACTIVE = The high-level unit activation state, i.e. generalization of SUB.
SUB     = The low-level unit activation state, values depend on unit type.

1 loaded units listed. Pass --all to see loaded but inactive units, too.
To show all installed unit files use 'systemctl list-unit-files'.
```

2. 显示 Unit 的当前状态

```
[root@rhel7 ~]# systemctl status httpd.service  -l        //显示单个 Unit 的状态
httpd.service - The Apache HTTP Server
   Loaded: loaded (/usr/lib/systemd/system/httpd.service; enabled)
   Active: active (running) since 一 2017-08-21 01:27:07 CST; 1min 20s ago
```

```
   Main PID: 7688 (httpd)                              //当前运行中，running
     Status: "Total requests: 0; Current requests/sec: 0; Current traffic: 0 B/sec"
…
8 月  21 01:27:07 rhel7 systemd[1]: Started The Apache HTTP Server.
[root@rhel7 ~]# systemctl    status         //显示整个系统的状态
…
```

显示远程主机的某个 Unit 的状态，可以使用#systemctl -H root@rhel7.example.com status httpd.service 命令。除了 status 命令，systemctl 还提供了 3 个查询状态的简单方法，主要供脚本内部的判断语句使用。

```
[root@rhel7 ~]# systemctl is-active httpd.service      //显示某个 Unit 是否正在运行
active
[root@rhel7 ~]# systemctl is-enabled httpd.service  //显示某个 Unit 是否建立了启动链接
enabled
[root@rhel7 ~]# systemctl is-failed    final.target      //显示某个 Unit 是否处于启动失败状态
inactive
```

3. 转换 Unit 的当前状态

对于用户来说，最常用的是下面这些命令，用于启动和停止 Unit（主要是 service）。

```
[root@rhel7 ~]# systemctl stop httpd.service         //立即停止一个服务
[root@rhel7 ~]# systemctl start httpd.service        //立即开启一个服务
[root@rhel7 ~]# systemctl kill httpd.service         //杀死一个 Unit 的所有子进程
[root@rhel7 ~]# systemctl is-active httpd.service
inactive
[root@rhel7 ~]# systemctl restart httpd.service
[root@rhel7 ~]# systemctl reload httpd.service     //重新加载一个服务的配置文件
[root@rhel7 ~]# systemctl show httpd.service       //检查某个服务的所有配置细节
Id=httpd.service
Names=httpd.service
Requires=basic.target
Wants=system.slice
…
ExecMainStatus=0
lines 101-123/123 (END)
[root@rhel7 ~]# systemctl daemon-reload        //重载所有修改过的配置文件
```

注意：当使用 systemctl 的 start、restart、stop 和 reload 命令时，终端不会输出任何内容，只有 status 命令可以打印输出。

4. 列出 Unit 的依赖关系

```
[root@rhel7 ~]# systemctl list-dependencies graphical.target
graphical.target
├──accounts-daemon.service
├──gdm.service
…
├──systemd-update-utmp-runlevel.service
└──multi-user.target
   ├──abrt-ccpp.service
   ├──abrt-oops.service
…
   │  ├──rpcbind.service
   │  └──var-lib-nfs-rpc_pipefs.mount
   └──remote-fs.target
lines 123-145/145 (END)
```

Unit 之间存在依赖关系：A 依赖于 B，就意味着 Systemd 在启动 A 的时候，同时会去启动 B。上面命令的输出结果之中，有些依赖是 Target 类型，默认不会展开显示。如果要展开 Target，就需要使用--all 参数。

5. 设置 Unit 开机自动启动

```
[root@rhel7 ~]# systemctl  enable  httpd.service        //使 httpd.service 开机自动启动
ln -s '/usr/lib/systemd/system/httpd.service' '/etc/systemd/system/multi-user.target.wants/httpd.service'
[root@rhel7 ~]# systemctl  is-enabled  httpd.service
enabled
[root@rhel7 ~]# systemctl  disable  httpd.service       //取消 httpd.service 开机自动启动
rm '/etc/systemd/system/multi-user.target.wants/httpd.service'
```

6. 禁止启用（屏蔽）Unit

```
[root@rhel7 ~]# systemctl  mask  ntpdate.service
ln -s '/dev/null' '/etc/systemd/system/ntpdate.service'
[root@rhel7 ~]# systemctl  start  ntpdate.service
Failed to issue method call: Unit ntpdate.service is masked.        //不能启动
[root@rhel7 ~]# systemctl  unmask  ntpdate.service
rm '/etc/systemd/system/ntpdate.service'
```

7. 控制系统运行等级

```
[root@rhel7 ~]# systemctl  get-default          //列出当前默认使用的运行等级
multi-user.target
[root@rhel7 ~]# systemctl  set-default  graphical.target      //设置图形模式为默认运行等级
rm '/etc/systemd/system/default.target'
ln -s '/usr/lib/systemd/system/graphical.target' '/etc/systemd/system/default.target'
[root@rhel7 ~]#systemctl  isolate  runlevel5.target        //相当于 startx，立即转换到图形界面模式
[root@rhel7 ~]#systemctl isolate multi-user.target         //从图形界面转换至字符界面
[root@rhel7 ~]# systemctl emergency           //进入紧急模式
[root@rhel7 ~]# systemctl rescue              //启动救援模式，单用户模式
```

8. 待机、休眠与重启

```
[root@rhel7 ~]# cat  /sys/power/state               //检查内核能支持哪些待机模式
freeze standby disk
[root@rhel7 ~]# systemctl  suspend                  //暂停系统
[root@rhel7 ~]# systemctl  hibernate                //让系统进入休眠状态
[root@rhel7 ~]# systemctl  hybrid-sleep             //让系统进入交互式休眠状态
[root@rhel7 ~]# systemctl  reboot                   //重启系统
[root@rhel7 ~]# systemctl  poweroff                 //关闭系统，切断电源
[root@rhel7 ~]# systemctl  halt                     // CPU 停止工作
```

9. 管理与控制挂载点

```
[root@rhel7 ~]# systemctl  list-unit-files  --type  mount     //列出所有系统挂载点
UNIT FILE                        STATE
dev-hugepages.mount              static
dev-mqueue.mount                 static
…
tmp.mount                        disabled
var-lib-nfs-rpc_pipefs.mount     static

9 unit files listed.
[root@rhel7 ~]# systemctl  enable  tmp.mount          //系统启动时自动挂载
ln -s '/usr/lib/systemd/system/tmp.mount' '/etc/systemd/system/local-fs.target.wants/tmp.mount'
[root@rhel7 ~]# systemctl  list-unit-files  --type  mount |grep tmp
tmp.mount                        enabled
[root@rhel7 ~]# systemctl  start  tmp.mount           //挂载
[root@rhel7 ~]# systemctl  status  tmp.mount          //检查系统中的挂载点状态
tmp.mount - Temporary Directory
```

```
    Loaded: loaded (/usr/lib/systemd/system/tmp.mount; enabled)
    Active: active (mounted) since Wed 2017-08-23 11:24:56 CST; 14min ago
…
Aug 23 11:39:30 rhel7 systemd[1]: Mounted Temporary Directory.
[root@rhel7 ~]# systemctl mask tmp.mount                    //屏蔽挂载点
ln -s '/dev/null' '/etc/systemd/system/tmp.mount'
[root@rhel7 ~]# systemctl    list-unit-files    --type    mount |grep tmp
tmp.mount                           masked
[root@rhel7 ~]# systemctl    list-units    --type mount     |grep    tmp
tmp.mount                           masked active mounted tmp.mount
```

10. 管理 CPU 的配额

```
[root@rhel7 ~]# systemctl set-property httpd.service CPUShares=512    //设置某个 Unit 的指定属性
[root@rhel7 ~]# systemctl show -p CPUShares httpd.service             //查看某个 Unit 的指定属性的值
CPUShares=512
[root@rhel7 ~]# more    /etc/systemd/system/httpd.service.d/90-CPUShares.conf
[Service]
CPUShares=512
```

注意：各个服务的默认 CPU 配额=1024，用户可以增加/减少某个进程的 CPU 配额。当用户为某个服务设置 CPUShares 时会自动创建一个以服务名命名的目录（如 httpd.service），里面包含了一个名为 90-CPUShares.conf 的文件，该文件含有 CPUShare 限制信息。

子任务 3　SysV init 和 Systemd 命令的对比

表 3.4 用于帮助系统管理员了解 Systemd 中可以取代 SysV init 工作流程的一些命令，但并不是全部。需要注意的是，原先 SysV init 中的部分命令在 Systemd 环境下仍然可用，如service 和chkconfig等。

1. SysV init 和 Systemd 服务管理命令对比

SysV init 和 Systemd 服务管理命令对比如表 3.4 所示，这里以 httpd 服务为例。

表 3.4　SysV init 和 Systemd 服务管理命令对比

命令完成的任务	新命令	旧命令
启动某个服务	systemctl start httpd.service	service httpd start
关闭某个服务	systemctl stop httpd.service	service httpd stop
重启某个服务	systemctl restart httpd.service	service httpd restart
重新加载配置文件，不中断服务	systemctl resload httpd.service	service httpd reload
汇报某服务的状态	systemctl status　httpd.service	service httpd status
仅显示某服务是否 Active	systemctl is-active httpd.service	
使某服务自动启动	systemctl enable httpd.service	chkconfig httpd on
使某服务不自动启动	systemctl disable ttpd.service	chkconfig httpd off
列出所有系统服务	systemctl list-unit-files	chkconfig --list
列出已启动的所有服务	systemctl list-units --type=service	
列出特定 target 启用的服务	systemctl list-dependencies [target]	

2. SysV 和 Systemd 改变运行级别对比

运行级别（runlevel）是一个旧的概念，Systemd 引入了一个与运行级别功能相似又不同的概念——目标（target）。不像数字表示的运行级别，每个目标都有名字和独特的功能，并且能同时启用多个。一些目标继承其他目标的服务，并启动新服务。Systemd 提供了一些模仿 SysV init 运行级别的目标，仍可以使用旧的 telinit 运行级别命令切换。

systemctl 命令可用来取代原先 SysV 中 telinit 的功能，实现对运行级别的管理。SysV 和 Systemd 运行级别管理命令对比如表 3.5 所示。

表 3.5　SysV 和 Systemd 改变运行级别对比

命令完成的任务	新命令	旧命令
设置下次启动使用多用户运行级别	systemctl enable multi-user.target	sed s/^id:*:initdefault:/id:3:initdefault:/
改变至多用户运行级别（字符界面）	systemctl isolate multi-user.target	telinit 3

3. 利用 systemctl 实现系统电源的管理

systemctl 命令可用来取代原先 SysV 中的 reboot、halt、shutdown 等电源管理命令，实现对系统电源的管理。SysV 和 Systemd 电源管理命令对比如表 3.6 所示。

表 3.6　SysV 和 Systemd 电源管理命令对比

命令完成的任务	新命令	旧命令
重启	systemctl reboot	reboot
关闭	systemctl poweroff	halt -p
待机	systemctl suspend	echo standby>/sys/power/state
休眠	systemctl hibernate	echo platform > /sys/power/disk;echo disk > /sys/power/state 或 echo shutdown > /sys/power/disk;echo disk > /sys/power/state

待机：系统未真正关机，仅是将系统当前状态保存于内存，系统各资源消耗最低，电源未关闭，能够通过移动鼠标或是敲击键盘迅速进入系统，适宜于短暂休息。

休眠：系统真正关机，系统当前状态保存于硬盘，此时电源、内存、硬盘等均停止工作，一旦按下电源开关键，计算机快速从硬盘调入休眠前状态进入系统，适宜于一天左右的关机。

休眠到内存，相当于启动 suspend.target 目标；休眠到硬盘，相当于启动 hibernate.target 目标；进入混合休眠模式，也就是同时休眠到内存和硬盘，相当于启动 hybrid-sleep.target 目标。

子任务 4　使用 Systemd 的其他管理命令

systemctl 是 Systemd 的主命令，除了该命令外常用的还有很多，比如 systemd-analyze 命令用于查看启动耗时；hostnamectl 命令用于查看和修改主机名；localectl 命令用于查看本地化设置；timedatectl 命令用于查看当前时区设置；loginctl（Systemd 的登录管理器）命令用于查看当前登录的用户等。

1. 使用 loginctl 命令

```
[root@rhel7 ~]# loginctl                    //显示当前登录的用户、session 等信息
   SESSION        UID     USER          SEAT
         1          0     root          seat0
         2       1000     lihh          seat0
```

```
2 sessions listed.
[root@rhel7 ~]# loginctl show-user lihh       //显示指定用户的信息
UID=1000
GID=1000
Name=lihh
…
IdleSinceHintMonotonic=262056849
```

2. 使用 timedatectl 命令

```
[root@rhel7 ~]# timedatectl                        //查看当前时区设置
      Local time: 三 2017-08-23 13:51:27 CST
  Universal time: 三 2017-08-23 05:51:27 UTC
        RTC time: 三 2017-08-23 05:51:34
        Timezone: Asia/Shanghai (CST, +0800)
     NTP enabled: yes
NTP synchronized: no
 RTC in local TZ: no
      DST active: n/a
[root@rhel7 ~]# timedatectl list-timezones |grep Cho           //查看可用的时区
Asia/Choibalsan
Asia/Chongqing
[root@rhel7 ~]# timedatectl set-timezone Asia/Chongqing        //修改当前时区为 Chongqing
[root@rhel7 ~]# timedatectl set-time "2019-09-09    14:14:14"
[root@rhel7 ~]# timedatectl
      Local time: 一 2019-09-09 14:14:20 CST
  Universal time: 一 2019-09-09 06:14:20 UTC
        RTC time: 一 2019-09-09 06:14:20
        …
[root@rhel7 ~]# timedatectl set-time 2018-08-23
[root@rhel7 ~]# timedatectl set-time 14:02:14
```

3. 使用 localectl 命令

```
[root@rhel7 ~]# localectl              //查看本地化设置
   System Locale: LANG=zh_CN.UTF-8      //中文编码
       VC Keymap: us
      X11 Layout: cn
[root@rhel7 ~]# localectl set-locale LANG=en_US.uft-8
[root@rhel7 ~]# localectl
   System Locale: LANG=en_US.uft-8
       VC Keymap: us
      X11 Layout: cn
[root@rhel7 ~]# more    /etc/locale.conf       //配置文件
LANG=en_US.uft-8
```

en_US.UTF-8：用户说英语，位置在美国，字符集是 utf-8。zh_CN.UTF-8：用户说中文，位置在中国，字符集是 utf-8。如果 LANG 环境变量是 en_US.UTF-8，那么系统的菜单、程序的工具栏语言、输入法默认语言就都是英文的；如果 LANG 环境变量是 zh_CN.UTF-8，那么系统的菜单、程序的工具栏语言、输入法默认语言就都是中文的。

4. 使用 systemd-analyze 命令

```
[root@rhel7 ~]# systemd-analyze          //查看启动耗时
Startup finished in 1.138s (kernel) + 5.285s (initrd) + 1min 10.924s (userspace) = 1min 17.348s
[root@rhel7 ~]# systemd-analyze blame          //查看每个服务的启动耗时
      1min 631ms nfs-mountd.service
          13.991s kdump.service
```

```
…
                21ms sys-kernel-config.mount
lines 57-79/79 (END)
[root@rhel7 ~]# systemd-analyze critical-chain httpd.service     //显示指定服务的启动流程
The time after the unit is active or started is printed after the "@" character.
The time the unit takes to start is printed after the "+" character.

└─network.target @21.809s
  └─network.service @18.838s +2.969s
    └─NetworkManager.service @17.047s +1.495s
      └─firewalld.service @8.973s +8.067s
              …
                    └─system.slice
                      └─-.slice
```

5．使用 systemd-cgtop 命令

systemd-cgtop 命令用来查看各项服务的资源使用情况。和 top 命令不一样，top 命令更侧重于展示以进程为单位的资源状态，而 Systemd 提供了一个命令来方便地查看每项服务的实时资源消耗状态。

```
[root@rhel7 ~]# systemd-cgtop                  //按 CPU、内存、输入和输出列出控制组。
Path                                          Tasks   %CPU    Memory   Input/s   Output/s
/                                               503    67.3    895.5M      -          -
/system.slice/ModemManager.service                1      -         -        -          -
…
/system.slice/iprdump.service                     1      -         -        -          -
```


思考与练习

一、填空题

1．Systemd 自带日志服务________，该日志系统的设计初衷是克服现有的 Syslog 服务的缺点，替换 SysV init 中的 syslogd 守护进程。

2．________命令可用于检索由systemd-journald.service记录的Systemd日志。

3．________命令可用来取代原先 SysV 中的 reboot、halt、shutdown 等电源管理命令，实现对系统电源的管理。

4．systemd-analyze 命令用于查看启动耗时；________命令用于查看和修改主机名；________命令用于查看本地化设置；________命令用于查看当前时区设置；________命令用于查看当前登录的用户。

5．Systemd 用目标（target）替代了________的概念，提供了更大的灵活性，比如可以继承一个已有的目标，并添加其他服务来创建自己的目标。

二、判断题

1．RHEL 7 使用Systemd替换了 SysV init，兼容 SysV 和 LSB 的启动脚本，系统中已经存在的服务和进程无需修改，这降低了系统向 Systemd 迁移的成本，使得Systemd替换现有初始化系统成为可能。（　）

2．Systemd 提供了比 Upstart 更加激进的并行启动能力，Systemd 能够更进一步提高并发性，即便对于那些 UpStart 认为存在相互依赖而必须串行启动的服务，比如 Avahi 和 D-Bus 也可以并发启动。 （　）

3．Systemd Journal 用二进制格式保存所有日志信息，用户使用 journalctl 命令来查看日志信息，无需自己编写复杂脆弱的字符串分析处理程序。 （　）

4．当使用 systemctl 的 start、restart、stop 和 reload 命令时，终端不会输出任何内容，只有 status 命令可以打印输出。 （　）

5．Systemd 可以管理所有系统资源，统称为 Unit（单位），一共分成 12 种。 （　）

三、选择题

1．Systemd 可以管理的资源统称为 Unit（单位），一共分成 12 种，下面不是 Unit 资源类型的是（　）。

A．Service　　B．Swap　　C．Mount　　D．Host

2．目前越来越多的 Linux 发行版采纳了新一代的服务管理系统 Systemd，Systemd 的很多概念来源于苹果 MAC OS 操作系统上的 Launchd，它的重要特性不包括（　）。

A．更快的启动速度

B．维护一个“事务一致性”的概念，保证所有相关的服务都可以正常启动而不会出现互相依赖，以至于死锁

C．Systemd 不兼容/etc/fstab 文件，RHEL7 系统中不可以继续使用该文件来管理挂载点

D．当停止服务时，通过查询 CGroup，Systemd 可以确保找到所有的相关进程，从而干净地停止服务

3．Journal 是 Systemd 的日志系统，它可以替代 rsyslog 来记录日志也可与 rsyslog 共存，其的优点不包括（　）。

A．日志的适用范围很广，从嵌入式设备到超级计算机集群都可以满足需求

B．日志文件是可以验证的，让无法检测的修改不再可能

C．没有将所有的可记录事件保存在同一个数据存储中

D．自动管理磁盘空间，避免由于日志的不断产生而将磁盘空间耗尽

四、简答题

1．待机、休眠和关机有什么区别？分别写出使用 systemctl 命令实现待机、休眠和关机的完整命令。

2．service 的 Unit 文件按其用途有哪 3 个存放路径？用途是什么？

3．简述 service 的 Unit 文件通常分为几个部分？主要包括哪些内容？

4．什么是 Unit？有哪些类型？

4

安全子系统 SELinux 的应用与管理

学习目标

- 了解自主访问控制和强权访问控制的区别与联系
- 掌握 SELinux 工作模式的定义、查看和修改方法
- 熟悉 SELinux 的基本概念、工作原理和配置文件
- 掌握 SELinux 安全上下文和类型上下文的管理方法
- 熟悉 SELinux 布尔值的查看和修改方法
- 掌握监控 SELinux 冲突的方法以及冲突的处理

任务导引

SELinux 的全称为 Security Enhanced Linux，即安全强化的 Linux，是杰出的 Linux 安全子系统，是美国国家安全局对于强制访问控制（Mandatory Access Control，MAC）的实现。几乎可以肯定的是，每个使用过 RedHat 系列 Linux 操作系统的用户都尝试关闭过 SELinux，甚至对 SELinux 产生过偏见。不过随着日益增长的 0-day 安全漏洞，是时候去了解这个在 Linux 内核中已经有 17 年历史的强制性访问控制系统了。Linux 本身并不是一个足够安全的操作系统，因为它是在 UNIX 的设计基础上开发的，而 UNIX 诞生于 1969 年，在当时并没有把安全作为设计重点。虽然 UNIX 和 Linux 在后来开发了许多安全组件，比如 PAM 认证、iptables 防火墙、ACL 访问控制列表等，但是系统的基础架构并不完美。比如对文件和目录的权限设置只能按照用户、用户组和其他人来界定读、写、执行权限，权限控制方式过于简单。另外 root 用户权力过大，对系统的访问不受任何限制，可能会对系统造成伤害。而 SELinux 的目的在于明确地指明某个进程可以访问哪些资源，如文件、网络端口等，使用 SELinux 可以将 Linux 操作系统的安全级别从 C2 提升到 B1。要掌握 SELinux，首先应该了解它的作用和工作模式，需要对 SELinux 安全上下文，特别是类型上下文有一定的认识；然后知道布尔值的作用和配置方

法；最后需要掌握怎样监控系统中的 SELinux 冲突。掌握了这些基础之后，在配置网络服务器时就不用再关闭 SELinux 了，而是需要探索在实现特定功能的前提下怎样对 SELinux 做最小限度的修改。

任务 1　初识 SELinux 的基本概念和工作过程

子任务 1　了解自主访问控制与强制访问控制

1. 传统的自主访问控制

在标准权限模式中，当一个用户执行某个程序时，所产生的进程就会获得这个用户的权限。另外，系统中的所有文件都被设置了权限，即每个文件和目录都有所属的用户和用户组，并且为所属用户、所属用户组和其他人分别设置不同的读、写、执行权限。一个进程能否访问一个文件，取决于进程自身的权限和文件的权限设置。这种访问控制模式叫做自主访问控制（Discretionary Access Control，DAC），这是一种比较宽松的访问控制模式，特别是当用户使用 root 身份登录系统时，由于 root 具有不受权限限制的特点，所以有一定的危险性。

下面以 Apache 服务器为例说明传统 DAC 模式的不足之处。Apache 是一个 Web 服务器，当在系统中运行 Web 服务时，我们通常会允许 TCP 80 和 443 端口通过防火墙，这样用户就可以通过这两个端口连接到 Web 服务器上。然而，这同时意味着怀有恶意的黑客也可以通过 Apache 可能存在的漏洞入侵到系统中。Apache 服务器的主程序 httpd 是以 Apache 用户和 Apache 用户组身份执行的，当黑客利用 Apache 服务器的安全漏洞进入到系统时，会获得 Apache 用户和 Apache 用户组的身份。这个用户和用户组能够访问 Apache 服务器的网站根目录/var/www/html，同样也可以访问系统中其他大多数目录。因为大多数目录是允许所有人进入并查看目录内容的，即对其他人设置了 x 和 r 权限，所以黑客就能查看系统中所有的可读文件，从而获取系统信息。特别是当访问/tmp 和/var/tmp 这两个目录时，由于目录为所有人开放了“写入（w）”权限，所以黑客可以在这两个目录以及对所有人可写的任何其他目录中写入数据，从而对系统造成破坏。

传统的标准权限系统还有诸如 root 用户权限不受限制，如操作不当可能会破坏系统；设置了 Set UID 的程序如被黑客利用会获得 root 权限等缺点。

2. SELinux 的强制访问控制

SELinux 是美国国家安全局（NSA）在 Linux 社区的帮助下开发的，能够实现灵活的强制访问控制（Mandatory Access Control，MAC）体系结构。SELinux 不是一个 Linux 的发行版，而是集成在 Linux 内核中的安全子系统，能够提供一个可定制的安全策略（Security Policy）。在某种程度上，SELinux 可以被看作是与标准权限系统并行的另一个权限系统。

SELinux 安全策略由一系列的安全规则组成，规则具体定义了每个进程能够使用哪些端口，访问哪些文件、目录等资源。也就是说，启用了 SELinux 的系统不再只根据 DAC 所定义的用户和文件的权限来实现访问控制，而且会对每个进程所能做的操作加以颗粒化控制。

SELinux 对所有的进程、文件、目录和端口的访问都是基于定制好的策略执行的，策略只能由 root 管理员修改，普通用户没有权限自定义 SELinux 策略，这种彻底的访问控制方式称为"强制访问控制"。

子任务 2　理解 SELinux 的基本术语

要了解 SELinux 的工作方式，就得明白下面这些 SELinux 基本术语。

1．主体

SELinux 主要管理的就是程序或进程（Process），因此可以将"主体（Subject）"跟进程划上等号。

2．对象

主体程序能够存取的"目标资源"一般就是文件系统和端口，因此 SELinux 将主体所访问的文件、目录、端口等资源称为对象（Object）。

3．安全上下文

每个进程、文件、目录和端口都有特别的安全标记，称为 SELinux 安全上下文（Security Context）。因为 SELinux 需要为每个进程规定它能够访问的文件、目录和端口等资源，而系统中的文件可以无限量增长，所以一个一个地指定进程能够访问的文件是不可能的。因此，SELinux 设计了很多安全标记，每个进程有特定的安全标记，每一个传输层端口也对应特定的安全标记，位于特定目录下的文件也有规划好的安全标记。

安全标记只是一个名称，能够让 SELinux 根据策略来决定每个进程是否能够访问特定的文件、目录和端口。SELinux 安全标记有若干上下文，分别是用户（User）、角色（Role）和类型（Type），其中我们最关注的是第三个：类型上下文。类型上下文名称通常以"_t"结尾。

（1）用户（User）。相当于账号方面的身份识别，主要的身份识别有以下两种类型：

- unconfined_u：不受限的用户，也就是说该文件是由不受限的程序产生的。一般来说，我们使用可登入账号取得 bash 之后，预设的 bash 环境是不受 SELinux 管制的，因为 bash 并不是什么特别的网络服务。因此，在这个不受 SELinux 限制的 bash 程序中所产生的文档，其身份识别大多是 unconfined_u 这个"不受限"的用户。
- system_u：系统用户，大部分就是系统自己产生的文档。

基本上，如果是系统或软件本身所提供的文档，大多是 system_u 这个身份名称；如果是用户通过 bash 自己建立的文档，则大多是不受限的 unconfined_u 身份；如果是网络服务所产生的文档，或者是系统服务运作过程中产生的，则大部分的识别就会是 system_u。比如系统安装主动产生的 anaconda-ks.cfs 和 initial-setup-ks.cfg 就会是 system_u，而我们自己从网络上下载的 regular_express.txt 就会是 unconfined_u 这个识别。

（2）角色（Role）。通过角色字段，我们可以知道这个数据是属于程序、文档资源还是代表使用者。一般的角色有以下两个：

- object_r：代表的是文档或目录等档案资源，这应该是最常见的。
- system_r：代表的就是程序。不过，一般使用者也会被指定为 system_r，用户也会发现角色的字段最后面使用"_r"来结尾，因为是 role 的意思。

（3）类型（Type）。在预设的 targeted 策略中，User 与 Role 字段基本上是不重要的，重要的是 Type 字段。基本上，一个主体程序能不能读取到这个文档资源，与类型字段有关。而类型字段在文档与程序中的定义不太相同，分别是：

- type：在文档资源（Object）上面称为类型（Type）。
- domain：在主体程序（Subject）中则称为域（domain），domain 需要与 type 搭配，程序才能顺利地读取文档资源。

4．域

SELinux 将进程的类型上下文称为域（Domain）。比如，Apache 服务器主进程 httpd 的类型上下文是 httpd_t。注意，这里的“域”与域名系统（DNS）中的“域”不是一个概念，进程的域，用工作“领域”来形容更好理解。

5．对象的类型上下文

SELinux 为每一个文件、目录和端口等对象定义了专门的安全上下文，其中最重要的就是类型（Type）上下文。比如，Apache 服务器的网站根目录/var/www/html 及其内部所有文件具有类似 httpd_sys_content_t 这样的类型上下文。位于/tmp 和/var/tmp 目录内的文件具有 tmp_t 类型上下文。Apache 服务器所使用的 TCP 80 和 443 端口具有 http_port_t 类型上下文。

6．安全策略

安全策略（Security Policy）就是用来确定哪个进程能够访问哪些文件、目录、端口等对象的一系列安全规则。

安全策略是一个存储了许多规则的数据库，当前 RedHat Enterprise Linux 主要提供了以下两类安全策略，每类安全策略的侧重点有所不同：

- targeted：主要用来保护常见的网络服务，这是默认使用的安全策略。
- strict：用来保护系统所有进程的安全策略。

RedHat Enterprise Linux 7 默认会安装并启用 targeted 安全策略。可以为系统安装多个安全策略，但是只能选择使用其中的一类安全策略。

子任务 3　了解 SELinux 的工作过程

1．SELinux 决策过程

当一个主体（即进程）要访问一个对象资源（如文件）时，Linux 内核会先检查进程的权限，以决定是否能访问文件。如果文件的 UGO 属性不允许执行进程的用户访问，那么 Linux 内核会直接拒绝访问，给出错误信息，不再检查 SELinux 上下文。

如果允许访问文件并启用了 SELinux 安全子系统，那么 SELinux 会首先读取进程和文件的安全上下文，然后查询在安全策略中是否定义了相关的规则。在查询安全策略时，为了加快查询速度，SELinux 并不直接查询策略文件，而是先到访问向量缓存（Access Vector Cache，AVC）中查询是否缓存了相关规则。如果访问向量缓存中保存了有关规则，则按照规则执行；如果没有，则查询策略文件，并将查询结果存储到访问向量缓存中。

如果 SELinux 在安全策略中查询到了与进程和文件相关的规则，则按照规则中定义的结果执行，即允许（Allow）或禁止（Deny）。

如果 SELinux 在安全策略中没有查询到与进程和文件相关的规则，则会禁止访问。当 Linux 内核获知 SELinux 决策结果后，如果是禁止访问，则会将错误信息传送到系统日志服务，将事件存入日志文件中。如果 SELinux 工作在强制模式，则 Linux 内核将禁止进程访问文件。

2. SELinux 决策案例

下面以 Apache 服务器为例说明使用 SELinux 安全策略时系统的决策过程。

Apache 服务器进程 httpd 的类型上下文是 httpd_t，Apache 服务器的网站根目录/var/www/html 及其内部所有文件的类型上下文是 httpd_sys_content_t。目录/tmp 和/var/tmp 及其内部所有文件的类型上下文是 tmp_t。Apache 服务器所使用的 TCP 80 和 443 端口的类型上下文是 http_port_t。

在 SELinux 策略中，有规则允许 Apache（以 httpd_t 类型上下文运行的 httpd 进程）监听 TCP 80 和 443 端口（这些端口的类型上下文是 http_port_t），并访问位于目录/var/www/html 中具有 httpd_sys_content_t 类型上下文的文件。在策略中，没有适用于目录/tmp 和/var/tmp 中具有 tmp_t 类型上下文文件的允许规则。

当 Apache 服务器使用默认的 TCP 80 和 443 端口启动，并且网站根目录位于默认的/var/www/html 目录时，Linux 首先检查目录和文件的 UGO 权限，当/var/www/html 目录允许所有人进入并读取文件内容时，客户端可以访问 Web 服务器。如果目录和文件的 UGO 常规权限阻止了访问，那么客户端也无法访问 Web 服务器。

如果 Apache 配置监听其他端口，而那个端口又不具有 http_port_t 类型上下文的话，Apache 是无法启动的。如果网站的根目录不是/var/www/html 目录时，Apache 可以启动，但是客户端在访问主页时会被提示没有权限。所以，就算黑客通过 Apache 漏洞进入了 Linux 服务器，也只能访问/var/www/html 目录，其他目录都不能访问，更不用说/tmp 和/var/tmp 目录了。

需要注意的是，SELinux 权限不影响传统的文件系统权限。也就是说，即使 SELinux 权限允许 httpd 进程访问/var/www/html 目录中的文件，如果里面的文件的传统权限拒绝了访问（比如将权限设置为-rw-------，其他用户不能读取文件），那么最终用户也访问不到 Web 站点。另外，SELinux 的配置也不影响 iptables 防火墙的工作。

任务 2　管理 SELinux 的工作模式

子任务 1　理解 SELinux 工作模式

1. SELinux 的工作模式

SELinux 有 3 种工作模式，分别是强制模式、许可模式和禁用模式。

（1）强制模式（Enforcing Mode）。强制模式表示启用 SELinux，记录违规日志，并强制拒绝违规操作。在强制模式下，Linux 内核会加载 SELinux 安全子系统。当主体访问对象时，Linux 内核会先经过传统的权限检查，如果传统权限允许操作，SELinux 子系统会进行策略判断，如果找到相关的允许规则，则可以操作，如果规则不允许或没有相关的规则，则会拒绝操作。同时，SELinux 还会把违规事件记录到日志系统中。SELinux 强制模式实际上就是完全启用了 SELinux。

（2）许可模式（Permissive Mode）。许可模式表示启用 SELinux，记录违规日志，但会允许所有违规操作。许可模式与强制模式的区别在于，如果发生违规行为，SELinux 还是会允许操作，就像是没有开启 SELinux。但是许可模式会把违规事件记录到日志系统中，所以这个模式通常用于对问题进行故障排除，用来确定故障到底是系统服务的问题还是 SELinux 的问题。

如果在强制模式下无法完成某种操作，可以将 SELinux 模式转换为许可模式，如果问题解决了，说明需要对 SELinux 进行一些配置，允许所需要的操作。

将 SELinux 从强制模式转换到许可模式不需要重新启动，非常方便。同样也可以将许可模式快速转换为强制模式。许可模式不会对系统提供保护，但是会记录违规日志，所以也被叫做日志模式。

SELinux 工作在许可模式下，Apache 服务器进程可以访问所有全局可读的目录，如果将工作模式转换到强制模式，SELinux 就只允许 Apache 访问/var/www/html 目录了。在企业级的服务器上应使用强制模式，许可模式只能用于临时调试。

（3）禁用模式（Disabled Mode）。禁用模式表示完全禁用 SELinux，系统不受 SELinux 的保护。需要注意的是，如果将 SELinux 的模式从强制模式或许可模式转换到禁用模式，必须要重新启动系统。同样如果从禁用模式转换到强制模式或许可模式，也需要重新启动，而且在重启时，SELinux 会花费大量的时间对整个文件系统进行重标记（Relabel）。

不建议使用 SELinux 禁用模式的另一个原因是，曾经出现过当在禁用 SELinux 的状态下升级了操作系统版本后，如果再将 SELinux 模式转换到强制模式，会出现无法重标记，网络服务无法启动的问题。所以如果暂时不使用 SELinux，建议使用许可模式，当需要使用 SELinux 时，直接转换到强制模式即可。

2. SELinux 的配置文件

在 RedHat 系列的 Linux 操作系统中，SELinux 的配置文件是/etc/selinux/config。在这个配置文件中，提供了两个配置参数。

```
[root@rhel7 ~]# cat /etc/selinux/config   |grep   -v    '#'

SELINUX=enforcing
SELINUXTYPE=targeted
```

（1）SELINUX=enforcing。指定系统的 SELinux 模式，可以选择的模式包括 enforcing、permissive 和 disabled，分别代表强制模式、许可模式和禁用模式。

这个配置能够控制系统在启动时应该使用的 SELinux 模式，如果打算长期使用某种 SELinux 模式，应该修改这个配置文件。但是，修改了/etc/selinux/config 之后，必须重新启动系统才能让 SELinux 转换到指定的工作模式。

（2）SELINUXTYPE=targeted。指定 SELinux 在启动时要加载的安全策略，可以选择的安全策略包括 targeted 和 strict。SELinux 默认会加载 targeted 安全策略，对常见的网络服务提供保护，targeted 安全策略的规则数据库文件位于/etc/selinux/targeted 目录中。

子任务 2　查看和更改 SELinux 模式

1. 使用图形界面查看和更改 SELinux 模式

（1）使用“安全级别和防火墙”工具管理 SELinux。打开“系统”→“管理”→“安全级别和防火墙”，切换到 SELinux 选项卡，如图 4-1 所示。

在这里配置 SELinux 模式会修改 SELinux 的配置文件/etc/selinux/config，所以需要重新启动才能使用新的 SELinux 模式。

（2）使用 SELinux 管理工具：打开“系统”→“管理”→SELinuxManagement，这是一个功能更多的 SELinux 图形界面管理工具（system-config-selinux），如图 4-2 所示。

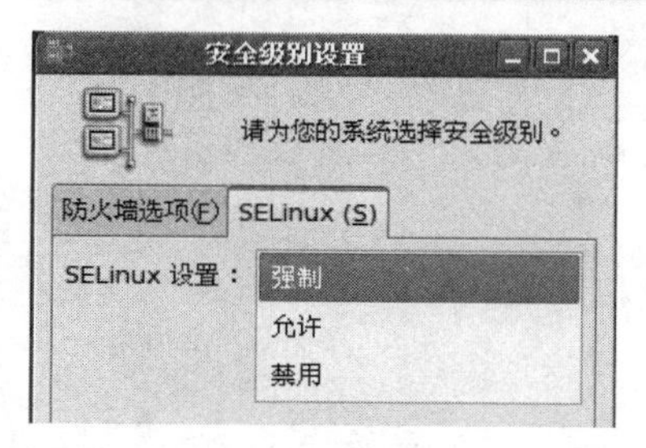

图 4-1　在“安全级别和防火墙”中配置 SELinux 模式

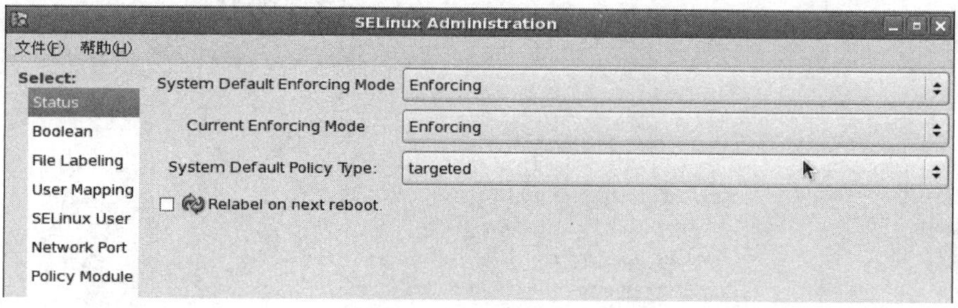

图 4-2　SELinux 图形界面管理工具

其中，System Default Enforcing Mode 表示系统在启动时使用的 SELinux 模式，作用与第一个管理工具相同；Current Enforcing Mode 表示当前的 SELinux 模式，如果启用了 SELinux，可以在 Enforcing（强制模式）和 Permissive（许可模式）之间转换；System Default Policy Type 表示 SELinux 在启动时要加载的安全策略，SELinux 默认加载 targeted 安全策略，如果需要使用 strict 安全策略，首先必须安装，然后才可以选择。

这个 SELinux 图形界面管理工具还能够修改布尔值、文件和端口的安全上下文等参数。

2. 使用命令行获取或修改 SELinux 工作模式

getenforce 工具可以用来获取当前的 SELinux 工作模式。这个命令没有任何选项。setenforce 工具可以用来更改当前的 SELinux 工作模式，命令格式为：setenforce [Enforcing | Permissive | 1 | 0]，其中，使用选项 Enforcing 或 1 可以将 SELinux 模式转换到强制模式，使用选项 Permissive 或 0 可以将 SELinux 模式转换到许可模式。

```
[root@rhel7 ~]# getenforce
Enforcing                          //表示 SELinux 当前正在强制模式下工作
[root@rhel7 ~]# setenforce
usage:   setenforce [ Enforcing | Permissive | 1 | 0 ]
[root@rhel7 ~]# setenforce   0
[root@rhel7 ~]# getenforce
Permissive
```

使用 setenforce 工具可以快速在 SELinux 强制模式和许可模式之间互相转换，但是不能转换到禁用模式。如果需要禁用 SELinux，则需要编辑配置文件。

3. 使用 sestatus 工具查看 SELinux 模式

sestatus 工具可以用来获取系统的 SELinux 模式，命令格式为：sestatus [-v] [-b]。其中，-v 选项用来显示较多信息，包括在/etc/sestatus.conf 中配置的所有进程和文件的 SELinux 安全上下文；-b 选项用来显示当前所有 SELinux 布尔值的状态。

```
[root@rhel7 ~]# sestatus   -v
```

```
SELinux status:                  enabled                  //Selinux 的状态，是否启用了 SELinux
SELinuxfs mount:                 /sys/fs/selinux          //SELinux 虚拟文件系统挂载点
SELinux root directory:          /etc/selinux             //SELinux 的根目录
Loaded policy name:              targeted                 //加载的安全策略的名字
Current mode:                    enforcing                //Selinux 当前的安全策略
Mode from config file:           enforcing                //配置文件中定义的 SELinux 模式
Policy MLS status:               enabled                  //mls - Multi Level Security protection
Policy deny_unknown status:      allowed
Max kernel policy version:       28

Process contexts:
Current context:                 unconfined_u:unconfined_r:unconfined_t:s0-s0:c0.c1023
Init context:                    system_u:system_r:init_t:s0
/usr/sbin/sshd                   system_u:system_r:sshd_t:s0-s0:c0.c1023

File contexts:
Controlling terminal:            unconfined_u:object_r:user_devpts_t:s0
/etc/passwd                      system_u:object_r:passwd_file_t:s0
/etc/shadow                      system_u:object_r:shadow_t:s0
/bin/bash                        system_u:object_r:shell_exec_t:s0
/bin/login                       system_u:object_r:login_exec_t:s0
/bin/sh                          system_u:object_r:bin_t:s0 -> system_u:object_r:shell_exec_t:s0
/sbin/agetty                     system_u:object_r:getty_exec_t:s0
/sbin/init                       system_u:object_r:bin_t:s0 -> system_u:object_r:init_exec_t:s0
/usr/sbin/sshd                   system_u:object_r:sshd_exec_t:s0
```


4. 修改配置文件以永久变更 SELinux 模式

（1）修改 SELinux 配置文件。要使 SELinux 的模式永久生效，即设置系统在启动时使用的 SELinux 模式，需要编辑 SELinux 的配置文件/etc/selinux/config，将 SELINUX=语句修改为要使用的 SELinux 模式，然后重新启动系统。需要注意的是，将 SELinux 模式从禁用修改为强制或许可后，重启系统时需要花费大量时间对整个文件系统进行重标记。

（2）传递内核启动参数。另一种启用或禁用 SELinux 的方法是在加载 Linux 内核时传递 SELinux 内核启动参数。Linux 内核提供了一个名为 selinux 的启动参数，可以用来在加载 Linux 内核时决定是否启用 SELinux。可以在 GRUB 界面中添加内核启动参数 selinux=0 来禁用 SELinux，也可以编辑 GRUB 的配置文件/boot/grub2/grub.cfg，在内核启动参数中添加 selinux=0。还可以给 Linux 内核传递的 selinux 参数有：enforcing=1，表示 SELinux 强制模式；enforcing=0，表示 SELinux 许可模式。

注意，给内核传递的 selinux 参数优先于 SELinux 配置文件。例如，在操作系统加载内核时如果指定了 selinux=0 参数，那么即使 SELinux 配置文件/etc/selinux/config 中指定了强制模式，最终系统也会工作在 SELinux 禁用模式。

任务 3　管理 SELinux 安全上下文

在启用了 SELinux 的 Linux 操作系统中，所有的进程、文件、目录、端口等资源都有相关联的 SELinux 标签，称为安全上下文。这些上下文是与文件的属性信息一起存储在文件系统中的。安全上下文是由简单的字符串所表示的名称，在 SELinux 策略中具体规定了被标记了哪种上下文的进程能够访问被标记了哪些上下文的文件和端口等资源。

安全上下文是由若干个字段组成的，分别是用户（User）、角色（Role）、类型（Type）和范围（Range）等字段。其中，用户的上下文名称通常以_u 结尾，角色的上下文名称通常以_r 结尾，类型的上下文名称通常以_t 结尾。在 SELinux 默认的 targeted 策略中，我们只需要考虑第三个上下文：类型（Type）上下文。

当 SELinux 出现问题时，最常见的原因是文件和目录的安全上下文没有正确标记。下面就来了解怎样管理进程、文件和目录的安全上下文。

子任务 1　查看进程的 SELinux 安全上下文

1. 使用图形界面查看进程的 SELinux 安全上下文

打开“系统”→“管理”→“系统监视器”，切换到“进程”选项卡。打开菜单中的“编辑”→“首选项”，选中“进程域”中的“安全环境”，可以看到所有进程的 SELinux 安全上下文，如图 4-3 所示。

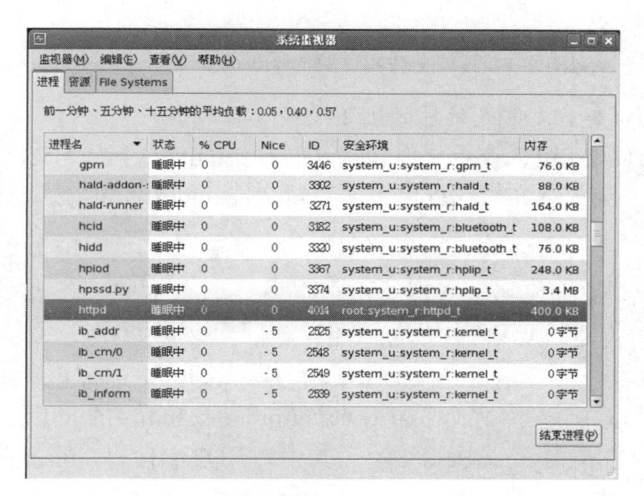

图 4-3　查看进程的 SELinux 安全上下文

2. 使用 ps -Z 查看进程的 SELinux 安全上下文

ps 命令有一个选项 Z（或-Z），可以查看进程的 SELinux 安全上下文。比如，要查看所有进程的 SELinux 安全上下文，可以使用 ps　-axZ。

```
[root@rhel7 ~]# ps   -axZ   |grep http                    //查看有关 httpd 进程的安全上下文
system_u:system_r:httpd_t:s0        62497 ?     Ss     0:00  /usr/sbin/httpd   -DFOREGROUND
system_u:system_r:httpd_t:s0        62498 ?     S      0:00  /usr/sbin/httpd   -DFOREGROUND
system_u:system_r:httpd_t:s0        62499 ?     S      0:00  /usr/sbin/httpd   -DFOREGROUND
system_u:system_r:httpd_t:s0        62500 ?     S      0:00  /usr/sbin/httpd   -DFOREGROUND
system_u:system_r:httpd_t:s0        62501 ?     S      0:00  /usr/sbin/httpd   -DFOREGROUND
system_u:system_r:httpd_t:s0        62502 ?     S      0:00  /usr/sbin/httpd   -DFOREGROUND
unconfined_u:unconfined_r:unconfined_t:s0-s0:c0.c1023 62556 pts/0 S+    0:00   grep --color=auto http
```

httpd 进程的安全上下文是 root:system_r:httpd_t，其中类型上下文是 httpd_t。

子任务 2　管理文件和目录的 SELinux 安全上下文

1. 使用图形界面进行管理

打开“应用程序”→“系统工具”→“文件浏览器”，选择文件或目录的“属性”，切换到“权限”选项卡，可以看到 SELinux Context，这就是文件的 SELinux 安全上下文，如图 4-4 所示。

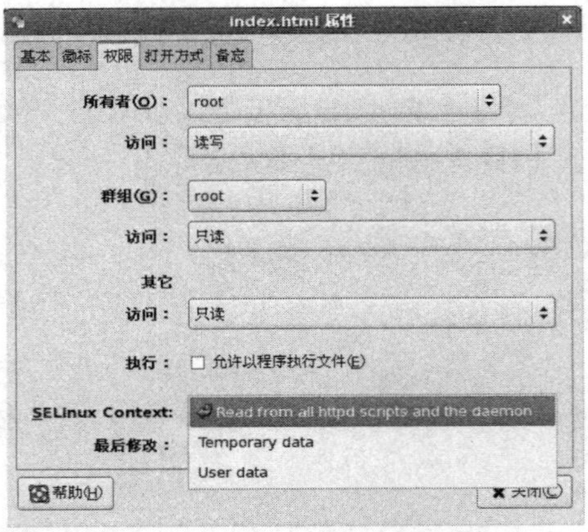

图 4-4 管理文件和目录的 SELinux 安全上下文

2. 使用 ls -Z 命令查看文件或目录的上下文

ls 命令有一个选项-Z，可以查看文件和目录的 SELinux 安全上下文。下面的命令将显示目录/var/www/html 的安全上下文，在目录中创建新文件 index.html，并查看文件/var/www/html/index.html 的 SELinux 安全上下文。

```
[root@rhel7 ~]# ls    -dZ    /var/www/html/
drwxr-xr-x. root root system_u:object_r:httpd_sys_content_t:s0 /var/www/html/
[root@rhel7 ~]# echo    "Lihua Homepage"> /var/www/html/index.html
[root@rhel7 ~]# ls    -Z    /var/www/html/index.html
-rw-r--r--. root root    unconfined_u:object_r:httpd_sys_content_t:s0    /var/www/html/index.html
```

从显示结果可以看出，文件/var/www/html/index.html 的 SELinux 安全上下文是 unconfined_u:object_r:httpd_sys_content_t:s0。其中，用户字段是 unconfined_u，角色字段是 object_r，类型字段是 httpd_sys_content_t。该文件的类型上下文与其父目录/var/www/html 的类型上下文是一样的。

SELinux 为文件系统中的每一个文件和目录都规划了特定的安全上下文，而文件的上下文通常是继承父目录的安全上下文的。比如，目录/var/www/html 的 SELinux 类型上下文是 httpd_sys_content_t，所以在这个目录下新创建的文件 index.html 也具有 httpd_sys_content_t 类型上下文。

有时，文件的 SELinux 安全上下文可能不符合 SELinux 策略，所以需要修改文件和目录的 SELinux 安全上下文。

3. 使用 chcon 修改文件和目录的 SELinux 安全上下文

chcon 工具可以用来修改文件和目录的 SELinux 安全上下文，命令格式为：

```
chcon [OPTION]... CONTEXT FILE...
chcon [OPTION]... [-u USER] [-r ROLE] [-l RANGE] [-t TYPE] FILE...
chcon [OPTION]... --reference=RFILE FILE...
```

可以直接指定文件的 SELinux 安全上下文，也可以使用选项修改特定的安全上下文字段。选项--reference=RFILE 可以将 RFILE 的安全上下文作为参考修改 FILE 的安全上下文。表 4.1 所示是 chcon 常用的选项。

表 4.1　chcon 的主要选项及作用

选项	作用
-u USER	修改目标安全上下文的用户（User）字段
-r ROLE	修改目标安全上下文的角色（Role）字段
-t TYPE	修改目标安全上下文的类型（Type）字段
-R	递归修改所有文件和子目录的安全上下文
-f	强制修改，隐藏大多数错误消息
-v	显示修改过程的详细信息

```
[root@rhel7 ~]# ls  -Z  initial-setup-ks.cfg
-rw-r--r--. root root system_u:object_r:admin_home_t:s0 initial-setup-ks.cfg
[root@rhel7 ~]# chcon -t  tmp_t  /root/initial-setup-ks.cfg
[root@rhel7 ~]# ls  -Z  initial-setup-ks.cfg
-rw-r--r--. root root system_u:object_r:tmp_t:s0       initial-setup-ks.cfg
```

4. 使用 restorecon 恢复文件和目录的默认安全上下文

文件系统中的每一个文件和目录都有规划好的默认安全上下文，使用 restorecon 工具可以恢复文件和目录的默认 SELinux 安全上下文，命令格式为：restorecon [-R] [-F] [-v] pathname...。其中 pathname 是要修复的目录或文件路径。表 4.2 所示是 restorecon 常用的选项。

表 4.2　restorecon 的主要选项及作用

选项	作用
-R 或-r	递归恢复所有文件和子目录的安全上下文
-F	当恢复目录的安全上下文时，如果里面包含了自定义安全上下文的文件，也强制将其恢复为该目录的安全上下文
-v	显示恢复过程的详细信息

```
[root@rhel7 ~]# restorecon  /root/initial-setup-ks.cfg
[root@rhel7 ~]# ls  -Z  initial-setup-ks.cfg
-rw-r--r--. root root system_u:object_r:admin_home_t:s0 initial-setup-ks.cfg
```

5. 使用 semanage fcontext 管理目录和文件的默认 SELinux 安全上下文

修改和重编译 SELinux 策略源文件是一个复杂的工作，通常会使用 semanage 工具来配置 SELinux 策略中的特定要素或使用布尔值来简化 SELinux 的配置过程，有关布尔值，将在后面的部分中讲解。semanage 是一个管理 SELinux 策略的工具，可以用它来管理目录、文件和端口等资源的安全上下文。

使用 semanage 查看 SELinux 资源的命令格式为：semanage {login|user|port|interface|fcontext} -l [-n]，使用 semanage 管理目录和文件的安全上下文的命令格式为：semanage fcontext -{a|d|m} [-frst] file_spec。表 4.3 所示是 semanage 常用的选项。

表 4.3　semanage 的主要选项及作用

选项	作用
-l	显示对象列表
-a	为指定的对象添加安全上下文名称

续表

选项	作用
-d	为指定的对象删除安全上下文名称
-m	为指定的对象修改安全上下文名称
-f	与 fcontext 结合使用指定文件的类型，如普通文件是“-”，目录是“d”
-t	指定对象的类型（Type）上下文
-p	与 port 结合使用指定端口的协议（TCP 或 UDP）

下面将显示所有目录和文件的默认 SELinux 安全上下文。

```
[root@rhel7 ~]# semanage    fcontext
usage: semanage fcontext [-h] [-n] [-N] [-s STORE] [ --add ( -t TYPE -f FTYPE -r RANGE -s SEUSER | -e EQUAL )
FILE_SPEC ) | --delete ( -t TYPE -f FTYPE | -e EQUAL ) FILE_SPEC ) | --deleteall    | --extract    | --list -C | --modify ( -t
TYPE -f FTYPE -r RANGE -s SEUSER | -e EQUAL ) FILE_SPEC ) ]
[root@rhel7 ~]# semanage fcontext    -l    |grep    '/var/www/html/'
/var/www/html/[^/]*/cgi-bin(/.*)?      all files      system_u:object_r:httpd_sys_script_exec_t:s0
/var/www/html/cgi/munin.*              all files      system_u:object_r:httpd_munin_script_exec_t:s0
/var/www/html/configuration\.php       all files      system_u:object_r:httpd_sys_rw_content_t:s0
/var/www/html/munin(/.*)?              all files      system_u:object_r:httpd_munin_content_t:s0
/var/www/html/munin/cgi(/.*)?          all files      system_u:object_r:httpd_munin_script_exec_t:s0
/var/www/html/owncloud/data(/.*)?      all files      system_u:object_r:httpd_sys_rw_content_t:s0
```

semanage 使用了扩展的正则表达式，/var/www(/.*)?能够匹配/var/www 目录中所有的文件及子目录。

子任务 3　管理端口的 SELinux 类型上下文

semanage 工具不仅能管理文件的安全上下文，还能管理端口的类型上下文。比如，可以使用 semanage　port　-l 命令显示所有端口的 SELinux 类型上下文。如果想要显示与 http 相关的端口类型上下文，可以使用下面的命令。

```
[root@rhel7 ~]# semanage port    -l    |grep    http
http_cache_port_t          tcp      8080, 8118, 8123, 10001-10010
http_cache_port_t          udp      3130
http_port_t                tcp      80, 443, 488, 8008, 8009, 8443, 9000
pegasus_http_port_t        tcp      5988
pegasus_https_port_t       tcp      5989
```

可以看到 TCP 80 和 443 端口的类型上下文是 http_port_t。在 SELinux 策略中，允许 Apache（具有 httpd_t 类型上下文）监听 TCP 80 和 443 端口（具有 http_port_t 类型上下文）。如果 Apache 使用不具有 http_port_t 上下文的 TCP 81 端口启动，SELinux 会阻止 Apache 监听 TCP 81 端口，则 Apache 无法启动。

```
[root@rhel7 ~]# semanage    port    -a    -t http_port_t    -p tcp 81
ValueError: 已定义端口  tcp/81
[root@rhel7 ~]# semanage port -l | grep http_port_t
http_port_t                tcp      80, 81, 443, 488, 8008, 8009, 8443, 9000
pegasus_http_port_t        tcp      5988
```

任务 4　管理 SELinux 的布尔值

SELinux 策略包含可以通过一些 SELinux 策略布尔值被启用或禁用的一系列规则。SELinux

布尔值是更改 SELinux 策略行为的开关，是可以启用或禁用的一系列规则，通过改变 SELinux 布尔值可以有选择地调整安全策略。在逻辑上，布尔值是“真”或“假”中的一个，就像电器的开关，可以打开或关闭。SELinux 布尔值的取值可以是“1”和“0”，分别表示“启用（on)”和“关闭（off)”。

举个例子，当布尔值 httpd_enable_cgi 的取值为“1”时，能够允许 Web 服务器运行 CGI 脚本；如果管理员不允许运行 CGI 脚本，则可以简单地将这个布尔值设置为“0”。

SELinux 策略为每个布尔值定义了默认值，大多数布尔值默认取值为“0”。下面介绍查看和修改 SELinux 布尔值的工具。

子任务 1　使用图形界面管理 SELinux 布尔值

打开“系统”→“管理”→SELinux Management，在左边切换到 Boolean 选项卡，可以在右边看到所有的 SELinux 布尔值，如图 4-5 所示。

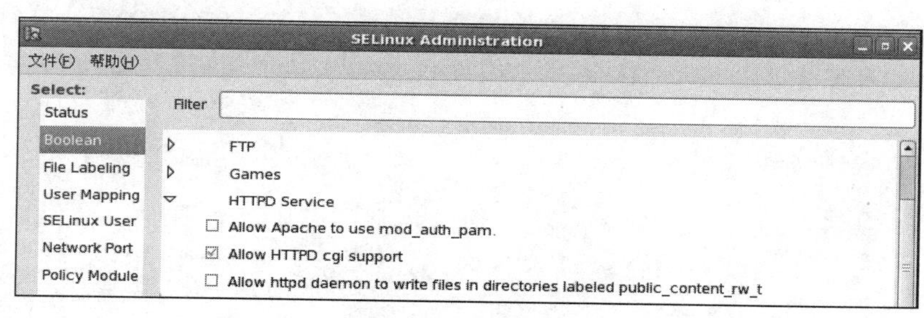

图 4-5　使用图形界面管理 SELinux 布尔值

图形界面 SELinux 管理工具能够看到每个布尔值的简要描述，但是不能看到布尔值的名称。如果要启用一个布尔值，则在相应描述前打钩。

子任务 2　使用命令行管理 SELinux 布尔值

1．使用 getsebool 查看布尔值

getsebool 工具可以查看所有的或特定的 SELinux 布尔值，命令格式为：getsebool [-a] [boolean]。选项-a 用于显示所有的 SELinux 布尔值；如果只想查看一个特定的布尔值，则在 getsebool 之后加上布尔值的名称。

```
[root@rhel7 ~]# getsebool   httpd_enable_cgi        //查看 httpd_enable_cgi 布尔值
httpd_enable_cgi --> on
[root@rhel7 ~]# getsebool -a    |grep   ssh          //查看与 SSH 服务相关的 SELinux 布尔值
fenced_can_ssh --> off
selinuxuser_use_ssh_chroot --> off
sftpd_write_ssh_home --> off
ssh_chroot_rw_homedirs --> off
ssh_keysign --> off
ssh_sysadm_login --> off
```

2．使用 setsebool 修改 SELinux 布尔值

setsebool 工具可以修改 SELinux 布尔值，命令格式为：setsebool [-P] boolean value。setsebool 工具可以使用一个给定的参数修改 SELinux 布尔值，当取值为 1、true 或 on 时，启用一个布尔值，当取值为 0、false 或 off 时，关闭一个布尔值。如果不加-P 选项，则只影响当前运行中

的布尔值，当系统重启后会恢复默认的布尔值。如果加上-P 选项，布尔值将被写入到 SELinux 策略文件中，当系统重启时也是有效的。例如，要将布尔值 ftp_home_dir 启用，可以执行下面的命令，将布尔值 ftp_home_dir 启用，表示允许 FTP 服务器读写用户家目录中的文件。

```
[root@rhel7 ~]# setsebool   -P   ftp_home_dir on
```

3．使用手册页查看 SELinux 布尔值

怎样能够了解到每个网络服务所能配置的 SELinux 布尔值呢？许多系统服务的软件包都有关于 SELinux 的手册页(manpage)，这些手册页以_selinux 结尾。比如，FTP 服务器的 SELinux 手册页是 ftpd_selinux，使用 man ftpd_selinux 就可以查看与 FTP 服务器相关的所有 SELinux 布尔值的详细信息。另外，在 SELinux 手册页中，还有与服务相关的所有 SELinux 安全上下文的详细信息。

```
[root@rhel7 ~]# man   -k   '_selinux'
pam_selinux (8)      - PAM module to set the default security context
[root@rhel7 ~]# man   pam_selinux
PAM_SELINUX(8)      inux-PAM Manual        PAM_SELINUX(8)

NAME
        pam_selinux - PAM module to set the default security context

SYNOPSIS
        pam_selinux.so [open] [close] [restore] [nottys] [debug] [verbose] [select_context] [env_params]
                        [use_current_range]
...
```

如果在刚安装好的 RedHat Enterprise Linux 7 系统中运行上面的命令会找不到手册页，需要手工执行 mandb 命令，生成所有手册页的索引数据库，就可以找到了。

子任务 3　监控 SELinux 冲突

在 Linux 系统中启用 SELinux 安全子系统之后，如果发生与 SELinux 策略不符合的违规操作，即出现了 SELinux 冲突，那么 SELinux 会拒绝违规操作。通过之前的技术准备我们知道，要解决 SELinux 问题，可能需要更改文件、目录和端口的安全上下文，也可能需要更改一个 SELinux 布尔值。如果问题实在不好解决，可以临时将 SELinux 模式设置为 Permissive，允许违规的操作，之后再慢慢解决问题。

那么，当发生 SELinux 冲突时，用什么方式可以让我们快速发现并解决问题呢？答案就是使用 setroubleshoot 服务所提供的信息。

1．使用图形界面监控 SELinux 冲突

如果 Linux 服务器安装了图形界面，当系统中出现 SELinux 冲突时，在桌面的右上角会出现警告信息，如图 4-6 所示。

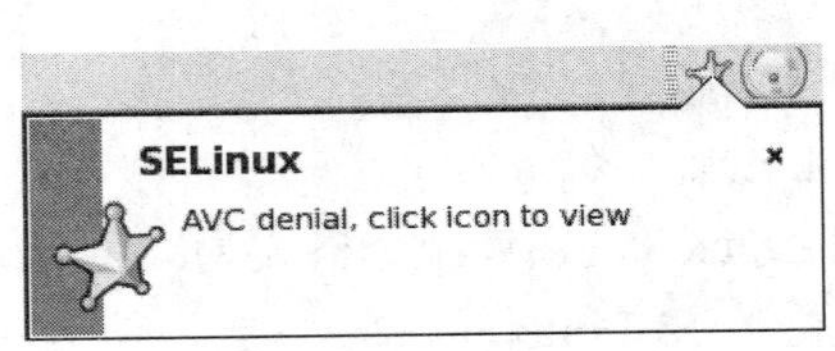

图 4-6　SELinux 冲突告警

出现 SELinux 冲突提示时，点击五角星图标就可以看到详细的 SELinux 故障诊断信息，如图 4-7 所示。

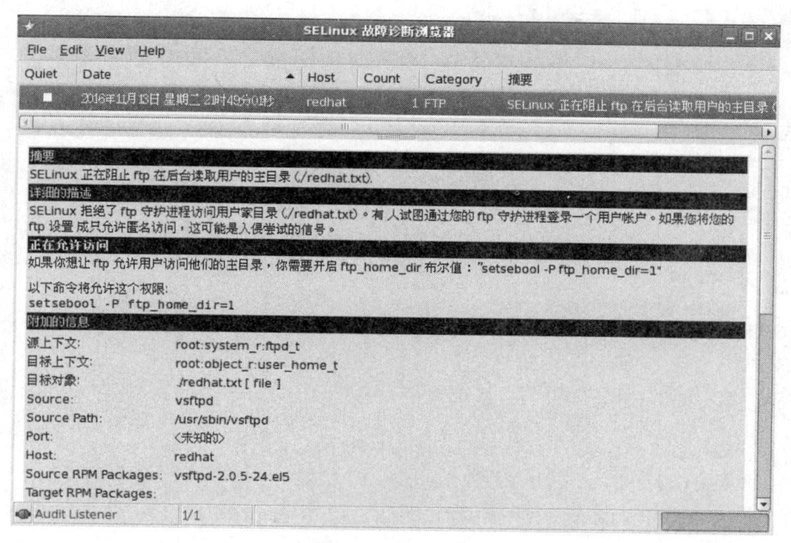

图 4-7 使用图形界面监控 SELinux 冲突

这里显示了有关 SELinux 冲突的描述信息以及怎样做才能允许操作。这个例子是前面提到的关于 FTP 服务器默认不能访问用户家目录的问题，所以在"正在允许访问"（图中翻译有误，实际的意思是：怎样做能够允许访问）中，指明了需要运行 setsebool -P ftp_home_dir=1 命令将布尔值 ftp_home_dir 启用，就允许 FTP 用户访问他们的主目录了。

2. 使用命令行监控 SELinux 冲突

如果 Linux 服务器没有安装图形界面，就只能通过命令行来监控 SELinux 冲突。实际上，之所以能够通过图形界面看到 SELinux 的冲突描述和解决办法，是因为 SELinux 安全子系统包括了 setroubleshoot 软件包，这个软件的作用是能够监控系统中发生的 SELinux 冲突。

当系统发生 SELinux 冲突时，auditd（审计）服务会将错误信息记录到它的日志文件/var/log/audit/audit.log 中。所以，要想监控 SELinux 冲突，首先必须保证 auditd 服务正在运行。在 RedHat Enterprise Linux 7 中，auditd 服务是默认自动启动的。

setroubleshoot 服务能够侦听/var/log/audit/audit.log 中的审核信息，并将简短摘要发送到系统日志文件/var/log/messages 中。该摘要包括 SELinux 冲突的唯一标识符（Universally Unique Identifier，UUID，能够唯一地标识每一个 SELinux 冲突），可以用于收集更多的信息。在 RedHat Enterprise Linux 中，setroubleshoot 服务也是默认自动启动的。上面图形界面中的 SELinux 冲突可以使用这个命令找到。

```
[root@rhel7 ~]# grep setroubleshoot /var/log/messages
Nov 13 21:49:01 redhat setroubleshoot: SELinux 正在阻止 ftp 在后台读取用户的主目录 (./redhat.txt). For complete
SELinux messages. run sealer -l 155177d2-73f4-48d0-a3ca-05f5c5cc7f0a
```

在日志文件中，记录了 SELinux 冲突的简要描述，并给出了查看完整 SELinux 冲突信息的命令 sealert -l 155177d2-73f4-48d0-a3ca-05f5c5cc7f0a。sealert 是一个 setroubleshoot 的客户端工具，选项-l 用来指定 SELinux 冲突的唯一标识符。运行日志文件中给出的 sealert -l 155177d2-73f4-48d0-a3ca-05f5c5cc7f0a 命令可以看到详细的 SELinux 故障诊断信息。

```
[root@rhel7 ~]# sealert -l 155177d2-73f4-48d0-a3ca-05f5c5cc7f0a
摘要:
SELinux 正在阻止 ftp 在后台读取用户的主目录 (./redhat.txt).
详细的描述:
SELinux 拒绝了 ftp 守护进程访问用户家目录 (./redhat.txt)。有人试图通过您的 ftp 守护进程登录一个用户账户。如果您将您的 ftp 设置成只允许匿名访问，这可能是入侵尝试的信号。
正在允许访问:
如果你想让 ftp 允许用户访问他们的主目录，你需要开启 ftp_home_dir 布尔值: "setsebool -P ftp_home_dir=1"

以下命令将允许这个权限:
setsebool -P ftp_home_dir=1
附加的信息:
源上下文    root:system_r:ftpd_t
目标上下文 root:object_r:user_home_t
目标对象    ./redhat.txt [ file ]
Source        vsftpd
Source Path  /usr/sbin/vsftpd
Port    <未知的>
…
```

与图形界面所显示的一样，这里给出了有关 SELinux 冲突的描述信息以及怎样做才能允许操作。所以，当我们遇到网络服务无法正常工作时，可以查看一下系统日志文件/var/log/messages 中有没有 SELinux 错误消息，如果有则使用 sealer -l UUID 显示完整的 SELinux 冲突报告，进而根据信息提示尝试解决 SELinux 故障。另外，使用命令 sealert -a /var/log/audit/audit.log 会生成所有 SELinux 冲突事件的报告，可以使用输出重定向# sealert -a /var/log/audit/audit.log>/root/selinux.tshoot.txt 将在屏幕上显示的报告写入到文件中，以备查阅分析。

思考与练习

一、填空题

1．SELinux 将主体所访问的文件、目录、端口等资源称为________。

2．使用 semanage port -l 命令显示所有________的 SELinux 类型上下文。

3．安全策略（Security Policy）就是用来确定哪个进程能够访问哪些文件、目录、端口等对象的一系列安全规则，SELinux 默认会加载________安全策略，对常见的网络服务提供保护。

4．工作在________模式下如果发生违规行为，SELinux 会允许操作，就像是没有开启 SELinux 一样，但是会把违规事件记录到日志系统中，所以这个模式通常用于对问题进行故障排除。

5．SELinux 安全标记有若干上下文，分别是用户（User）、角色（Role）和类型（Type），其中我们最关注的是第三个：类型上下文，通常以________结尾。

6．SELinux 属于强制访问控制（MAC），即让系统中的各个服务进程都受到约束，即仅能访问到所需要的文件，使用 SELinux 可以将 Linux 操作系统的安全级别从 C2 提升到________。

二、判断题

1．SELinux 设计了很多安全标记，每个进程有特定的安全标记，每一个传输层端口也对应特定的安全标记，位于特定目录下的文件也有规划好的安全标记。（　）

2．SELinux 为每一个文件、目录和端口等对象定义了专门的安全上下文，其中最重要的就是类型（Type）上下文。（　）

3．ps 命令有一个选项 Z（或-Z），可以查看文件和目录的 SELinux 安全上下文。（　）

4．SELinux 布尔值的取值可以是“0”和“1”，分别表示“启用（on）”和“关闭（off）”。（　）

5．将 SELinux 从强制模式转换到许可模式不需要重新启动，非常方便。（　）

三、选择题

1．实时开启 SELinux 功能，可以使用下列命令中的（　）。

A．sestatus　B．selinux 1　C．setenforce 0　D．setenforce 1

2．永久开启 SELinux，需要修改（　）文件。

A．/etc/sysconfig/selinux　B．/etc/selinux

C．/etc/selinux/config　D．/etc/selinux.conf

3．按照 TCSEC 标准（由美国国防部提出的可信计算机系统评测标准），未启用 SELinux 保护的 Linux 系统的安全级别是（　），启用 SELinux 保护的 Linux 系统的安全级别是（　）。

A．A 级　B．B1 级　C．B2 级　D．C2 级

4．下列命令中（　）用来修改文件或目录的 SELinux 安全上下文的类型。

A．chattr　B．restorecon　C．chcon -t　D．restorecontext

5．设置 selinux boolen 值的命令是（　）。

A．setsebool -a　B．getsebool -a　C．setsebool -P　D．getsebool -P

四、简答题

1．SELinux 有哪 3 种工作模式？分别有什么特点？

2．简述 SELinux 的决策过程。

3．什么是安全上下文？安全上下文由哪些字段构成？这些字段有哪些功能和特点？

5

vsftpd 服务器的应用与管理

学习目标

- 掌握 vsftpd 服务器的安装与启停控制
- 熟悉 PAM 功能和在 vsftpd 中的应用
- 熟悉 vsftpd 服务器的工作原理和配置文件
- 掌握 vsftpd 用户类型、授权与访问控制
- 熟悉 SELinux 对 vsftpd 服务的影响
- 掌握 vsftpd 服务器的配置方法

任务导引

vsftpd 是一款运行在类 UNIX 操作系统上的 FTP 服务端程序。vsftpd 即 Very Secure FTP Daemon（非常安全的 FTP 服务器），主打的是安全性。此外完全开源及免费、速率高、支持 IPv6、虚拟用户功能等也是其他 FTP 服务端软件不具备的功能。vsftpd 设计的出发点就是安全性，同时随着版本的不断升级，在性能、易用性和稳定性上也取得了极大的进展。RedHat 公司在自己的 FTP 服务器（ftp.redhat.com）上就使用了该服务器程序。本项目主要介绍 FTP 服务器的工作原理和 vsftpd 配置文件的配置参数，完整演示在开启 SELinux 模块的情况下，vsftpd 服务匿名访问模式、本地用户模式及虚拟用户模式的配置方法，介绍 PAM 可插拔式认证模块的原理和认证流程。

任务 1　安装与启停控制 vsftpd 服务器

子任务 1　了解 FTP 和 vsftpd

1. 文件传输协议

文件传输协议（File Transfer Protocol，FTP）是能够让用户在互联网中上传、下载文件的协议，而 FTP 服务器就是支持 FTP 传输协议的主机。要想完成文件传输则需要 FTP 服务端和 FTP 客户端的配合。FTP 可以提供跨平台的数据交换，如安装 Linux 和 Windows 操作系统的计算机之间的文件传输。

传输文件时，通常用户使用 FTP 客户端软件向 FTP 服务器发起连接并发送 FTP 指令，服务器收到用户指令后将执行结果返回客户端，如图 5-1 所示。

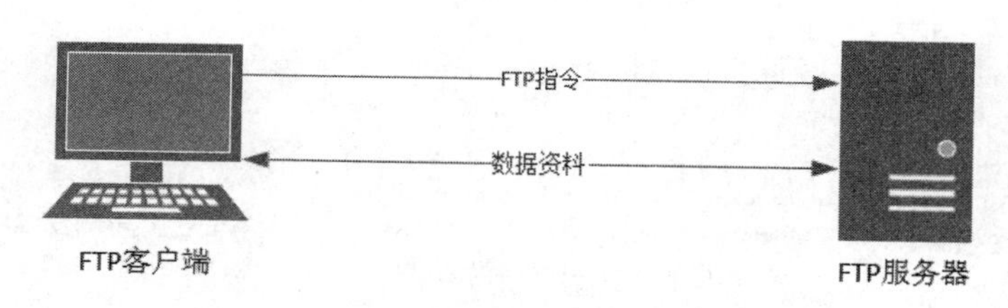

图 5-1　FTP 服务的 C/S 架构

FTP 数据传输的类型：主动模式（PORT 模式），FTP 服务端主动向 FTP 客户端发起连接请求；被动模式（PASV 模式），FTP 服务端等待 FTP 客户端的连接请求。在被动方式 FTP 中，命令连接和数据连接都由客户端发起，这样就可以解决从服务器到客户端的数据端口的入方向连接被客户端防火墙过滤掉的问题。

默认情况下 FTP 协议使用 TCP 端口中的 20 和 21 这两个端口，其中 20 端口用于传输数据，21 端口用于传输控制信息。但是，是否使用 20 端口作为传输数据的端口与 FTP 使用的传输模式有关。如果采用主动模式，那么数据传输端口就是 20 端口；如果采用被动模式，则具体最终使用哪个端口要服务器端和客户端协商决定。

2. vsftpd 的安全性

vsftpd 的安全性主要体现在以下几个方面：

（1）vsftpd 以一般用户身份启动，所以对 Linux 系统的使用权限较低，对于 Linux 系统的可能危害相应减低了。

（2）任何需要具有较高执行权限的 vsftpd 指令均被一个特殊的上层程序（Parent Process）所控制，该上层程序享有的较高执行权限功能已经被限制得相当低，并以不影响 Linux 本身系统为准。

（3）所有来自客户端，想要使用这个上层程序所提供的较高执行权限的 vsftpd 指令的需求，均被视为“不可信任的要求”来处理，必须要经过相当程度的身份确认后，方可利用该上层程序的功能，例如 chown()、Login 的要求等动作。

（4）vsftpd 也利用 chroot()这个函数进行改换根目录的操作，使得系统工具不会被 vsftpd 这个服务所误用。

3. vsftpd 用户

在访问 vsftpd 服务器时，系统提供了三类用户，不同用户具有不同的访问权限和操作方式。

（1）匿名用户。顾名思义匿名访问就是所有人均可随意登入 FTP 服务，这样容易产生安全问题，一般用于存放公开的数据。使用匿名用户访问 FTP 服务器时，使用账户 anonymous 或 ftp，登录密码为空或者为任意电子邮箱地址。默认匿名用户不能访问 vsftpd 服务器匿名用户目录/var/ftp 之外的目录，只能下载不能上传。

（2）本地用户。这类用户在 FTP 服务器上拥有账户，使用 FTP 登录到服务器后，其默认的 FTP 根目录就是以自己名字命名的主目录，并且可以切换到其他目录中。

（3）虚拟用户。这类用户也需要创建独立的 FTP 账号资料，用户提供账号及口令后才能登入 FTP 服务，并且只能访问自己主目录下的文件，是最安全的服务提供方式。

子任务 2　安装 vsftpd 服务器程序

1. 使用 rpm 命令安装

```
[root@rhel7 ~]# rpm   -qa   |grep   ftp              //查询 vsftpd 是否安装，结果为没有安装
[root@rhel7 ~]# mount   /dev/cdrom    /mnt         //挂载 rhel7 系统光盘
mount: /dev/sr0 写保护，将以只读方式挂载
[root@rhel7 ~]# rpm   -ivh    /mnt/Packages/vsftpd-3.0.2-9.el7.x86_64.rpm     //安装 vsftpcl
警告：/mnt/Packages/vsftpd-3.0.2-9.el7.x86_64.rpm: 头 V3 RSA/SHA256 Signature, 密钥 ID fd431d51: NOKEY
准备中...                              ################################# [100%]
正在升级/安装...
   1:vsftpd-3.0.2-9.el7                ################################# [100%]
[root@rhel7 ~]# rpm   -e   vsftpd          //删除 vsftpd
```

2. 使用 yum 命令安装

在 RHEL 7 的安装光盘/Packages 下面有 vsftpd 服务器的安装包文件 vsftpd-3.0.2-9.el7.x86_64.rpm。使用本地的 DVD iso 来创建yum仓库，这样在安装的时候速度快，而且可以保证所有软件包都能顺利安装。

（1）确保已经安装 createrepo。

```
[root@rehel7 ~]# rpm   -qa   |grep    createrepo
createrepo-0.9.9-23.el7.noarch
```

（2）挂载光盘镜像文件到 Linux 系统。

```
[root@rehel7 ~]# mount   /dev/cdrom    /mnt/
mount: /dev/sr0 写保护，将以只读方式挂载
[root@rhel7 ~]#mkdir   /root/rhel7-rpm/
[root@rhel7 ~]# cp   /mnt/Packages/     /root/rhel7-rpm/   -r
[root@rhel7 ~]# cp    /mnt/RPM-GPG-KEY-redhat-release   /root/rhel7-rpm/
```

（3）创建软件仓库配置文件。

```
[root@rhel7 ~]# vim    /etc/yum.repos.d/dvdiso.repo
[rhel7-iso]
name=RHEL-7.0 Server
baseurl=file:///root/rhel7-rpm/Packages/        #软件仓库的本地路径
gpgcheck=1                                      #检查 GPG-KEY，0 为不检查，1 为检查
enabled=1                                       #启用 yum 源，0 为不启用，1 为启用
```

```
gpgkey=file:///root/rhel7-rpm/RPM-GPG-KEY-redhat-release          #GPG-KEY 路径
~
: wq                                  //注意，“:”号必须是在英文状态下输入
```

（4）创建软件仓库。

```
[root@rhel7 ~]# createrepo    /root/rhel7-rpm/Packages/
Spawning worker 0 with 4305 pkgs
Workers Finished
Saving Primary metadata
Saving file lists metadata
Saving other metadata
Generating sqlite DBs
Sqlite DBs complete
```

（5）清除 yum 缓存。

```
[root@rhel7 ~]# yum    clean    all
已加载插件：fastestmirror, product-id, subscription-manager
This system is not registered to RedHat Subscription Management. You can use subscription-manager to register.
正在清理软件源：  rhel7-iso
Cleaning up everything
```

如果修改了系统默认的配置文件，比如修改了网址却没有修改软件仓库名字（中括号中的文字），可能造成本机的清单与 yum 服务器的清单不同步而无法进行升级的问题。强烈建议执行 yum clean all 命令将所有 yum metadata 等信息清空，再重新获取最新的仓库信息。

（6）测试 yum 仓库。

```
[root@rhel7 ~]# yum    list    |more
已加载插件：langpacks, product-id, subscription-manager
This system is not registered to RedHat Subscription Management. You can use subscription-manager to register.
已安装的软件包
389-ds-base.x86_64                1.3.1.6-25.el7          @anaconda/7.0
389-ds-base-libs.x86_64           1.3.1.6-25.el7          @anaconda/7.0
…
zlib.x86_64                       1.2.7-13.el7            @anaconda/7.0
Available Packages
389-ds-base.x86_64                1.3.6.1-16.el7          rhel7-iso
389-ds-base-libs.x86_64           1.3.6.1-16.el7          rhel7-iso
ElectricFence.i686                2.2.2-39.el7            rhel7-iso
--More--
```

（7）安装 vsftpd。

```
[root@rhel7 ~]# yum    list    vsftpd
…
可安装的软件包
vsftpd.x86_64             3.0.2-22.el7                          rhel7-iso
[root@rhel7 ~]# yum    install    vsftpd
…
Is this ok [y/d/N]:    y
…
已安装:
  vsftpd.x86_64 0:3.0.2-22.el7

完毕！
```

子任务 3　控制 vsftpd 服务启停

（1）启动/停止 vsftpd。

```
[root@rhel7 ~]# systemctl   start   vsftpd          //启动 vsftpd，重启使用 restart，停止使用 stop
```

（2）查看 vsftpd 的状态。

```
[root@rhel7 ~]# systemctl   status   vsftpd         //查看 vsftpd 服务器的当前运行状态
```

（3）设置 vsftpd 开机自动启动。

```
[root@rhel7 ~]# systemctl   enable   vsftpd         //设置 vsftpd 为开机自动启动
[root@rhel7 ~]# systemctl   is-enabled   vsftpd     //查看 vsftpd 是否开机自动启动
```

（4）开启防火墙并允许访问 vsftpd。

```
[root@rhel7 ~]# firewall-cmd   --add-service=ftp   --permanent
success                    //通过指定服务名开放 ftp 服务，--permanent 选项表示永远生效
[root@rhel7 ~]# firewall-cmd   --list-services              //查看开放的服务
dhcpv6-client   ftp   ssh
```

（5）匿名访问 vsftpd 成功。

vsftpd 安装完后直接启动，默认就允许匿名用户（anonymous 或 ftp）连接。vsftpd 服务器管理员可以将要匿名发布的文件存放在/var/ftp 文件夹下面，并设置访问权限供客户端下载。配置主机的网络连接，使 Linux 服务器和 Windows 客户机能够双机互通，在 Windows 文件浏览器的地址栏中输入"ftp://vsftpd 服务器 IP"，图 5-2 所示即表示匿名连接成功。

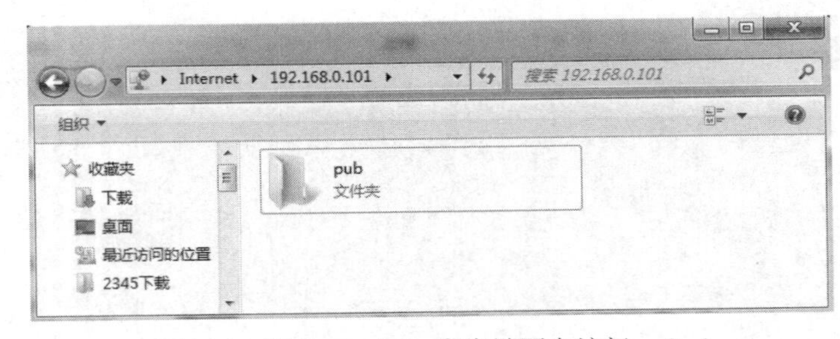

图 5-2　使用 Windows 客户端匿名访问 vsftpd

任务 2　详解 vsftpd 服务器的配置文件

子任务 1　了解 vsftpd 的重要文件及功能

1. 查询 vsftpd 安装后生成的文件

vsftpd 服务器安装完成后，可以使用 rpm　-ql　vsftpd 命令查询 rpm 格式的 vsftpd 安装包在安装后会释放生成哪些文件。

```
[root@rhel7 ~]# rpm   -ql   vsftpd
/etc/logrotate.d/vsftpd
/etc/pam.d/vsftpd
/etc/vsftpd
/etc/vsftpd/ftpusers                        //用户禁止登录列表
/etc/vsftpd/user_list                       //用户禁止/允许登录列表
/etc/vsftpd/vsftpd.conf                     //vsftpd 服务器主配置文件
…
```

```
/usr/sbin/vsftpd                            //vsftpd 服务器主程序
…
/var/ftp                                    //vsftpd 服务器默认发布目录
/var/ftp/pub
```

2. 理解可插拔认证模块 PAM

可插拔认证模块（Pluggable Authentication Modules，PAM）是一种认证机制，通过一些动态链接库和统一的 API 将系统提供的服务与认证方式分开，使得系统管理员可以根据需求灵活地调整服务程序的不同认证方式。

通俗地说 PAM 是一组安全机制的模块，或叫插件，让系统管理员可以轻易地调整服务程序的认证方式，此时可以不必对应用程序进行任何修改，易用性很强。PAM 采取了分层设计的思想——应用程序层、应用接口层、鉴别模块层，如图 5-3 所示。

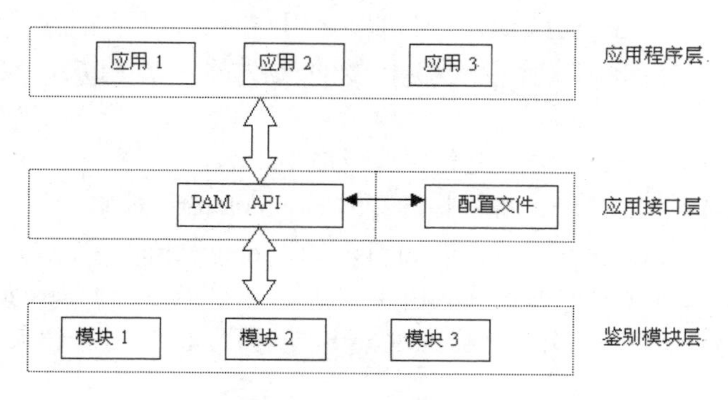

图 5-3　PAM 分层模型

PAM API 作为应用程序层与鉴别模块层的连接纽带，让应用程序可以根据需求灵活地在其中插入所需的鉴别功能模块。当应用程序需要 PAM 认证时，一般在应用程序中定义负责其认证的 PAM 配置文件，真正灵活地实现了认证功能。

读者不必精通 PAM 模块，也不用对参数进行细致的了解，只需认识 PAM 模块的重要目录/lib64/security/、存放认证模块/etc/pam.d 和存放针对不同服务定义好的 PAM 配置文件。

```
[root@rhel7 ~]# ls   -l   /lib64/security/   |grep ftp
-rwxr-xr-x. 1 root root   11088 3 月   31 2014 pam_ftp.so
[root@rhel7 ~]# ls    -l   /etc/pam.d/   |grep ftp
-rw-r--r--. 1 root root        335   3 月   23 2017   vsftpd
```

例如，vsftpd 程序默认会在其主配置文件/etc/vsftpd/vsftpd.conf 中写入下面的参数：pam_service_name=vsftpd，表示登录 FTP 服务器时是根据/etc/pam.d/vsftpd 的文件内容进行安全认证。

因为用户平时不会经常修改 PAM 配置文件，而且 PAM 模块相对比较复杂，所以这里不再继续讲解，感兴趣的读者可以进一步阅读子任务“使用虚拟用户模式访问 vsftpd”，学习理解如何建立和使用支持虚拟用户的 PAM 认证文件。

子任务 2　详解配置文件 vsftpd.conf

vsftpd 的主配置文件/etc/vsftpd/vsftpd.conf 本身就是一个非常详细的配置文件，使用 man 5 vsftpd.conf 则可以得到完整的参数说明。主配置文件长达 120 多行，但大部分是以#号开始的注释信息。

1. 与匿名用户较相关的设定值

anonymous_enable=[YES|NO]：是否允许 anonymous 登录 vsftpd 主机，预设是 YES。

anon_world_readable_only=[YES|NO]：仅允许 anonymous 具有下载可读文件的权限，预设是 YES。

anon_other_write_enable=[YES|NO]：是否允许 anonymous 具有写入的权限，预设是 NO。如果要设定为 YES，那么开放给 anonymous 写入的目录也需要调整权限，让 vsftpd 的 PID 拥有者可以写入才行。

anon_mkdir_write_enable=[YES|NO]：是否让 anonymous 具有建立目录的权限，默认值是 NO。如果要设定为 YES，那么 anony_other_write_enable 必须设定为 YES。

anon_upload_enable=[YES|NO]：是否让 anonymous 具有上传数据的功能，默认值是 NO。

anon_other_write_enable=[YES|NO]：控制匿名用户对文件和文件夹的删除和重命名权限。

chown_uploads=[YES|NO]：所有匿名上传的文件的所属用户将会被更改成 chown_username。

chown_username=whoever：匿名上传文件所属用户名。

deny_email_enable=[YES|NO]：将某些特殊的 emailaddress 不作为 anonymous 登录的密码。

banned_email_file=/etc/vsftpd.banned_emails：如果 deny_email_enable=YES，可以利用这个设定来规定哪个 email address 不可登录 vsftpd，格式为一行输入一个 email address。

no_anon_password=[YES|NO]：当设定为 YES 时，表示匿名用户登录时不询问口令，所以一般预设都是 NO。

anon_max_rate=0：这个设定值后面接的数值单位为 B/s，限制 anonymous 的传输速度，如果是 0 则不限制（由最大带宽所限制），如果想让 anonymous 仅有 30KB/s 的速度，可以设定 anon_max_rate=30000。

anon_umask=077：匿名用户上传文件时有掩码，077 表示 anonymous 传送过来的文件权限会是-rw-------。若想让匿名用户上传的文件能直接被匿名下载，就设置这里为 073。

anon_umask=022：设置匿名用户上传文件的 umask 值。

anon_root=/var/ftp：设置匿名用户的 FTP 根目录。

guest_enable=[YES|NO]：这个值设定为 YES 时，任何非 anonymous 登录的账号均会被假设成为 guest（访客），访客在 vsftpd 当中会预设取得 ftp 这个使用者的相关权限。

guest_username=ftp：在 guest_enable=YES 时才会生效，指定访客的身份而已。

2. 与本地用户较相关的设定值

write_enable=[YES|NO]：全局设置，是否允许写入，无论是匿名用户还是本地用户，若要启用上传权限的话，就要开启。

local_enable=[YES|NO]：这个设定值只有为 YES 时，在/etc/passwd 内的账号才能以本地用户的方式登录 vsftpd 主机。

local_max_rate=0：本地用户的传输速度限制，单位为 bytes/second，0 为不限制。

chroot_local_user=[YES|NO]：将本地用户限制在自己的家目录之内，预设是 NO，因为有底下两个设定项目的辅助，所以也可以不启动。

chroot_list_enable=[YES|NO]：如果想要让某些使用者无法离开他们的家目录，则可以考虑将这个设定为 YES。

chroot_list_file=/etc/vsftpd.chroot_list：如果 chroot_list_enable=YES，那么就可以设定哪些本地用户会被限制在自己的家目录内而无法离开，格式为一行一个账号。

userlist_enable=[YES|NO]：是否借助 vsftpd 的抵挡机制来处理某些不受欢迎的账号，与底下的设定有关。

userlist_deny=[YES|NO]：当 userlist_enable=YES 时才会生效，若此设定值为 YES，则当使用者账号被列入到某个文件时，在该文件内的使用者将无法登录 vsftpd 服务器。

userlist_file=/etc/vsftpd.user_list：若上面 userlist_deny=YES，则这个文件就生效，在这个文件内的账号都无法使用 vsftpd。

local_umask=022：设置本地用户上传文件的 umask 值。

local_root=/var/ftp：设置本地用户的 FTP 根目录。

3. 与虚拟用户较相关的设定值

虚拟用户使用 PAM 认证方式。

pam_service_name=vsftpd：设置 PAM 使用的名称，默认值为/etc/pam.d/vsftpd。

check_shell=[YES|NO]：是否检查用户有一个有效的 shell 来登录，注意仅在没有 pam 验证版本时有用。

guest_enable=[YES|NO]：启用虚拟用户，默认值为 NO。

guest_username=ftp：设置虚拟用户的宿主用户，默认值为 ftp。

virtual_use_local_privs=[YES|NO]：当该参数激活（YES）时，虚拟用户与其宿主用户有相同的权限。当此参数关闭（NO）时，虚拟用户与匿名用户有相同的权限。默认情况下此参数是关闭的（NO）。

4. 与访问控制较相关的设定值

两种控制方式，一种控制主机访问，另一种控制用户访问。

（1）控制主机访问。

tcp_wrappers=[YES|NO]：设置 vsftpd 是否与 tcp_wrapper 相结合来进行主机的访问控制，默认值为 YES。如果启用，则 vsftpd 服务器会检查/etc/hosts.allow 和/etc/hosts.deny 中的设置来决定请求连接的主机是否允许访问该 FTP 服务器。

（2）控制用户访问。

/etc/vsftpd/ftpusers：用于保存不允许进行 FTP 登录的本地用户账号，即 vsftpd 用户的黑名单。

/etc/vsftpd/user_list：userlist_enable=yes（默认）时，启用该列表。注意默认情况下，不管 user_list 设置成什么样子，vsftp 的 pam 设置都会检查/etc/vsftpd/ftpusers 中禁止的用户。

当 userlist_deny=yes（默认）时，所有/etc/vsftpd/user_list 中的用户都被禁止登录，都不会提示输入密码。当 userlist_deny=no 时，只有在/etc/vsftpd/user_list 中的用户才被允许登录。

5. 与主机本身较相关的设定值

（1）用户连接。

listen=[YES|NO]：若设定为 YES，表示 vsftpd 是以 standalone 的方式来启动的。

max_clients=0：如果 vsftpd 是以 standalone 方式启动的，那么这个设定项目可以设定同一时间最多有多少客户端可以同时连上。

max_per_ip=0：与上面的 max_clients 类似，这里是同一个 IP 同一时间可允许多少联机。

connect_from_port_20=[YES|NO]：ftp-data 的端口。

listen_port=21：vsftpd 使用的命令通道的端口号，这个设定值仅适合以 standalone 的方式来启动，对于 super daemon（xinetd）无效。

listen_address=192.168.0.2：绑定到某个 IP，其他 IP 不能访问，服务器多网卡多 IP 时有用。

pasv_max_port=0：pasv 连接模式时可以使用 port 范围的上界，0 表示任意，默认值为 0。

pasv_min_port=0：pasv 连接模式时可以使用 port 范围的下界，0 表示任意，默认值为 0。

pasv_enable=[YES|NO]：启动被动式联机模式（Passive Mode），一定要设定为 YES。

pasv_address=none：使 vsftpd 在 pasv 命令回复时跳转到指定的 IP 地址。

port_enable=[YES|NO]：允许使用 port 模式，默认值为 NO。

（2）超时设置。

connect_timeout=60：在数据连接的主动式联机模式下，发出的连接信号在 60 秒内得不到客户端的响应，则不等待并强制断线。

accept_timeout=60：当用户以被动式 PASV 来进行数据传输时，如果主机等待客户端超过 60 秒而无回应，就强制断线。与 connect_timeout 类似，分别管理主动联机和被动联机。

data_connection_timeout=300：如果服务器与客户端的数据联机已经成功建立，但是可能由于线路问题导致 300 秒内还是无法顺利地完成数据的传送，那么客户端的连接就会被 vsftpd 强制删除。

idle_session_timeout=300：如果使用者在 300 秒内都没有命令动作，则强制脱机。

（3）信息类设置。

ftpd_banner=welcome to FTP：登录时显示欢迎信息，如果设置了 banner_file 则此设置无效。

banner_file=/etc/vsftpd/banner：定义登录信息文件的位置。

dirmessage_enable=[YES|NO]：当用户进入某个目录时会显示该目录需要注意的内容，显示的文件默认是.message，可以使用下面的设定来修改。

message_file=.message：当 dirmessage_enable=YES 时，可以设定这个项目以让 vsftpd 寻找该文件来显示信息。

use_localtime=[YES|NO]：是否使用本地时间，预设使用 GMT（格林威治）时间。

（4）日志设置。

xferlog_enable=[YES|NO]：是否开启日志功能。

xferlog_file=/var/log/vsftpd.log：日志的存放位置。

xferlog_std_format=YES：使用标准格式。

（5）其他设置。

ascii_download_enable=[YES|NO]：如果设定为 YES，则允许使用 ASCII 格式下载文件。

ascii_upload_enable=[YES|NO]：与上一个设定类似，只是这个设定针对上传，预设是 NO。

one_process_model=[YES|NO]：这个设定项目比较危险，当设定为 YES 时，表示每个建立的连接都会有一个进程在负责，可以增加 vsftpd 的性能。不过，除非系统比较安全且硬件配备高，否则容易耗尽系统资源，一般建议设定为 NO。

nopriv_user=nobody：以 nobody 作为此服务执行者的权限。因为 nobody 的权限相当低，因此即使被入侵，入侵者也仅能取得 nobody 的权限。

pam_service_name=vsftpd：定义 PAM 模块所使用的名称，放置在/etc/pam.d/目录下。

download_enable＝[YES|NO]：是否允许下载文件。

6. 与 vsftp SSL 较相关的设定值

ssl_enable=[YES|NO]：是否启用 ssl，默认值为 NO。

allow_anon_ssl=[YES|NO]：是否允许匿名用户使用 ssl，默认值为 NO。

force_anon_logins_ssl=[YES|NO]：匿名用户登录时是否加密，默认值为 NO。

force_anon_data_ssl=[YES|NO]：匿名用户数据传输时是否加密，默认值为 NO。

force_local_logins_ssl=[YES|NO]：非匿名用户登录时是否加密，默认值为 YES。

force_local_data_ssl=[YES|NO]：非匿名用户传输数据时是否加密，默认值为 YES。

rsa_cert_file=/path/to/file：rsa 证书的位置。

dsa_cert_file=/path/to/file：dsa 证书的位置。

ssl_sslv2=[YES|NO]：是否激活 ssl v2 加密，默认值为 NO。

ssl_sslv3=[YES|NO]：是否激活 ssl v3 加密，默认值为 NO。

ssl_tlsv1=[YES|NO]：是否激活 tls v1 加密，默认值为 YES。

ssl_ciphers=加密方法：默认是 DES-CBC3-SHA，也可以是 HIGH，安全性会更好。

implicit_ssl=[YES|NO]：是否启用隐式 ssl 功能。

listen_port=990：隐式 ftp 端口设置，如果不设置，默认还是 21 端口，但是当客户端以隐式 ssl 连接时默认会使用 990 端口，导致连接失败。

debug_ssl=YES：输出 ssl 相关的日志信息。

子任务 3　使用 vsftpd 黑白名单

1. /etc/vsftpd.ftpuser

该配置文件记录了不允许访问 FTP 服务器的用户名单。管理员可以把一些对系统安全有可能造成威胁的用户账号记录到这个文件中，以免这些用户账号被用于登录系统后获得大于文件上传和下载操作的权力，从而对系统造成破坏。

下面是该配置文件的初始内容，可以看到默认情况下 root 是被禁止用来登录 FTP 服务器的。如果想允许 root 登录，只需要把 root 删除或者在 root 的前面加上“#”号，然后重新启动 FTP 服务器。

```
[root@rhel7 ~]# more   /etc/vsftpd.ftpuser
# Users that are not allowed to login via ftp
root
bin
…
nobody
```

2. /etc/vsftpd.user_list

该配置文件只有在主配置文件/etc/vsftpd/vsftpd.conf 中的 userlist_enable 被设置为 YES 时才起作用。同时，系统会根据/etc/vsftpd/vsftpd.conf 文件中的 userlist_deny 为 YES 还是 NO 来决定是禁止/etc/vsftpd.user_list 中的用户登录还是仅允许该文件中的用户登录。

下面是/etc/vsftpd.user_list 的初始内容，默认情况下里面列举出来的用户是被禁止登录 FTP 服务器的，可以看到 root 也是被禁止的。

```
[root@rhel7 ~]# more   /etc/vsftpd.user_list
#vsftpd userlist
# If userlist_deny=NO, only allow users in this file
# If userlist_deny=YES （default）, never allow users in this file, and do not even prompt for a password.
```

```
# Note that the default vsftpd pam config also checks /etc/vsftpd.ftpusers for users that are denied.
root
bin
…
nobody
```

任务 3　解析 vsftpd 服务器配置实例

下面通过几个实例来说明 vsftpd 服务器的配置和使用方法，要特别注意防火墙和 SElinux 布尔值的正确配置，否则无法访问服务器。

子任务 1　允许匿名用户上传和重命名

FTP 匿名访问模式是比较不安全的服务模式，尤其在真实的工作环境中千万不要存放敏感数据，以免泄露。vsftpd 程序默认允许匿名访问模式，我们要做的就是开启匿名用户的上传和写入权限，需要做出下述修改。

1. 修改配置文件

执行命令 vim /etc/vsftpd/vsftpd.conf，按照表 5.1 所示的要求修改配置选项，然后执行 systemctl restart vsftpd 命令重启服务器。

表 5.1　vsftpd.conf 配置选项及功能

参数	作用
anonymous_enable=YES	允许匿名访问模式
anon_upload_enable=YES	允许匿名用户上传文件
anon_mkdir_write_enable=YES	允许匿名用户创建目录
anon_other_write_enable=YES	允许匿名用户修改目录名或删除目录

2. 修改文件权限

匿名访问模式的 FTP 根目录为/var/ftp，原来匿名用户的 FTP 根目录所有者/组都是 root，所以匿名用户没有写入权限。

```
[root@rhel7 ~]# ls -ld /var/ftp
drwxr-xr-x. 5 root root 37 12 月 1 21:14 /var/ftp
[root@rhel7 ~]# mkdir /var/ftp/up
[root@rhel7 ~]# chown ftp:ftp /var/ftp/up/ -v
changed ownership of "/var/ftp/up/" from root:root to ftp:ftp
```

3. 测试匿名用户创建文件

在 Windows 客户机中打开 cmd.exe，使用命令 ftp IP 连接服务器，匿名（anonymous 或者 ftp）登录成功后，在 up 下面新建文件夹 lihua 失败，如图 5-4 所示操作被拒绝。

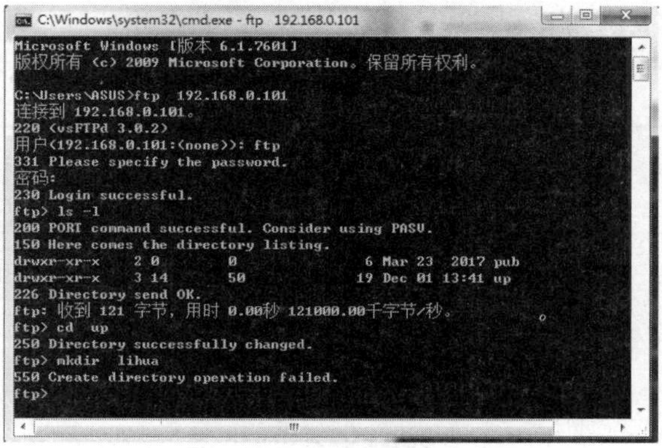

```
C:\Windows\system32\cmd.exe - ftp 192.168.0.101
Microsoft Windows [版本 6.1.7601]
版权所有 (c) 2009 Microsoft Corporation。保留所有权利。

C:\Users\ASUS>ftp 192.168.0.101
连接到 192.168.0.101。
220 (vsFTPd 3.0.2)
用户(192.168.0.101:(none)): ftp
331 Please specify the password.
密码:
230 Login successful.
ftp> ls -l
200 PORT command successful. Consider using PASV.
150 Here comes the directory listing.
drwxr-xr-x    2 0        0               6 Mar 23  2017 pub
drwxr-xr-x    3 14       50             19 Dec 01 13:41 up
226 Directory send OK.
ftp: 收到 121 字节，用时 0.00秒 121000.00千字节/秒。
ftp> cd up
250 Directory successfully changed.
ftp> mkdir lihua
550 Create directory operation failed.
ftp>
```

图 5-4　匿名登录并创建文件失败

4. 修改 SELinux 设置

上面操作中已经设置防火墙放行 ftp 服务，在 vsftpd.conf 文件中也已经允许匿名用户创建目录与写入，那怎么会被拒绝了呢？这里建议读者先不要往下看，思考后用自己的方法解决这个问题，锻炼自己的 Linux 排错能力。

```
[root@rhel7 ~]# getenforce
Enforcing
[root@rhel7 ~]# getsebool  -a  |grep  ^ftp      //查看与 ftp 相关的 SELinux 规则
ftp_home_dir --> on
ftpd_anon_write --> off
ftpd_connect_all_unreserved --> off
ftpd_connect_db --> off
ftpd_full_access --> off                        //匿名用户要上传文件必须设置为 on
ftpd_use_cifs --> off
ftpd_use_fusefs --> off
ftpd_use_nfs --> off
ftpd_use_passive_mode --> off
[root@rhel7 ~]# setsebool -P ftpd_full_access=on
```

执行命令 setsebool -P ftpd_full_access=on，将 SELinux 服务对 ftp 服务的访问规则策略设置为允许，然后在 up 的下面创建文件夹并改名即可成功，如图 5-5 所示。

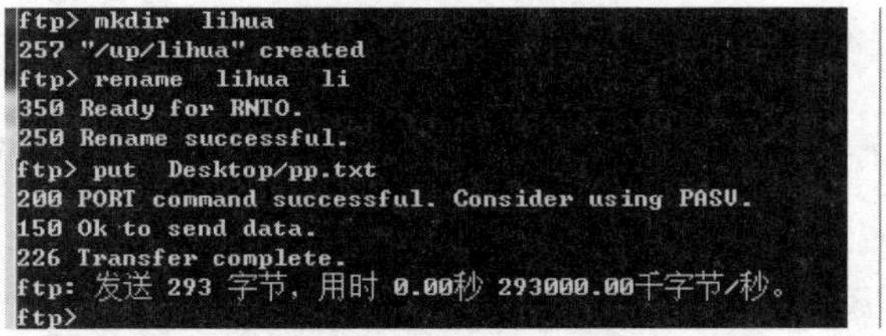

```
ftp> mkdir  lihua
257 "/up/lihua" created
ftp> rename  lihua  li
350 Ready for RNTO.
250 Rename successful.
ftp> put  Desktop/pp.txt
200 PORT command successful. Consider using PASV.
150 Ok to send data.
226 Transfer complete.
ftp: 发送 293 字节，用时 0.00秒 293000.00千字节/秒。
ftp>
```

图 5-5　匿名用户上传文件并改名

子任务 2　限制用户切换到主目录外

在默认情况下，本地用户登录到 vsftpd 服务器上后，除了可以访问自己的主目录外，还可以访问服务器的其他目录。为了增加服务器的安全性，可以限制本地用户只能访问自己的主目录。

1. 修改配置文件

执行命令 vim /etc/vsftpd/vsftpd.conf，按照表 5.2 所示的要求修改配置选项，然后执行

systemctl restart vsftpd 重启服务器。

表 5.2 配置 vsftpd.conf 选项

参数	作用
local_enable=YES	允许本地用户模式
write_enable=YES	设置本地用户可写入权限
chroot_list_enable=YES	启用 chroot_list_file 设定的文件，限制指定的用户只能访问自己的主目录
chroot_list_file=/etc/vsftpd/chroot_list	指定受 chroot 控制的用户列表文件
allow_writeable_chroot= YES	如果用户被限定在其主目录下，且目录有写入权限时，必须添加此项开启 chroot 环境下的主目录写入权限

2. 设置 SELinux

在 vsftpd 服务器上使用命令设置 ftp_home_dir 布尔值为 on 状态。

```
[root@rhel7 ~]# getenforce
Enforcing
[root@rhel7 ~]# setsebool   -P   ftp_home_dir =on
[root@rhel7 ~]# getsebool   ftp_home_dir
ftp_home_dir --> on
```

3. 创建/etc/vsftpd/chroot_list 文件

```
[root@rhel7 ~]# useradd   liteng               //创建本地用户 liteng
[root@rhel7 ~]# passwd   liteng                //设置用户 liteng 登录密码，不设密码不能登录
更改用户 liteng 的密码。
新的密码：
无效的密码： 密码少于 8 个字符
重新输入新的 密码：
passwd：所有的身份验证令牌已经成功更新。
[root@rhel7 ~]# vim   /etc/vsftpd/chroot_list          //添加锁定用户目录的账号
liteng

~
: wq                          //注意，“:”号必须是在英文状态下输入
[root@rhel7 ~]# systemctl   restart   vsftpd.service
```

4. 测试本地用户

从 Windows 客户端使用用户 liteng 连接服务器，登录成功后切换到/home 失败，如图 5-6 所示操作被拒绝。

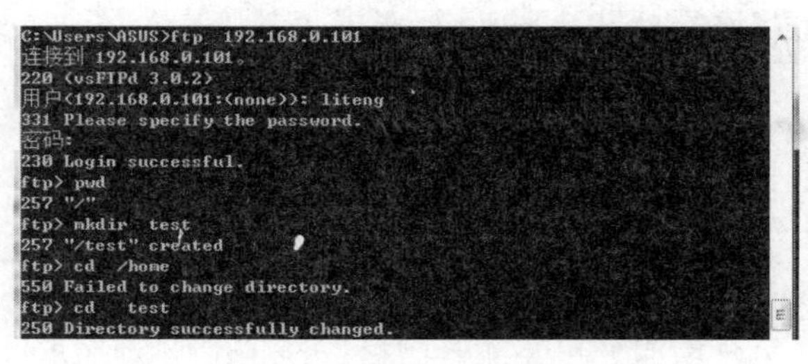

图 5-6 在 chroot 环境下不能切换到主目录之外

执行命令 vim /etc/vsftpd/vsftpd.conf，将 chroot_list_enable=YES 配置项修改为 chroot_list_ enable= NO，执行 systemctl　restart vsftpd 命令重启服务器，然后从 Windows 客户端使用用户 liteng 再次登录成功后，切换到/home 可以成功，如图 5-7 所示。

```
C:\Users\ASUS>ftp  192.168.0.101
连接到 192.168.0.101。
220 (vsFTPd 3.0.2)
用户(192.168.0.101:(none)): liteng
331 Please specify the password.
密码:
230 Login successful.
ftp> pwd
257 "/home/liteng"
ftp> cd  /home
250 Directory successfully changed.
ftp> ls
200 PORT command successful. Consider using PASV.
150 Here comes the directory listing.
a
lihh
liteng
226 Directory send OK.
ftp: 收到 17 字节，用时 0.00秒 17000.00千字节/秒。
```

图 5-7　非 chroot 环境下可以切换到主目录之外

子任务 3　使用虚拟用户模式访问 vsftpd

因为虚拟用户模式的账号口令都不是真实系统中存在的，所以只要虚拟用户模式配置妥当会比本地用户模式更加安全。但是 vsftpd 服务配置虚拟用户模式的操作步骤相对复杂一些，下面给出具体流程。

1．建立虚拟 FTP 用户数据库文件

```
[root@rhel7 ~]# vim    /etc/vsftpd/vuser.list          //创建用于生成用户数据库的原始账号文件
xuni1                                                  //单数行为账号，双数行为密码
lihehua
xuni2
lihehua
~
: wq                                                   //注意，“:”号必须是在英文状态下输入
[root@rhel7 ~]# db_load  -T  -t hash  -f  /etc/vsftpd/vuser.list  /etc/vsftpd/vuser.db
//使用 db_load 命令用 HASH 算法生成 FTP 用户数据库文件 vuser.db，选项-T 允许应用程序能够将文本文件转译载入
//进数据库
[root@rhel7 ~]# file  /etc/vsftpd/vuser.db                  //查看数据库文件的类型
/etc/vsftpd/vuser.db: Berkeley DB (Hash, version 9, native byte-order)
[root@rhel7 ~]# chmod  600  /etc/vsftpd/vuser.db            //缩小权限，加强安全
[root@rhel7 ~]# rm   -f   /etc/vsftpd/vuser.list            //删除初始账号和密码文件
```

2．创建 FTP 根目录及虚拟用户映射的系统用户

```
[root@rhel7 ~]# useradd  -d /var/ftproot  -s /sbin/nologin  virtual
[root@rhel7 ~]# chmod  -Rf  755  /var/ftproot/   //给予 rwxr-xr-x 权限，让其他用户可以访问
[root@rhel7 ~]# ls  -ld   /var/ftproot/
drwxr-xr-x.  3  virtual  virtual  74  12 月  2 10:59  /var/ftproot/
```

3．建立支持虚拟用户的 PAM 认证文件

```
[root@rhel7 ~]# vim   /etc/pam.d/vsftpd.vu
auth       required     pam_userdb.so   db=/etc/vsftpd/vuser
account    required     pam_userdb.so   db=/etc/vsftpd/vuser
//参数 db 用于指向刚刚生成的 vuser.db 文件，但不要写后缀
```

4．在 vsftpd.conf 文件中添加支持配置

既然要使用虚拟用户模式，而虚拟用户模式确实要比匿名访问模式更加安全，那么配置的同时也要关闭匿名开放模式。执行命令 vim　/etc/vsftpd/vsftpd.conf，按照表 5.3 所示的要求

修改配置选项，然后执行 systemctl restart vsftpd 命令重启服务器。

表 5.3 配置 vsftpd.conf 选项

参数	作用
anonymous_enable=NO	禁止匿名开放模式
local_enable=YES	允许本地用户模式
guest_enable=YES	开启虚拟用户模式
guest_username=virtual	指定虚拟用户账号
pam_service_name=vsftpd.vu	指定 pam 文件
allow_writeable_chroot=YES	允许禁锢的 FTP 根目录可写而不拒绝用户登录请求

5. 设置 SELinux

```
[root@rhel7 ~]# setsebool   -P   ftpd_full_access=on
[root@rhel7 ~]# getsebool   ftpd_full_access=on
ftpd_full_access --> on
```

现在不论是 xuni1 还是 xuni2 账户，他们的权限都是相同的——默认不能上传、创建、修改文件，如果希望用户 xuni2 能够完全管理 FTP 内的文件，就需要让 FTP 程序支持独立的用户权限配置文件。

6. 为虚拟用户设置不同的权限

```
[root@rhel7 ~]# mkdir /etc/vsftpd/vusers_dir/              //创建用户独立的权限配置文件存放的目录
[root@rhel7 ~]# vim   /etc/vsftpd/vsftpd.conf              //指定用户独立的权限配置文件存放的目录
user_config_dir=/etc/vsftpd/vusers_dir                     //添加该配置项
[root@rhel7 ~]# touch   /etc/vsftpd/vusers_dir/xuni1       //指定 xuni1 用户的具体权限，这里为空
[root@rhel7 ~]# vim   /etc/vsftpd/vusers_dir/xuni2         //指定 xuni2 用户的具体权限
anon_upload_enable=YES
anon_mkdir_write_enable=YES
anon_other_write_enable=YES
```

7. 重启 vsftpd 服务，验证实际效果

确认填写正确后保存并退出 vsftpd.conf 文件，重启 vsftpd 程序并设置为开机后自动启用。因为在红帽 RHCSA、RHCE 或 RHCA 考试后都要重启您的实验机再执行判分脚本。所以请读者在日常工作中也要记得将需要的服务加入到开机启动项中。

```
[root@rhel7 ~]# systemctl   restart   vsftpd
[root@rhel7 ~]# systemctl   enable   vsftpd
```

如果重启 vsftpd 并没有看到报错，此时就可以尝试登录 FTP 服务了，这次使用 Linux 客户端对两个虚拟用户分别验证。

```
[lihh@client ~]$ ftp   192.168.0.101
Connected to 192.168.0.101 (192.168.0.101).
220 (vsFTPd 3.0.2)
Name (192.168.0.101:lihh): xuni1              //输入虚拟用户名 xuni1
331 Please specify the password.
Password:                                     //输入虚拟用户 xuni1 的登录密码 lihehua
230 Login successful.
Remote system type is UNIX.
Using binary mode to transfer files.
ftp> pwd
257 "/"
```

```
ftp> mkdir aa                                    //新建文件夹，被拒绝
550 Permission denied.
[wangxi@client ~]$ ftp    192.168.0.101
Connected to 192.168.0.101 (192.168.0.101).
220 (vsFTPd 3.0.2)
Name (192.168.0.101:wangxi): xuni2
331 Please specify the password.
Password:
230 Login successful.
Remote system type is UNIX.
Using binary mode to transfer files.
ftp> mkdir aa
257 "/aa" created                                //新建文件夹，被允许
ftp> rename aa    bb
350 Ready for RNTO.
250 Rename successful.
```

思考与练习

一、填空题

1．FTP 使用两个端口，通常来说命令端口是________，数据端口是________。

2．FTP 数据传输的类型：主动模式和被动模式，在________模式下命令连接和数据连接都由客户端发起，这样就可以解决从服务器到客户端的数据端口的入方向连接被客户端防火墙过滤掉的问题。

3．在访问 vsftpd 服务器时，系统提供了三类用户，不同用户具有不同的访问权限和操作方式，这三类用户是________、________和________。

4．vsftpd 安装完后直接启动，默认就允许匿名用户访问，匿名用户使用的用户名是________。

二、判断题

1．随着 FTP 工作方式的不同，数据端口并不总是 20，这就是主动与被动 FTP 的最大不同之处。（　　）

2．在默认情况下，本地用户登录到 vsftpd 服务器上后，除了可以访问自己的主目录外，也可以访问服务器的其他目录。（　　）

3．FTP 如果采用主动模式，那么数据传输端口就是 20；如果采用被动模式，则具体最终使用哪个端口作为数据端口要服务器端和客户端协商决定，就不能再用配置指令指定使用 20 端口。（　　）

三、选择题

1．若使用 vsftpd 的默认配置，则使用匿名账户登录 FTP 服务器，所处的目录是（　　）。

A．/home/ftp　　B．/var/ftp　　C．/home　　D．/home/vsftpd

2．vsftpd 配置本地用户传输速率的参数是（　　）。

A．anon_max_rate　　B．user_max_rate

C．max_user　　　　D．local_max_rate

3．用 FTP 进行文件传输时有两种模式（　　）。

A．Word 和 binary　　　　B．txt 和 Word Document

C．ASCII 和 binary　　　　D．ASCII 和 Rich Text Format

四、综合题

1. vsftpd 是 RHEL 7 中默认采用的 FTP 服务器程序，/etc/vsftpd.ftpusers、/etc/vsftpd.user_list 和/etc/vsftpd/vsftpd.conf 是其主要的 3 个配置文件。现在其主配置文件/etc/vsftpd/vsftpd.conf 中有如下设置：

```
anonymous_enable=YES
local_enable=YES
write_enable=YES
local_umask=022
dirmessage_enable=YES
xferlog_enable=YES
connect_from_port_20=YES
xferlog_std_format=YES
pam_service_name=vsftpd
userlist_enable=YES
userlist_deny=YES
listen=YES
tcp_wrappers=YES
```

（1）请问该配置是否允许匿名用户登录？是否允许本地登录？

（2）如果想禁止匿名用户登录应如何设置？怎么才能开启匿名用户上传文件和修改文件的权限？

（3）配置文件中的 userlist_enable=YES 与 userlist_deny=YES 分别起什么作用？

（4）怎么配置才能使得只有/etc/vsftpd.user_list 文件中列出的用户才能登录？

（5）local_umask=022 表示什么意思？

2．网上查资料，如何在自己的 RHEL 7 系统主机上配置 vsftpd 服务器，使用非标准控制端口 3000，以 standalone 的方式启动，提供 FTP 服务。

3．网上查资料，如何在自己的 RHEL 7 系统主机上配置具有 SSL 加密功能的 vsftpd 服务器？

6

Apache 服务器的应用与管理

学习目标

- 了解常用的 Web 服务器软硬件平台
- 掌握 Apache 服务器的安装和启停控制
- 熟悉 Apache 服务器的配置文件
- 掌握 Apache 访问控制和用户授权
- 熟悉 SELinux 对 Apache 服务的影响
- 掌握 Apache 虚拟主机的配置方法
- 掌握使用 LAMP 部署Discuz!社区论坛

任务导引

Web 服务也叫 WWW（World Wide Web），一般是指能够让用户通过浏览器访问到互联网上文档等资源的服务。目前提供 Web 服务的程序有 Apache、Nginx、IIS 和 Tomcat 等。Web 服务是被动程序，即只有接收到互联网中其他计算机发出的请求后才会响应，然后 Web 服务器才会使用 HTTP（超文本传输协议）或 HTTPS（超文本安全传输协议）将指定文件传送到客户机的浏览器上。Apache 是世界使用排名第一的 Web服务器软件。它可以运行在几乎所有广泛使用的计算机平台上，由于其跨平台和安全性被广泛使用，是最流行的 Web 服务器端软件之一。它快速、可靠并且可通过简单的 API 扩充，将Perl、Python等解释器编译到服务器中。同时 Apache 音译为阿帕奇，是北美印第安人的一个部落，叫阿帕奇族，在美国的西南部也是一个基金会的名称、一种武装直升机等。本项目主要介绍 Apache 服务器的配置、使用与管理，介绍如何在技术上增强 Web 网站的安全性，详细演示如何使用 LAMP 部署动态网站系统Discuz!社区论坛。

任务实施

任务 1　安装与启停控制 httpd 服务器

子任务 1　安装和启停控制

1. 安装 httpd 服务器

在 RHEL 7 的安装光盘/Packages 目录下有 httpd 的安装包文件 httpd-2.4.6-67.el7. x86_64.rpm。可以使用 rpm 命令查询其是否安装，如果没有安装可以使用 rpm 命令安装，也可以使用 yum 命令进行安装，使用本地安装光盘创建yum仓库的过程见子任务“安装 vsftpd 服务器程序”。

```
[root@rhel7 ~]# yum  -y  install  httpd
```

在安装 Apache 服务器的过程中，会自动生成一些文件。其中包括主配置文件/etc/httpd/conf/httpd.conf、根文档目录/var/www/html、访问日志文件/var/log/httpd/acces_log、错误日志文件/var/log/httpd/error_log、Apache 模块存放路径/usr/lib/httpd/modules 等。

使用命令 httpd -V 可以查看编译配置参数，命令 httpd -l 可以查看已经被编译的模块。

```
[root@linux7 ~]# httpd  -V
AH00557: httpd: apr_sockaddr_info_get() failed for linux7.cqcet.edu.cn
…
 -D AP_TYPES_CONFIG_FILE="conf/mime.types"
 -D SERVER_CONFIG_FILE="conf/httpd.conf"
[root@linux7 ~]# httpd  -l
Compiled in modules:
  core.c
  mod_so.c
  http_core.c
```

2. 启动/停止 httpd

修改 httpd 服务器配置文件后，需要重新启动服务修改后的配置才能生效。httpd 的启停控制除了可以使用子任务“了解 SELinux 的工作过程”所描述的方法外，还可以使用 apachectl 命令来完成。

```
[root@linux7 ~]# apachectl  status
httpd.service - The Apache HTTP Server
   Loaded: loaded (/usr/lib/systemd/system/httpd.service; disabled)
   Active: inactive (dead)
[root@linux7 ~]# apachectl  start                    //使用 stop 停止，restart 重启
[root@linux7 ~]# ps -ef |grep httpd
root      6366     1  0  10:26  ?    00:00:01 /usr/sbin/httpd -DFOREGROUND
root      6367  6366  0  10:26  ?    00:00:00 /usr/libexec/nss_pcache 393219 off /etc/httpd/alias
apache    6368  6366  0  10:26  ?    00:00:00 /usr/sbin/httpd -DFOREGROUND
apache    6369  6366  0  10:26  ?    00:00:00 /usr/sbin/httpd -DFOREGROUND
apache    6370  6366  0  10:26  ?    00:00:00 /usr/sbin/httpd -DFOREGROUND
apache    6371  6366  0  10:26  ?    00:00:00 /usr/sbin/httpd -DFOREGROUND
apache    6372  6366  0  10:26  ?    00:00:00 /usr/sbin/httpd -DFOREGROUND
root     11664 10658  0  11:59  pts/2    00:00:00 grep --color=auto httpd
```

3. 访问默认网页

默认的网站数据是存放在/var/www/html 目录中的，首页名称是 index.html，使用 echo 命

令将指定的字符写入到网站数据目录的 index.html 文件中，修改默认页面。打开浏览器，输入 http://127.0.0.1，可以看到如图 6-1 所示的默认网站修改后的主页面。

```
[root@linux7 ~]# echo "Welcome To CQCET.EDU.CN" > /var/www/html/index.html
```

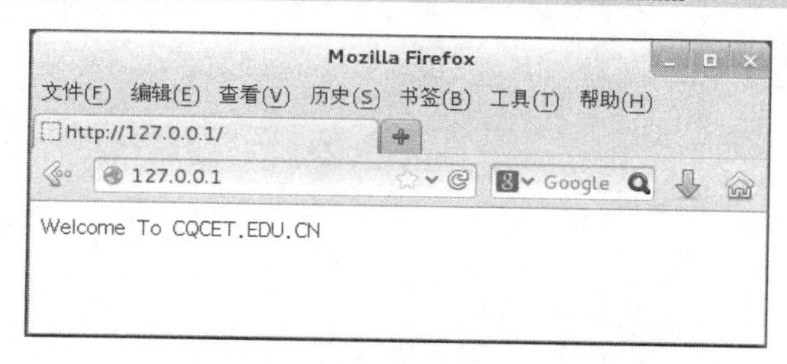

图 6-1　测试 Apache 成功

子任务 2　详解 Apache 的主配置文件

1. 配置文件的功能和结构

Apache 服务器的主配置文件是/etc/httpd/conf/httpd.conf，默认配置文件的内容和结构如下所示，读者看到的是已经将部分注释行删除的内容。

行首有“#”的即为注释行，注释不能出现在指令的后边。除了注释行和空行外，服务器会认为其他的行都是配置命令行。配置文件中的指令不区分大小写，但指令的参数通常是对大小写敏感的。对于较长的配置命令，行末可使用反斜杠“\”换行，但反斜杠与下一行之间不能有任何其他字符，包括空格。

```
[root@linux7 ~]# more    /etc/httpd/conf/httpd.conf
ServerRoot    "/etc/httpd"
#Listen 12.34.56.78:80
Listen 80
Include    conf.modules.d/*.conf
User    apache
Group    apache

//Apache 主服务器的配置
ServerAdmin    root@localhost
#ServerName    www.example.com:80

//设置 Apache 服务器的根目录访问权限
<Directory />
    AllowOverride    none
    Require    all    denied
</Directory>

DocumentRoot    "/var/www/html"

//设置 Apache 服务器中/var/www 目录访问权限
<Directory    "/var/www">
    AllowOverride    None
    # Allow    open    access:
    Require    all    granted
</Directory>
```

```
//设置 Apache 服务器中存放网页内容的根目录/var/www/html 访问权限
<Directory  "/var/www/html">
    Options  Indexes  FollowSymLinks
    AllowOverride  None
    Require  all  granted
</Directory>

//按照 DirectoryIndex 指定的顺序搜索网站首页文件
<IfModule dir_module>
    DirectoryIndex  index.html
</IfModule>

//拒绝访问以.ht 开头的文件，保证.htaccess 不被访问
<Files ".ht*">
    Require  all  denied
</Files>

//定义错误日志的路径、名字和级别
ErrorLog  "logs/error_log"
LogLevel  warn

//定义记录日志的格式
<IfModule  log_config_module>
    LogFormat "%h %l %u %t \"%r\" %>s %b \"%{Referer}i\" \"%{User-Agent}i\"" combined
    LogFormat "%h %l %u %t \"%r\" %>s %b" common

    <IfModule logio_module>
    LogFormat "%h %l %u %t \"%r\" %>s %b \"%{Referer}i\" \"%{User-Agent}i\" %I %O" combinedio
    </IfModule>

//设置访问日志的记录格式以及访问日志的存放位置
    #CustomLog "logs/access_log" common
    CustomLog "logs/access_log" combined
</IfModule>

//设置 CGI 目录（/var/www/cgi-bin/）的访问别名
<IfModule alias_module>
    # Alias /webpath /full/filesystem/path
    ScriptAlias /cgi-bin/ "/var/www/cgi-bin/"
</IfModule>

//设置 CGI 目录（/var/www/cgi-bin/）的访问权限
<Directory "/var/www/cgi-bin">
    AllowOverride None
    Options None
    Require all granted
</Directory>

<IfModule mime_module>
    TypesConfig /etc/mime.types
    //添加新的 MIME 类型
    #AddType application/x-gzip .tgz
    #AddEncoding x-compress .Z
    #AddEncoding x-gzip .gz .tgz
    AddType application/x-compress .Z
```

```
    AddType application/x-gzip .gz .tgz
    //设置 Apache 对某些扩展名的处理方式
    #AddHandler cgi-script .cgi
    #AddHandler type-map var
    AddType text/html .shtml
    //使用过滤器执行 SSI
    AddOutputFilter INCLUDES .shtml
</IfModule>

//设置默认字符集
AddDefaultCharset    UTF-8

//设置存放 Mime 类型的 Magic 文件的路径
<IfModule mime_magic_module>
    MIMEMagicFile conf/magic
</IfModule>

//设置当用户在浏览 Web 页面发生错误时所显示的错误信息
#ErrorDocument 500 "The server made a boo boo."
#ErrorDocument 404 /missing.html
#ErrorDocument 404 "/cgi-bin/missing_handler.pl"
#ErrorDocument 402 http://www.example.com/subscription_info.html

//MMAP 和 Sendfile 功能启停
#EnableMMAP    off
EnableSendfile    on

//设置补充配置
IncludeOptional    conf.d/*.conf
```

整个配置文件总体上划分为 3 部分（section）：第 1 部分为全局环境设置；第 2 部分是主服务器的配置；第 3 部分创建虚拟主机。

（1）全局环境设置。可以添加或修改的全局环境设置参数。

- ServerRoot "/etc/httpd"。所谓 ServerRoot 是指整个 Apache 目录结构的最上层，在此目录下可包含服务器的配置、错误和日志等文件。如果安装时使用 rpm 版本的方式，则默认目录是/etc/httpd，一般不需要修改。注意，这里不能在目录路径的后面加上斜线（/）。如果从源代码安装则为/usr/local/httpd。在配置文件中所指定的资源，有许多是相对于 ServerRoot 的。
- Listen 80。Listen 命令告诉服务器接受来自指定端口或者指定地址的某端口的请求。如果 Listen 仅指定了端口，则服务器会监听本机的所有地址；如果指定了地址和端口，则服务器只监听来自该地址和端口的请求。利用多个 Listen 指令可以指定要监听的多个地址和端口，比如在使用虚拟主机时，对不同的 IP、主机名和端口需要作出不同的响应，此时就必须明确指出要监听的地址和端口。命令用法为“Listen [IP 地址]:端口号”。
- User 和 Group。User 用于设置服务器以哪种用户身份来响应客户端的请求。Group 用于设置由哪一个组来响应用户的请求。当用 root 的身份启动 Apache 服务器进程 httpd 后，系统将自动将该进程的用户组和权限改为这两个选项设置的用户和组权限进行运行，这样就降低了服务器的危险性。因此，User 和 Group 是 Apache 安全的保证，千万不要把 User 和 Group 设置为 root。

以前 UNIX/Linux 上的守护进程（daemon）都是以 root 权限启动的，当时这似乎是一件理所当然的事情，因为像 Apache 这样的服务器软件需要绑定到“众所周知”的端口（小于 1024）上来监听客户端的请求，而 root 是唯一有这种权限的用户。随着攻击者活动的日益频繁，尤其是缓冲区溢出漏洞数量的激增，使服务器安全受到了更大的威胁。一旦某个网络服务存在漏洞，攻击者就能够访问并控制整个系统。因此为了减少这种攻击所带来的负面影响，现在服务器软件通常设计成以 root 权限启动，然后服务器进程自行放弃 root，再以某个低权限的系统账号来运行进程。这种方式的好处在于一旦该服务被攻击者利用漏洞入侵，由于进程权限很低，攻击者得到的访问权限又是基于这个较低权限的，对系统造成的危害比以前减轻了许多。

（2）主服务器设置。

- ServerName　www.example.com:80：设置服务器用于辨识自己的主机名和端口号，该设置仅用于重定向和虚拟主机的识别。命令用法为“ServerName　主机名[:端口号]”。如果没有主机名，也可以使用 IP 地址。
- ServerAdmin　root@localhost：用于设置 Web 站点管理员的 E-mail 地址。当服务器产生错误时（如指定的网页找不到），服务器返回给客户端的错误信息中将包含该邮件地址，以告诉用户该向谁报告错误。
- DocumentRoot　"/var/www/html"：用于设置 Web 服务器的站点根目录，命令用法为“DocumentRoot　目录路径名”。注意，目录路径名的最后不能加“/”，否则将会发生错误。
- DirectoryIndex　index.html：用于设置站点主页文件的搜索顺序，各文件间用空格分隔。例如，要将主页文件的搜索顺序设置为 index.php、index.htm、default.htm，则配置命令为 DirectoryIndex index.php index.htm default.htm。
- Options　Indexes　FollowSymLinks：Indexes 表示在目录中找不到 DirectoryIndex 列表中指定的主页文件就生成当前目录的文件列表，FollowSymLinks 表示允许通过符号链接访问不在本目录内的文件。
- LogLevel warn：设置要记录的错误日志的等级。
- ErrorLog "logs/error_log"：设置错误日志存放的路径和名字。
- CustomLog　"logs/access_log" combined：设置访问日志存放的路径和名字。
- AddDefaultCharset UTF-8：用于指定默认的字符集为 UTF-8。因为此编码对国际语言的支持更好，所以即使为中文站点，也推荐使用 UTF-8。对含有中文字符的网页，若网页中没有指定字符集则在浏览器中显示的时候可能会出现乱码。
- Options Indexes FollowSymLinks：Options 命令控制在特定目录中将使用哪些服务器特性，通常用在<Directory>容器中，命令用法为“Options 功能选项列表”，可用的选项及功能如表 6.1 所示。

表 6.1　Options 命令可用的选项

选项	功能描述
None	不启用任何额外特性
All	除 Multiviews 之外的所有特性，默认设置
ExecCGI	允许执行 CGI 脚本

续表

选项	功能描述
FollowSymLinks	服务器允许在此目录中使用符号连接。在<Location>字段中无效
Includes	允许服务器端包含 SSI（Server-side includes）
IncludesNOEXEC	允许服务器端包含，但禁用#exec 和#exe CGI 命令。但仍可以从 ScriptAliase 目录使用#include 虚拟 CGI 脚本
Indexes	如果一个映射到目录的 URL 被请求，而此目录中又没有 DirectoryIndex（例如 index.html），那么服务器会返回一个格式化后的目录列表
MultiViews	允许内容协商的多重视图
SymLinksIfOwnerMatch	服务器仅在符号连接与其目的目录或文件拥有者具有同样的用户 id 时才使用它

（3）虚拟主机设置。

所谓虚拟主机，是指在一台物理的服务器上可以同时设置多个 Apache 站点。这样可以节约硬件资源，降低资源成本。Apache 的虚拟主机有 3 种实现方式：基于端口、基于 IP 地址和基于域名。下面是在 httpd.conf 配置文件中可以添加或修改的虚拟主机设置参数，也可以在/etc/httpd/conf.d/目录中创建以.conf 结尾的文件来使用下述虚拟主机配置指令。

- NameVirtualHost　*:80：设置基于域名的虚拟主机。
- ServerAdmin　webmaster@dummy-host.example.com：设置虚拟主机管理员邮件地址。
- DocumentRoot　"/www/docs/ dummy-host.example.com"：设置虚拟主机根文档目录。
- ServerName　dummy-host.example.com：设置虚拟主机的名字和端口号。
- ErrorLog　"logs/dummy-host.example.com-error_log"：设置虚拟主机的错误日志。
- CustomLog　"logs/dummy-host.example.com-access_log"　common：设置虚拟主机的访问日志。

2. 服务器日志控制指令

Apache 服务器的日志文件有错误日志和访问日志两种，服务器在运行过程中，用户在客户端访问 Web 网站时都会记录下来。日志对于 Web 站点必不可少，它记录着服务器处理的所有请求、运行状态和一些错误或警告等信息。要了解服务器上发生了什么，就必须检查日志文件，虽然日志文件只记录已经发生的事件，但是它会让管理员知道服务器遭受的攻击，并有助于判断当前系统是否提供了足够的安全保护等级。

当运行 Apache 服务器时生成两个标准的日志文件：access_log 和 error_log。当然，如果使用 SSL 服务，还可能存在 ssl_access_log、ssl_error_log 和 ssl_request_log 三种日志文件。另外值得注意的是，上述几种日志文件如果长度过大，还可能生成诸如 access_log.1、error_log.2 等的额外文件，其格式与含义与上述几种文件相同，只不过系统自动为其进行命名而已。这几个文件中，除了 error_log 和 ssl_error_log 之外，都由 httpd.conf 文件中 CustomLog 和 LogFormat 指令指定的格式生成。使用 LogFormat 指令可以定义新的日志文件格式。

（1）ErrorLog。用于指定服务器存放错误日志文件的位置和文件名，默认设置为 ErrorLog logs/error_ log。此处的相对路径是相对于 ServerRoot 目录的路径。

在 error_log 日志文件中，记录了 Apache 守护进程 httpd 发出的诊断信息和服务器在处理请求时所产生的出错信息。在 Apache 出现故障时，可查看该文件了解出错原因。错误日志中的每一条记录都是这样的格式“日期和时间　错误等级　导致错误的 IP 地址　错误信息”。

（2）LogLevel。用于设置记录在错误日志中的信息的数量，其中可能出现的记录等级依照重要性升序排列分别是：debug（由运行于 debug 模式的程序所产生）、info（值得报告的一般信息）、notice（需要引起注意）、warn（警告，第 5 个等级）、error（除 crit、alert 和 emerg 之外的错误）、crit（危险的警告）、alert（需要立即引起注意的情况）和 emerg（紧急情况，如死机，第 1 个等级）。

当指定了某个特定级别后，所有级别高于它的信息也将被记录在日志文件中。配置文件中的默认配置级别为 warn，该等级将记录 1～5 等级的所有错误信息。级别可根据需要进行调整，设置过低将会导致日志文件的急剧增大。

（3）LogFormat。此选项用来定义 CustomLog 指令中使用的格式名称，以下是系统默认的格式，可以直接使用这些默认值。访问日志的参数及含义如表 6.2 所示。

```
[root@linux7 ~]# grep   LogFormat   /etc/httpd/conf/httpd.conf
    LogFormat "%h %l %u %t \"%r\" %>s %b \"%{Referer}i\" \"%{User-Agent}i\"" combined
    LogFormat "%h %l %u %t \"%r\" %>s %b" common
    LogFormat "%h %l %u %t \"%r\" %>s %b \"%{Referer}i\" \"%{User-Agent}i\" %I %O" combinedio
```

表 6.2　访问日志的参数

参数	作用
%h	访问 Web 网站的客户端 IP 地址
%l	从 identd 服务器中获取的远程登录名称
%u	来自于认证的远程用户
%t	连接的日期和时间
%r	HTTP 请求的首行信息
%>s	服务器返回给客户端的状态代码
%b	传送的字节数
%{Referer}i	发给服务器的请求头信息
%{User-Agent}i	客户机使用的浏览器信息
%I	接收的字节数，包括请求头的数据，且不能为 0。该指令必须启用 mod_logio 模块
%O	发送的字节数，包括请求头的数据，且不能为 0。该指令必须启用 mod_logio 模块

- 通用日志格式（Common Log Format）。它定义了一种特定的记录格式字符串，并给它起了个别名叫 common，其中的“%”指示服务器用某种信息替换，其他字符则不作替换。引号（"）必须加反斜杠转义，以避免被解释为字符串的结束。格式字符串还可以包含特殊的控制符，如换行符“n”、制表符“t”。通用日志格式（CLF）的记录格式被许多不同的 Web 服务器所采用，并被许多日志分析程序所识别，它产生的记录形如：127.0.0.1 - frank [10/Oct/2000:13:55:36 -0700] "GET /apache_pb.gif HTTP/1.0" 200 2326。
- 组合日志格式（Combined Log Format）。这种格式与通用日志格式类似，但是多了两个%{header}i 项，其中的 header 可以是任何请求头。这种格式的记录形如：127.0.0.1 - frank [10/Oct/2000:13:55:36 -0700] "GET /apache_pb.gif HTTP/1.0" 200 2326

"http://www.example.com/start.html" "Mozilla/4.08 [en] (Win98; I ;Nav)"。其中，多出来的项是"http://www.example.com/start.html" ("%{Referer}i")。"Referer"请求头指明了该请求是被从哪个网页提交过来的，这个网页应该包含有/apache_pb.gif 或者其连接。"Mozilla/4.08 [en],(Win98; I ;Nav)" ("%{User-agent}i")。"User-Agent"请求头是客户端提供的浏览器识别信息。

（4）CustomLog。此选项可以用来设置记录文件的位置和格式，默认值是 CustomLog logs/access_log combined。

（5）PidFile。用于指定存放 httpd 主（父）进程号的文件名，便于停止服务，默认值是 PidFile run/httpd.pid。

3. 服务器性能控制指令

一般情况下，每个 HTTP 请求和响应都使用一个单独的 TCP 连接，服务器每次接受一个请求时都会打开一个 TCP 连接并在请求结束后关闭该连接。若能对多个处理重复使用同一个连接，则可减小打开 TCP 连接和关闭 TCP 连接的负担，从而提高服务器的性能。

（1）Timeout。用于设置连接请求超时的时间，单位为秒。默认设置值为 300，超过该时间，连接将断开。若网速较慢，可适当调大该值。

（2）KeepAlive。用于启用持续的连接或者禁用持续的连接。命令用法为 KeepAlive on|off，配置文件中的默认设置为 KeepAlive on。

（3）MaxKeepAliveRequests。用于设置在一个持续连接期间允许的最大 HTTP 请求数目。若设置为 0，则没有限制；默认设置为 100，可以适当加大该值，以提高服务器的性能。

（4）KeepAliveTimeout。用于设置在关闭 TCP 连接之前等待后续请求的秒数。一旦接受请求建立了 TCP 连接，就开始计时，若超出该设定值还没有接收到后续的请求，则该 TCP 连接将被断开。默认设置为 10 秒。

（5）控制 Apache 进程。对于使用 prefork 多道处理模块（MPM）的 Apache 服务器，对进程的控制可在 prefork.c 模块中进行设置或修改。配置文件的默认设置为：

```
<IfModule prefork.c>
StartServers          8
MinSpareServers       5
MaxSpareServers      20
MaxClients          150
MaxRequestsPerChild  1000
</IfModule>
```

在配置文件中，属于特定模块的指令要用<IfModule>指令包含起来，使之有条件地生效。<IfModule prefork.c>表示如果 prefork.c 模块存在，则在<IfModule prefork.c>与</IfModule>之间的配置指令将被执行，否则不会被执行。下面分别介绍各配置项的功能。

- Startservers：用于设置服务器启动时启动的子进程的个数。
- MinSPareservers：用于设置服务器中空闲子进程（即没有 HTTP 处理请求的子进程）数目的下限。若空闲子进程数目小于该设置值，父进程就会以极快的速度生成子进程。
- MaxSPareservers：用于设置服务器中空闲子进程数目的上限。若空闲子进程数目超过该设置值，则父进程就会停止多余的子进程。一般只有在站点非常繁忙的情况下才有必要调大该设置值。
- Maxclient：用于设置服务器允许连接的最大客户数，默认值为 150，该值也限制了

httpd 子进程的最大数目，可根据需要进行更改，比如更改为 500。

- MaxRequestsPerChild：用于设置子进程所能处理请求的数目上限。当到达上限后，该子进程就会停止。若设置为 0，则不受限制，子进程将一直工作下去。

4. 服务器标识控制指令

系统默认会把 Apache 版本模块显示出来（http 返回头），通过分析 Web 服务器类型，大致可以推测出操作系统类型，比如 Windows 使用 IIS 提供 HTTP 服务，而 Linux 通常是 Apache。

默认的 Apache 配置没有任何信息保护机制而且允许目录浏览。通过目录浏览通常可以获得类似 Apache/1.3.27 Server at apache.linuxforum.net Port 80 或 Apache/2.0.49 (Unix) PHP/4.3.8 的信息。通常软件的漏洞信息和特定版本是相关的，因此版本号对黑客来说是最有价值的。

（1）Serversignature。

这个指令用来配置服务器端生成文档的页脚（错误信息、mod_proxy 的 FTP 目录列表、mod_info 的输出）。使用该指令来启用这个页脚的主要原因在于处于一个代理服务器链中的时候，用户基本无法辨识出究竟是链中的哪个服务器真正产生了返回的错误信息。

http.conf 中该指令默认为 Off，这样就没有错误行；使用 On 会简单增加一行关于服务器版本和正在提供服务的 ServerName；使用 Email 设置不仅会简单增加一行关于服务器版本和正在提供服务的 ServerName，还会额外创建一个指向 ServerAdmin 的mailto:部分。例如，使用 ServerSignature 后，在没有打开 Web 页面时会出现图 6-2 所示的信息。对于 2.0.44 以后的版本，显示详细的服务器版本号将由 ServerTokens 指令控制。

Index of /bbs

- Parent Directory
- upload/

Apache/2.2.11 (Unix) PHP/5.2.8 Server at 192.168.120.240 Port 80

图 6-2 ServerSignature 信息

（2）ServerTokens。

ServerTokens 指令的语法：ServerTokens Major | Minor | Min[imal] | Prod[uctOnly] | OS | Full。这个指令用来控制服务器回应给客户端的“Server:”应答头是否包含关于服务器操作系统类型和编译进来的模块描述信息。此设置将施用于整个服务器，而且不能仅在虚拟主机的管理层次上予以启用或禁用。注意，在使用 ServerTokens 指令时要先启用 ServerSignature 指令。

RedHat 系列操作系统在主配置文件中提供全局默认控制值为 OS，即 ServerTokens OS，而 Debian 系列操作系统则默认为 Full，即 ServerTokens Full。它们将向客户端公开操作系统信息和相关敏感信息，所以保证安全的情况下需要在该选项后使用 Product Only，即 ServerTokens ProductOnly。

设置为 ServerTokens Prod[uctOnly]，服务器会发送：Apache Server at 192.168.120.240 Port 80；设置为 ServerTokens Major，服务器会发送：Apache/2 Server at 192.168.120.240 Port 80；设置为 ServerTokens Minor，服务器会发送：Apache/2.2 Server at 192.168.120.240 Port 80；设置为 ServerTokens Min[imal]，服务器会发送：Apache/2.2.11 Server at 192.168.120.240 Port 80；设置为 ServerTokens OS，服务器会发送：Apache/2.2.11(UNIX) Server at 192.168.120.240 Port

80；设置为 ServerTokens Full (or not specified)，服务器会发送：Apache/2.211(UNIX) PHP/5.2.8 Server at 192.168.120.240 Port 80。

任务 2　使用 Apache 访问控制和用户授权

子任务 1　设置容器与访问控制指令

1. 容器配置指令

容器配置指令通常用于封装一组指令，使其在容器条件成立时有效，或者用于改变指令的作用域。容器指令通常成对出现，具有以下格式特点：

```
<容器名 参数>
</容器名>
```

例如：

```
<IfModule mod_ssl.c>
Include   conf/ssl.conf
</IfModule>
```

<ifModule>容器用于判断指定的模块是否存在，若存在（被静态地编译进服务器，或是被动态装载进服务器），则包含于其中的指令将有效，否则会被忽略。此处配置指令的含义是：若 mod_ssl.c 模块存在，则用 Include 指令将 conf/ssl.conf 配置文件包含进当前的配置文件中。

<IfModule>容器可以嵌套使用。若要使模块不存在时所包含的指令有效，只需在模块名前加一个"！"。比如配置文件中的以下配置：

```
<IfModule ! mpm_winnt.c>
<IfModule ! mpm_netware.c>
User    nobody
</IfModule>
</IfModule>
```

除了<IfModule>容器外，Apache 还提供了<nrectory>、<Files>、<Location>、<VirtualHost>等容器指令。其中，<VirtualHost>用于定义虚拟主机；<Directory>、<Files>、<Location>等主要用来封装一组指令。通过使用访问控制指令可实现对目录、文件或 URL 地址的访问控制。

2. 访问控制配置指令

在 Apache 2.2 版本中，是基于客户端的主机名、IP 地址以及客户端请求中的其他特征，使用 Order（排序）、Allow（允许）、Deny（拒绝）和 Satisfy（满足）指令来实现访问控制。在 Apache 2.4 中使用 mod_authz_host 这个新的模块来实现访问控制，其他授权检查也以同样的方式来完成。

因此，旧的访问控制语句应当被新的授权认证机制所取代，即便 Apache 2.4 也提供了 mod_access_compat 这一新模块来兼容旧语句，新的访问控制指令如表 6.3 所示。

表 6.3　访问控制指令

指令	描述
Require all granted/denied	允许/拒绝所有来源访问
Require ip [IP 地址]	允许特定 IP 地址访问。可以是完整 IP 地址（192.68.0.5）、部分 IP 地址（192.68.0）或网络地址（192.68.0.0/255.255.255.0）
Require not ip [IP 地址]	不允许特定 IP 地址访问

续表

指令	描述
Require local	允许本地访问
Require host [域名]	允许特定域名的主机访问。可以是特定域内的所有主机（sh.com），也可以是完全合格域名（www.sh.com）
Require not host [域名]	不允许特定域名的主机访问

3. 访问控制配置实例

（1）只是不允许完全合格域名为 rhel.sh.com 的客户端访问 Web 网站。

```
<Directory  "/var/www/html">
    Options  Indexes  FollowSymLinks
    AllowOverride  None
<RequireAll>
Require  all  granted
Require  not  host  rhel.sh.com
</ RequireAll >
</Directory>
```

（2）只允许特定的几个 IP 网段和域的客户端能访问 Web 网站。

```
<Directory  "/var/www/html">
    Options  Indexes  FollowSymLinks
    AllowOverride  None
Require  all  denied
Require  ip 10 172.20 192.168.2        #允许特定 IP 段访问，多个段之间用空格隔开
Require  ip 192.168.0.0/24
Require host  splaybow.com             #允许来自域名 splaybow.com 的主机访问
</Directory>
```


子任务 2　用户认证和授权

在 Apache 服务器中有基本认证和摘要认证两种认证类型。一般来说，使用摘要认证要比基本认证更加安全，但是因为有些浏览器不支持使用摘要认证，所以在大多数情况下用户只能使用基本认证。

1. 认证配置指令

所有的认证配置指令既可以在主配置文件的 Directory 容器中出现，也可以在./htaccess 文件中出现，表 6.4 列出了所有可以使用的认证配置指令。

表 6.4　访问控制指令

指令语法	描述
AuthName　领域名称	定义受保护领域的名称
AuthType　Basic 或 Digest	定义使用的认证方式
AuthUserFile　文件名	定义认证口令文件位置
AuthGroupFile　文件名	定义认证组文件位置

2. 授权

使用认证配置指令配置认证后，需要使用 Require 指令为指定的用户和组进行授权。该指

令的使用格式如表 6.5 所示。

表 6.5　Require 指令的使用格式

指令语法	描述
Require user　用户名[用户名]	给指定的一个或多个用户授权
Require grout　组名[组名]	给指定的一个或多个组授权
Require valid-user	给认证口令文件中的所有用户授权

3. 认证域授权实例

按照以下步骤为 Apache 服务器中的/var/www/html/liteng 目录设置用户认证和授权。

（1）创建访问目录。

```
[root@linux7 ~]# mkdir   /var/www/html/liteng
```

（2）创建口令文件并添加用户。

```
[root@linux7 ~]# mkdir     /var/www/password
[root@linux7 ~]# htpasswd -c /var/www/password/sh    liteng
New password:
Re-type new password:
Adding password for user liteng                    //不需要在系统中创建用户 liteng
[root@linux7 ~]# chown    apache:apache    /var/www/password/sh
[root@linux7 ~]# ll    /var/www/password/sh
-rw-r--r--.   1    apache apache 45    11 月  12 15:19    /var/www/password/sh
```

（3）在/etc/httpd/conf/httpd.conf 文件中添加授权。

```
<Directory    "/var/www/html/liteng">
AllowOverride    None
AuthType    basic
AuthName    "sh"
AuthUserFile    /var/www/password/sh
    Require valid-user
</Directory>
```

（4）重新启动 httpd 服务。

```
[root@linux7 ~]# systemctl    restart    httpd.service
```

（5）客户端测试。

在客户端浏览器中输入网址，会出现如图 6-3 所示的认证对话框，需要输入用户名 liteng 和密码 123456，才能成功访问。

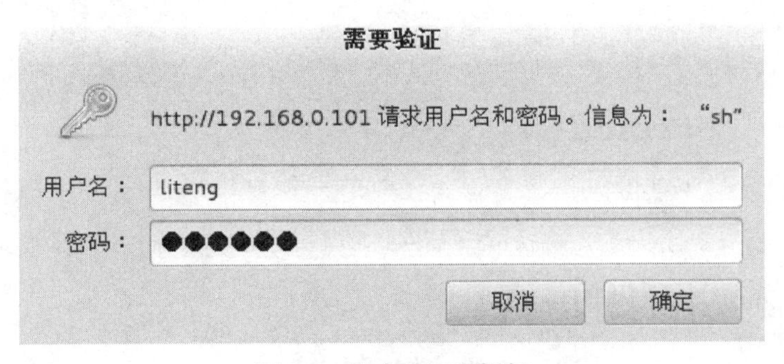

图 6-3　用户认证和授权

任务 3　使用强制访问控制安全子系统

子任务 1　设置新的网站发布目录

要想将网站数据放在/home/wwwroot 目录中，该如何操作呢？

1．修改 httpd.conf 配置文件

使用 vim 编辑器编辑 Apache 服务程序的主配置文件 vim /etc/httpd/conf/httpd.conf，如图 6-4 所示，将 119 行的 DocumentRoot 参数修改为/home/wwwroot，再把在 124 行的/var/www 修改为/home/wwwroot。

```
119 #DocumentRoot "/var/www/html"
120 DocumentRoot "/home/wwwroot"
121 #
122 # Relax access to content within /var/www.
123 #
124 <Directory "/var/www">
125     AllowOverride None
126     # Allow open access:
127     Require all granted
128 </Directory>
129
130 <Directory "/home/wwwroot">
131     AllowOverride None
132     # Allow open access:
133     Require all granted
134 </Directory>
```

图 6-4　修改 http.conf 配置文件

2．创建网站发布目录和首页

```
[root@linux7 ~]# mkdir /home/wwwroot
[root@linux7 ~]# echo "The New Web Directory" > /home/wwwroot/index.html
```

3．重新启动 Apache 服务并测试新网站

执行命令 systemctl restart httpd 重新启动 Apache 服务，再打开浏览器看下效果，依然是键入http://127.0.0.1。是不是很奇怪，为什么会是默认页面？通常只有首页页面不存在或有问题才会显示 Apache 服务程序的默认页面。那么进一步来访问 http://127.0.0.1/index.html，怎么样，惊讶到了吗？如图 6-5 所示，访问页面的行为是被禁止的。我们的操作与刚刚前面的实验是一样的，但这次的访问行为为什么会被禁止呢？这就需要了解一下 SElinux。

图 6-5　新网站被禁止访问

4．关闭 SELinux 并重新测试新网站

```
[root@linux7 ~]# getenforce           //查询一下当前的 SELinux 服务状态
Enforcing                             //SELinux 模式当前设为强制模式
[root@linux7 ~]# setenforce
```

```
usage:   setenforce [ Enforcing | Permissive | 1 | 0 ]
[root@linux7 ~]# setenforce   0                    //临时将 SELinux 模式设为宽容模式
```

打开浏览器，再输入 http://127.0.0.1，果然成功了，如图 6-6 所示。

图 6-6　新网站访问成功

子任务 2　开启 SELinux 并设置策略

开启 SELinux 服务后，在访问新目录里的网站时浏览器会报错说“禁止，你没有访问 index.html 文件的权限”，那怎么开启 SELinux 的允许策略呢？

1. 开启 SELinux

有时关闭 SELinux 后确实能够减少报错概率，但这极其地不推荐。为了确保 SELinux 服务是默认启用的，需要修改其配置文件/etc/selinux/config，设置 SELINUX=enforcing。

```
[root@linux7 ~]# more    /etc/selinux/config    |grep   -v   '#' |grep   -v   ^$
SELINUX=enforcing
SELINUXTYPE=targeted
```

SELinux 有 3 种工作模式：enforcing（安全策略强制启用模式，将会拦截服务的不合法请求）、permissive（遇到服务越权访问只会发出警告而不强制拦截）、disabled（对于越权的行为不警告，也不拦截）。

在/etc/selinux/config 配置文件里，还有一个值 SELINUXTYPE=targeted。通过改变变量 SELINUXTYPE 的值实现修改策略，targeted 代表仅针对预制的几种网络服务和访问请求使用 SELinux 保护，mls 代表所有网络服务和访问请求都要经过 SELinux 保护。RHEL7 默认设置为 targeted，包含了对几乎所有常见网络服务的 SELinux 策略配置，已经默认安装并且可以无须修改直接使用。

2. 允许 SELinux 策略

SELinux 安全策略包括域和安全上下文。SELinux 域，对进程资源进行限制（查看方式：ps -Z）；SELinux 安全上下文，对系统资源进行限制（查看方式：ls　-Z）。使用 ls　-Z 命令检查一下新旧网站数据目录的 SELinux 安全上下文有什么不同。

```
[root@linux7 ~]# ls   -Zd   /var/www/html/
drwxr-xr-x.   root   root   system_u:object_r:httpd_sys_content_t:s0   /var/www/html/
[root@linux7 ~]# ls   -Zd   /home/wwwroot/
drwxr-xr-x.   root   root   unconfined_u:object_r:home_root_t:s0   /home/wwwroot/
```

SELinux 安全上下文是由冒号间隔的 4 个字段组成的，以原始网站数据目录的安全上下文为例分析。用户段：root 表示 root 账户身份，user_u 表示普通用户身份，system_u 表示系统进程身份。角色段：object_r 是文件目录角色，system_r 是一般进程角色。类型段：进程和文件都有一个类型用于限制存取权限。

解决办法就是将当前网站目录/home/wwwroot 的安全上下文修改成 system_u:object_r:

httpd_sys_content_t: s0。

semanage fcontext 命令用来查询和修改 SELinux 默认目录的安全上下文，其语法为 semanage {login|user|port|interface|fcontext|translation} -l 或 semanage fcontext -{a|d|m} [-frst] file_spec，常用的选项及功能如表 6.6 所示。

表 6.6 semanage 命令的常用选项及功能

选项	功能
-l, --list	列出对象
-a, --add	添加对象记录名称
-m, --modify	修改对象记录名称
-d, --delete	删除对象记录名称
-t, --type	SELinux 对象类型
-f, --ftype	文件类型，这是与上下文相关的。需要一个文件类型，如模式字段中的 ls 所示，例如使用-d 只匹配目录，使用--只匹配常规文件
-s, --seuser	SELinux 用户名称
-r, --range	MLS/MCS 安全界限（MLS/MCS 系统）

```
[root@linux7 ~]# semanage   fcontext -l    |more
(SELinux fcontext                              类型                    上下文)
/                                              directory          system_u:object_r:root_t:s0
/.*                                            all files          system_u:object_r:default_t:s0
/[^/]+                                         regular file       system_u:object_r:etc_runtime_t:s0
/\.autofsck                                    regular file       system_u:object_r:etc_runtime_t:s0
/\.autorelabel                                 regular file       system_u:object_r:etc_runtime_t:s0
…
```

restorecon 命令用于恢复 SELinux 文件安全上下文，格式为 restorecon [选项] [文件]。常用的选项及功能如表 6.7 所示。

表 6.7 restorecon 命令的常用选项及功能

选项	功能
-i	忽略不存在的文件
-e	排除目录
-R/-r	递归处理，针对目录使用
-v	显示详细的过程
-F	强制恢复

```
//修改网站数据目录的安全上下文
[root@linux7 ~]#semanage   fcontext   -a   -t httpd_sys_content_t    /home/wwwroot
//修改网站数据的安全上下文（*代表所有文件或目录）
[root@linux7 ~]#semanage   fcontext   -a   -t httpd_sys_content_t    /home/wwwroot/*
//查看到 SELinux 安全上下文依然没有改变，再执行下 restorecon 命令即可
[root@linux7 ~]# restorecon -rv   /home/wwwroot/
[root@linux7 ~]# ls    -Zd    /home/wwwroot/
drwxr-xr-x.   root    root    unconfined_u:object_r:httpd_sys_content_t:s0    /home/wwwroot/
```

再来刷新浏览器，就可以看到正常页面了。真是一波三折，原本以为将 Apache 服务配置妥当就大功告成了，结果却受到 SELinux 安全上下文的限制，真是要细心才行。

子任务 3　开启个人用户主页功能

Apache 服务程序中有个默认未开启的个人用户主页功能，能够为所有系统内的用户生成个人网站，确实很实用。

1. 开启个人用户主页功能

```
[root@linux7 ~]# vim /etc/httpd/conf.d/userdir.conf
#UserDir disabled                //前面加一个#，代表该行被注释掉，不再起作用
UserDir public_html              //前面的#号去除，表示该行被启用
[root@linux7 ~]# systemctl restart httpd
```

注意：UserDir 参数表示需要在用户家目录中创建的网站数据目录的名称，即 public_html。

2. 创建个人用户网站数据

```
[root@linux7 ~]# su    -    lihua
上一次登录：二 8 月 15 13:12:09 CST 2017tty6 上
[lihua@linux7 ~]$ mkdir    public_html
[lihua@linux7 ~]$ echo "This is lihehua's website" > public_html/index.html
[lihua@linux7 ~]$ chmod    711    /home/lihua/
[lihua@linux7 ~]$ chmod    -Rf    755    public_html        //给予网站目录 755 的访问权限
```

打开浏览器，访问地址为“http://127.0.0.1/~用户名”，不出意外果然是报错页面，如图 6-7 所示，可以肯定是 SELinux 服务导致的。

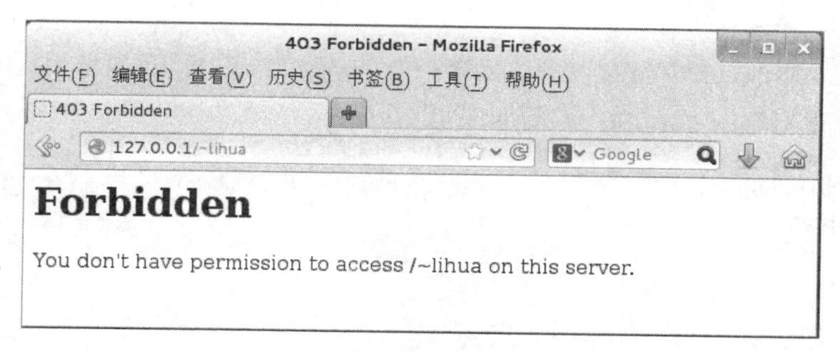

图 6-7　禁止访问个人用户主页

3. 设置 SELinux 允许策略

这次报错并不是因为用户家目录内的网站数据目录 SELinux 安全上下文没有设置，而是因为 SELinux 默认就不允许 Apache 服务个人用户主页这项功能。

getsebool 命令用于查询所有 SELinux 规则的布尔值，格式为 getsebool -a。SELinux 策略布尔值只有 0/1（off/on）两种情况，0 或 off 为禁止，1 或 on 为允许。

setsebool 命令用于修改 SELinux 策略内各项规则的布尔值，格式为“setsebool [-P] 布尔值=[0|1]”。选项-P 表示永久生效。

```
[root@linux7 ~]# getsebool -a    |grep home
ftp_home_dir --> off
git_cgi_enable_homedirs --> off
git_system_enable_homedirs --> off
httpd_enable_homedirs --> off
…
xdm_write_home --> off
```

```
[root@linux7 ~]# setsebool -P httpd_enable_homedirs=on
[lihua@linux7 ~]$ curl    http://192.168.0.101/~lihua/          //注意，这里必须使用~lihua/格式
This is lihehua's website
```

刷新浏览器，重新访问用户 lihua 的个人网站，果然成功了。有时候并不希望所有人都可以浏览访问到自己的个人网站，那就可以使用 Apache 密码口令验证功能增加一道安全防护，详细过程可以参考子任务“设置文件和目录的特殊权限”所述。

任务 4　配置 Apache 的虚拟主机

Apache 的虚拟主机功能（Virtual Host）是可以让一台服务器基于 IP、主机名或端口号实现提供多个网站服务的技术。

子任务 1　配置基于 IP 的虚拟主机

基于 IP 的虚拟主机在同一台服务器上使用多个 IP 地址来区分不同的 Web 网站，当用户访问不同 IP 地址时显示不同的网站页面。下面给出具体参数。

第一个 Web 网站，网站发布目录：/var/webroot/www11；网站首页：index.html；访问日志：www11-access_log；错误日志：www11-error_log；网站 IP：192.168.0.11。

第二个 Web 网站，网站发布目录：/var/webroot/www22，网站首页：index.default，网站 IP：192.168.0.22。

1．设置两个 IP 地址

使用 ifconfig 或 nmtui 命令为网卡添加多个 IP 地址：192.168.0.11/24 和 192.168.0.22/24。重新启动网卡设备后使用 ping 命令检查是否配置正确。

```
[root@linux7 ~]# ifconfig    eno16777736:0    192.168.0.11    netmask 255.255.255.0
[root@linux7 ~]# ifconfig    eno16777736:1    192.168.0.22    netmask 255.255.255.0
[root@linux7 ~]# ping    -c5     192.168.0.11
[root@linux7 ~]# ping    -c3     192.168.0.22
```

2．创建两个网站数据目录

```
[root@linux7 ~]# mkdir /var/webroot/www11    -vp
mkdir: 已创建目录 "/var/webroot"
mkdir: 已创建目录 "/var/webroot/www11"
[root@linux7 ~]# mkdir /var/webroot/www22    -p
```

3．创建两个网站首页

```
[root@linux7 ~]# echo "This is www11.li.net" >/var/webroot/www11/index.html
[root@linux7 ~]# echo "This is www22.li.net" >/var/webroot/www22/index.default
```

4．修改 httpd.conf 配置文件

用 vim 编辑器打开并修改/etc/httpd/conf/httpd.conf 配置文件，描述基于 IP 地址的虚拟主机。在该配置文件的末尾添加以下内容：

```
[root@linux7 ~]# vim    /etc/httpd/conf/httpd.conf
…
<VirtualHost    192.168.0.11>
DocumentRoot    /var/webroot/www11
ErrorLog    "logs/www11-error_log"
CustomLog    "logs/www11-access_log" combined
<Directory    /var/webroot/www11>
AllowOverride None
```

```
Require all granted
</Directory>
</VirtualHost>

<VirtualHost    192.168.0.22>
DocumentRoot    /var/webroot/www22
DirectoryIndex    default.html    index.html
<Directory    /var/webroot/www22>
AllowOverride None
Require all granted
</Directory>
</VirtualHost>
[root@linux7 ~]# systemctl    restart    httpd.service
```

5. 修改网站 SELinux 安全上下文

```
[root@linux7 ~]#semanage fcontext -a -t httpd_sys_content_t    /var/webroot/www11
[root@linux7 ~]#semanage fcontext -a -t httpd_sys_content_t    /var/webroot/www11/*
[root@linux7 ~]#restorecon -Rv    /var/webroot/www11
restorecon reset /var/webroot/www11 context unconfined_u:object_r:var_t:s0->unconfined_u:object_r:httpd_sys_content_t:s0
restorecon reset /var/webroot/www11/index.html context unconfined_u:object_r:var_t:s0->unconfined_u:object_r:httpd_sys_
content_t:s0
[root@linux7 ~]# semanage fcontext -a -t httpd_sys_content_t    /var/webroot/www22/*
[root@linux7 ~]# restorecon -rv    /var/webroot/www22
restorecon reset /var/webroot/www22/index.html context unconfined_u:object_r:var_t:s0->unconfined_u:object_r:httpd_sys_
content_t:s0
```

6. 本机访问网站测试成功

```
[root@linux7 ~]# curl    192.168.0.11
This is www11.li.net
[root@linux7 ~]# more    /etc/httpd/logs/www11-access_log
192.168.0.101 - - [13/Nov/2017:18:56:42 +0800] "GET / HTTP/1.1" 200 21 "-" "curl/7.29.0"
[root@linux7 ~]# curl    192.168.0.22
This is www22.li.net
[root@linux7 ~]# more    /etc/httpd/logs/access_log
192.168.0.101 - - [13/Nov/2017:18:57:12 +0800] "GET / HTTP/1.1" 200 21 "-" "curl/7.29.0"
```

7. 开启防火墙允许访问 Web 网站

```
[root@linux7 ~]# systemctl    start    firewalld.service
[root@linux7 ~]# firewall-cmd    --permanent    --zone=public    --change-interface=eno16777736
success
[root@linux7 ~]# firewall-cmd    --permanent    --zone=public    --add-port=80/tcp
success
```

子任务 2　配置基于域名的虚拟主机

当服务器无法为每个网站都分配独立的 IP 地址时，可以试试让 Apache 服务程序自动识别主机名或域名，然后跳转到指定的网站。

1. 配置网卡 IP 和 hosts 文件

hosts 文件的作用是定义 IP 地址与主机名的映射关系，即强制将某个主机名地址解析到指定的 IP 地址。

```
[root@linux7 ~]# ifconfig    eno16777736    192.168.0.254/24
[root@linux7 ~]# vim    /etc/hosts
192.168.0.254    www.cqcet.net
192.168.0.254    bbs.cqcet.net    //每行只能写一条，格式为 IP 地址+空格+主机名（域名）
```

2. 创建两个网站数据文件

```
[root@linux7 ~]# mkdir   /var/basename/www   -p
[root@linux7 ~]# mkdir   /var/basename/bbs   -p
[root@linux7 ~]# echo   "WEB.cqcet.net" > /var/basename/www/index.html
[root@linux7 ~]# echo   "BBS.cqcet.net" >   /var/basename/bbs/index.html
```

3. 创建虚拟主机配置文件

```
[root@linux7 ~]# vim   /etc/httpd/conf.d/www.conf
<VirtualHost   192.168.0.254>
DocumentRoot "/var/basename/www"
ServerName   "www.cqcet.net"
<Directory   "/var/basename/www">
AllowOverride None
Require all granted
</directory>
</VirtualHost>
~
: wq
[root@linux7 ~]# vim   /etc/httpd/conf.d/bbs.conf
<VirtualHost   192.168.0.254>
DocumentRoot   "/var/basename/bbs"
ServerName   "bbs.cqcet.net"
<Directory   "/var/basename/bbs">
AllowOverride None
Require all granted
</Directory>
</VirtualHost>
~
: wq
[root@linux7 ~]# systemctl   restart   httpd
```

在红帽 RHCSA、RHCE 或 RHCA 考试后都要重启实验机再执行判分脚本，所以请读者在日常工作中也要记得将需要的服务加入到开机启动项中：systemctl enable httpd。

4. 修改网站 SELinux 安全上下文

```
[root@linux7 ~]#semanage fcontext   -a   -t httpd_sys_content_t   /var/basename/www/*
[root@linux7 ~]# restorecon -Rv   /var/basename/www/*
restorecon reset /var/basename/www/index.html context unconfined_u:object_r:var_t:s0->unconfined_u:object_r:httpd_sys_content_t:s0
[root@linux7 ~]# semanage fcontext   -a   -t httpd_sys_content_t   /var/basename/bbs/*
[root@linux7 ~]# restorecon   -rv   /var/basename/bbs/*
restorecon reset /var/basename/bbs/index.html context unconfined_u:object_r:var_t:s0->unconfined_u:object_r:httpd_sys_content_t:s0
```

5. 本机访问网站测试成功

```
[root@linux7 ~]# curl   www.cqcet.net
WEB.cqcet.net
[root@linux7 ~]# curl   bbs.cqcet.net
BBS.cqcet.net
```

任务 5　使用 LAMP 部署动态网站Discuz!

LAMP 指的是 Linux（操作系统）、Apache HTTP 服务器、MySQL/MariaDB 和 PHP（有时也指 Perl 或 Python）的第一个字母。开放源代码的 LAMP 已经与 J2EE 和.NET 商业软件形成

三足鼎立之势，被称为最强大的网站解决方案。从网站的流量上来说，70%以上的访问流量是LAMP 来提供的。

子任务 1　安装并配置 LNMP 软件

1. 安装并配置Apache、MariaDB 和 Perl

构建 LAMP 需要安装上述软件包并启用相关服务功能，其中Apache和 MySQL/MariaDB 的安装与配置的详细方法见本书其他章节。可以使用本地 RHEL 7 光盘来创建yum仓库，这样既保证顺利安装速度又能很快。

```
[root@rhel7 ~]# yum    install    httpd    -y
已加载插件：langpacks, product-id, subscription-manager
This system is not registered to RedHat Subscription Management. You can use subscription-manager to register.
软件包 httpd-2.4.6-17.el7.x86_64 已安装并且是最新版本
无须任何处理
[root@rhel7 ~]# systemctl    start    httpd       //启动Apache服务器程序
[root@rhel7 ~]# yum    install    mariadb-server    mariadb    -y
…
无须任何处理
[root@rhel7 ~]# systemctl    start    mariadb     //启动 MariaDB 服务器程序
[root@rhel7 ~]# mysqladmin    -uroot    -p""    password    root    //修改数据库管理员的初始密码
[root@rhel7 ~]# yum    install    perl    -y
…
无须任何处理
```

2. 安装并配置 PHP 运行环境

（1）使用 yum 安装 PHP。

```
[root@linux7 ~]# yum    install    php    -y
…
已安装:
  php.x86_64 0:5.4.16-21.el7

作为依赖被安装:
  libzip.x86_64 0:0.10.1-8.el7    php-cli.x86_64 0:5.4.16-21.el7    php-common.x86_64 0:5.4.16-21.el7
完毕！
[root@rhel7 ~]# yum    install    php-mysql
…
已安装:
  php-mysql.x86_64 0:5.4.16-21.el7

作为依赖被安装:
  php-pdo.x86_64 0:5.4.16-21.el7
完毕！
```

PHP 与 MySQL 的连接有 3 种 API 接口：PHP 的 MySQL 扩展、PHP 的 mysqli 扩展、PHP 数据对象（PDO），以备在不同场景下选出最优方案。安装 PHP 之后必须重新启动 Apache。

（2）详解 PHP 配置文件 php.conf。

PHP 解释器的安装程序会自动创建/etc/httpd/conf.d/php.conf 配置文件，其中包含了 PHP 的配置选项，可以根据需要进行修改。

```
[root@linux7 ~]# rpm    -ql    php
/etc/httpd/conf.d/php.conf
/etc/httpd/conf.modules.d/10-php.conf
/usr/lib64/httpd/modules/libphp5.so
```

```
/usr/share/httpd/icons/php.gif
/var/lib/php/session
[root@linux7 ~]# more   /etc/httpd/conf.d/php.conf   |grep   -v '#'|grep   -v ^$
<FilesMatch   \.php$>              //指定 PHP 后缀的文件调用 php 模块去执行，类似过滤器
    SetHandler   application/x-httpd-php        //强制所有匹配的文件使用指定的 handler 进行处理
</FilesMatch>
AddType   text/html   .php       //定义类型，访问.php 的文件，把它当作一个 txt/html 文档
DirectoryIndex   index.php       //定义 php 默认主页 index.php
php_value session.save_handler   "files"        //session 是以文本文件形式存储在服务器端
php_value session.save_path   "/var/lib/php/session"        //指定 session 文件的存放位置
```

一般地，session 是以文本文件形式存储在服务器端的。使用基于文件的 session 存取瓶颈可能都是在磁盘 IO 操作上，利用 Memcached 来保存 session 数据，直接通过内存的方式，效率自然能够提高不少。在读写速度上会比 files 时快很多，而且在多个服务器需要共用 session 时会比较方便，将这些服务器都配置成使用同一组 memcached 服务器即可，减少了额外的工作量。缺点是 session 数据都保存在内存中，一旦死机，数据将会丢失。但对 session 数据来说并不是严重的问题。

（3）编写 PHP 脚本并测试。

```
[root@linux7 ~]#vim   /var/www/html/test.php
<?php
print   Date("Y/m/d");
?>
[root@linux7 ~]# curl   127.0.0.1/test.php
2018/09/07     //测试成功
```

子任务 2　搭建Discuz!社区论坛

1. 下载Discuz!论坛文件

```
[root@rhel7 ~]# wget   http://download.comsenz.com/DiscuzX/3.3/Discuz_X3.3_SC_UTF8.zip
--2018-09-07 22:13:08--   http://download.comsenz.com/DiscuzX/3.3/Discuz_X3.3_SC_UTF8.zip
正在解析主机 download.comsenz.com (download.comsenz.com)... 117.135.175.189
正在连接 download.comsenz.com (download.comsenz.com)|117.135.175.189|:80... 已连接。
已发出 HTTP 请求，正在等待回应... 200 OK
长度：10922155 (10M) [application/zip]
正在保存至: "Discuz_X3.3_SC_UTF8.zip"

100%[=========================================>] 10,922,155   1.46MB/s 用时 11s

2018-09-07 22:13:19 (1005 KB/s) - 已保存 "Discuz_X3.3_SC_UTF8.zip" [10922155/10922155])
[root@rhel7 ~]# zip   -T   Discuz_X3.3_SC_UTF8.zip        //检查压缩文件是否有误
test of Discuz_X3.3_SC_UTF8.zip OK
```

2. 解压并发布Discuz!论坛

```
[root@rhel7 ~]# mkdir   /root/discuz_li
[root@rhel7 ~]# unzip   Discuz_X3.3_SC_UTF8.zip   -d /root/discuz_li/       //解压缩到指定文件夹中
[root@rhel7 ~]# ls   /root/discuz_li/   -a
.  ..  readme   upload   utility
[root@rhel7 ~]# rm   -rf /var/www/html/*
[root@rhel7 ~]# mv   /root/discuz_li/upload/   /var/www/html/bbs
[root@rhel7 ~]# chmod   -R   755 /var/www/html/bbs/
```

3. 确保使用 UTF8 字符集

```
[root@rhel7 ~]# more   /etc/httpd/conf/httpd.conf    |grep AddDe
AddDefaultCharset   UTF-8                          //和下载的 discuz 版本一致
```

4. 安装Discuz!社区论坛

在浏览器中输入社区论坛的网址 http://192.168.11.254/bbs/install/index.php，打开如图 6-8 所示的网页，按照提示完成安装。

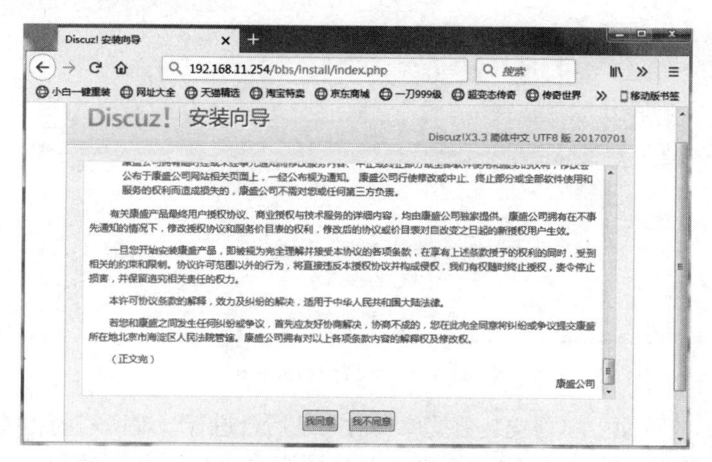

图 6-8　Discuz!安装向导

同意授权协议之后，Discuz!开始检查安装环境，比如操作系统、文件与目录权限、函数依赖性等，所有检查项目都通过后如图 6-9 所示，单击“下一步”按钮。

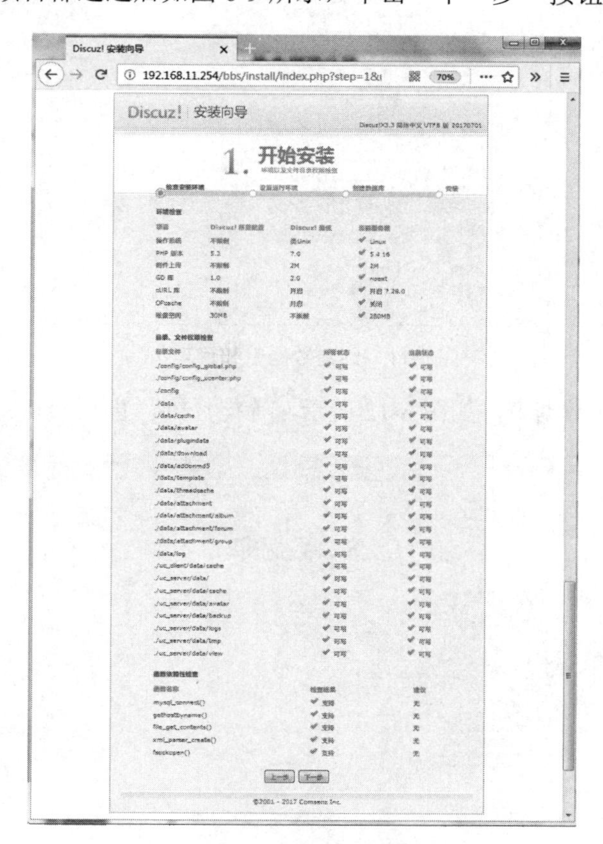

图 6-9　检查安装环境

在图 6-10 所示的网页中，选择“全新安装Discuz!（含 UCenter Server）”单选按钮，然后单击“下一步”按钮。

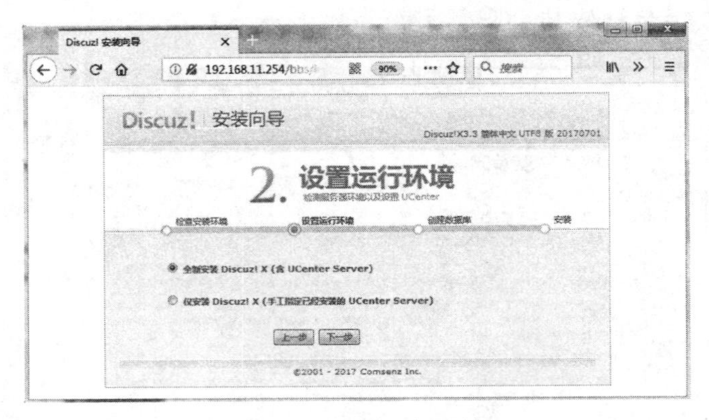

图 6-10　设置运行环境

在图 6-11 所示的页面中填写安装数据库和对网站后台进行管理所需的相关信息，数据库默认使用 localhost 作为监听地址，也可以修改为本机实际绑定的 IP 地址，然后单击“下一步”按钮。

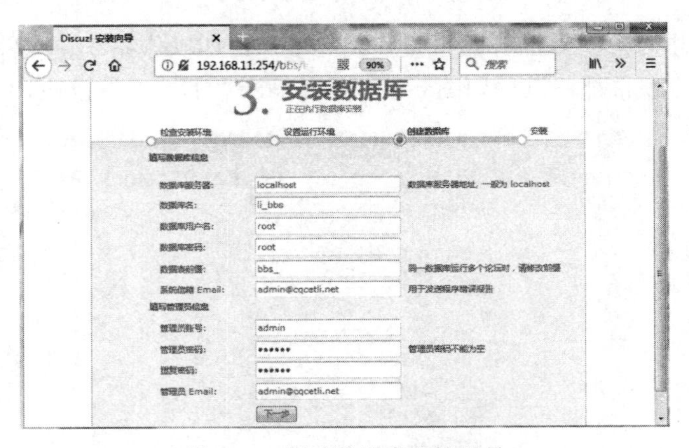

图 6-11　创建数据库和管理员

开始创建数据库和数据表，如图 6-12 所示，等待片刻，直到顺利完成。

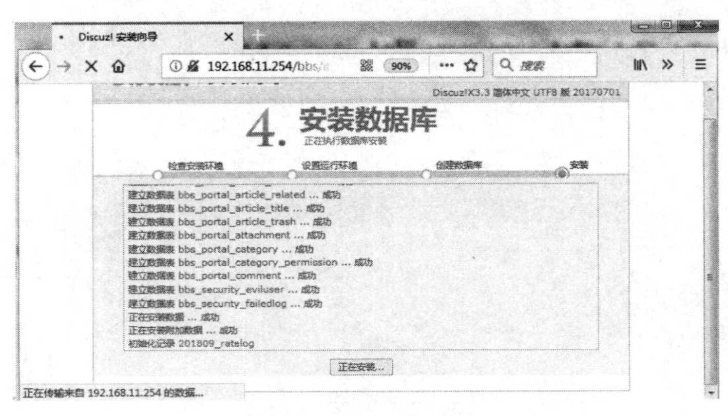

图 6-12　安装数据库

Discuz!社区论坛安装完毕后，在网页浏览器中输入网址http://192.168.11.254/bbs/forum.php，打开如图 6-13 所示的 BBS 论坛，并可以用刚刚创建的管理员账号 admin 登录论坛进行管理。

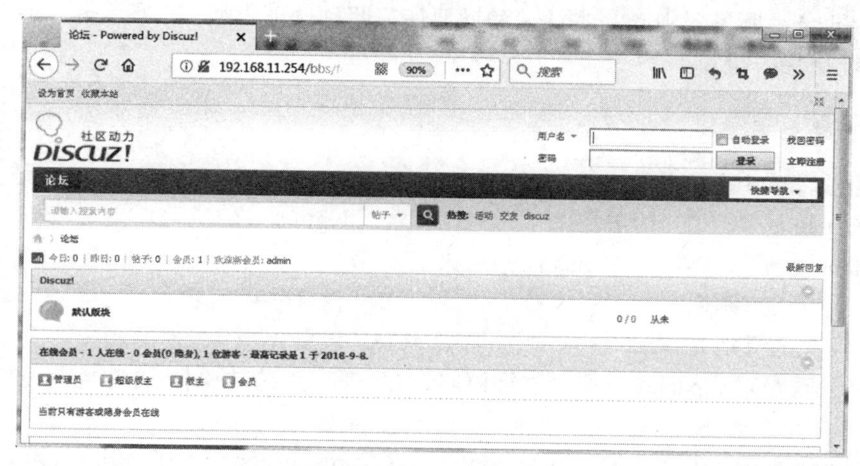

图 6-13　BBS 论坛首页

思考与练习

一、填空题

1．Web 网站服务是被动程序，即只有接收到互联网中其他计算机发出的请求后才会响应，然后 Web 服务器会使用________或________协议将指定文件传送到客户机的浏览器上。

2．Apache 的虚拟主机功能（Virtual Host）是可以让一台服务器基于________、________或端口号实现提供多个网站服务的技术。

3．在/etc/selinux/config 配置文件里，通过改变变量 SELINUXTYPE 的值实现修改策略，________代表仅针对预置的几种网络服务和访问请求使用 SELinux 保护，mls 代表所有网络服务和访问请求都要经过 SELinux 保护。

4．在 Apache 2.2 版本中，访问控制是基于客户端的主机名、IP 地址以及客户端请求中的其他特征，使用________（排序）、________（允许）、Deny（拒绝）、Satisfy（满足）指令来实现；在 Apache 2.4 版本中，使用 mod_authz_host 这个新的模块来实现访问控制，其他授权检查也以同样的方式来完成。

二、判断题

1．Tomcat 属于轻量级的 Web 服务软件，一般用于开发和调试 JSP 代码，通常认为 Tomcat 是 Apache 的扩展程序。（　）

2．源码方式安装的 httpd 服务，其配置文件并没有在/etc 的下面，而是在指定的安装目录下。（　）

3．DocumentRoot 用于设置 Web 服务器的站点根目录，目录路径名的最后不能加“/”，否则将会发生错误。（　）

4．RHEL 7 默认设置为 targeted，包含了对几乎所有常见网络服务的 SELinux 策略配置，已经默认安装并且可以无须修改直接使用。（　）

5．在 Apache 服务器中有基本认证和摘要认证两种认证类型。一般来说，使用基本认证要比摘要认证更加安全。（　）

三、选择题

1．下面的程序中不能提供 Web 网络服务的是（　）。

A．Apache　B．IIS　C．Nginx　D．iptables

2．Apache 主配置文件中，Alias 命令用来（　）。

A．设置用户别名　B．设置路径别名

C．设置主机别名　D．设置虚拟主机别名

3．网络管理员对 Apache 服务器进行访问、存取和运行等控制，这些控制可以在（　）文件中实现。

A．httpd.conf　B．inetd.conf　C．resolv.conf　D．lilo.conf

4．httpd.conf 文件中的基本参数 DirectoryIndex 配置 3 个文件 index.html、index.htm、default.htm，其格式为（　）。

A．DirectoryIndex＝index.html, index.htm ,default.htm

B．DirectoryIndex＝index.html, DirectoryIndex＝index.htm , DirectoryIndex＝default.htm

C．DirectoryIndex index.html, index.htm ,default.htm

D．DirectoryIndex index.html　index.htm　default.htm

5．Apache 服务器默认的监听连接端口号是（　）。

A．1024　B．8080　C．80　D．88

四、综合题

1．Apache 配置文件中有一项配置：Options Indexes FollowSymLinks，请解释 Indexes 和 FollowSymLinks 分别表示什么含义？

2．在 RHEL 7 系统中安装了 Apache，网页默认的主目录是/var/www/html，我们经常遇到这样的问题，在其他目录中创建了一个网页文件，然后用mv移动该网页文件到默认目录/var/www/html 中，但是在浏览器中却打不开这个文件。请问这是什么原因？如何解决？

3．网上查资料，如何在 RHEL 7 系统中配置 Apache 服务器，让其可以支持 JSP 和 PHP 运行环境？请上机操作并将实现过程的关键步骤截屏保存到 Word 文档中。

4．除了 Apache，Nginx 也是一款相当优秀的用于部署动态网站的服务程序，Nginx 具有不错的稳定性、丰富的功能以及占用较少的系统资源等独特特性。通过部署 Linux+Nginx+MySQL/MariaDB+PHP 这 4 种开源软件，便拥有了一个免费、高效、扩展性强、资源消耗低的 LNMP 动态网站架构。请自行查资料，搭建 LNMP 平台，完成 Discuz!论坛的部署和测试。

7

MariaDB 数据库服务器的应用与管理

学习目标

- 了解 MariaDB 与 MySQL 的区别与联系
- 掌握 MariaDB 的安装与启停控制
- 掌握 MariaDB 的用户创建与权限管理
- 掌握使用 phpMyAdmin 管理 MariaDB 的方法
- 熟悉 phpMyAdmin 的下载、安装和配置
- 熟悉 phpMyAdmin 配置文件的主要项

任务导引

MariaDB 这个名称来自 Michael Widenius 的女儿 Maria 的名字。MariaDB 由 MySQL 的创始人 Michael Widenius 主导开发，他早前曾以 10 亿美元的价格将自己创建的公司 MySQL AB 卖给了 Sun，此后随着 Sun 被 Oracle 收购，MySQL 的所有权也落入 Oracle 的手中。MySQL 之父 Widenius 觉得依靠 Sun/Oracle 来发展 MySQL 实在很不靠谱，于是决定另开分支，这个分支的名字叫做 MariaDB。当前，由于不满 MySQL 被 Oracle 收购控制下的日渐封闭和缓慢更新，众多公司转向了 MariaDB，如红帽 RHEL、Fedora、CentOS、OpenSUSE、Slackware 等。MariaDB 是 MySQL 数据库管理系统的一个由开源社区维护的分支产品，完全兼容 MySQL。虽然 Google 与 Wikipedia 这样的行业巨头已经采用了 MariaDB，但并不意味着会比 MySQL 有明显的性能提升，而是从技术垄断角度作出的决定。MariaDB 采用 GPL 授权许可完全兼容 MySQL，包括 API 和命令行，使之能轻松成为 MySQL 的替代品。2013 年 6 月 RedHat 宣布企业版发行版 RHEL 7 将用 MariaDB 替代 MySQL，预装 mariadb-5.5.35。MariaDB 跟 MySQL 在绝大多数方面是兼容的，对于开发者来说，几乎感觉不到任何不同。本项目主要介绍如何使用 MariaDB 数据库管理工具来管理数据库，引导读者学习数据表单的新建、搜索、更新、插入、

删除等常用操作，创建和授权数据库用户，以及数据库的备份与恢复方法等。

任务 1　安装 Linux 下的 MariaDB 数据库

子任务 1　了解 MariaDB 与 MySQL

Linux 下常见的数据库系统有免费的 MySQL、PostgreSQL，以及其他专业数据库供应商的大型数据库系统如 Informix 和 Oracle 等。MySQL 是一个可用于各种流行操作系统平台的关系数据库系统。它是一个真正的多用户、多线程 SQL 数据库服务器软件，支持标准的数据库查询语言（Structured Query Language，SQL），使用 SQL 语句可以方便地实现数据库、数据表的创建，数据的插入、编辑修改和查询等操作。

MariaDB 分支与最新的 MySQL 发布版本的分支保持一致，例如 MariaDB 5.1.47 对应 MySQL 5.1.47 等。目前 MariaDB 是发展最快的 MySQL 分支版本，新版本发布速度已经超过了 Oracle 官方的 MySQL 版本。MariaDB 虽然被视为 MySQL 数据库的替代品，但它在扩展功能、存储引擎以及一些新的功能改进方面都强过 MySQL。也就是说，在大多数情况下完全可以卸载 MySQL 然后安装 MariaDB，即可像之前一样正常地运行。

从 MySQL 迁移到 MariaDB 也是非常简单的：

- 数据和表定义文件（.frm）是二进制兼容的。
- 所有客户端 API、协议和结构都是完全一致的。
- 所有文件名、二进制、路径、端口等都是一致的。
- 所有的 MySQL 连接器，比如 PHP、Perl、Python、Java、.NET、MyODBC、Ruby、MySQL C connector 等在 MariaDB 中都保持不变。
- mysql-client 包在 MariaDB 服务器中也能够正常运行。
- 共享的客户端库与 MySQL 也是二进制兼容的。

子任务 2　安装与查询 MariaDB

1. MariaDB 服务器的安装

可以到https://downloads.mariadb.org/站点去下载最新版本，然后进行安装。也可以使用 RHEL 7 系统安装光盘作为 YUM 源，使用 yum 命令 yum　-y　install　mariadb-server 进行安装。

```
[root@rhel7 ~]# yum    install    mariadb-server
…
已安装:
  mariadb-server.x86_64 1:5.5.35-3.el7
作为依赖被安装:
mariadb.x86_64 1:5.5.35-3.el7    ariadb-libs.x86_64 1:5.5.35-3.el7    perl-DBD-MySQL.x86_64 0:4.023-5.el7
完毕!
[root@rhel7 ~]# mysqladmin    -V
```

```
mysqladmin   Ver 9.0 Distrib 5.5.35-MariaDB, for Linux on x86_64      //MariaDB 数据库已经安装
```

2. MariaDB 的重要文件

MariaDB 数据库服务器端程序安装完成后，它的数据库文件、配置文件、命令文件和帮助文档分别在不同的目录下。下面显示的是进行查询的方法以及结果，其中保存数据库的目录是/var/lib/mysql/，保存相关命令的目录是/usr/bin。

```
[root@rhel7 ~]# rpm    -ql    mariadb-server
/etc/logrotate.d/mariadb
/etc/my.cnf.d/server.cnf
…
/var/run/mariadb
```

MariaDB 服务器安装成功后，还会创建名为 mysql 的用户和用户组，mysql 用户属于 mysql 用户组，是 MySQL 服务器正常工作所必需的一个系统账号。

```
[root@rhel7 ~]# more    /etc/passwd    |grep   mysq
mysql:x:27:27:MariaDB Server:/var/lib/mysql:/sbin/nologin
[root@rhel7 ~]# more    /etc/group    |grep   mysq
mysql:x:27:
```

3. MariaDB 客户端的安装

如果要在命令行方式下连接 MariaDB 服务器，则还需要安装 MariaDB 客户端软件包。RHEL 7 中自带的是 mariadb-5.5.56-2.el7.x86_64.rpm，可以使用 rpm 命令进行安装与查询。

```
[root@rhel7 ~]# rpm    -qa    |grep   mariadb-5
mariadb-5.5.35-3.el7.x86_64
[root@rhel7 ~]# rpm    -ql    mariadb
/etc/my.cnf.d/client.cnf
/usr/bin/aria_chk
…
/usr/share/man/man8/mysqlmanager.8.gz
```

任务 2　使用 Linux 下的 MariaDB 数据库

子任务 1　管控与使用 MariaDB

1. MariaDB 服务启动与停止

MariaDB 数据库服务的配置文件是/usr/lib/systemd/system/mariadb.service。

```
[root@rhel7 ~]# systemctl   status   mariadb
   mariadb.service - MariaDB database server
   Loaded: loaded (/usr/lib/systemd/system/mariadb.service; disabled; vendor preset: disabled)
   Active: inactive (dead)
[root@rhel7 ~]# systemctl   start   mariadb          //停止服务用 stop
[root@rhel7 ~]# systemctl   enable   mariadb        //设置开机启动
```

默认情况下，MariaDB 使用 3306 端口提供服务。测试 MariaDB 是否成功，也可以查看该端口是否打开，如打开表示服务已经启动。

```
[root@rhel7 ~]# more    /etc/services |grep   3306
mysql            3306/tcp                       # MySQL
mysql            3306/udp                       # MySQL
[root@rhel7 ~]# netstat -nat    |grep 3306
（Active Internet connections  （servers and established））
（Proto   Recv-Q   Send-Q    Local Address    Foreign Address      State）
```

```
tcp        0      0      0.0.0.0:3306        0.0.0.0:*        LISTEN    //LISTEN 表示端口处于侦听状态
[root@rhel7 ~]# ss   -antp   |column   -t |grep   mysq
State   Recv-Q   Send-Q   Local     Address:Port     Peer      Address:Port
LISTEN   0        50       *:3306              *:*           users:(("mysqld",12435,13))
```

2. MariaDB 服务的初始化

MariaDB服务器首次启动时，系统将自动创建mysql数据库和test数据库完成初始化工作。mysql 数据库是 MariaDB 服务器的系统数据库，包含名为 Columns_priv、tables_priv、db、func、host 和 user 的数据表，其中 user 数据表用于存放用户的账户和密码信息；test 数据库是一个空的数据库，没有任何数据表，用于测试，不用时也可将其删除。

```
[root@rhel7 ~]# ls     /var/lib/mysql/
aria_log.00000001   ibdata1       ib_logfile1   mysql.sock            test
aria_log_control    ib_logfile0   mysql         performance_schema
```

安装完 mariadb-server 后，可以运行 mysql_secure_installation，进行如下设置：①为 root 设置密码；②删除匿名账号；③取消 root 远程登录；④删除 test 库和对 test 库的访问权限；⑤刷新授权表使修改生效。通过这几项设置能够提高数据库的安全性，建议生产环境下 MariaDB 安装完成后一定要运行一次该命令。

```
[root@rhel7 ~]# mysql_secure_installation
NOTE: RUNNING ALL PARTS OF THIS SCRIPT IS RECOMMENDED FOR ALL MariaDB SERVERS IN
PRODUCTION USE!   PLEASE READ EACH STEP CAREFULLY!
In order to log into MariaDB to secure it, we'll need the current password for the root user.   If you've just installed MariaDB,
and you haven't set the root password yet, the password will be blank, so you should just press enter here.
Enter current password for root (enter for none):                //初次运行直接回车
…
```

3. MariaDB 的登录与退出

登录 MariaDB 数据库的命令是 mysql，该命令的语法格式是：mysql [-u 用户名] [-h 主机] [-p 口令] [数据库名]”。MariaDB 的默认管理员账号名是 root（这里的 root 和 Linux 系统的管理员账号 root 不是同一个），刚安装好的 MariaDB 服务器中用户数据表 user 中的 root 账号密码为空（即没有设置密码），因此第一次进入 MariaDB 数据库时只需输入 mysql。

客户端程序与服务器程序成功连接后，将出现命令提示符“mysql>”。在该命令提示符后输入“?”并回车会显示 MariaDB 数据库系统可以使用的内置命令及说明。

```
[root@rhel7 ~]# mysql
Welcome to the MariaDB monitor.   Commands end with ; or \g.
Your MariaDB connection id is 6
Server version: 5.5.35-MariaDB
MariaDB Server Copyright (c) 2000, 2013, Oracle, Monty Program Ab and others.
Type 'help;' or '\h' for help. Type '\c' to clear the current input statement.

MariaDB [(none)]> ?
General information about MariaDB can be found at http://mariadb.org

List of all MySQL commands:
Note that all text commands must be first on line and end with ';'      //所有的命令必须以“;”结尾

?          (\?) Synonym for 'help'.
clear      (\c) Clear the current input statement.
…
quit       (\q) Quit mysql.                                   //退出 MySQL
…
MariaDB [(none)]>
```

出于安全考虑一定要为 root 用户设置密码，该账户是数据库管理员账户，具有全部操作权限。使用 mysqladmin 命令设置密码的格式为“mysqladmin [-uroot] [-h 主机] -p'旧密码' password '新密码'”。其中，-u 选项用于指定用户名，-h 选项用于指定 MariaDB 服务器所在的主机名或 IP 地址，若 root 用户已有密码，则必须选用-p 选项并输入旧密码。

在 user 用户数据表中，root 用户默认有两条记录，其主机名字段 host 的值分别为 localhost 和 rhel7。host 字段用于存储主机的名称或 IP 地址，代表该用户可以从哪台主机登录 MySQL 服务器。localhost 代表本地主机，rhel 7 是当前 MySQL 服务器的主机名，因此，默认情况下 root 账户只能在 MySQL 服务器的本地机上登录，对这两条记录均应设置密码。比如将密码设置为 654321。

```
[root@rhel7 ~]# mysqladmin  -uroot  -hlocalhost   password  '654321'
```

下面是设置密码后使用 root 账号登录的过程，选项-p 必须有，密码如在命令行中给出系统会提示输入密码。

```
[root@rhel7 ~]# mysql  -uroot  -hlocalhost  -p
Enter password:
```

4. MariaDB 的常用操作

（1）查询数据库。查询当前服务器中有哪些数据库，使用命令：show databases;，如图 7-1 所示。MySQL 首次启动后会自动生成 mysql 和 test 两个数据库，其中 mysql 库非常重要，它里面有 MySQL 的系统信息，修改密码和新增用户等实际上就是对这个库中的相关表进行操作。

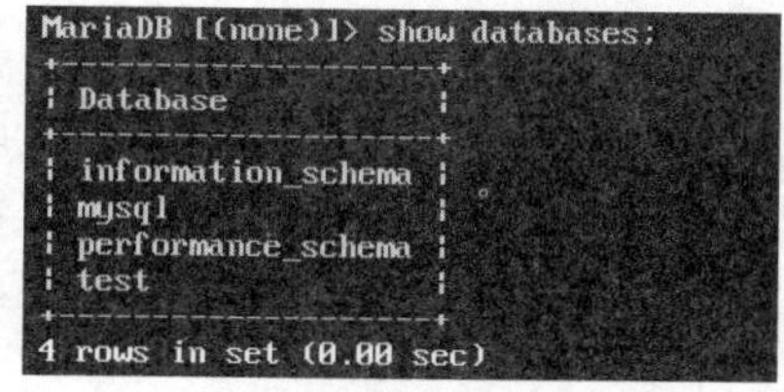

图 7-1　查询数据库

MySQL 的命令和函数不区分大小写，在 Linux 平台下数据库、数据表、用户名和密码要区分大小写。MySQL 命令以分号（;）或\g 作为结束符，一条 MySQL 命令可写在多行上。若忘了在命令末尾加分号，按回车键后操作提示符将变为->形式，表示系统正等待接收命令的剩余部分，此时输入分号并回车，系统就可以执行所键入的命令了。

（2）查询数据库中的表。查询当前指定数据库中的表，首先需要使用命令“use 数据库名;”打开指定数据库，然后执行命令 show tables;，如图 7-2 所示。

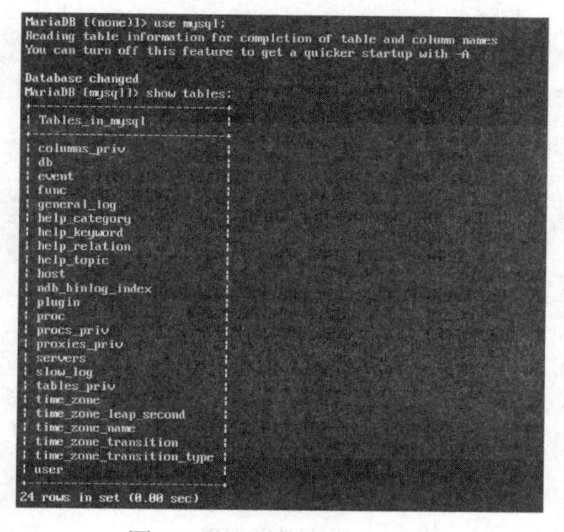

图 7-2　显示数据库中的表

（3）显示数据表的结构。显示数据表的结构使用命令“describe 表名;”，如图 7-3 所示显示的是 mysql 数据库中 host 表的结构。

```
MariaDB [mysql]> describe host;
+-----------------------+---------------+------+-----+---------+-------+
| Field                 | Type          | Null | Key | Default | Extra |
+-----------------------+---------------+------+-----+---------+-------+
| Host                  | char(60)      | NO   | PRI |         |       |
| Db                    | char(64)      | NO   | PRI |         |       |
| Select_priv           | enum('N','Y') | NO   |     | N       |       |
| Insert_priv           | enum('N','Y') | NO   |     | N       |       |
| Update_priv           | enum('N','Y') | NO   |     | N       |       |
| Delete_priv           | enum('N','Y') | NO   |     | N       |       |
| Create_priv           | enum('N','Y') | NO   |     | N       |       |
| Drop_priv             | enum('N','Y') | NO   |     | N       |       |
| Grant_priv            | enum('N','Y') | NO   |     | N       |       |
| References_priv       | enum('N','Y') | NO   |     | N       |       |
| Index_priv            | enum('N','Y') | NO   |     | N       |       |
| Alter_priv            | enum('N','Y') | NO   |     | N       |       |
| Create_tmp_table_priv | enum('N','Y') | NO   |     | N       |       |
| Lock_tables_priv      | enum('N','Y') | NO   |     | N       |       |
| Create_view_priv      | enum('N','Y') | NO   |     | N       |       |
| Show_view_priv        | enum('N','Y') | NO   |     | N       |       |
| Create_routine_priv   | enum('N','Y') | NO   |     | N       |       |
| Alter_routine_priv    | enum('N','Y') | NO   |     | N       |       |
| Execute_priv          | enum('N','Y') | NO   |     | N       |       |
| Trigger_priv          | enum('N','Y') | NO   |     | N       |       |
+-----------------------+---------------+------+-----+---------+-------+
20 rows in set (0.01 sec)
```

图 7-3　显示表结构

（4）显示表中的记录。使用 select 命令，命令格式为“select 字段列表 from 表名 [where 条件表达式] [order by 排序关键字段] [group by 分类关键字段];”。字段列表中的多个字段用“,”分开，使用“*”代表所有字段。如图 7-4 所示显示的是 user 表中的 user 和 password 字段。

```
MariaDB [mysql]> select Host,User,Password from user;
+-----------+------+-------------------------------------------+
| Host      | User | Password                                  |
+-----------+------+-------------------------------------------+
| localhost | root | *2A032F7C5BA932872F0F045E0CF6B53CF702F2C5 |
| rhel7     | root |                                           |
| 127.0.0.1 | root |                                           |
| ::1       | root |                                           |
+-----------+------+-------------------------------------------+
4 rows in set (0.00 sec)
```

图 7-4　显示表中的记录

（5）创建/删除数据库。创建新的数据库，使用命令“create database 数据库名;”，如图 7-5 所示创建了一个名为 students 的数据库。删除数据库使用命令“drop database 数据库名;”。

```
MariaDB [mysql]> create database students;
Query OK, 1 row affected (0.00 sec)

MariaDB [mysql]> drop database students;
Query OK, 0 rows affected (0.00 sec)
```

图 7-5　创建数据库

（6）创建/删除数据表。在数据库中创建表，使用命令“create table 表名(字段 1 字段类型[(.宽度[.小数位数])] [,字段 2 字段类型[(.宽度[.小数位数])]...]) ;”。[ ]所括的部分为可选项。删除表使用命令“drop table 数据表”。

图 7-6 表示在 students 数据库中创建一个 customer 表，该表包括 4 个字段：name、sex、

company 和 mony，可用于记录学生就业后的工作单位和工资情况。

```
MariaDB [mysql]> use students;
Database changed
MariaDB [students]> create table customer(name varchar(9),sex char(2),
    -> company varchar(30),mony double(9,2));
Query OK, 0 rows affected (0.06 sec)
```

图 7-6　创建数据表

（7）向表中添加/删除记录。如果想成批添加记录，可以把要添加的数据保存在一个文本文件中，一行为一条记录的数据，各数据项之间用 Tab 定位符分隔，空值项用\N 表示。然后使用“load data local infile '文本文件名' into table 数据表名;”命令将文本文件中的数据自动添加到指定的数据表中。

如果想一次向数据表中添加一条记录，使用 insert into 命令，命令格式为“insert into 表名[(字段名 1,字段名 2,…,字段名 n)] values(值 l,值 2,…,值 n) ;”。如图 7-7 所示是向表 customer 中添加两条记录。

```
MariaDB [students]> insert into customer values('zhangsan','na','yidong',5000);
Query OK, 1 row affected (0.01 sec)

MariaDB [students]> select  * from  customer where name='zhangsan';
+----------+------+---------+---------+
| name     | sex  | company | mony    |
+----------+------+---------+---------+
| zhangsan | na   | yidong  | 5000.00 |
+----------+------+---------+---------+
1 row in set (0.01 sec)
```

图 7-7　添加记录

从表中删除记录使用命令“delete from 表名 where 条件表达式;”，如图 7-8 所示。如果要将表中的记录全部清空，则使用命令“delete from 表名;”。

```
MariaDB [students]> delete  from  customer  where  name='zhangsan'
    -> ;
Query OK, 1 row affected (0.16 sec)
```

图 7-8　删除记录

（8）修改记录。修改数据表中的记录，使用 update 命令，命令格式为“update 表名 set 字段名 1=新值 1 [,字段名 2=新值 2…] [where 条件表达式];”，如图 7-9 所示。

```
MariaDB [students]> update  customer  set name='lixiaosi' where name='lisi';
Query OK, 1 row affected (0.02 sec)
Rows matched: 1  Changed: 1  Warnings: 0
```

图 7-9　修改记录

5. MariaDB 的备份与恢复

（1）数据库的备份。系统管理员可以使用 mysqldump 命令备份数据库，命令格式为“mysqldump [-h 主机] [-u 用户名] [-p 口令] 数据库名 > 备份文件名”。如图 7-10 所示的例子是将数据库 mysql 保存到/root/目录下的 mysql.bk 文件中。

（2）数据库的恢复。系统管理员也可以使用 mysqldump 命令进行数据库的恢复，命令格式为“mysqldump [-h 主机] [-u 用户名] [-p 口令] 数据库名 < 备份文件名”。

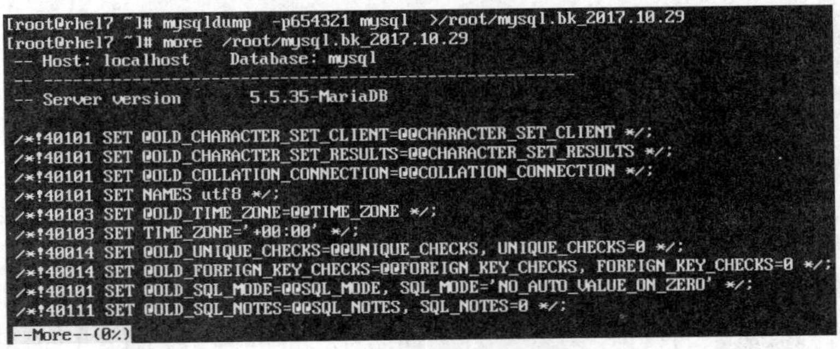

```
[root@rhel7 ~]# mysqldump  -p654321 mysql  >/root/mysql.bk_2017.10.29
[root@rhel7 ~]# more  /root/mysql.bk_2017.10.29
-- Host: localhost    Database: mysql
-- ------------------------------------------------------
-- Server version       5.5.35-MariaDB

/*!40101 SET @OLD_CHARACTER_SET_CLIENT=@@CHARACTER_SET_CLIENT */;
/*!40101 SET @OLD_CHARACTER_SET_RESULTS=@@CHARACTER_SET_RESULTS */;
/*!40101 SET @OLD_COLLATION_CONNECTION=@@COLLATION_CONNECTION */;
/*!40101 SET NAMES utf8 */;
/*!40103 SET @OLD_TIME_ZONE=@@TIME_ZONE */;
/*!40103 SET TIME_ZONE='+00:00' */;
/*!40014 SET @OLD_UNIQUE_CHECKS=@@UNIQUE_CHECKS, UNIQUE_CHECKS=0 */;
/*!40014 SET @OLD_FOREIGN_KEY_CHECKS=@@FOREIGN_KEY_CHECKS, FOREIGN_KEY_CHECKS=0 */;
/*!40101 SET @OLD_SQL_MODE=@@SQL_MODE, SQL_MODE='NO_AUTO_VALUE_ON_ZERO' */;
/*!40111 SET @OLD_SQL_NOTES=@@SQL_NOTES, SQL_NOTES=0 */;
--More--(0%)
```

图 7-10　数据库备份

子任务 2　管理 MariaDB 的用户

1. 创建新用户

（1）GRANT 命令的功能和语法。

GRANT 命令用来建立新用户，指定用户口令并增加用户权限，格式为“GRANT <privileges> ON <what> TO <user> [IDENTIFIED BY "<password>"] [WITH GRANT OPTION];”。在这个命令中有许多待填写的内容。下面对它们逐一进行介绍，最后给出一些例子以让读者对它们的协同工作有一个了解。

<privileges>是一个用逗号分隔的用户想要赋予权限的列表。用户可以指定的权限分为以下 3 种类型：

- 数据库/数据表/数据列权限。
  - Alter：修改已存在的数据表（例如增加/删除列）和索引。
  - Create：建立新的数据库或数据表。
  - Delete：删除表的记录。
  - Drop：删除数据表或数据库。
  - INDEX：建立或删除索引。
  - Insert：增加表的记录。
  - Select：显示/搜索表的记录。
  - Update：修改表中已存在的记录。
- 全局管理权限。
  - file：在 MySQL 服务器上读写文件。
  - PROCESS：显示或杀死属于其他用户的服务线程。
  - RELOAD：重载访问控制表、刷新日志等。
  - SHUTDOWN：关闭 MySQL 服务。
- 特别的权限。
  - ALL：允许做任何事（和 root 一样）。
  - USAGE：只允许登录，其他什么也不允许做。

<what>定义了这些权限所作用的区域。*.*意味着权限对所有数据库和数据表有效。dbName.*意味着对名为 dbName 的数据库中的所有数据表有效。dbName.tblName 意味着仅对名为 dbName 的数据库中的名为 tblName 的数据表有效。甚至还可以通过在赋予的权限后面使

用圆括号中的数据列的列表以指定权限仅对这些列有效。

<user>指定可以应用这些权限的用户。在 MySQL 中，一个用户通过它登录的用户名和用户使用的计算机的主机名/IP 地址来指定。这两个值都可以使用%通配符（例如 kevin@%将允许使用用户名 kevin 从任何机器上登录以享有指定的权限）。

<password>指定了用户连接 MySQL 服务所用的口令。它被用方括号括起，说明 IDENTIFIED BY "<password>"在 GRANT 命令中是可选项。这里指定的口令会取代用户原来的密码。如果没有为一个新用户指定口令，当他进行连接时就不需要口令。

[WITH GRANT OPTION]指定了用户可以使用 GRANT/REVOKE 命令将他拥有的权限赋予其他用户，是可选的部分。请小心使用这项功能，虽然这个问题可能不是那么明显。例如，两个都拥有这个功能的用户可能会相互共享他们的权限，这也许不是管理员当初想看到的。

（2）GRANT 命令应用举例。

1）一个名为 dbmanager 的用户，他可以使用口令 managedb 从 server.host.net 连接 MySQL，仅可以访问名为 db 的数据库的全部内容，并可以将此权限赋予其他用户，则可以使用下面的 GRANT 命令：

```
mysql> GRANT ALL ON db.* TO dbmanager@server.host.net IDENTIFIED BY "managedb" WITH GRANT OPTION;
```

现在改变这个用户的口令为 funkychicken，则命令格式如下：

```
mysql> GRANT USAGE ON *.* TO dbmanager@server.host.net IDENTIFIED BY "funkychicken";
```

请注意我们没有赋予任何另外的权限，USAGE 权限只能允许用户登录，但是用户已经存在的权限不会被改变。

2）建立一个新的名为 jessica 的用户，他可以从 host.net 域的任意机器连接到 MySQL。他可以更新数据库中用户的姓名和 E-mail 地址，但是不需要查阅其他数据库的信息。也就是说他对 db 数据库具有只读的权限，例如执行 Select，但是他可以对 Users 表的 name 列和 email 列执行 Update 操作。命令如下：

```
mysql> GRANT Select ON db.* TO jessica@%.host.net IDENTIFIED BY "jessrules";
mysql> GRANT Update (name,email) ON db.Users TO jessica@%.host.net;
```

请注意在第一个命令中我们在指定 Jessica 可以用来连接的主机名时使用了%（通配符）符号。此外，我们也没有给他向其他用户传递他的权限的能力，因为我们在命令的最后没有带上 WITH GRANT OPTION。第二个命令示范了如何通过在赋予的权限后面的圆括号中用逗号分隔的列表对特定的数据列赋予权限。

3）安全起见，可以设置用户只能在本地主机上对数据库进行相关操作。例如，可以为数据库系统增加一个用户 lihua，密码是 654321，只允许在安装 MySQL 数据库系统的主机上登录，可以对所有数据库中的所有数据进行查询、插入、修改、删除的操作，如图 7-11 所示。这样即使该用户的密码泄露，非法用户也不能通过网络上的其他主机远程访问数据库。

```
MariaDB [mysql]> grant select,insert,update,delete on *.* to lihua@localhost
    -> identified by '654321';
Query OK, 0 rows affected (0.29 sec)
```

图 7-11　新增用户 lihua

2. 查看用户权限

查看当前用户（自己）权限：show grants;，查看其他用户权限：show grants for dba@localhost;，如图 7-12 所示。

```
MariaDB [mysql]> show grants;
+-----------------------------------------------------------------------------------------------------------------------------------+
| Grants for root@localhost                                                                                                         |
+-----------------------------------------------------------------------------------------------------------------------------------+
| GRANT ALL PRIVILEGES ON *.* TO 'root'@'localhost' IDENTIFIED BY PASSWORD '*2A032F7C5BA932872F0F045E0CF6B53CF702F2C5' WITH GRANT OPTION |
| GRANT PROXY ON ''@'' TO 'root'@'localhost' WITH GRANT OPTION                                                                      |
+-----------------------------------------------------------------------------------------------------------------------------------+
2 rows in set (0.26 sec)

MariaDB [mysql]> show grants for lihua@localhost;
+---------------------------------------------------------------------------------------------------------------------------------+
| Grants for lihua@localhost                                                                                                      |
+---------------------------------------------------------------------------------------------------------------------------------+
| GRANT SELECT, INSERT, UPDATE, DELETE ON *.* TO 'lihua'@'localhost' IDENTIFIED BY PASSWORD '*2A032F7C5BA932872F0F045E0CF6B53CF702F2C5' |
+---------------------------------------------------------------------------------------------------------------------------------+
1 row in set (5.45 sec)
```

图 7-12　查看用户权限

3．撤销用户权限

REVOKE 跟 GRANT 的语法差不多，只需把关键字 to 换成 from，如图 7-13 所示。

```
MariaDB [(none)]> revoke update,delete on *.* from lihua@localhost;
Query OK, 0 rows affected (2.85 sec)
```

图 7-13　撤销用户权限

4．删除用户

（1）语法：drop user 用户名;。例如要删除 yan 这个用户：drop user yan;默认删除的是 yan@"%"这个用户，如果还有其他用户，例如 yan@"localhost"、yan@"ip"，则不会被一起删除。如果只存在一个用户 yan@"localhost"，使用语句 drop user yan;会报错，应该用 drop user yan@"localhost";。如果不能确定“用户名@机器名”中的机器名，可以在 mysql 中的 user 表中进行查找，user 列对应的是用户名，host 列对应的是机器名。删除用户如图 7-14 所示。

```
MariaDB [mysql]> select User,Host,Password from  user;
+-------+-----------+-------------------------------------------+
| User  | Host      | Password                                  |
+-------+-----------+-------------------------------------------+
| root  | localhost | *2A032F7C5BA932872F0F045E0CF6B53CF702F2C5 |
| root  | rhel7     |                                           |
| root  | 127.0.0.1 |                                           |
| root  | ::1       |                                           |
| lihua | localhost | *2A032F7C5BA932872F0F045E0CF6B53CF702F2C5 |
+-------+-----------+-------------------------------------------+
5 rows in set (0.51 sec)

MariaDB [mysql]> drop user  lihua;
ERROR 1396 (HY000): Operation DROP USER failed for 'lihua'@'%'
MariaDB [mysql]> drop user  lihua@localhost;
Query OK, 0 rows affected (0.54 sec)
```

图 7-14　使用 drop 删除用户

（2）语法：delete from user where user="用户名" and host="localhost";。delete 也是删除用户的命令，例如要删除 yan@"localhost"用户，则可以用 delete from user where user="yan" and host="localhost";。

注意：drop 删除掉的用户，不仅将 user 表中的数据删除，还会删除诸如 db 和其他权限表的内容。而 delete 只是删除了 user 表的内容，其他表不会被删除，后期如果命名一个和已删除用户相同的名字，权限就会被继承。

5．权限管理注意事项

GRANT 和 REVOKE 用户权限后，该用户只有重新连接 MySQL 数据库，权限才能生效。如果想让授权的用户也可以将这些权限 grant 给其他用户，则需要选项 grant option，命令代码如下：grant select on testdb.* to dba@localhost with grant option;。

这个特性一般用不到。实际中，数据库权限最好由 DBA 来统一管理。遇到“SELECT

command denied to user '用户名'@'主机名' for table '表名'”这种错误，解决方法是需要把后面的表名授权。笔者遇到的是“SELECT command denied to user 'my'@'%' for table 'proc'”，在调用存储过程的时候出现，原以为只要把指定的数据库授权即可，存储过程、函数等都不用再管了，但事实上是也要把数据库 mysql 的 proc 表授权。

mysql 授权表共有 5 个表：user、db、host、tables_priv 和 columns_priv。授权表的内容及其用途如下所述：

- user 表：列出可以连接服务器的用户及其口令，并且指定他们有哪种全局（超级用户）权限。在 user 表启用的任何权限均是全局权限，并适用于所有数据库。例如，如果启用了 DELETE 权限，在这里列出的用户可以从任何表中删除记录，所以这样做之前要认真考虑。
- db 表：列出数据库，而用户有权限访问它们。在这里指定的权限适用于一个数据库中的所有表。
- host 表：与 db 表结合使用在一个较好层次上控制特定主机对数据库的访问权限，这可能比单独使用 db 好些。这个表不受 GRANT 和 REVOKE 语句的影响，所以用户可能发觉根本不是在用它。
- tables_priv 表：指定表级权限，这里指定的权限适用于一个表的所有列。
- columns_priv 表：指定列级权限，这里指定的权限适用于一个表的特定列。

任务 3　使用 phpMyAdmin 管理 MariaDB

子任务 1　了解 phpMyAdmin 的功能

应用 MySQL 命令行方式需要对 MySQL 知识非常熟悉，对SQL 语言也是同样的道理。不仅如此，如果数据库的访问量很大，表中数据的读取就会相当困难。如果使用合适的工具，MySQL/MariaDB 数据库的管理就会变得相当简单。

当前出现很多 GUI MySQL 客户程序，其中最为出色的是基于 Web 的 phpMyAdmin 工具。phpMyAdmin 是一个以PHP为基础，让管理者可以用 Web 接口管理 MySQL 数据库的工具。通过phpMyAdmin 可以完成对数据库的各种操作，其主要功能如下：

- 创建和删除数据库。
- 创建、复制、删除、修改表。
- 删除、编辑、添加字段。
- 执行任何 SQL 语句，包括批查询。
- 管理字段中的键值。
- 将文本文件输入到表。
- 备份和恢复表。
- 导入和导出逗号分隔方式的数据。

phpMyAdmin 是基于 Web 的，所以在安装它之前，先要保证 Apache 是正常运行的，并且要安装 MySQL 和 PHP 扩展插件。如果使用 PHP 和 MySQL 开发网站，那么 phpMyAdmin 是一个非常友好的 MySQL 管理工具，并且免费开源，国内很多虚拟主机都自带这样的管理工具，配置很简单。接下来在完成“安装并配置 LNMP 软件”实验的基础上，配置 phpMyAdmin 来管理 Linux 服务器上的 MariaDB 数据库。

子任务 2　安装与配置 phpMyAdmin

1. 下载并安装 phpMyAdmin

访问 phpMyAdmin 官网 https://www.phpmyadmin.net/downloads/进入下载界面，下载与本机已经安装的 PHP、Apache 和 Mariadb 匹配的版本 phpMyAdmin-4.4.15.10-all-languages.zip，如图 7-15 所示。

```
[root@rhel7-1 ~]# wget https://files.phpmyadmin.net/phpMyAdmin/4.4.15.10/phpMyAdmin-4.4.15.10-all-languages.zip
--2018-09-14 21:54:38--  https://files.phpmyadmin.net/phpMyAdmin/4.4.15.10/phpMyAdmin-4.4.15.10-all-languages.zip
正在解析主机 files.phpmyadmin.net (files.phpmyadmin.net)... 185.152.66.6
正在连接 files.phpmyadmin.net (files.phpmyadmin.net)|185.152.66.6|:443... 已连接。
已发出 HTTP 请求，正在等待回应... 200 OK
长度：10580812 (10M) [application/zip]
正在保存至: “phpMyAdmin-4.4.15.10-all-languages.zip”

 5% [===>                                          ] 614,033     54.3KB/s 剩余 3
66% [=============================>                ] 7,085,713   65.2KB/s 剩余 34s
```

图 7-15　下载 phpMyAdmin

```
[root@rhel7 ~]# unzip    phpMyAdmin-4.4.15.10-all-languages.zip
[root@rhel7 ~]# grep    ^DocumentRoot    /etc/httpd/conf/httpd.conf
DocumentRoot    "/var/www/html"
[root@rhel7 ~]# mv    phpMyAdmin-4.4.15.10-all-languages    /var/www/html/phpmyadmin -v
"phpMyAdmin-4.4.15.10-all-languages" -> "/var/www/html/phpmyadmin"
```

2. 处理错误：The mbstring extension is missing

安装完 phpMyAdmin 后，在使用地址 http://192.168.11.254/phpmyadmin/index.php 访问数据库时，出现“phpMyAdmin - Error. The mbstring extension is missing. Please check your PHP configuration.”错误提示。需要安装 php-common 和 php-mbstring。

```
[root@rhel7 ~]# rpm    -ivh    php-mbstring-5.4.16-21.el7.x86_64.rpm
…
    1:php-mbstring-5.4.16-21.el7                    ################################# [100%]
[root@rhel7 ~]# rpm    -qf    /etc/php.ini
php-common-5.4.16-21.el7.x86_64
[root@rhel7 ~]# vim    /etc/php.ini
…
[mbstring]                          //开启 mbstring 扩展并配置支持 utf-8 编码的方法
mbstring.language = Chinese
mbstring.internal_encoding = UTF-8
mbstring.http_input = auto
mbstring.http_output = UTF-8
mbstring.encoding_translation = On
;mbstring.detect_order = auto
;mbstring.substitute_character = none;
;mbstring.func_overload = 0
;mbstring.strict_detection = Off
; Default: mbstring.http_output_conv_mimetype=^(text/|application/xhtml\+xml)
;mbstring.http_output_conv_mimetype=
~
: wq
[root@rhel7 ~]# systemctl    restart    httpd
```

重新启动 httpd 后，再次使用地址 http://192.168.11.254/phpmyadmin/index.php 访问，即可出现 phpMyAdmin 的登录界面，如图 7-16 所示。

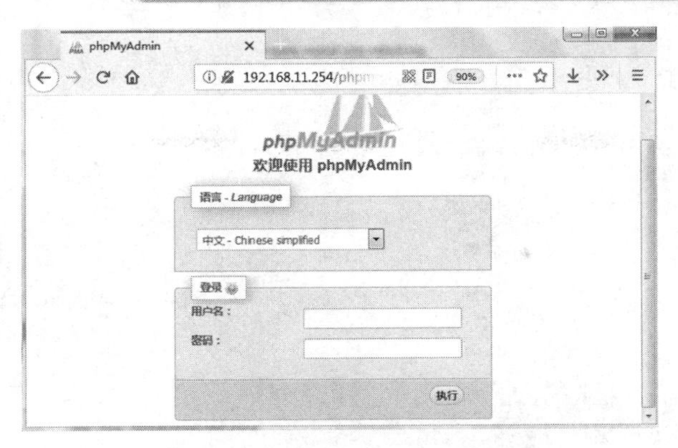

图 7-16　phpMyAdmin 的登录界面

3. 生成并修改 phpMyAdmin 的配置文件

输入 MySQL/MariaDB 数据库的用户名和密码。登录以后，可能会看到“配置文件现在需要一个短语密码。”和“phpMyAdmin 高级功能尚未完全设置，部分功能未激活。查找原因。”两个错误提示。一旦出现这两条信息，就意味着 phpMyAdmin 中的部分功能不能使用。需要修改 phpMyAdmin 的配置文件并重启 httpd 服务。

```
[root@rhel7 ~]# cd    /var/www/html/phpmyadmin/
[root@rhel7 phpmyadmin]# ls
browse_foreigners.php    error_report.php    server_collations.php    tbl_gis_visualization.php    build.xm
examples    server_databases.php    tbl_import.php    ChangeLog    export.php
…
Doc    server_binlog.php    tbl_get_field.php
[root@rhel7 phpmyadmin]# cp    config.sample.inc.php    config.inc.php    -v        //生成配置文件
"config.sample.inc.php" -> "config.inc.php"
[root@rhel7 phpmyadmin]# more      config.inc.php
/*
 * This is needed for cookie based authentication to encrypt password in
 * cookie. Needs to be 32 chars long.
 */
$cfg['blowfish_secret'] = ''; /* YOU MUST FILL IN THIS FOR COOKIE AUTH! */
//如果认证方法设置为 cookie，就需要设置短语密码，至于设置什么密码，由您自己决定，但是不能留空，也不能
//太短，否则会在登录 phpmyadmin 时提示错误

/*
 * Servers configuration
 */
$i = 0;

/*
 * First server
 */
$i++;
/* Authentication type */
$cfg['Servers'][$i]['auth_type'] = 'cookie';
//认证类型。有 4 种模式可供选择：cookie、http、HTTP、config。config 方式即输入 phpMyAdmin 的访问网址，无
//需输入用户名和密码即可直接进入，不推荐使用。当设置为 cookie、http 或 HTTP 时，登录 phpmyadmin 需要输入
//用户名和密码进行验证，具体如下：php 安装模式为 apache，可以使用 http 和 cookie；php 安装模式为 cgi，可以
//使用 cookie
```

```
/* Server parameters */
$cfg['Servers'][$i]['host'] = 'localhost';  //填写 localhost 或 mysql 所在服务器的 IP 地址，如果 mysql 和该 phpMyAdmin
                                            //在同一服务器，则按默认 localhost
$cfg['Servers'][$i]['connect_type'] = 'tcp';
$cfg['Servers'][$i]['compress'] = false;
$cfg['Servers'][$i]['AllowNoPassword'] = false;

/*
 * phpMyAdmin configuration storage settings.
 */

/* User used to manipulate with storage */
// $cfg['Servers'][$i]['controlhost'] = '';
// $cfg['Servers'][$i]['controlport'] = '';
// $cfg['Servers'][$i]['controluser'] = 'pma';
// $cfg['Servers'][$i]['controlpass'] = 'pmapass';

/* Storage database and tables */
// $cfg['Servers'][$i]['pmadb'] = 'phpmyadmin';
// $cfg['Servers'][$i]['bookmarktable'] = 'pma__bookmark';
// $cfg['Servers'][$i]['relation'] = 'pma__relation';
// $cfg['Servers'][$i]['table_info'] = 'pma__table_info';
// $cfg['Servers'][$i]['table_coords'] = 'pma__table_coords';
// $cfg['Servers'][$i]['pdf_pages'] = 'pma__pdf_pages';
// $cfg['Servers'][$i]['column_info'] = 'pma__column_info';
// $cfg['Servers'][$i]['history'] = 'pma__history';
// $cfg['Servers'][$i]['table_uiprefs'] = 'pma__table_uiprefs';
// $cfg['Servers'][$i]['tracking'] = 'pma__tracking';
// $cfg['Servers'][$i]['userconfig'] = 'pma__userconfig';
// $cfg['Servers'][$i]['recent'] = 'pma__recent';
// $cfg['Servers'][$i]['favorite'] = 'pma__favorite';
// $cfg['Servers'][$i]['users'] = 'pma__users';
// $cfg['Servers'][$i]['usergroups'] = 'pma__usergroups';
// $cfg['Servers'][$i]['navigationhiding'] = 'pma__navigationhiding';
// $cfg['Servers'][$i]['savedsearches'] = 'pma__savedsearches';
// $cfg['Servers'][$i]['central_columns'] = 'pma__central_columns';

/*
 * End of servers configuration
 */

/*
 * Directories for saving/loading files from server
 */
$cfg['UploadDir'] = '';
$cfg['SaveDir'] = '';

/**
 * Whether to display icons or text or both icons and text in table row
 * action segment. Value can be either of 'icons', 'text' or 'both'.
 */
//$cfg['RowActionType'] = 'both';


/**
```

```
 * Defines whether a user should be displayed a "show all (records)"
 * button in browse mode or not.
 * default = false
 */
//$cfg['ShowAll'] = true;

/**
 * Number of rows displayed when browsing a result set. If the result
 * set contains more rows, "Previous" and "Next".
 * default = 30
 */
//$cfg['MaxRows'] = 50;

/**
 * disallow editing of binary fields
 * valid values are:
 *    false     allow editing
 *    'blob'    allow editing except for BLOB fields
 *    'noblob' disallow editing except for BLOB fields
 *    'all'     disallow editing
 * default = blob
 */
//$cfg['ProtectBinary'] = 'false';

/**
 * Default language to use, if not browser-defined or user-defined
 * (you find all languages in the locale folder)
 * uncomment the desired line:
 * default = 'en'
 */

//$cfg['DefaultLang'] = 'en';
//$cfg['DefaultLang'] = 'de';

/**
 * How many columns should be used for table display of a database?
 * (a value larger than 1 results in some information being hidden)
 * default = 1
 */
//$cfg['PropertiesNumColumns'] = 2;

/**
 * Set to true if you want DB-based query history.If false, this utilizes
 * JS-routines to display query history (lost by window close)
 *
 * This requires configuration storage enabled, see above.
 * default = false
 */
//$cfg['QueryHistoryDB'] = true;

/**
 * When using DB-based query history, how many entries should be kept?
 *
 * default = 25
 */
```

```
//$cfg['QueryHistoryMax'] = 100;

/**
 * Should error reporting be enabled for JavaScript errors
 *
 * default = 'ask'
 */
//$cfg['SendErrorReports'] = 'ask';

/*
 * You can find more configuration options in the documentation
 * in the doc/ folder or at <https://docs.phpmyadmin.net/>.
 */
?>
```

（1）设置加密密码字符串。打开 phpMyAdmin 文件夹，找到 config.sample.inc.php 文件，将它重命名为 config.inc.php。找到$cfg['blowfish_secret']配置项，后面默认为空，这里我们可以随便设置一个复杂的字符串用来进行加密，如图 7-17 所示。

```
$cfg['blowfish_secret'] = 'lidakalafdddddddwwww44444ddddddaldfaflalan8q9an0il'; /* YOU MUST FILL IN THIS FOR COOKIE AUTH! */
```

图 7-17　设置加密密码

（2）开启 phpMyAdmin 高级功能。

1）登录 phpMyAdmin，打开“导入”对话框，导入 phpMyAdmin 安装目录下的 create_tables.sql 文件。导入成功后，会自动创建名为 phpmyadmin 的数据库，如图 7-18 所示。

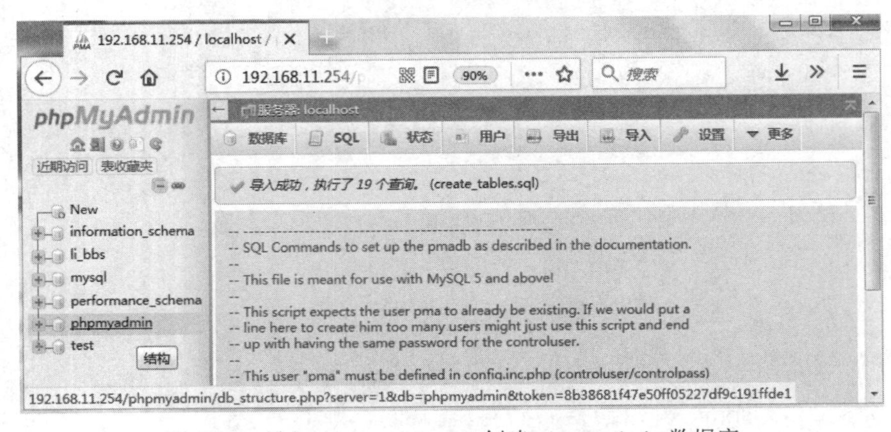

图 7-18　导入 create_tables.sql 创建 phpmyadmin 数据库

2）修改配置文件 config.inc.php。打开 config.inc.php 文件，找到下面的语句，将/* Storage database and tables */语句下面的每一条语句前面的//（双斜杠）和空格全部去掉，如图 7-19 所示。

注意：*在/* Storage database and tables */句子上面有两行语句：//$cfg['Servers'][$i]['controluser'] = 'pma';和// $cfg['Servers'][$i]['controlpass'] = 'pmapass';，如果需要可以修改为：$cfg['Servers'][$i]['controluser'] = '用户名';和$cfg['Servers'][$i]['controlpass'] = '密码';。*

3）执行命令 systemctl　restart　httpd 重新启动 httpd 服务，然后打开 phpMyAdmin 重新登录数据库系统，进行验证，看问题是否已经解决。

```
/* User used to manipulate with storage */
// $cfg['Servers'][$i]['controlhost'] = '';
// $cfg['Servers'][$i]['controlport'] = '';
// $cfg['Servers'][$i]['controluser'] = 'pma';
// $cfg['Servers'][$i]['controlpass'] = 'pmapass';

/* Storage database and tables */
 $cfg['Servers'][$i]['pmadb'] = 'phpmyadmin';
 $cfg['Servers'][$i]['bookmarktable'] = 'pma__bookmark';
 $cfg['Servers'][$i]['relation'] = 'pma__relation';
 $cfg['Servers'][$i]['table_info'] = 'pma__table_info';
 $cfg['Servers'][$i]['table_coords'] = 'pma__table_coords';
 $cfg['Servers'][$i]['pdf_pages'] = 'pma__pdf_pages';
 $cfg['Servers'][$i]['column_info'] = 'pma__column_info';
 $cfg['Servers'][$i]['history'] = 'pma__history';
 $cfg['Servers'][$i]['table_uiprefs'] = 'pma__table_uiprefs';
 $cfg['Servers'][$i]['tracking'] = 'pma__tracking';
```

图 7-19　开启 Storage database and tables 的功能

思考与练习

一、填空题

1．默认情况下，MariaDB/MySQL 使用________端口提供服务。测试 MariaDB/MySQL 是否成功，也可以查看该端口是否打开，如打开表示服务已经启动。

2．MariaDB/MySQL 服务器首次启动时，系统将自动创建________数据库和________数据库完成初始化工作，前者是 MariaDB/MySQL 数据库服务器的系统数据库，包含名为 Columns_priv、tables_priv、db、func、host 和 user 的数据表，其中________数据表用于存放用户的账户和密码信息；后者是一个空的数据库，用于测试，不用时可将其删除。

二、判断题

1．MySQL 是 Linux 下常见的免费数据库系统。（　）

2．默认的 MySQL 数据库服务器管理员账号就是 Linux 系统管理员账号。（　）

3．首次登录 MySQL 数据库服务器不需要输入密码，为了安全可以使用 passwd 命令来设置密码。（　）

4．在命令提示符“mysql>”后用 mysqldump 命令可以实现数据库备份与还原。（　）

5．MySQL 的命令和函数不区分大小写，在 Linux/UNIX 平台下，数据库、数据表、用户名和密码也不区分大小写。（　）

6．MariaDB 的目的是完全兼容 MySQL，包括 API 和命令行，使之能轻松成为 MySQL 的替代品，对于开发者来说，几乎感觉不到任何不同。（　）

7．MariaDB 分支与最新的 MySQL 发布版本的分支保持一致，例如 MariaDB 5.1.47 对应 MySQL 5.1.47。（　）

三、选择题

1．下列（　）可用于列出当前用户可以访问的所有数据库。

A．LIST DATABASES　　B．SHOW DATABASES

C．DISPLAY DATABASES　　D．VIEW DATABASES

2．下列（　）可用来删除名为 world 的数据库。

A．DELETE DATABASE world　　B．DROP DATABASE world
C．REMOVE DATABASE world　　D．TRUNCATE DATABASE world

3．下列（　）可用来列出数据表 City 中所有 COLUMNS 字段的值。

A．DISPLAY COLUMNS FROM City　　B．SHOW COLUMNS FROM City
C．SHOW COLUMNS LIKE 'City'　　D．SHOW City COLUMNS

四、操作题

1．登录 MariaDB 数据库，然后在系统中创建数据库、创建表、在表中插入记录，并查询表的内容。将上述操作截屏并保存到 Word 文档中。

2．MariaDB 数据库的主机 IP 地址是 192.168.20.4，现在想新增加一个用户 jcak，使该用户可以在局域网中的任何主机上登录该数据库服务器，但只能对数据库 students 执行查询操作。请写出能实现该功能的命令。

3．请自行下载 Windows 版本的 phpMyAdmin 管理软件，安装并完成配置，使用其管理 Linux 服务器上的 MariaDB 数据库，将关键步骤截屏并保存到 Word 文档中。

8

Samba 文件共享服务器的应用与管理

学习目标

- 了解 Samba 服务程序的开发背景和功能
- 掌握 Samba 服务器的安装和启停控制
- 熟悉 Samba 服务器的配置文件与安全等级
- 熟悉 SELinux 对 Samba 服务的影响
- 掌握匿名和非匿名 Samba 服务器的配置方法

任务导引

早期网络想要在不同主机之间共享文件大多要用 FTP 协议来传输，但 FTP 协议仅能做到传输文件却不能直接修改对方主机的资料数据，这样确实不太方便，于是便出现了 NFS（Network File System）文件共享程序。NFS 是一个能够将多台 Linux 的远程主机数据挂载到本地目录的服务，属于轻量级的文件共享服务，不支持 Linux 与 Windows 系统间的文件共享。大学生 Tridgwell 为了解决 Linux 与 Windows 系统之间的文件共享问题，在 1991 年开发出了 SMB（Server Messages Block）协议与 Samba 服务程序。当时 Tridgwell 想要注册 SMBServer 这个商标，但却被因为 SMB 是没有意义的字符被拒绝了。经过 Tridgwell 不断翻看词典，终于找到了一个拉丁舞的名字——SAMBA，而这个热情舞蹈的名字中又恰好包含了 SMB，这便是 Samba 程序名字的由来。Samba 最大的功能就是可以用于 Linux 与 Windows 系统之间的文件共享和打印共享。Samba 既可以用于 Windows 与 Linux 之间的文件共享，也可以用于 Linux 与 Linux 之间的资源共享。由于 NFS 可以很好地完成 Linux 与 Linux 之间的数据共享，因而 Samba 较多用在了 Linux 与 Windows 之间的数据共享上面。本项目为读者逐条讲解 Samba 服务配置参数，演示安全共享文件的配置方法，以及在共享文件时如何配置防火墙与 SELinux 策略规则。

任务 1 安装 Linux 下的 Samba 服务器

子任务 1 安装服务器程序

在 RHEL 7 的安装光盘/Packages 目录下面有 Samba 服务器的安装包文件：Samba-common、Samba-client、Samba 和 Samba-libs。其中，Samba 是服务器的主程序，Samba-libs 是 Samba 的库文件，Samba-client 是 Samba 的 Linux 客户端软件，Samba-common 是存放服务器和客户端通用的工具和宏文件的软件包，该安装包必须安装在服务器端和客户端。

SMB 是基于客户机/服务器模型的协议，因而一台 Samba 服务器既可以充当文件共享服务器，也可以充当一个 Samba 的客户端。可以使用 rpm 命令查询其是否已安装。如果没有安装，可以用 rpm 命令或 yum 命令进行安装。

```
[root@rhel7 ~]# rpm   -qa   |grep   samb
samba-4.1.1-31.el7.x86_64
samba-libs-4.1.1-31.el7.x86_64
samba-common-4.1.1-31.el7.x86_64
samba-client-4.1.1-31.el7.x86_64
[root@rhel7 ~]# yum   -y   install   samba      //如果没有安装，可以使用该命令安装
```

Samba 运行的有两个服务：nmbd 和 smbd。nmbd 主要利用 UDP 137（netbios-ns 服务）和 138（netbios-dgm 服务）端口负责名称解析的服务。类似于 DNS 实现的功能，nmbd 可以把 Linux 系统共享的工作组名称与其 IP 对应起来，如果 nmbd 服务没有启动，就只能通过 IP 来访问共享文件。smbd 是 Samba 的核心服务，负责验证用户身份，管理 SAMBA 主机分享的目录、文件和打印机等，利用 TCP 协议来传输数据，使用端口 445（microsoft-ds 服务）和 139（netbios-ssn 服务）。

139 端口是在 NBT（NetBIOS over TCP/IP）协议基础上的，不可关闭 NBT 协议。而 445 端口直接运行在 TCP/IP 协议上，没有额外的 NBT 层，使用 TCP 445 端口。如果两个端口同时启用，则优先使用 445 端口。

```
[root@rhel7 ~]# rpm   -ql   samba   |grep mbd
/usr/sbin/nmbd
/usr/sbin/smbd
/usr/share/man/man8/nmbd.8.gz
/usr/share/man/man8/smbd.8.gz
[root@rhel7 ~]# systemctl   start   smb.service
[root@rhel7 ~]# netstat   –tlnp   | grep smb
(Proto  Recv-Q  Send-Q  Local Address    Foreign Address    State     PID/Program name)
tcp       0       0     0.0.0.0:139      0.0.0.0:*          LISTEN    35775/smbd
tcp       0       0     0.0.0.0:445      0.0.0.0:*          LISTEN    35775/smbd
tcp6      0       0     :::139           :::*               LISTEN    35775/smbd
tcp6      0       0     :::445           :::*               LISTEN    35775/smbd
```

子任务 2　控制 smb 服务启停

1. 启动/停止 smb

```
[root@rhel7 ~]# systemctl    start    smb.service                //重启使用 restart，停止使用 stop
```

2. 查看 smb 的状态

```
[root@rhel7 ~]# systemctl    status    smb.service                //查看 smb 服务器的当前工作状态
```

3. 设置 smb 开机自动启动

```
[root@rhel7 ~]# systemctl    enable    smb.service                //设置 smb 为开机自动启动
[root@rhel7 ~]# systemctl    is-enabled    smb.service            //查看 smb 是否开机自动启动
```

4. 开启防火墙并允许访问

```
[root@rhel7 ~]# firewall-cmd    --add-service=samba    --permanent
success      //通过指定服务名开放服务，--permanent 选项表示永远生效，不需重载配置即可生效
```

任务 2　详解 Samba 服务器配置文件

子任务 1　详解 Samba 配置选项

Samba 服务器最主要的配置文件是/etc/smb/smb.conf，文件中以“#”开头的行是说明，而以“;”开头的行则是表示目前该项停用，但可以根据今后的需要去掉前面的“;”使之生效。配置文件中的每一行都是以“设置项目=设置值”的格式来表示。

配置文件 smb.conf 主要由两部分组成：Global settings 和 Share Definition。前者是与 Samba 整体环境有关的选项，这里的设置项目适用于每个共享的目录；后者是针对不同的共享目录的个别设置。在开始修改配置文件之前，必须先了解下述重点内容。

1. Global settings

本部分选项主要有网络设置选项、日志设置选项、打印机设置选项、共享级别设置选项、域成员和域控制器设置选项等。

（1）workgroup = MYGROUP。设定 Samba Server 所要加入的工作组或域，不区分大小写。

（2）server string = Samba Server Version %v。设定 Samba Server 的注释，可以是任何字符串，也可以不填。宏%v 表示显示 Samba 的版本号。

（3）netbios name = smbserver。设置 Samba Server 的 NetBIOS 名称，即定义在 Windows 中显示出来的计算机名称。如果不填，则默认会使用该服务器的 DNS 名称的第一部分。netbios name 和 workgroup 名字不要设置成一样的。

（4）interfaces = lo eth0 192.168.12.2/24 192.168.13.2/24。设置 Samba Server 监听哪些网卡，可以写网卡名，也可以写该网卡的 IP 地址。

（5）hosts allow = 127. 192.168.1. 192.168.10.1。表示允许连接到 Samba Server 的客户端，多个参数以空格隔开。可以用一个 IP 表示，也可以用一个网段表示。hosts deny 与 hosts allow 刚好相反。

例如 hosts allow=172.17.2.EXCEPT172.17.2.50，表示允许来自 172.17.2.*的主机连接，但排除 172.17.2.50；hosts allow=172.17.2.0/255.255.0.0，表示允许来自 172.17.2.0/255.255.0.0 子

网中的所有主机连接；hosts allow=M1,M2，表示允许来自 M1 和 M2 两台计算机连接；hosts allow=@pega，表示允许来自 pega 网域的所有计算机连接。

（6）max connections = 0。max connections 用来指定连接 Samba Server 的最大连接数目。如果超出连接数目，则新的连接请求将被拒绝。0 表示不限制。

（7）deadtime = 0。deadtime 用来设置断掉一个没有打开任何文件的连接的时间，单位为分钟，0 代表 Samba Server 不自动切断任何连接。

（8）time server = yes/no。time server 用来设置让 nmdb 成为 Windows 客户端的时间服务器。

（9）log file = /var/log/samba/log.%m。设置 Samba Server 日志文件的存储位置和名称。在文件名后加个宏%m（主机名），表示对每台访问 Samba Server 的机器都单独记录一个日志文件。如果 pc1、pc2 访问过 Samba Server，就会在/var/log/samba 目录下留下 log.pc1 和 log.pc2 两个日志文件。

（10）max log size = 50。设置 Samba Server 日志文件的最大容量，单位为 kB，0 代表不限制。

（11）security = user。设置用户访问 Samba Server 的验证方式，一共有以下 4 种验证方式：

- share：用户访问 Samba Server 不需要提供用户名和口令，安全性较低。
- user：Samba Server 共享目录只能被授权的用户访问，由 Samba Server 负责检查账号和密码的正确性。账号和密码要在本 Samba Server 中建立。
- server：依靠其他 Windows NT/2000 或 Samba Server 来验证用户的账号和密码，是一种代理验证。此种安全模式下，系统管理员可以把所有的 Windows 用户和口令集中到一个 NT 系统上。使用 Windows NT 进行 Samba 认证，远程服务器可以自动认证全部用户和口令，如果认证失败 Samba 将使用用户级安全模式作为替代的方式。
- domain：域安全级别，使用主域控制器（PDC）来完成认证。

（12）passdb backend = tdbsam。passdb backend 定义用户后台的类型。目前有 3 种后台：smbpasswd、tdbsam 和 ldapsam。sam 应该是 security account manager（安全账户管理）的缩写。

- smbpasswd：该方式是使用 smb 自己的工具 smbpasswd 来给系统用户（真实用户或者虚拟用户）设置一个 Samba 密码，客户端就用这个密码来访问 Samba 的资源。smbpasswd 文件默认在/etc/samba 目录下，但有时候要手工建立该文件。
- tdbsam：创建数据库文件并使用 pdbedit 建立 SMB 独立的用户。数据库文件名为 passdb.tdb，默认在/var/lib/samba/private/目录下。
- ldapsam：基于 LDAP 的账户管理方式来验证用户。首先要建立 LDAP 服务，然后设置 passdb backend = ldapsam:ldap://LDAP Server。

passdb.tdb 用户数据库可以使用 smbpasswd -a 来建立 Samba 用户，但要建立的 Samba 用户必须先是系统用户。也可以使用 pdbedit 命令来建立 Samba 账户。pdbedit 命令的参数很多，下面列出几个主要的。

pdbedit -a username：新建 Samba 账户。

pdbedit -x username：删除 Samba 账户。

pdbedit -L：列出 Samba 用户列表，读取 passdb.tdb 数据库文件。

pdbedit -Lv：列出 Samba 用户列表的详细信息。

pdbedit -c "[D]" -u username：暂停该 Samba 用户的账号。

pdbedit -c "[]" -u username：恢复该 Samba 用户的账号。

（13）encrypt passwords = yes/no。是否将认证密码加密。因为现在 Windows 操作系统都是使用加密密码，所以一般要开启此项。不过配置文件默认已开启。

（14）smb passwd file = /etc/samba/smbpasswd。用来定义 samba 用户的密码文件。smbpasswd 文件如果没有那么就要手工新建。

（15）username map = /etc/samba/smbusers。用来定义用户名映射，比如可以将 root 换成 administrator、admin 等，但要事先在 smbusers 文件中定义好。比如 root = administrator admin，这样就可以用 administrator 或 admin 这两个用户来代替 root 登录 Samba Server，更贴近 Windows 用户的习惯。

（16）guest account = nobody。用来设置 guest 用户名。

（17）socket options = TCP_NODELAY SO_RCVBUF=8192 SO_SNDBUF=8192。用来设置服务器和客户端之间会话的 Socket 选项，可以优化传输速度。

（18）domain master = yes/no。设置 Samba 服务器是否要成为网域主浏览器，网域主浏览器可以管理跨子网域的浏览服务。

（19）local master = yes/no。local master 用来指定 Samba Server 是否试图成为本地网域主浏览器。如果设为 no，则永远不会成为本地网域主浏览器。但是即使设置为 yes，也不等于该 Samba Server 就能成为主浏览器，还需要参加选举。

（20）preferred master = yes/no。设置 Samba Server 一开机就强迫进行主浏览器选举，可以提高 Samba Server 成为本地网域主浏览器的机会。如果该参数指定为 yes 时，最好把 domain master 也指定为 yes。使用该参数时要注意，如果在本 Samba Server 所在的子网中有其他的机器（不论是 Windows NT 还是其他 Samba Server）也指定为首要主浏览器时，那么这些机器将会因为争夺主浏览器而在网络上大发广播，影响网络性能。如果同一个区域内有多台 Samba Server，将上面 3 个参数设定在一台即可。

（21）os level = 200。设置 Samba 服务器的 os level。该参数决定 Samba Server 是否有机会成为本地网域的主浏览器。os level 从 0 到 255，Windows NT 的 os level 是 32，Windows 95/98 的 os level 是 1，Windows 2000 的 os level 是 64。如果设置为 0，则意味着 Samba Server 将失去浏览选择。如果想让 Samba Server 成为 PDC，那么需要将它的 os level 值设大些。

（22）domain logons = yes/no。设置 Samba Server 是否要作为本地域控制器。主域控制器和备份域控制器都需要开启此项。

（23）logon script = %u.bat。当使用者用 Windows 客户端登录时，Samba 将提供一个登录脚本。如果设置成%u.bat，那么就要为每个用户提供一个登录脚本。如果人比较多，则比较麻烦。可以设置成一个具体的文件名，比如 start.bat，那么用户登录后都会去执行 start.bat，而不用为每个用户设定一个登录脚本。这个文件要放置在[netlogon]的 path 设置的目录路径下。

（24）wins support = yes/no。设置 samba 服务器是否提供 wins 服务。

（25）wins server = wins 服务器 IP 地址。设置 Samba Server 是否使用别的 wins 服务器提供 wins 服务。

（26）wins proxy = yes/no。设置 Samba Server 是否开启 wins 代理服务。

（27）dns proxy = yes/no。设置 Samba Server 是否开启 dns 代理服务。

（28）load printers = yes/no。设置是否在启动 Samba 时共享打印机。

（29）printcap name = cups。设置共享打印机的配置文件。

（30）printing = cups。设置 Samba 共享打印机的类型。现在支持的打印系统有：bsd，sysv，plp，lprng，aix，hpux，qnx。

2. Share Definitions

该设置针对的是共享目录各自的设置，只对当前的共享资源起作用。

（1）[共享名]。以中括号（[ ]）开头的区域，而每个区域各代表一个共享资源，也就是在 Windows 客户端上启动“网上邻居”时，会出现的共享文件夹。

（2）comment = 任意字符串。comment 是对该共享的描述，可以是任意字符串。

（3）path = 共享目录路径。path 用来指定共享目录的路径。可以用%u、%m 这样的宏来代替路径里的 unix 用户和客户机的 Netbios 名，用宏表示主要用于[homes]共享域。例如：如果我们不打算用 home 段做为客户的共享，而是在/home/share/下为每个 Linux 用户以他的用户名建立目录作为共享目录，这样 path 就可以写成：path = /home/share/%u;。用户在连接到这个共享时/%u 会被具体用户名代替。同样，也可以为网络上每台可以访问 samba 的机器都各自建个以它的 netbios 名命名的文件夹作为共享资源，就可以这样写：path = /home/share/%m。

（4）browseable = yes/no。browseable 用来指定该共享是否可以浏览。

（5）writable = yes/no。writable 用来指定该共享路径是否可写。

（6）available = yes/no。available 用来指定该共享资源是否可用。

（7）admin users = 该共享的管理者。admin users 用来指定该共享的管理员，对该共享具有完全控制权限。在 samba 3.0 中，如果用户验证方式设置成 security=share 时，此项无效。例如：admin users =david，sandy（多个用户中间用逗号隔开）。

（8）valid users = 允许访问该共享的用户。valid users 用来指定允许访问该共享资源的用户。例如：valid users = david，@dave，@tech（多个用户或者组中间用逗号隔开，如果要加入一个组就用“@组名”表示）。

（9）invalid users = 禁止访问该共享的用户。invalid users 用来指定不允许访问该共享资源的用户。例如：invalid users = root，@bob（多个用户或者组中间用逗号隔开）。

（10）write list = 允许写入该共享的用户。write list 用来指定可以在该共享下写入文件的用户。例如：write list = david，@dave。

（11）public = yes/no。public 用来指定该共享是否允许 guest 账户访问。

（12）guest ok = yes/no。意义同 public。

子任务 2　详解 Samba 安全级别

smb.conf 配置文件的 security 选项可以设置 Samba 服务器的安全性等级，直接影响客户端访问服务器的方式，是配置中最重要的项目之一。在 Samba 服务器中，共分为 4 种安全级别。

1. share 安全性等级

当客户端连接到具有 Share 安全性等级的 Samba 服务器时，不需要输入账号和密码等数据就可以访问主机上的共享资源，这种方式是最方便的连接方式，但是无法保障数据的安全性。

其实在此安全性等级中，用户并非不需要任何的账号和密码就可以登录，而是 smbd 会自动提供一个有效的 UNIX 账号来代表客户端身份，这个原理就和 Web 服务器及 FTP 服务器上的“匿名”（anonymous）访问相同。为了提供客户端有效的 UNIX 账号，smbd 会自动决定最适合客户端的账号，并将这些可用的账号列成表来满足不同用户的需求。

2. user 安全性等级

在 samba-4.1.1 中默认的安全性等级是 user，它表示用户在访问服务器的资源前必须先用有效的 Samba 账号和密码进行登录，如图 8-1 所示。在服务器尚未成功验证客户端的身份前，可用的资源名称列表并不会发送到客户端上。在此模式中，通常使用加密的密码来提高验证数据传送的安全性。

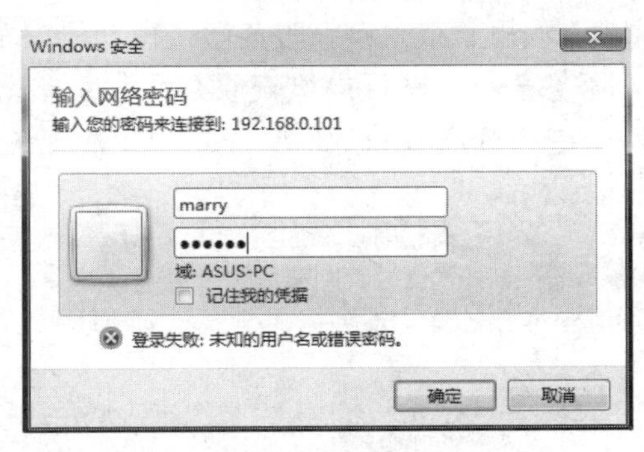

图 8-1　Samba 服务器登录

应该特别注意的是，Samba 服务器与 Linux 操作系统使用不同的密码文件，所以无法以 Linux 操作系统上的账号密码数据登录 Samba 服务器。

如果要添加新的 Samba 用户，必须首先确保要添加的用户名在/etc/passwd 文件中存在，否则将有“Failed to find entry for user xxxx”的提示信息出现。因此，要先使用 useradd 命令添加该账号为 Linux 系统登录账号，然后再用 smbpasswd 命令将其设置为 Samba 账号。smbpasswd 常用的命令格式为“smbpasswd　[选项]　[用户名]”。其中，常用的选项及作用如表 8.1 所示。由该表可知，该命令还可以对 Samba 账号进行管理和维护。

表 8.1　smbpasswd 的主要选项及作用

选项	作用
-a	添加 Samba 用户账号
-x	删除 Samba 用户账号
-d	关闭、停用 Samba 用户账号
-e	开放 Samba 用户账号
-h	显示该命令的帮助

```
[root@rhel7 ~]# tail  /etc/passwd  -n2          //查看已经存在的 Linux 系统账号
virtual:x:1001:1001::/var/ftproot:/sbin/nologin
wangxi:x:1002:1002::/home/wangxi:/bin/bash
[root@rhel7 ~]# smbpasswd  -a  wangxi         //添加为 samba 账号
New SMB password:
Retype new SMB password:
Added user wangxi.
[root@rhel7 ~]# pdbedit –L                    //列出 Samba 用户账号列表
wangxi:1002:
```

```
[root@rhel7 ~]# smbpasswd   -d   wangxi
Disabled user wangxi.
[root@rhel7 ~]# smbpasswd   -e   wangxi
Enabled user wangxi.
[root@rhel7 ~]# smbpasswd   -x   wangxi
Deleted user wangxi.
```

3. server 安全性等级

如果使用该等级，用户在访问服务器资源前，同样也必须先用有效的账号和密码进行登录，但是客户端身份的验证会由另一台服务器负责。因此，在设置 server 安全性等级时，必须同时指定 password server 选项。如果验证失败，服务器会自动将安全性等级降为 user，但如果使用加密密码，那么 Samba 服务器将无法反向检查原有的 UNIX 密码文件，所以必须指定另一个有效的 smbpasswd 文件来进行客户端的身份验证。因此，应该设置 smb.conf 文件中的以下选项：

```
security = server                          //设置 samba 服务器使用 server 安全性等级
password server = <NT-Server-Name>         //设置验证服务器的 netbios 计算机名
smb passwd file = /etc/samba/smbpasswd     //SMB 服务器使用的密码文件路径
```

4. domain 安全性等级

如果目前的网络结构为网域（Domain）而不是工作组（Workgroup），则可以使用 domain 安全性等级，以将 Samba 服务器加入现有的网域中。也就是说，Samba 服务器不承担账号与密码的验证工作，而是由网络中的域控制器（Domain Controller，DC）统一处理。

要将 Samba 服务器加入现有的网域，可以使用如下指令格式，执行命令后还需要修改 smb.conf 文件中[global]部分的以下配置选项：

```
workgroup = domain_name      //指定 Samba 服务器要加入的网域
security = domain            //设置 Samba 服务器使用的安全性等级为 domain
password server = DC         //指定进行身份验证的网域控制器名
[root@rhel7 ~]# smbpasswd   -j   Samba 主机名   -r   DC
```


子任务 3　理解 SELinux 环境下的 Samba 配置

1. Samba 的 SELinux 的文件类型

SELinux 环境中，Samba 服务器的 smbd 和 nmbd 守护进程都是在受限的 smbd_t 域中运行，并且和其他受限的网络服务相互隔离。下面的示例演示的是 SELinux 下的 smb 进程。

```
[root@rhel7 ~]# ps   -eZ   |grep   smb
system_u:system_r:smbd_t:s0        28052 ?         00:00:00 smbd
system_u:system_r:smbd_t:s0        28053 ?         00:00:00 smbd
```

默认情况下，smbd 只能读写 samba_share_t 类型的文件，不能读写 httpd_sys_content_t 类型的文件。如果希望 smbd 能读写 httpd_sys_content_t 类型的文件，可以重新标记文件的类型。另外还可以修改布尔值，如允许 Samba 提供 NFS 文件系统等共享资源。修改文件和目录的 SELinux 类型属性时可以使用 3 个命令：chcon、semanagefcontext 和 restorecon。

2. Samba 的 SELinux 的布尔变量

SELinux 也为 Samba 提供了一些布尔变量用来调整 SELinux 策略，如果希望 Samba 服务器共享 NFS 文件系统，可以使用如下命令：setsebool -P samba_share_nfs on。常用的布尔变量如下：

- allow_smbd_anon_write：开放此布尔变量允许 Samba 服务器共享目录给多个域。

- samba_create_home_dirs：开放此布尔变量允许 Samba 独立创建新的家目录，这通常用于 PAM 机制。
- samba_domain_controller：当启用此布尔变量时允许 Samba 作为域控制器，并赋予它权限执行相关的命令，如使用 useradd、groupadd 和 passwd。
- samba_enable_home_dirs：启用此布尔变量允许 Samba 共享用户的家目录。
- samba_export_all_rw：启用此布尔变量允许公布任何文件或目录，允许读取和写入。
- samba_run_unconfined：启用此布尔变量允许 Samba 运行/var/lib/samba/scripts 目录中的脚本。
- samba_share_nfs：启用此布尔变量允许 Samba 共享 NFS 文件系统。
- use_samba_home_dirs：启用此布尔变量允许在本机上使用远程服务器的家目录。
- virt_use_samba：启用此布尔变量允许虚拟机访问 CIFS 文件。
- smbd_disable_trans：启用此布尔变量关闭 SELinux 关于 Samba 的进程守护的保护。

```
[root@rhel7 ~]# setsebool   -P   samba_enable_home_dirs   1      //允许 Samba 服务器共享家目录
[root@rhel7 ~]# setsebool   -P   smbd_disable_trans   1          //关闭 SELinux 关于 Samba 的进程守护的保护
[root@rhel7 ~]# systemctl   restart   smb
```

任务 3 解析 Samba 服务器配置实例

下面通过几个实例来说明 samba 服务器的配置和使用方法，要特别注意防火墙和 SELinux 布尔值是否已正确配置，否则无法访问服务器。

子任务 1 配置 share 级别的 Samba

蓝盾公司现有一个工作组 workgroup，需要添加 Samba 服务器作为文件服务器，并发布共享目录/share，共享名为 public，此共享目录允许所有员工下载或上传文件。

1. 创建共享目录

```
[root@rhel7 ~]# mkdir    /share
[root@rhel7 ~]# chmod   o+w   /share/
[root@rhel7 ~]# touch /share/aa.txt
```

2. 修改 smb.conf 文件

```
[root@rhel7 ~]#vim   /etc/samba/smb.conf
[global]
workgroup = WORKGROUP                //定义工作组，也就是 Windows 中的工作组概念
server string = LunDun Samba Server Version %v      //定义 Samba 服务器的简要说明
netbios name = LunDunSamba           //定义 Windows 中显示出来的计算机名称
log file = /var/log/samba/log.%m     //定义 Samba 用户的日志文件，%m 代表客户端主机名
security = share                     //认证模式为 share
map to guest = Bad User              //将所有 Samba 不能正确识别的用户都映射成 guest 用户（默认为 nobody）
#guest account = nobody              //匿名用户映射为 nobody 用户，可以取消该项
[public]                             //个别共享目录的设置，只对当前的共享资源起作用
comment = Public Stuff               //对共享目录的说明文件，自己可以定义说明信息
path = /share                        //用来指定共享的目录，必选项
public = yes                         //允许匿名访问，等效于 guest ok = yes
writeable = yes                      //指定该共享路径是否可写
```

3. 测试配置文件是否正确并重新加载

```
[root@rhel7 ~]# testparm
```

```
Load smb config files from /etc/samba/smb.conf
rlimit_max: increasing rlimit_max (1024) to minimum Windows limit (16384)
Processing section "[homes]"
Processing section "[printers]"
Processing section "[public]"
Loaded services file OK.
Server role: ROLE_STANDALONE
Press enter to see a dump of your service definitions

[global]
        netbios name = LUNDUNSAMBA
        server string = LunDun Samba Server Version %v
        map to guest = Bad User
        log file = /var/log/samba/log.%m
        max log size = 50
        idmap config * : backend = tdb
        cups options = raw

[homes]
        comment = Home Directories
        read only = No
        browseable = No
[printers]
        comment = All Printers
        path = /var/spool/samba
        printable = Yes
        print ok = Yes
        browseable = No

[public]
        comment = Public Stuff
        path = /share
        guest ok = Yes
[root@rhel7 ~]# systemctl    restart    smb.service
```

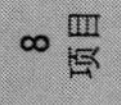

4. 设置目录和目录中文件的类型

```
[root@rhel7 ~]# semanage    fcontext    -a    -t    samba_share_t    "/share(/.*)?"
[root@rhel7 ~]# restorecon -Rv    /share/
restorecon reset /share context unconfined_u:object_r:default_t:s0 -> unconfined_u: object_r:samba_share_t:s0
restorecon reset /share/aa.txt context unconfined_u:object_r:default_t:s0 -> unconfined_u: object_r:samba_share_t:s0
//这个例子中也可以使用 setsebool    -P    samba_export_all_rw    on 来替换上面的两行命令
```

5. 在 Windows 下访问 Samba 共享文件

在 Windows 系统中，打开“运行”对话框，输入 Samba 服务器的路径，如图 8-2 所示，即可访问到 Samba 服务器上的共享文件夹，可以实现文件的下载、上传和修改。

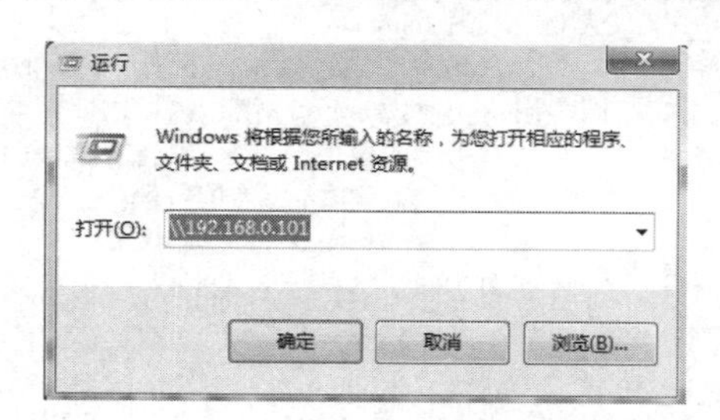

图 8-2　在 Windows 系统中访问 Samba 服务器

子任务 2 配置 user 级别的 Samba

公司现有多个部门，因工作需要，将 TS 部的资料存放在 Samba 服务器的/ts 目录中集中管理，以便 TS 部人员浏览，并且该目录只允许 TS 部员工访问。

1. 创建 TS 部组和用户

```
[root@rhel7 ~]# groupadd   ts
[root@rhel7 ~]# useradd   -g   ts   dandy
[root@rhel7 ~]# useradd   -g   ts   marry
[root@rhel7 ~]# passwd dandy
更改用户 dandy 的密码。
新的 密码：
无效的密码： 密码少于 8 个字符
重新输入新的 密码：
passwd：所有的身份验证令牌已经成功更新。
[root@rhel7 ~]# smbpasswd   -a   dandy
New SMB password:
Retype new SMB password:
Added user dandy.
[root@rhel7 ~]# smbpasswd   -a   marry
New SMB password:
Retype new SMB password:
Added user marry.
```

2. 创建共享目录

```
[root@rhel7 ~]# mkdir    /ts
[root@rhel7 ~]# touch   /ts/chongqing.city
```

3. 修改 smb.conf 文件并重新加载

```
[root@rhel7 ~]#vim   /etc/samba/smb.conf
[global]
workgroup = WORKGROUP                        //定义工作组，也就是 Windows 中的工作组概念
server string = LunDun Samba Server Version %v  //定义 Samba 服务器的简要说明
netbios name = LunDunSamba                   //定义 Windows 中显示出来的计算机名称
log file = /var/log/samba/log.%m             //定义 Samba 用户的日志文件，%m 代表客户端主机名
security = user          //用户级别，由提供服务的 Samba 服务器负责检查账户和密码
passdb backend = tdbsam
[ts]                     //ts 组目录，只允许 ts 组成员访问
comment = TS             //对共享目录的说明文件，自己可以定义说明信息
path = /ts               //用来指定共享的目录，必选项
valid users = @ts
[root@rhel7 ~]# systemctl   reload   smb
```

4. 修改 SELinux 布尔值

```
[root@rhel7 ~]# setsebool   -P   samba_export_all_ro   on
```

5. 在 Windows 下访问 Samba 共享文件

在 Windows 系统中，打开“运行”对话框，输入 Samba 服务器的 UNC 路径，接着会弹出要求输入用户和密码的界面，输入完毕后即可访问到 Samba 服务器上的共享文件夹，如图 8-3 所示。

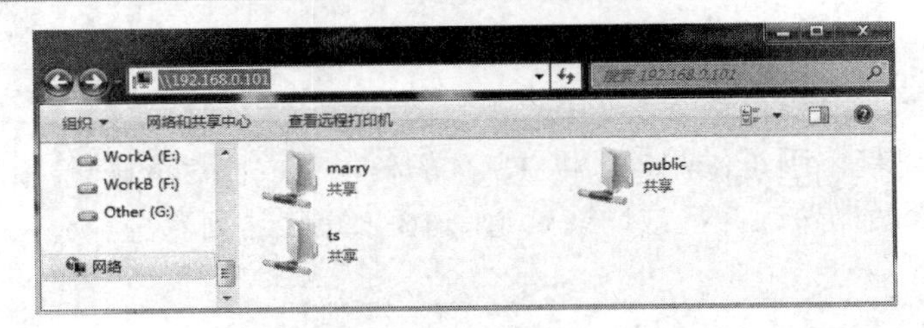

图 8-3　在 Windows 系统中访问 Samba 服务器

思考与练习

一、填空题

1．能让 Windows 主机访问 Linux 系统中共享文件的服务器是________。

2．Samba 服务守护进程是 Samba 的核心，时刻侦听网络的文件和打印服务请求，该进程的名字是________。

3．Samba 后台的两个核心进程是________和________。

4．smb.conf 配置文件的 security 选项可以设置 Samba 服务器的安全性等级，直接影响客户端访问服务器的方式，是配置中最重要的项目之一，共分为 4 种安全级别：________、________、server 和________。

5．SELinux 为 Samba 提供了一些布尔变量用来调整 SELinux 策略，如果希望 Samba 服务器共享文件或目录允许读取和写入权限，可以使用命令：________。

二、判断题

1．和 NFS 服务器一样，Samba 不能实现 Windows 和 Linux 主机之间的文件共享。（　）

2．Samba 服务器与 Linux 操作系统使用不同的密码文件，所以无法以 Linux 用户的系统登录密码登录 Samba 服务器。（　）

3．security = user 和 map to guest = Bad User 两个配置选项可以将所有 Samba 系统主机所不能正确识别的用户都映射成 guest 用户，从而在 user 级别的认证模式下实现用户不需要账号和密码即可访问。（　）

4．Samba 是否授予写权限和用户在 Linux 系统中是否对共享目录有写的权限，这两个取一个交集才能真正实现写权限。（　）

5．所有的 Linux 服务器都可以通过直接修改配置文件的方法实现配置。（　）

三、选择题

1．使用 Samba 服务器，一般来说可以提供（　）。

A．域名服务　　B．文件服务　　C．打印服务　　D．IP 地址解析

2．在使用 Samba 服务时，由于客户机查询 IP 地址不方便，可能需要管理员手工设置的文件是（　）。

A. smb.conf　　B. lmhosts　　C. fstab　　D. mtab

3. 一个完整的 smb.conf 文件中关于 Linux 打印机的设置条目有（　）。

A. browseable　　B. public　　C. path　　D. guest ok

4. Samba 所提供的安全性级别包括（　）。

A. share　　B. user　　C. server　　D. domain

5. Samba 服务器的默认安全性级别是（　）。

A. share　　B. user　　C. server　　D. domain

6. 可以通过设置条目（　）来控制可以访问 Samba 共享服务的合法主机名。

A. allowed　　B. hosts valid　　C. hosts allow　　D. public

7. 下列（　）命令允许修改 samba 用户的口令。

A. passwd　　B. mksmbpasswd　　C. password　　D. smbpasswd

四、综合题

1. 请自己架设 Samba 服务器并共享一个目录，使得只有同一个网段内其他主机上的用户才能浏览和下载该目录中的文件。

2. 某公司有人事部（Human Resources Dept）、财务部（Financial Management Dept）、技术支持部（Technical Support Dept）三大部门。各部门的文件夹只允许本部门员工访问；各部门之间交流性质的文件放到公用文件夹中。每个部门都有一个管理本部门文件夹的管理员账号和一个只能新建和查看文件的普通账号。公用文件夹中分为存放工具的文件夹和存放各部门共享文件的文件夹。对于各部门自己的文件夹，各部门管理员具有完全控制权限，而各部门普通用户可以在该部门文件夹下新建文件及文件夹，并且对自己新建的文件及文件夹有完全控制权限，对管理员新建及上传的文件和文件夹只能查看。对公用文件夹中的各部门共享文件夹，各部门管理员具有完全控制权限，而各部门普通用户可以在该部门文件夹下新建文件及文件夹，并且对自己新建的文件及文件夹有完全控制权限，对管理员新建及上传的文件和文件夹只能查看。本部门用户（包括管理员和普通用户）在访问其他部门的共享文件夹时，只能查看，不能修改、删除和新建。对存放工具的文件夹，只有管理员有权限，其他用户只能查看。根据需求，现作出如下规划：

（1）在系统分区时单独分一个 Company 的区，在该区下有以下几个文件夹：HR、FM、TS 和 Share。在 Share 下又有以下几个文件夹：HR、FM、TS 和 Tools。

（2）各部门对应的文件夹由各部门自己管理，Tools 文件夹由管理员维护。

（3）HR 管理员账号：hradmin；普通用户账号：hruser。FM 管理员账号：fmadmin；普通用户账号：fmuser。TS 管理员账号：tsadmin；普通用户账号：tsuser；Tools 管理员账号：admin。请配置 Samba 服务器满足以上要求。

3. 如果要共享一个网页文件目录，如 Apache 服务器的/var/www/html，能不能使用文件类型？如果不能，如何达到共享目录和文件的目的？

9

DNS 域名解析服务器的应用与管理

学习目标

- 了解 DNS 服务的作用与域名解析工作流程
- 掌握 DNS 服务器的安装和服务启停控制
- 熟悉 DNS 服务器的配置文件
- 熟悉 DNS 正反向解析的实现方法
- 掌握 DNS 正反向解析的测试方法
- 掌握主/辅和缓存 DNS 服务器的配置方法

任务导引

在互联网上的每一个计算机都拥有一个唯一的地址，称为“IP 地址”，但是在互联网上浏览网站时大都使用的是便于用户记忆的名字，称之为主机域名或主机名，而不是 IP 地址。例如，用户在访问“百度”的时候一般都是使用 www.baidu.com，而很少有人会使用其 IP 地址 119.75.217.109。但是，在互联网中只能通过 IP 地址寻找和识别目标主机，这就需要首先把目标主机的域名转换成 IP 地址。用于存储主机域名和 IP 地址对应关系并接受客户端查询的计算机被称为 DNS（Domain Name System）服务器。DNS 客户端向 DNS 服务器提出查询，DNS 服务器作出响应的过程称为域名解析。DNS 服务是互联网的基础设施，几乎所有的网络应用都依赖于 DNS 服务做出的查询结果，如果互联网中的 DNS 服务不能正常提供解析服务，那么即使 Web 和 E-mail 服务都运行正常，也无法让用户顺利使用到它们。一般情况下，域名可以向提供域名注册服务的网站进行在线申请。例如，可以在中国互联网络信息中心（CNNIC）的网站 http://www.cnnic.net.cn 查看并申请注册域名。企业如果希望 Internet 用户对企业内部计算机进行访问，必须架设 DNS 服务器。本项目主要介绍 DNS 服务程序的工作原理、正向解析与反向解析，以及 DNS 主服务器、从服务器、缓存服务器的部署方法。

任务 1　安装 Linux 下的 DNS 服务器

子任务 1　了解域名解析服务工作原理

1. DNS 系统结构与管理

DNS 通过分布式名字数据库系统为管理大规模网络中的主机名和相关信息提供了一种可靠的方法。DNS 的命名系统是一种叫做域名空间（Domain Name space）的层次性的逻辑树型结构，犹如一棵倒立的树，树根在最上面。

域名空间的根由 Internet 域名管理机构 InterNIC 负责管理。InterNIC 负责划分数据库的名字信息，使用名字服务器（DNS 服务器）来管理域名，每个 DNS 服务器中有一个数据库文件，其中包含了域名树中某个区域的记录信息。Internet 将所有联网主机的名字空间划分为许多不同的域。树根（也称根域）下是顶级域（或称一级域），再往下是二级域、三级域。

DNS 域名是按组织来划分的，Internet 中最初规定的一级域名有 7 个，其中 com 代表商业机构，edu 代表教育机构，mil 代表军事机构，gov 代表政府部门，net 代表提供网络服务的部门，org 代表非商业机构，int 代表国际组织。此外，ICANN 还在 2000 年新增了 7 个域名，分别是 info（提供信息服务的单位）、biz（公司）、name（个人）、pro（专业人士）、museum（博物馆）、coop（商业合作机构）和 aero（航空业），如图 9-1 所示。

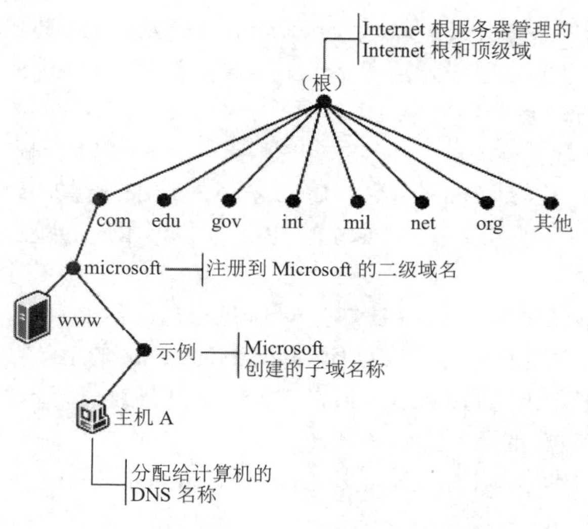

图 9-1　DNS 系统的结构模型

单靠几台 DNS 服务器肯定不能满足全球用户的需求，所以从工作形式上 DNS 服务器又分主服务器、从服务器（辅助服务器）、缓存服务器。

主服务器，在特定区域内具有唯一性、负责维护该区域内域名与 IP 地址的对应关系；从服务器，从主服务器中获得域名与 IP 地址的对应关系并维护，以防主服务器死机等情况；缓存服务器，通常并不在本地数据库保存任何资源记录，一般用于企业内网中起到加速查询请求和节省网络带宽的作用。

2. DNS 解析与工作流程

DNS 用于解析域名与 IP 地址的对应关系，功能上可以实现正向解析与反向解析。正向解析，根据主机名（域名）查找对应的 IP 地址；反向解析，与正向查询刚好相反，它是依据 DNS 客户端提供的 IP 地址来查询该 IP 地址对应的域名。

查找 www.benet.com 的 IP 地址的大致流程如图 9-2 所示，为了简化过程图片忽略缓存的影响，假定 PC 和 DNS 都没有缓存，实际情况下查找结果经常在不同查找时段被缓存。

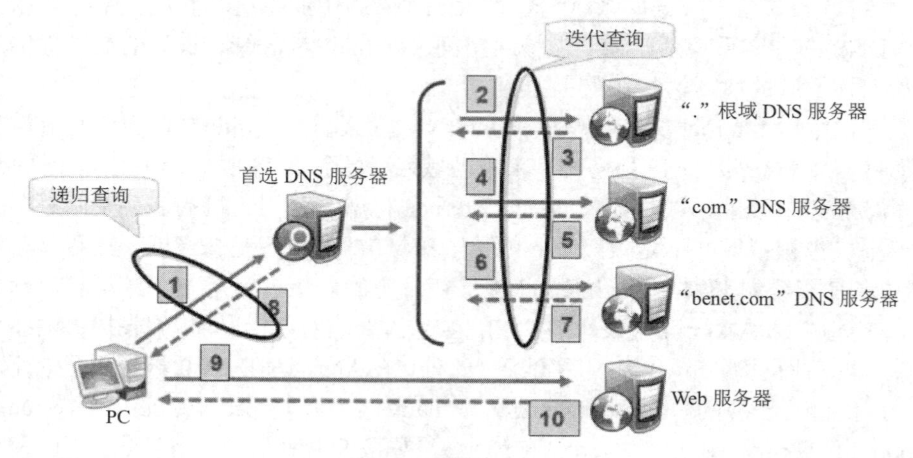

图 9-2　DNS 查询流程图

（1）在 PC 浏览器上访问http://www.benet.com，PC 先查询本地 hosts 文件，如果 hosts 文件没有解析成功，则 PC 向自己设置的 Local DNS 发起解析 www.benet.com 的请求。

（2）本地 DNS 先向全球 13 台根 DNS 中的一台发起请求：www.benet.com=?。本地 DNS 怎么知道根 DNS 的 IP 地址呢？一般 DNS 本地都会存放全球 13 台根 DNS 的 IP 地址。

（3）根 DNS 回答给本地 DNS 说我不知道 www.benet.com 的 IP 地址，但.com 的 DNS 可能知道，你去问它吧，于是将.com 的 DNS 的 IP 地址告诉本地 DNS，即.com 这个域的 NS 记录和 NS 对应的 A 记录。

（4）本地 DNS 继续去问.com 的 DNS：www.benet.com=?。

（5）.com 回答给本地 DNS 说我不知道 www.benet.com 的 IP 地址，但.benet.com 的 DNS 可能知道，你去问它吧，于是将.benet.com 的 DNS 的 IP 地址告诉本地 DNS，即 benet.com 这个域的 NS 记录和 NS 对应的 A 记录。

（6）本地 DNS 继续去问.benet.com 的 DNS：www.benet.com=?。

（7）.benet.com 的 DNS 将 www.benet.com 的 IP 地址（A 记录）返回给本地 DNS。

（8）本地 DNS 获得了 www.benet.com 的 IP 地址后将结果返回给 PC。

（9）PC 获取了 IP 地址后即可将 IP 封装在三层报头上，然后将 http 请求发送到 www.benet.com 的 Web 服务器。

（10）Web 服务器将网页内容返回给 PC。

3. 递归查询和迭代查询

（1）递归查询。

DNS 客户机和 DNS 服务器之间的查询是递归查询。在该模式下，DNS 服务器接收到客户机请求，必须用一个准确的查询结果回复客户机。如果 DNS 服务器本地没有存储查询信息，那么该服务器会询问其他服务器，并将得到的查询结果提交给客户机。

递归查询，DNS 客户机只发出一次请求，就能得到结果（查询的到或查询不到）。DNS 客户机向本地 DNS 发起查询请求时用的是递归查询。如果本地 DNS 没有开启递归功能，那么本地 DNS 服务器如果没有结果，则直接返回查询不到，而不会进行迭代查询去获取结果。一般本地 DNS 都会开启递归功能（recursion yes;），而某个域的权威 DNS 一般只对内开启递归，对外关闭。

所谓的本地 DNS 不一定是指你的内网 DNS，像我们平常上网设置的 114.114.114.114、8.8.8.8 或者联通电信的 DNS，都可以叫本地 DNS。这类 DNS 也叫缓存 DNS，即将迭代查询得到的结果缓存到本地，当有其他用户请求同一个域名解析时直接调取缓存，加速 DNS 查询速度，毕竟迭代查询还是很慢且消耗资源的。

权威 DNS 就是管理某个域的 DNS，即迭代查询给出最终答案的那台 DNS。平常 DNS 客户机去本地 DNS 解析域名拿到的一般都是非权威应答，即本地 DNS 直接从缓存中查询结果，然后将结果返回。图 9-3 所示是用 nslookup 解析百度域名的结果，获得的就是非权威应答。

图 9-3 DNS 非权威应答

（2）迭代查询。

DNS 服务器之间的查询是迭代查询，在该模式下通常要发出多次请求才能得到答案。迭代查询又称重指引，当 DNS 服务器使用迭代查询时能够使其他 DNS 服务器返回一个最佳的查询点提示或主机地址，若此最佳的查询点中包含需要查询的主机地址，则返回主机地址信息，若不能直接查询到主机地址，则是按照提示的指引依次查询，直到服务器给出的提示中包含所需要查询的主机地址为止。一般地，每次指引都会更靠近根服务器（向上），查询到根域名服务器后，则会再次根据提示向下查找。

4. DNS 的查询顺序

DNS 服务器在域名解析过程中详细的请求顺序为：客户端 Host 文件、客户端缓存、服务器区域文件、转发域名服务器、根域名服务器。

（1）如果查询请求是本机所负责区域中的数据，那么要通过查询区域数据文件返回结果，这样获得的就是权威应答。

（2）如果查询请求不是本机所负责区域中的数据，则查询缓存，有答案就返回结果，这样获得的是非权威应答。

（3）如果缓存中没有答案，则向根发起查询请求（前提是开启了递归），根返回负责.com

的 DNS 的 NS 记录和 A 记录，如此迭代查询直到获得结果。

子任务 2 安装和启停控制 BIND

1. 安装 BIND 服务程序

BIND（Berkeley Internet Name Daemon，伯克利互联网域名服务）是一款全球互联网使用最广泛的能够提供安全可靠、快捷高效的域名解析的服务程序。13 台根 DNS 服务器以及互联网中的 DNS 服务器的绝大多数（超过 95%）是基于 BIND 服务程序搭建的。BIND 服务程序为了能够安全地提供解析服务而支持了 TSIG（TSIGRFC 2845）加密机制，TSIG 主要是利用密码编码方式保护区域信息的传送（Zone Transfer），也就是说保证了 DNS 服务器之间传送区域信息的安全。并且，BIND 服务程序还支持 chroot（change root）监牢安全机制，chroot 机制会限制 BIND 服务程序仅能对自身配置文件进行操作，从而保证了整个服务器的安全。

BIND 包括一个用来将域名解析为 IP 的 DNS 服务器软件、一个解析库和一个 DNS 测试工具程序。要配置 DNS 服务器，先要在 Linux 系统中使用命令查看 bind 和 bind-libs 是否已经安装，如果没有安装必须事先安装好。

```
[root@rhel7 ~]# rpm   -qa   |grep   bind
bind-utils-9.9.4-14.el7.x86_64      //提供了对 DNS 服务器测试的工具程序，如 nslookup、dig 等
bind-license-9.9.4-14.el7.noarch
bind-libs-9.9.4-14.el7.x86_64
bind-chroot-9.9.4-14.el7.x86_64     //提供一个伪装的根目录/var/named/chroot/以增强安全性
bind-libs-lite-9.9.4-14.el7.x86_64
bind-9.9.4-14.el7.x86_64                        //提供了域名服务的主要程序及相关文件
[root@rhel7 ~]# yum   –y   install   bind       //如果没有安装，可以执行此命令进行安装
[root@rhel7 ~]# yum –y   install   bind-chroot  //如果没有安装，可以执行此命令进行安装
```

BIND 软件包安装后，系统将创建名为 named 的用户和用户组，并自动设置相关目录的权属关系。named 守护进程默认使用 named 用户身份运行。

```
[root@rhel7 ~]# grep named /etc/passwd
named:x:25:25:Named:/var/named:/sbin/nologin
[root@rhel7 ~]# grep named /etc/group
named:x:25:
[root@rhel7 ~]#
```

如果是利用源代码安装，还应该手工创建 named 用户和用户组，并设置好工作目录（/var/named）和用于存放进程号文件的目录（/var/run/named）的所有者和权限。

```
[root@rhel7 ~]# ll   /var/named/   -d
drwxr-x---. 6   root named   4096   3 月   1   2017   /var/named/
[root@rhel7 ~]# ll   /var/run/named/   -d
drwxr-xr-x. 2   named named   80   12 月 27   00:32   /var/run/named/
```

配置文件的目录没有安装 bind-chroot 软件包，配置文件为/etc/named.conf，数据文件在/var/named 目录下。如果安装并使用 bind-chroot，则配置文件为/var/named/chroot/etc/named.conf，默认没有，数据文件在/var/named/chroot/var/named 目录下。

2. BIND 启停控制

named 作为标准的系统服务脚本，通过 systemctl   start/restart/stop named.service 的形式可以实现对服务器程序的控制。named 默认监听 TCP 和 UDP 协议的 53 端口及 TCP 的 953 端口，其中 UDP 53 端口一般对所有客户机开放，以提供解析服务；TCP 53 端口一般只对特定从域名服务器开放，提高解析记录传输通道的可靠性；TCP 953 端口默认只对本机（127.0.0.1）开

放，用于为 rndc 远程管理工具提供控制通道，如图 9-4 所示。

```
[root@rhel7 ~]# systemctl  start  named.service
[root@rhel7 ~]# systemctl  enable  named.service
Created symlink from /etc/systemd/system/multi-user.target.wants/named.service to /usr/lib/systemd/system/named.service.
[root@rhel7 ~]# netstat -anlp |grep named
tcp        0      0 127.0.0.1:53            0.0.0.0:*               LISTEN      10192/named
tcp        0      0 127.0.0.1:953           0.0.0.0:*               LISTEN      10192/named
tcp6       0      0 ::1:53                  :::*                    LISTEN      10192/named
tcp6       0      0 ::1:953                 :::*                    LISTEN      10192/named
udp        0      0 127.0.0.1:53            0.0.0.0:*                           10192/named
udp6       0      0 ::1:53                  :::*                                10192/named
unix  2      [ ]         DGRAM                    43466    10192/named
```

图 9-4　named 启动控制和工作端口

3．开启防火墙并允许访问 BIND

```
[root@rhel7 ~]# firewall-cmd   --add-service=dns   --permanent
success                        //通过指定服务名开放 dns 服务，--permanent 选项表示永远生效
[root@rhel7 ~]# firewall-cmd   --zone=public   --add-port=53/udp   --permanent
[root@rhel7 ~]# firewall-cmd   --reload
```

4．关闭 SELinux 对 BIND 守护进程的保护

```
[root@rhel7 ~]# setsebool   -P   named_disable_trans   1
[root@rhel7 ~]# systemctl   restart   named
```

任务 2　详解 BIND 服务器配置文件

域名解析服务 BIND 的程序名称叫做 named，主程序是/usr/sbin/named，服务程序的配置文件有：主配置文件，/etc/named.conf；区域配置文件，/etc/named.rfc1912.zones；区域数据文件在/var/named/文件夹的下面。当怀疑因配置参数而出错时，可执行 named-checkconf 或 named-checkzone 命令来分别检查主配置文件与区域数据文件中的语法或参数错误。

子任务 1　详解 named.conf 配置文件

```
[root@rhel7 ~]# rpm   -qf   /etc/named.conf       //查询主配置文件由哪个程序生成
bind-9.9.4-14.el7.x86_64
[root@rhel7 ~]# more    /etc/named.conf
//
// named.conf
//
// Provided by RedHat bind package to configure the ISC BIND named(8) DNS
// server as a caching only nameserver (as a localhost DNS resolver only).
//  由 RedHat 提供，将 ISC BIND named(8) DNS 服务器配置为暂存域名服务器（用来做本地 DNS 解析）

//
// See /usr/share/doc/bind*/sample/ for example named configuration files.
//该目录中可以查看 named 配置案例
//第一部分：全局配置
options {
        listen-on port 53 { 127.0.0.1; };
        listen-on-v6 port 53 { ::1; };
        directory      "/var/named";
        dump-file      "/var/named/data/cache_dump.db";
        statistics-file "/var/named/data/named_stats.txt";
        memstatistics-file "/var/named/data/named_mem_stats.txt";
        allow-query        { localhost; };
```

```
        /*
         - If you are building an AUTHORITATIVE DNS server, do NOT enable recursion.
         - If you are building a RECURSIVE (caching) DNS server, you need to enable
           recursion.
         - If your recursive DNS server has a public IP address, you MUST enable access
           control to limit queries to your legitimate users. Failing to do so will
           cause your server to become part of large scale DNS amplification
           attacks. Implementing BCP38 within your network would greatly
           reduce such attack surface
        */
        /*
         - 如果用户要建立一个授权域名服务器，那么不要开启 recursion（递归）功能
         - 如果用户要建立一个递归 DNS 服务器，那么需要开启 recursion 功能
         - 如果用户的递归 DNS 服务器有公网 IP 地址，那么必须开启访问控制功能
         - 只有那些合法用户才可以发出询问。如果不这样做的话，那么
         - 服务器就会受到 DNS 放大攻击。实现 BCP38 将有效地抵御这类攻击
        */

        recursion yes;

        dnssec-enable yes;
        dnssec-validation yes;
        dnssec-lookaside auto;

        /* Path to ISC DLV key */
        bindkeys-file "/etc/named.iscdlv.key";

        managed-keys-directory "/var/named/dynamic";

        pid-file "/run/named/named.pid";
        session-keyfile "/run/named/session.key";
};

logging {
        channel default_debug {
                file "data/named.run";
                severity dynamic;
        };
};
//named 服务的日志文件信息

//第二部分：局部配置
zone "." IN {
type hint;
        file "named.ca";
};
include "/etc/named.rfc1912.zones";     //此文件保存正向解析与反向解析的区域信息，非常重要
include "/etc/named.root.key";          //include 代表该文件是子配置文件
```

1. 全局配置

（1）options{ }：设置服务器全局配置选项及一些默认配置。

（2）listen-on port 53 { 127.0.0.1; };：设置域名服务监听的 IP 与网络端口，建议写本机 IP，减少服务器消耗。

（3）listen-on-v6 port 53 { ::1; };：设置域名服务监听的 IPv6 端口地址。

（4）directory "/var/named";：设置 named 从/var/named 目录下读取 DNS 区域数据文件。

（5）dump-file "/var/named/data/cache_dump.db";：设置 DNS 服务器失效时将缓存数据存储到指定的 dump 文件。

（6）statistics-file "/var/named/data/named_stats.txt";：设置服务器的统计文件，当执行统计命令（rndc stats）时会将内存中的统计信息追加到该文件中。

（7）memstatistics-file "/var/named/data/named_mem_stats.txt";：设置服务器输出的内存使用统计文件位置，当执行统计命令时会将内存使用信息追加到该文件中。

（8）allow-query { localhost; };：设置允许访问 DNS 服务的客户端，此处改为 any 表示任意主机。

（9）allow-transfer { none; };：设置允许接收区域传输的辅助服务器。

（10）recursion yes;：设置是否启用递归式 DNS 服务器。

（11）forwarders { 192.168.0.30; };：设置 DNS 转发器。

（12）forward only;：设置在转发查询前是否进行本地查询，only 表示只进行转发，first 表示先进行本地查询，失败后再转发查询到其他 DNS 服务器。

（13）datasize 100M;：设置 DNS 缓存的大小。

（14）dnssec-enable yes;：启用 DNSSEC 验证，DNSSEC 是为解决 DNS 欺骗和缓存污染而设计的一种安全机制。

（15）dnssec-validation yes;：打开 DNSSEC 验证。

（16）dnssec-lookaside auto;：为验证器提供另外一个能在网络区域的顶层验证 DNS KEY 的方法。

（17）dnssec-accept-expired yes;：接受验证 DNSSEC 签名过期的信号，默认值为 no。

（18）dnssec-must-be-secure yes;：指定验证等级，如果选 yes，named 只接收安全的回应，如果选 no，允许接收不安全的回应。

2. 局部配置

（1）zone "." IN { };：设置根（.）域的配置及信息。

（2）type hint;：设置区域的类型。

（3）file "named.ca";：设置区域文件的名称。

每个 zone 定义一个域的相关信息，并指定从哪个文件中获得 DNS 各个域名的数据文件。当用户访问一个域名时，不考虑 hosts 文件等因素，正常情况会向指定的 DNS 主机发送递归查询请求。如果该 DNS 主机中没有该域名的解析信息那么会不断向上级 DNS 主机进行迭代查询，其中最高等级（权威）的根 DNS 主机有 13 台，记录在 named.ca 文件内，如表 9.1 所示。

表 9.1　named.ca 文件中的 13 台根服务器

名称	管理单位	地理位置	IP 地址
A	INTERNIC.NET	美国-弗吉尼亚州	198.41.0.4
B	美国信息科学研究所	美国-加利弗尼亚州	128.9.0.107
C	PSINet 公司	美国-弗吉尼亚州	192.33.4.12
D	马里兰大学	美国-马里兰州	128.8.10.90
E	美国航空航天管理局	美国-加利弗尼亚州	192.203.230.10

续表

名称	管理单位	地理位置	IP 地址
F	因特网软件联盟	美国-加利弗尼亚州	192.5.5.241
G	美国国防部网络信息中心	美国-弗吉尼亚州	192.112.36.4
H	美国陆军研究所	美国-马里兰州	128.63.2.53
I	Autonomica 公司	瑞典-斯德哥尔摩	192.36.148.17
J	VeriSign 公司	美国-弗吉尼亚州	192.58.128.30
K	RIPE NCC	英国-伦敦	193.0.14.129
L	IANA	美国-弗吉尼亚州	199.7.83.42
M	WIDE Project	日本-东京	202.12.27.33

子任务 2　详解 named.rfc1912.zones 配置文件

为了避免经常修改主配置文件 named.conf 而导致 DNS 服务出错，所以规则的区域信息保存在了/etc/named.rfc1912.zones 文件中，这个文件用于定义域名与 IP 地址解析规则保存的文件位置和区域类型等内容。

1. 区域类型

默认在/etc/named.conf配置文件中有 type　hint;这行内容，说明要指定区域的类型。在 DNS 服务器上可以创建表 9.2 所示的区域类型。

表 9.2　DNS 区域类型

区域类型	类型描述
主要区域（master）	包含相应 DNS 命名空间所有的资源记录，是区域所包含的所有 DNS 域的权威 DNS 服务器。在主要区域中可以创建、修改和删除资源记录。默认情况下区域数据以文本文件格式存放，可以将主要区域的数据存放在活动目录中并且随着活动目录数据的复制而复制
辅助区域（slave）	主要区域的备份，从主要区域直接复制而来，同样包含相应 DNS 命名空间所有的资源记录，是区域所包含的所有 DNS 域的权威 DNS 服务器。和主要区域的不同之处是 DNS 服务器不能对辅助区域进行任何修改。辅助区域数据只能以文本文件格式存放
存根区域（stub）	只从主要区域处复制区域数据库文件中的 SOA（委派区域的起始授权机构）、NS（名称服务器）和 A（地址）记录。在存根区域中只能读取资源记录，不能创建、修改和删除。默认情况下区域数据以文本文件格式存放，不过用户可以和主要区域一样将存根区域的数据存放在活动目录中并且随着活动目录数据的复制而复制
转发区域（forward）	当客户端需要解析资源记录时，DNS 服务器将解析请求转发到其他 DNS 服务器
根区域（hint）	从根服务器中解析资源记录

2. 正反向区域定义格式

DNS 服务器必须能够实现正向解析的功能，正向解析需要正向区域文件的支持才能实现，反向解析需要反向解析文件的支持。正向解析和反向解析区域的定义格式如图 9-5 和图 9-6 所示。在反向区域定义中 IP 信息必须反写，并且后面要写上 in-addr.arpa。

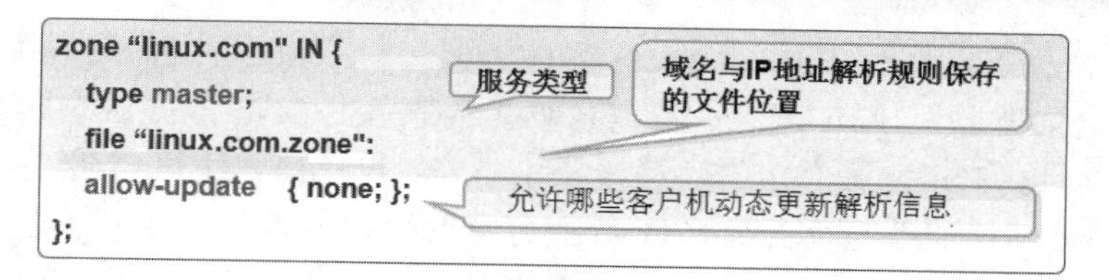

图 9-5　正向解析区域定义格式

```
zone "10.168.192.in-addr.arpa" IN {
    type master;
    file "192.168.10.arpa";
};
```

表示为192.168.10.0/24网段的反向解析区域

图 9-6　反向解析区域定义格式

子任务 3　详解 named.localhost/named.loopback

为实现 localhost 与 127.0.0.1 的转换，需要两个区域解析库文件：/var/named/named.localhost 用来实现正向解析，/var/named/named.loopback 用来实现反向解析。

```
[root@rhel7 ~]# more   /var/named/named.localhost
$TTL 1D
@     IN     SOA   @    rname.invalid. (
                                0       ; serial
                                1D      ; refresh
                                1H      ; retry
                                1W      ; expire
                                3H )    ; minimum
        NS          @
        A           127.0.0.1
        AAAA        ::1
[root@rhel7 ~]# more   /var/named/named.loopback
$TTL 1D
@     IN     SOA @      rname.invalid. (
                                0       ; serial
                                1D      ; refresh
                                1H      ; retry
                                1W      ; expire
                                3H )    ; minimum
        NS          @
        A           127.0.0.1
        AAAA        ::1
        PTR         localhost.
[root@rhel7 ~]#
```

区域配置文件就是 DNS 区域的数据库，主要用来设置各种 DNS 记录。

$TTL 1D 表示 DNS 记录在客户端的默认缓存时间为 1 天，也就是说当客户端从该服务器获得解析结果后，一天之内再次解析该域名时，将会从本地缓存中查找，而无需再次向 DNS 服务器发送请求。

SOA（委派区域的起始授权机构）：此记录用于识别该区域的主要来源 DNS 服务器和其他区域属性。区域配置文件中的第一条记录必须是 SOA 记录，该记录既指明了当前区域的主域名服务器，同时还包含了与从域名服务器之间进行数据同步的一些参数。

SOA 记录的格式：@　IN　SOA　主域名服务器　管理员邮箱地址(序列号；刷新间隔；重

试间隔; 失效间隔; TTL 值;)。其中，@表示当前区域，即区域配置文件是为哪个区域创建的；IN　SOA 表示记录类型为 SOA 记录；主域名服务器是指主 DNS 服务器的 FQDN（完全合格的域名）或 IP 地址，FQDN 最右边的“.”号不能省略，FQDN 名字可以通过在下面创建 A 记录来获得；管理员邮箱地址是负责维护 DNS 服务器的管理员邮箱地址；括号里面的几个默认参数必须保留下来，无论网络中是否存在从域名服务器。

Serial 代表这个 Zone 的序列号，供 Slave DNS 判断是否从 Master DNS 获取新数据。每次 Zone 文件更新都需要修改 Serial 数值。RFC1912 2.2 建议的格式为 YYYYMMDDnn，其中 nn 为修订号。

Refresh 设置 Slave DNS 多长时间与 Master DNS 进行 Serial 核对。目前 Bind 的 notify 参数可以设置每次 Master DNS 更新都会主动通知 Slave DNS 更新，Refresh 参数主要用于 notify 参数关闭时。

Retry 设置当 Slave DNS 试图获取 Master DNS Serial 时，如果 Master DNS 未响应，多长时间重新进行检查。

Expire 将决定 Slave DNS 在没有 Master DNS 的情况下权威地提供域名解析服务的时间长短。

Minimum，在 8.2 版本之前，由于没有独立的$TTL 指令，所以通过 SOA 最后一个字段来实现。但由于 BIND 8.2 后出现了$TTL 指令，该部分功能就不再由 SOA 的最后一个字段来负责，而由$TTL 全权负责，SOA 的最后一个字段专门负责 negative answer ttl（negative caching）。

区域中的第二条记录应该是 NS 记录，用于指明当前区域中的所有域名服务器。该记录的格式为“NS　完全合格的域名或 IP 地址”。

A 记录的格式是“主机名　A　IP 地址”，主机名不需要写成全名，只需要写 www、mail 之类即可，DNS 会自动在主机名称后面加上当前的区域名称当作后缀，形成完全合格的域名。

CNAME 记录，即别名记录，必须要先有 A 记录之后才能创建 CNAME 记录。

MX 记录也必须以 A 记录为基础，同时还必须在 MX 记录中指明邮件服务器的优先级，其格式为“MX　优先级　邮件服务器的 FQDN”。

PTR 为指针记录，仅用于反向解析。

任务 3　解析 DNS 服务配置实例

设置 DNS 客户端 Windows 7 通过虚拟网卡 Vmnet1 与虚拟机 Vmware 中的 RHEL 7 系统双机互通，DNS 服务器地址设置为 RHEL7 系统的 IP 地址 192.168.1.254，如图 9-7 所示。

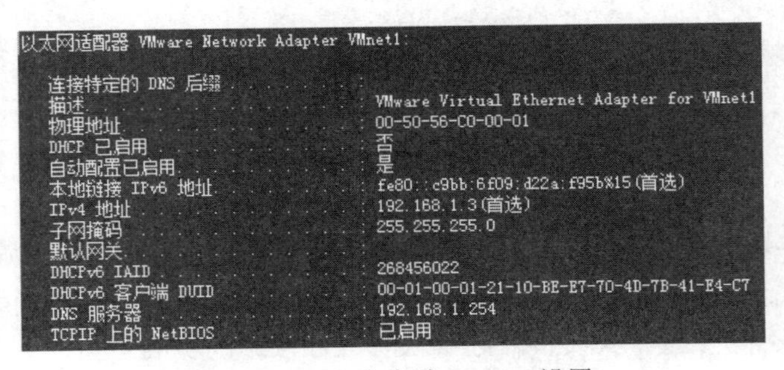
```
以太网适配器 VMware Network Adapter VMnet1:

   连接特定的 DNS 后缀 . . . . . . . :
   描述. . . . . . . . . . . . . . . : VMware Virtual Ethernet Adapter for VMnet1
   物理地址. . . . . . . . . . . . . : 00-50-56-C0-00-01
   DHCP 已启用 . . . . . . . . . . . : 否
   自动配置已启用. . . . . . . . . . : 是
   本地链接 IPv6 地址. . . . . . . . : fe80::c9bb:6f09:d22a:f95b%15(首选)
   IPv4 地址 . . . . . . . . . . . . : 192.168.1.3(首选)
   子网掩码 . . . . . . . . . . . .  : 255.255.255.0
   默认网关. . . . . . . . . . . . . :
   DHCPv6 IAID . . . . . . . . . . . : 268456022
   DHCPv6 客户端 DUID  . . . . . . . : 00-01-00-01-21-10-BE-E7-70-4D-7B-41-E4-C7
   DNS 服务器  . . . . . . . . . . . : 192.168.1.254
   TCPIP 上的 NetBIOS  . . . . . . . : 已启用
```

图 9-7　DNS 客户端 TCP/IP 设置

子任务 1　测试 DNS 正向解析和反向解析

1. 创建正向和反向查找区域

```
[root@rhel7 ~]# vim   /etc/named.rfc1912.zones
...
（以下内容为添加）
zone   "cqcet.net"   IN {
type   master;
file   "cqcet.net.zone";
allow-update   {none;};
};

zone   "1.168.192.in-addr.arpa"   IN {
type   master;
file   "192.168.1.rev";
};
: wq
```

2. 生成正向和反向区域配置文件

```
[root@rhel7 ~]# cp   -p   /var/named/named.localhost   /var/named/cqcet.net.zone
[root@rhel7 ~]# cp   -p   /var/named/named.localhost   /var/named/192.168.1.rev
[root@rhel7 ~]# vim   /var/named/cqcet.net.zone
$TTL 1D
@          IN   SOA    dns.cqcet.net.     root.cqcet.net. (   ;@代表本域，即 cqcet.net
                                          0        ;序列号，主要用于主从 DNS 的同步
                                          1D       ;更新时间
                                          1H       ;重试延时
                                          1W       ;失效时间
                                          3H )     ;最小 TTL
                NS    dns.cqcet.net.               ;域名服务器记录
dns        IN   A     192.168.1.254                ;地址记录（dns.cqcet.net.）
           IN   MX  10    mail.cqcet.net.          ;邮箱交换记录
mail       IN   A     192.168.1.101                ;地址记录（mail.cqcet.net.）
www  IN    A     192.168.1.102                     ;地址记录（www.cqcet.net.）
bbs        IN   A     192.168.1.103                ;地址记录（bbs.cqcet.net.）
web      IN   CNAME    www.cqcet.net.      ;别名记录
: wq
[root@rhel7 ~]# vim   /var/named/192.168.1.arpa
$TTL 1D
@    IN    SOA  dns.cqcet.net.          root.cqcet.net.      (
                      0    ;serial
                      1D   ;refresh
                      1H   ;retry
                      1W   ;expire
                      3H)  ;minimum
     NS         dns.cqcet.net.
254  PTR        dns.cqcet.net.
101  PTR        mail.cqcet.net.
102  PTR        www.cqcet.net.
103  PTR        bbs.cqcet.net.
: wq
[root@rhel7 ~]# systemctl   restart   named
```

3．测试正反向解析

命令 nslookup 用于检测 named 服务的解析能否成功。在 DNS 客户机中进行解析测试，根据域名能够获得 IP 说明正向解析成功，根据 IP 能够获得域名说明反向解析也成功了，如图 9-8 所示。

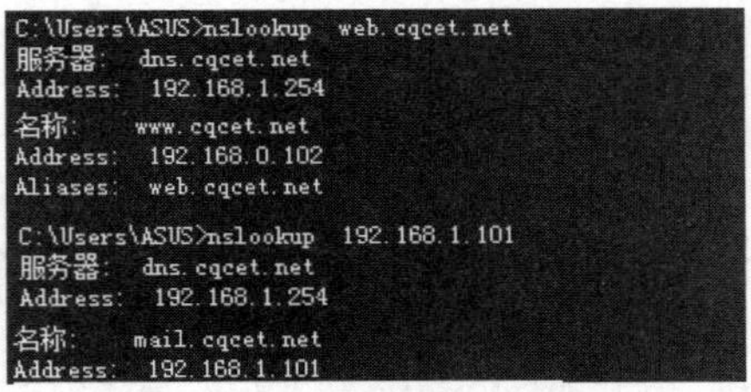

```
C:\Users\ASUS>nslookup  web.cqcet.net
服务器:  dns.cqcet.net
Address:  192.168.1.254

名称:    www.cqcet.net
Address:  192.168.0.102
Aliases:  web.cqcet.net

C:\Users\ASUS>nslookup  192.168.1.101
服务器:  dns.cqcet.net
Address:  192.168.1.254

名称:    mail.cqcet.net
Address:  192.168.1.101
```

图 9-8　正向解析和反向解析成功

子任务 2　部署并测试辅助 DNS 服务器

辅助 DNS 服务器可以从主 DNS 服务器上抓取指定的区域数据文件，起到备份解析记录与负载均衡的作用。

1．修改主 DNS 服务器中的区域信息文件

```
[root@rhel7  ~]# vim  /etc/named.rfc1912.zones
...
zone  "cqcet.net"  IN {
type  master;
file  "cqcet.net.zone";
allow-update  {192.168.1.253;};          ; 设置允许更新区域信息的辅助 DNS 主机
};

zone  "1.168.192.in-addr.arpa"  IN {
type  master;
file  "192.168.1.rev";
allow-update  {192.168.1.253;};
};
: wq
[root@rhel7  ~]# systemctl restart named
```

2．设置另一台 DNS 主机作为辅助 DNS

```
[root@rhel7-2  ~]# ifconfig  eno16777736  192.168.1.253/24  up
[root@rhel7-2  ~]# vim  /etc/named.rfc1912.zones
zone  "cqcet.net"  IN {
type  slave;                         ;请注意服务类型必须是 slave，而不能是 master
masters { 192.168.1.254; };          ;指定主 DNS 服务器的 IP 地址
file  "slaves/cqcet.net.zone";       ;此为缓存到区域文件后保存的位置和名称
};
zone  "1.168.192.in-addr.arpa"  IN {
type  slave;
masters { 192.168.1.254; };
file  "slaves/192.168.1.rev";
};
: wq
[root@rhel7-2  ~]# systemctl  restart  named
```

3. 测试辅助 DNS 是否成功

```
[root@rhel7-2  ~]# ls  /var/named/slaves/
192.168.1.arpa    cqcet.net.zone                //slaves 目录中出现了主服务器中的区域文件
[root@rhel7-2  ~]#vim  /etc/resolv.conf         //将本机设置为 DNS 客户端
# Generated by NetworkManager
nameserver  192.168.1.253
[root@rhel7-2  ~]# nslookup  bbs.cqcet.net
Server:        192.168.1.253
Address:    192.168.1.253#53

Name:      bbs.cqcet.net
Address: 192.168.0.103                          //从辅助 DNS 解析成功
```

子任务 3　部署并测试缓存 DNS 服务器

为了简便，使用单网卡的 RHEL7 既作 DNS 服务器也作 DNS 客户端。网卡采用“桥接模式”桥接到物理网络，实现 Linux 能够访问互联网。

1. 配置缓存服务器的网卡参数

```
[root@rhel7  ~]# ifconfig  eno16777736  192.168.0.101/24  up     //访问互联网使用的地址
[root@rhel7  ~]# route  add  default  gw  192.168.0.1
[root@rhel7  ~]# ifconfig  eno16777736:1  192.168.10.10/24  up  //DNS 服务器使用的地址
```

2. 在缓存服务器的主配置文件中添加缓存转发参数

缓存服务器的配置步骤非常简单，首先安装 bind 服务（yum install named -y），然后使用 vim 编辑主配置文件/etc/named.conf，如图 9-9 所示。

```
options {
        listen-on port 53 { 192.168.10.10; };
        listen-on-v6 port 53 { none; };
        directory       "/var/named";
        dump-file       "/var/named/data/cache_dump.db";
        statistics-file "/var/named/data/named_stats.txt";
        memstatistics-file "/var/named/data/named_mem_stats.txt";
        allow-query     { localnet; };
        forword only;
        forwarders { 114.114.114.114; };
        recursion yes;

        dnssec-enable yes;
        dnssec-validation no;
        dnssec-lookaside auto;

-- 插入 --                                          33,23-30      27%
```

图 9-9　缓存 DNS 主配置文件的设置

allow-query { localnet; }：localnet 是本机的 IP 同掩码运算后得到的网络地址，表示允许该网段中的所有主机提出查询，如 192.168.10.0/24 网段。

allow-query { localhost; }：表示只允许本机提出查询。

forward only：默认没有这一行，它表示服务器就只把客户机的查询转发到其他 DNS 服务器上去，即使其他 DNS 服务器查询失败，也不会从根域开始进行递归查询。此选项只有当 forwarders 列表中有内容的时候才有意义。

forwards {114.114.114.114; }：指令 forwarders 定义了将客户机的查询转发到哪些 DNS 服务器，可以添加多个 DNS 服务器的地址。Cache-only 服务器首先将查询转发给第 1 台 DNS 服务器，如果第 1 台 DNS 服务器没有应答，则会将查询转发给第 2 台 DNS 服务器，依此类推，直到接收到来自 DNS 服务器的确定应答。

recursion yes：表明允许本 DNS 服务器进行递归解析。本次配置的是 Cache Only DNS Server，没有自己的域名数据库，而是将所有查询转发到其他 DNS 服务器处理，所以必须设置为 yes。

sec-validation no：这一行指定在 DNS 查询过程中是否加密，为了加快效率这里设置为 no。

3．测试客户端能否从缓存 DNS 服务器解析成功

将客户端的网卡 DNS 地址指向缓存服务器（192.168.10.10），这里将缓存服务器也用作 DNS 客户机进行测试。

```
[root@rhel7  ~]# vim  /etc/resolv.conf      //设置本机解析使用的 DNS 服务器
# Generated by NetworkManager
nameserver  192.168.10.10
[root@rhel7  ~]# nslookup  www.baidu.com
Server:          192.168.10.10
Address:    192.168.10.10#53

Non-authoritative answer:                    //非权威应答，测试成功
www.baidu.com   canonical name = www.a.shifen.com.
Name:     www.a.shifen.com
Addresses:  14.215.117.38
Name:     www.a.shifen.com
Addresses:  14.215.117.39
```

思考与练习

一、填空题

1. DNS 域名是按________来划分的，Internet 中最初规定的一级域名有 7 个，其中________代表商业机构，________代表教育机构。

2．从工作形式上 DNS 服务器分为________、________、缓存服务器和转发服务器。

3．配置项 recursion yes 表明允许 DNS 服务器进行________。

4．BIND 软件包安装后，系统将创建名为________的用户和用户组，并自动设置相关目录的权属关系。

5．DNS 的正向解析是实现从________到________的查询。

二、判断题

1．区域配置文件中的第一条记录必须是 SOA 记录，该记录既指明了当前区域的主域名服务器，同时还包含了与从域名服务器之间进行数据同步的一些参数。（　）

2．DNS 查询时还会分为递归查询与迭代查询。递归查询，用于客户机向 DNS 服务器查询。迭代查询，用于 DNS 服务器向其他 DNS 服务器查询。（　）

3．缓存 DNS 服务器通常并不在本地数据库保存任何资源记录，一般用于在企业内网中起到加速查询请求和节省网络带宽的作用。（　）

4．CNAME 记录，即别名记录，必须要先有 A 记录之后才能创建 CNAME 记录。

（　）

5．从 DNS 服务器配置文件中定义的区域类型必须设置为 slave，而不能是 master。

（　　）

三、简答题

1．请解释SOA 记录和 NS 记录的功能。
2．请举例说明 DNS 域名解析的工作流程。
3．什么是 DNS 的递归查询和迭代查询？
4．请自行上网了解 DNS 分离解析技术实现怎样的功能？如何实现 DNS 的分离解析？

四、综合题

1．使用区域委派方式能够减轻 DNS 服务器的负担，但是需要添加另外一台 DNS 服务器，相对来说成本较高。而虚拟子域只需在同一台服务器上管理子域，配置比较简单，只需在父域正向区域文件中加入$ORIGIN 即可。现在想在公司内部配置一台 DNS 服务器，将父域和子域的内容都配置在该服务器上，具体参数如下：DNS 服务器 IP 地址为 192.168.0.2，DNS 服务器主机名为 rhel，父域域名为 sh.com，子域域名为 product.sh.com。请自行在网上查资料，完成该 DNS 服务器的配置与测试，请将关键步骤截屏并保存成 Word 文档。

2．在 Linux 主机上，host 和 dig 命令是常用的分析域名查询工具，可以用来测试域名系统工作是否正常。请自行查资料，学习使用这两个命令。

3．在客户端如何测试本机绑定的 DNS 服务器是否能够完成正向解析和反向解析。

4．泛域名解析是指一个域名的子域名都被解析成同一个 IP 地址。例如，使用命令 ping marry.cqcet.cn 和 ping jack.cqcet.cn 均能解析并返回同一个 IP 地址。也就是说，在域名 cqcet.cn 前面加上任意主机名，DNS 服务器都可以解析到同一个 IP 地址上去。泛域名解析在实际使用中的作用是非常广泛的，请自行查资料，学习泛域名解析有什么用途，以及如何实现。

10

DHCP 地址管理服务器的应用与管理

学习目标

- 了解 DHCP 与 BOOTP 的区别与联系
- 了解 DHCP 服务器的功能和工作原理
- 熟悉 DHCP 服务器的基本术语
- 掌握 DHCP 服务器的安装和启停控制
- 掌握 DHCP 服务器的配置和测试

任务导引

DHCP 是 Dynamic Host Configuration Protocol 的缩写，即动态主机配置协议，它的前身是 BOOTP（Internet Bootstrap Protocol），是一种帮助计算机从 DHCP 服务器获取配置信息的自举协议，工作在应用层。在 Linux 的网卡配置中也能看到显示的是 BOOTP，DHCP 引进一个 BOOTP 没有的概念：租约。BOOTP 分配的地址是永久的，而 DHCP 分配的地址是可以有期限的。DHCP 可以说是 BOOTP 的增强版本，它分为两个部分：一个是服务器端，另一个是客户端。所有的 IP 网络设置参数，如 IP、子网掩码、网关、DNS 等，都由 DHCP 服务器集中管理，并负责处理客户端的 DHCP 请求；而客户端则会使用从服务器分配下来的 IP 参数。与 BOOTP 比较，DHCP 通过“租约”的概念动态地分配客户端的 TCP/IP 设置，有效解决了 BOOTP 非常缺乏“动态性”造成的 IP 地址浪费，而且考虑到兼容性，DHCP 也完全照顾了 BOOTP Client 的需求。本项目介绍 dhcpd 服务程序的使用方法，并逐条讲解配置参数，完整演示自动化分配 IP 地址、绑定 IP 地址与 MAC 地址等实验。DHCP 中继代理技术是多个网段共用一台 DHCP 服务器的最佳解决方案，是运维人员必学的实用技术之一。

任务 1　安装 Linux DHCP 服务器

子任务 1　理解动态主机配置协议

1. DHCP 服务架构

DHCP 服务采用 C/S 体系架构，如图 10-1 所示。DHCP 一般不为服务器分配 IP，因为服务器通常要使用固定 IP。DHCP 服务端口是 UDP 67 和 UDP 68，这两个端口是正常的 DHCP 服务端口，可以理解为一个发送，一个接收。546 端口为 DHCP failover 服务，是需要特别开启的服务，一般情况下是不会开启 546 端口的，DHCP failover 用来做“双机热备”，比如有两台服务器，一台出现了故障，那么另一台可以继续接力，不影响正常工作，也称“热备份”。

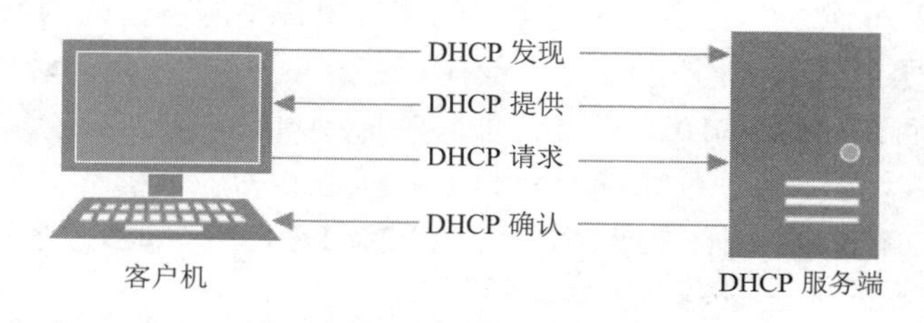

图 10-1　DHCP 的 C/S 体系架构

2. DHCP 客户端请求过程

（1）搜索阶段：客户端广播方式发送报文，搜索 DHCP 服务器。此时网段内所有机器都收到报文，只有 DHCP 服务器返回消息。

（2）提供阶段：众多 DHCP 服务器返回报文信息，并从地址池中找一个 IP 提供给客户端。因为此时客户端还没有 IP，所以返回信息也是以广播的方式返回的。

（3）选择阶段：选择一个 DHCP 服务器，使用它提供的 IP。然后发送广播包，告诉众多 DHCP 服务器，其已经选好 DHCP 服务器以及 IP 地址。此后没有入选的 DHCP 就可以将原本想分配的 IP 分配给其他主机。

客户端选择第一个接收到的 IP。谁的 IP 先到客户端是不可控的。但是如果在配置文件里开启了 authoritative 选项则表示该服务器是权威服务器，其他 DHCP 服务器将失效，如果多台服务器都配置了这个权威选项，则还是竞争机制；通过 MAC 地址给客户端配置固定 IP 也会优先于普通的动态 DHCP 分配。另外 Windows 的 DHCP 服务端回应 Windows 客户端比 Linux 更快。

（4）确认阶段：DHCP 服务器收到回应，向客户端发送一个包含 IP 的数据包，确认租约并指定租约时长。

如果 DHCP 服务器要跨网段提供服务，一样是四步请求，只不过是每一步中间都多了一个路由器和 DHCP 服务器之间的单播通信。当计算机从一个子网移到另一个子网时，找的

DHCP 服务器不同，因为旧的租约还存在，会先续租，新的 DHCP 服务器肯定拒绝它的续租请求，这时将重新开始四步过程。

3. DHCP 常见术语

作用域：一个完整的 IP 地址段，DHCP 服务根据作用域来管理网络的分布、分配 IP 地址及其他配置参数。

超级作用域：用于支持同一物理网络上多个逻辑 IP 地址子网段，包含作用域的列表，并对子作用域统一管理。

排除范围：将某些 IP 地址在作用域中排除，确保这些 IP 地址不会被提供给 DHCP 客户机。

地址池：在定义 DHCP 服务的作用域并应用排除范围后，剩余用来动态分配给 DHCP 客户机的 IP 地址范围。

租约：即 DHCP 客户机能够使用动态分配到的 IP 地址的时间。

预约：保证局域子网中特定设备总是获取到相同的 IP 地址。

4. DHCP 中继代理

如果网络跨越了多个子网，子网之间是由具有多个网络接口的同一台主机相连，在此种情形下 DHCP 服务器可能无法为远在其他子网的客户机提供服务，因为 DHCP 客户端是靠广播形式请求 DHCP 服务器的，而一般情形下，网络接口之间并不会自动转发广播的数据包。要解决以上问题，就必须使用 DHCP 中继代理（Relay Agent）的功能，允许 BOOTP 转发。

通过 DHCP 中继代理，可以使用同一台 DHCP 服务器为多个子网提供 IP 地址，而不需要在每个子网中配置 DHCP 服务器。默认情况下，在安装 DHCP 服务器程序时已经安装了 DHCP 中继代理程序（/usr/sbin/dhcrelay）。

一般情况下，dhcrelay 启动后将监听所有网络接口上的 DHCP 请求并提供中继代理服务，当然也可以让其只监听部分网络接口。为了完成这一工作，要使用命令 dhcrelay 并且拥有 root 的权限，语法格式为：dhcrelay [-p 连接端口] -i 网络接口 DHCP 服务器 IP。

其中，选项-p 用来指定中继代理服务使用的连接端口号，如果没有指定，系统默认使用 UDP 67 号端口；选项-i 最为重要，用来指定为哪些直接与 DHCP 服务器网卡相连的子网提供 DHCP 中继服务。

比如命令 dhcrelay -i eth1 -i eth2 192.168.168.33，表示 DHCP 服务器的 IP 地址是 192.168.168.33，位于与网卡 eth0 直接相连的子网 A 中，通过 DHCP 中继代理服务，使 DHCP 服务器也能够向与网卡 eth1、eth2 相连的子网 B 和子网 C 提供服务。

多个子网相连，更多的情况下采用硬件路由器，而并非具有多个网络接口的主机。在这种情况下，要选用具有 DHCP 中继功能的路由器来支持，以实现跨网段的 IP 地址自动分配。

子任务 2 安装与控制 dhcpd 服务器

1. 安装 DHCP 服务器程序

dhcpd 服务程序用于提供 DHCP 服务，确认镜像挂载且 yum 仓库配置完毕后即可开始安装。

```
[root@rhel7 ~]# yum install dhcp
> Package dhcp.x86_64 12:4.2.5-27.el7 will be installed
………………省略部分安装过程………………
Complete!
```

dhcpd 服务程序与配置文件：主配置文件/etc/dhcp/dhcpd.conf、执行程序/usr/sbin/dhcpd 和/usr/sbin/dhcrelay。

2．启动和检查 DHCP 服务器

```
[root@rhel7  ~]# systemctl  start  dhcpd
[root@rhel7  ~]# systemctl  enable  dhcpd
[root@rhel7  ~]# ps  -e  |grep dhcpd                //查看进程
11904  ?        00:00:02  dhcpd
[root@rhel7  ~]# netstat  -nutap |grep dhcpd        //查看端口
udp        0      0 0.0.0.0:67          0.0.0.0:*             11904/dhcpd
udp        0      0 0.0.0.0:39038       0.0.0.0:*             11904/dhcpd
udp6       0      0 :::8942             :::*                  11904/dhcpd
```

3．设置防火墙开放服务或端口

```
[root@rhel7  ~]# firewall-cmd --add-service=dhcp  --permanent
success
[root@rhel7  ~]# firewall-cmd --permanent --zone=public --add-port=67/udp
success
[root@rhel7  ~]# firewall-cmd --permanent --zone=public --add-port=68/udp
Success
[root@rhel7  ~]# firewall-cmd --reload
success
```

任务 2　详解 DHCP 服务器配置文件

子任务 1　详解 dhcpd.conf 结构和主要参数

有关 DHCP 服务器的配置几乎都集中在/etc/dhcp/dhcpd.conf 中。在 RHEL7 系统中 dhcpd 服务程序的配置文件默认只有注释语句，所以建议先将模板文件/usr/share/doc/dhcp*/dhcpd.conf.example 复制到/etc/dhcp/目录下并改名为 dhcpd.conf，然后再根据需要进行修改。

```
[root@rhel7  ~]# cat  /etc/dhcp/dhcpd.conf
# DHCP Server Configuration file.
# see /usr/share/doc/dhcp*/dhcpd.conf.example
# see dhcpd.conf(5) man page
[root@rhel7  ~]# cp  /usr/share/doc/dhcp*/dhcpd.conf.example  /etc/dhcp/dhcpd.conf  -vf
[root@rhel7  ~]# cat  /etc/dhcp/dhcpd.conf
//第一部分：设置全局配置内容
option domain-name "example.org";
option domain-name-servers ns1.example.org, ns2.example.org;
default-lease-time 600;
max-lease-time 7200;
#ddns-update-style none;
#authoritative;
log-facility local7;

//第二部分：设置局部配置内容
#在下面的这个子网中没有服务，但这个声明可以帮助 DHCP 服务器了解网络的拓扑结构
subnet 10.152.187.0 netmask 255.255.255.0 {
}
#这是一个非常基本的子网声明
subnet 10.254.239.0 netmask 255.255.255.224 {
  range 10.254.239.10 10.254.239.20;
```

```
    option routers rtr-239-0-1.example.org, rtr-239-0-2.example.org;
}
#下面的子网声明允许 BOOTP 客户端获得动态 IP 地址，这不是我们真正推荐的
subnet 10.254.239.32 netmask 255.255.255.224 {
    range dynamic-bootp 10.254.239.40 10.254.239.60;
    option broadcast-address 10.254.239.31;
    option routers rtr-239-32-1.example.org;
}
#一个用于内部子网的略有不同的配置示例
subnet 10.5.5.0 netmask 255.255.255.224 {
    range 10.5.5.26 10.5.5.30;
    option domain-name-servers ns1.internal.example.org;
    option domain-name "internal.example.org";
    option routers 10.5.5.1;
    option broadcast-address 10.5.5.31;
    default-lease-time 600;
    max-lease-time 7200;
}
#需要特殊配置选项的主机可以在主机语句中列出。如果没有指定地址，则将动态地分配地址（如果可能），但是主机
#特定的信息仍然来自主机声明
host passacaglia {
    hardware ethernet 0:0:c0:5d:bd:95;
    filename "vmunix.passacaglia";
    server-name "toccata.fugue.com";
}
#可以为主机指定固定 IP 地址。这些地址也不应列为可用于动态分配的地址。已指定的固定 IP 地址的主机可以使用
#BOOTP 或 DHCP 启动，没有指定固定地址的主机通常只能用 DHCP 启动
host fantasia {
    hardware ethernet 08:00:07:26:c0:a5;
    fixed-address fantasia.fugue.com;
}
//定义类
class "foo" {
    match if substring (option vendor-class-identifier, 0, 4) = "SUNW";
}
//声明类的客户端，然后进行地址分配
#下面的示例显示了在某个类中的所有客户端在 10.17.224/24 子网上获得地址，并且所有其他客户端在 10.0.29 /24
#子网上获得地址
shared-network 224-29 {
    subnet 10.17.224.0 netmask 255.255.255.0 {
        option routers rtr-224.example.org;
    }
    subnet 10.0.29.0 netmask 255.255.255.0 {
        option routers rtr-29.example.org;
    }
    pool {
        allow members of "foo";
        range 10.17.224.10 10.17.224.250;
    },
    pool {
        deny members of "foo";
        range 10.0.29.10 10.0.29.230;
    }
}
```

一个标准的 DHCP 配置文件包括全局配置参数、子网网段声明、地址配置选项和地址配

置参数。全局配置参数用于定义整个配置文件的全局参数，而子网网段声明用于配置某个子网段的地址属性。这些参数如表 10.1 所示。

表 10.1　dhcpd.conf 的主要配置参数

参数	作用
ddns-update-style 类型	定义 DNS 服务动态更新的类型，类型包括 none（不支持动态更新）、interim（互动更新模式）和 ad-hoc（特殊更新模式）
allow/ignore client-updates	允许/忽略客户机更新 DNS 记录
default-lease-time 21600	默认租约时间
max-lease-time 43200	最大租约时间
option domain-name-servers 8.8.8.8	定义 DNS 服务器地址
option domain-name "domain.org"	定义 DNS 域名
range	定义用于分配的 IP 地址池
option subnet-mask	定义客户机的子网掩码
option routers	定义客户机的网关地址
broadcase-address 广播地址	定义客户机的广播地址
ntp-server IP 地址	定义客户机的网络时间服务器（NTP）的地址
nis-servers IP 地址	定义客户机的 NIS 域服务器的地址
hardware 硬件类型 MAC 地址	指定网卡接口的类型与 MAC 地址
server-name 主机名	通知 DHCP 客户机服务器的主机名
fixed-address IP 地址	将某个固定 IP 地址分配给指定主机
time-offset 偏移差	指定客户机与格林尼治时间的偏移差

子任务 2　详解 subnet、host 和 group

1. subnet

DHCP 配置文件使用 subnet 定义作用域，一个网段应该定义一个作用域，作用域的定义采用以下格式：

```
subnet  子网 1  netmask  子网掩码 {
    option  routers  默认网关地址;
    range  [dynamic-bootp]  low-address    [high-address];
    [其他可选的设置]
}
subnet  子网 2  netmask  子网掩码 {
    option  routers  默认网关地址;
    range  [dynamic-bootp]  low-address    [high-address];
    [其他可选的设置]
}
…
```

DHCP 服务器不跨网段提供服务时，它自己的 IP 地址必须要和地址池中的全部 IP 在同一网络中；DHCP 服务器跨网段提供服务时，它自己的 IP 地址必须要和地址池中的一部分 IP 在同一网络中，另一部分提供给其他网段。因为如果自己的 IP 完全不在自己的网络中而只提供其他网段的 IP，更好的做法是将 DHCP 服务器设在那个需要 DHCP 服务的网络中。

2. host

有些机器希望一直使用一个固定的 IP，也就是静态 IP，除了手动进行配置外，DHCP 服务器也可以实现这个功能。DHCP 服务器可以根据 MAC 地址来给这台机器分配固定 IP 地址（保留地址），即使重启或重装了系统也不会改变根据 MAC 地址分配的地址。host 是全局配置，不要将其放入 subnet 的定义中。

```
host 主机名称 {
    hardware   Ethernet   该主机的 MAC 地址;
    fixed-address   欲指定的 IP 地址;
}
```

3. group

DHCP 配置文件使用 group 来将多个需要特殊设置的主机归结为一个组，便于集中设置共同的项，若果要特别设置的主机很少，也可以不用 group，而直接使用 host 语句来指定。

```
group {
     [组中的全局设置]                        //对一个组中的所有主机都起作用的选项
    host   主机名 1 {
        hardware   ethernet   MAC1;        //指定网卡接口的类型与 MAC 地址
        fixed-address   IP1;               //将某个固定 IP 地址分配给指定主机
        [其他可选的设置]
    }
    host   主机名 2 {
        hardware   ethernet   MAC2;
        fixed-address   IP2;
        [其他可选的设置]
    }
    …
}
```

任务 3　解析 DHCP 服务器配置实例

子任务 1　确定子网和相关参数

为了让实验更有挑战性，我们来模拟一个真实环境：在学校内部配置一台 DHCP 服务器，为学校内不超过 100 台客户端自动分配 IP 地址等信息，使其既能访问内网，也能访问互联网。客户端所在网段及相关参数如表 10.2 所示。

表 10.2　客户端所在网段和相关参数要求

参数名称	值
默认租约时间	86400 秒（1 天）
最大租约时间	604800 秒（7 天）
IP 地址范围	192.168.0.50～192.168.0.150
子网掩码	255.255.255.0
网关地址	192.168.0.1

续表

参数名称	值
DNS 服务地址	114.114.114.114
搜索域	cqcet.edu.cn
DNS 动态更新	支持
客户机更新 DNS 记录	忽略
保留 IP 地址	MAC 地址为 00:50:56:C0:00:01 的主机使用 192.168.0.150

设置 DHCP 的 Windows 或 Linux 客户端通过虚拟网卡 Vmnet1 与虚拟机 Vmware 中的 DHCP 服务器（RHEL7 系统）实现双机互通，DHCP 服务器地址必须设置为固定 IP 地址，本次试验设置为 192.168.0.254。

子任务 2　配置 DHCP 服务器端

1. 设置 DHCP 服务器 IP

```
[root@rhel7 ~]# ifconfig eno16777736    192.168.0.254/24    up
```

2. 定制 DHCP 服务器配置文件

```
[root@rhel7  ~]# cp  /usr/share/doc/dhcp-4.2.5/dhcpd.conf.example  /etc/dhcp/dhcpd.conf  -vf
[root@rhel7  ~]# vim  /etc/dhcp/dhcpd.conf
//修改后的内容如下
ddns-update-style   interim;
ignore   client-updates;
subnet   192.168.0.0   netmask   255.255.255.0 {
range   192.168.0.51   192.168.0.150;
option subnet-mask   255.255.255.0;
option routers   192.168.0.1;
option domain-name   "cqcet.edu.cn";
option domain-name-servers 114.114.114.114;
default-lease-time   86400;
max-lease-time   604800;
}
host dxzweb{
hardware Ethernet   00:50:56:C0:00:01;
fixed-address   192.168.0.50;
}              //host 是全局设置，不要放入 subnet 中
```

3. 重新启动 DHCP 服务器程序

```
[root@rhel7  ~]# systemctl  restart  dhcpd
```

子任务 3　配置 DHCP 客户端

DHCP 客户端有多种类型，可以是 Windows 操作系统，也可以是 Linux/UNIX。Linux 下的 DHCP 客户端需要安装 dhclient 软件包，通常默认情况下已经安装。

1. 设置 Windows 客户端

在 Windows 7 的控制面板中，单击“网络和共享中心”图标 网络和共享中心，找到要设置的网卡，在弹出的“Internet 协议版本 4（TCP/IPv4）属性”对话框的“常规”选型卡中选择“自动获得 IP 地址”单选项，如图 10-2 所示。如果 DHCP 还提供 DNS、WINS 等设置，也可以把它们设置为自动获得。

Internet 协议版本 4 (TCP/IPv4) 属性

常规 备用配置

如果网络支持此功能，则可以获取自动指派的 IP 设置。否则，您需要从网络系统管理员处获得适当的 IP 设置。

◉ 自动获得 IP 地址(O)
○ 使用下面的 IP 地址(S):
IP 地址(I):
子网掩码(U):
默认网关(D):

◉ 自动获得 DNS 服务器地址(B)
○ 使用下面的 DNS 服务器地址(E):
首选 DNS 服务器(P):
备用 DNS 服务器(A):

☐ 退出时验证设置(L) 高级(V)...

确定 取消

图 10-2 在 Windows 下配置 DHCP 客户端

设置完成后，先禁用客户端网卡然后再启用，然后执行 ipconfig /all 命令查看从 DHCP 服务器自动获得配置的情况，判断 DHCP 服务器以及客户端是否已经能够正常工作。另外，可以执行 ipconfig /release 命令释放从 DHCP 服务器获得的 IP，执行 ipconfig /renew 命令重新获得 IP 地址。

2. 设置 Linux 客户端

以 root 用户登录，执行命令 nmtui，打开网络配置界面，选择对应网卡后选择 Automatic，如图 10-3 所示。

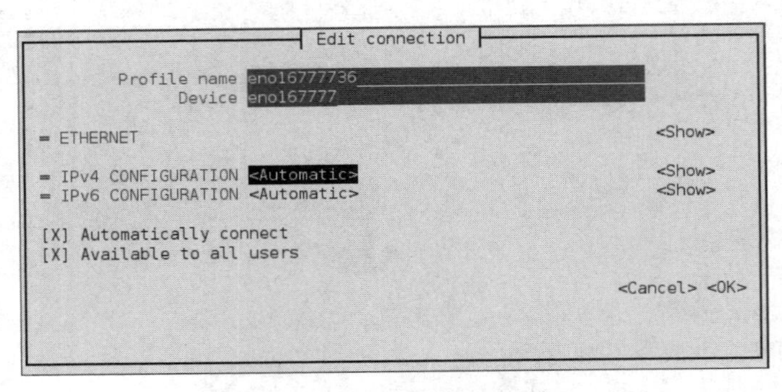

图 10-3 自动获得 IP 设置

使用↓或↑选择并单击 OK 按钮，该图形界面配置工具会将所有设置自动保存为 /etc/sysconfig/network-scripts/ifcfg-eno16777736 配置文件。

```
[root@dhcpclient ~]# more  /etc/sysconfig/network-scripts/ifcfg-eno16777736
TYPE=Ethernet    #网卡类型为以太网卡
DEVICE= eno167777    #网卡设备名称，有可能和 ifcfg-xxx 不一样，可以不设置
BOOTPROTO=dhcp    #网卡的引导协议：DHCP
DEFROUTE=yes              #默认路由：是，不明白的可以百度关键词“默认路由”
IPV4_FAILURE_FATAL=no    #是不开启 IPv4 致命错误检测：否
IPV6INIT=yes    #IPv6 是否自动初始化，由于用不到 IPv6 的地址等，所以可以把它们去掉
IPV6_AUTOCONF=yes
IPV6_DEFROUTE=yes
```

```
IPV6_FAILURE_FATAL=no
NAME=eno16777736  #网络接口名称，即配置文件名后半部分
UUID=7f30ef01-973a-42de-b8c4-5e1bd4aa8cba  #通用唯一识别码，每一个网卡都有，不能重复
ONBOOT=yes  #是否开机启动，要想网卡开机就启动，必须设置为 yes
PEERDNS=yes  #使用来自服务器的信息修改/etc/resolv.conf，若使用 DHCP 则默认值为 yes
PEERROUTES=yes
IPV6_PEERDNS=yes
IPV6_PEERROUTES=yes
```

因此，也可以使用文本编辑器修改配置文件的方法，在/etc/sysconfig/network-scripts/文件夹下创建并打开 ifcfg-eno16777736 文件，并找到其中的 BOOTPROTO = none 行，将其修改为 BOOTPROTO = dhcp 即可。配置项 BOOTPROTO="static"、IPADDR=192.168.0.130、PREFIX=24 用来设置使用静态 IP 地址。

设置完成后，先关闭客户端网卡然后再启动，然后使用 ifconfig 命令查看从 DHCP 服务器获得 IP 地址的情况，判断 DHCP 服务器以及客户端是否已经能够正常工作。DHCP 服务器会把出租出去的 IP 地址信息存放在/var/lib/dhcp/dhcpd.leases 文本文件中，通过查看该文件的内容也可在一定程度上判断其是否已经正常工作。

思考与练习

一、填空题

1．________服务能够自动化管理局域网内的主机 IP 地址，有效提升 IP 地址使用率，提高配置效率，减少管理与维护成本。

2．________技术是多个物理网段共用同一台 DHCP 服务器的最佳解决方案，运维人员必学的实用技术之一。

3．DHCP 中继功能通常由________设备实现，极少用 Linux 主机系统搭建。

4．DHCP 服务器不能跨路由器与客户端通信，除非路由器允许________转发。

5．使用________命令可以设置临时固定 IP 地址，不会保存在配置文件中。

二、判断题

1．DHCP 服务程序能够使局域网内的主机自动且动态地获取 IP 地址、子网掩码、网关地址等信息，提高配置效率，减少管理和维护成本，但不能使客户端自动获得 DNS 服务器地址。（　）

2．DHCP 协议能够保证任何 IP 地址在同一时刻只能由一台 DHCP 客户机使用，并且能够为指定主机分配固定 IP 地址。（　）

3．DHCP 服务的超级作用域用于支持同一物理网络上的多个逻辑 IP 地址子网段，包含作用域的列表，并对子作用域统一管理。（　）

4．DHCP 中继代理可以让每个物理子网不再必须配有一台 DHCP 服务器，而是将请求转发给某一个 DHCP 服务器。（　）

5．DHCP 服务器只能给和服务器同在一个网段的主机自动分配 IP 地址。（　）

6．Windows 的 DHCP 服务端回应 Windows 客户端的速度比 Linux 快。（　）

三、选择题

1．DHCP 客户端获取 IP 地址租约时，首先发送的信息是（　　）。

A．DHCP Discover　　B．DHCP Offer

C．DHCP Request　　D．DHCP Ack

2．DHCP 的主配置文件是（　　）。

A．/usr/share/doc/dhcp-4.2.5/dhcpd.conf.example

B．/etc/dhcp/dhcpd.conf

C．/etc/dhcp/dhcpd

D．/etc/dhcpd.conf

3．想查看当前 Linux 系统中是否已经安装 DHCP 服务，不能实现该功能的命令是（　　）。

A．systemctl　restart　dhcpd　　B．rpm　-q　dhcpd

C．rpm　-q　dhcp　　D．rpm　-qa | grep　dhc

4．DHCP 服务器不能自动分配的客户端网络参数是（　　）。

A．IP 地址和子网掩码　　B．网关 IP

C．主机域名　　D．DNS 服务器 IP

四、综合题

1．假如在一个有 DHCP 服务器且能正常联网的网段内，因为做实验练习的缘故新建立了一台 DHCP 服务器，但这台 DHCP 服务器分配的地址参数不能上网，那么会导致什么后果？为什么？

2．自己动手架设一台 DHCP 服务器并将关键步骤截屏保存，分配 192.16.0.0/24 网段 IP 地址，地址范围是 192.16.0.200～192.16.0.220，网关指向 192.168.0.254，DNS 指向 8.8.8.8，租约时间使用默认值。

3．在 DHCP 服务器上，/var/lib/dhcpd/dhcpd.leases 文件中存放着 DHCP 地址租约数据库，打开该文件可以看到租约的开始时间、终止时间、客户端 MAC、分配出的 IP 等信息，这里的时间不是使用的本地时间，而是格林威治标准时间（GMT）。请在你配置的 DHCP 服务器上打开该文件，找出这些相关信息的位置。

11

Squid 代理服务器的应用与管理

学习目标

- 了解代理服务器的功能与工作流程
- 熟悉正向代理和反向代理
- 熟悉 Squid 配置文件结构和配置项功能
- 熟悉 Squid 访问控制列表格式和功能
- 掌握 Squid 代理服务的安装与启停控制
- 掌握 Squid 匿名正向代理服务器的配置方法

任务导引

代理服务器（Proxy Server），顾名思义就是局域网上不能直接上网的机器将上网请求，比如说浏览某个主页，发给能够直接上网的代理服务器，然后代理服务器代理完成这个上网请求，将它所要浏览的主页调入代理服务器的缓存，再将这个页面传给请求者。代理服务器作为连接 Internet 与 Intranet 的桥梁，好比是网络信息的中转站，在实际应用中发挥着极其重要的作用。它可用于多个目的，最基本的功能是连接，此外还包括提高安全性、缓存、内容过滤、访问控制管理等功能。Linux 系统中可以使用的代理服务器软件很多，但是被广泛应用的只有 Squid、Socket 和 Apache 等。Apache 从 1.1.x 版本开始，包含了一个代理模块，但是用 Apache 作为代理服务器的优势并不明显。本项目从代理缓存服务的工作原理开始讲起，让读者能够清晰理解正向代理（普通模式、透明模式）与反向代理的作用，学会正确使用代理服务器程序部署代理缓存服务，有效提高访问静态资源的效率，降低原服务器的负载。其次还为读者增加了对指定 IP 地址、网页关键词、网址与文件后缀的 ACL 访问限制功能的实验。

任务实施

任务 1　安装 Linux Squid 代理服务器

子任务 1　了解代理服务器的原理与类型

1. 代理服务 Squid 工作流程

Squid 是 Linux 中最为流行的代理服务器软件，其配置相对简单，效率高，支持如 HTTP、FTP、SSL 等多种协议的数据缓存，还支持基于 ACL 访问控制列表和 ARL 访问权限列表功能的内容过滤与权限管理功能，禁止用户访问存在威胁或不适宜的网站资源，尤其适合安装在内存大、硬盘转速快的服务器上。

Squid 通常会被当作网站的前置缓存服务，用于代替用户向网站服务器请求页面数据并进行缓存。通俗地说，Squid 服务程序会接收用户的请求，然后自动去下载指定数据，如网页，并存储在服务器内，当以后用户再来请求相同的数据时，则直接将刚刚存储在服务器本地的数据发给用户，减少了用户的等待时间。Squid 服务工作流程如图 11-1 所示。

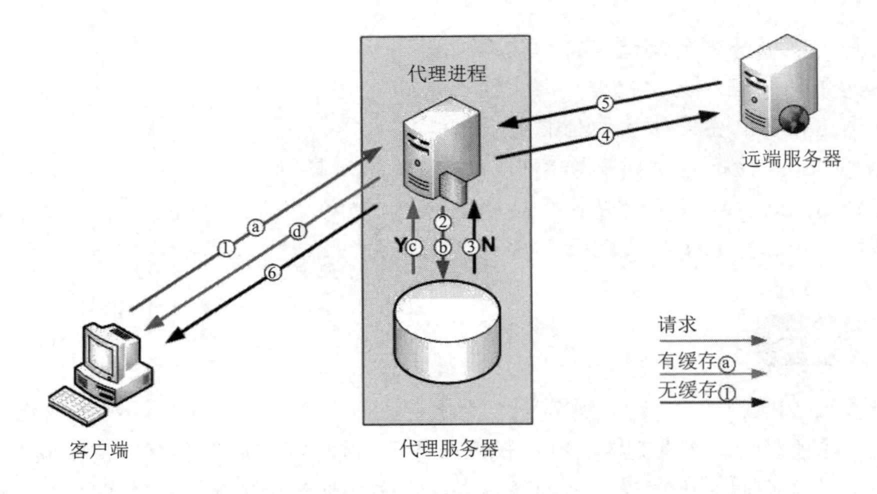

图 11-1　Squid 服务工作流程

（1）当代理服务器中有客户端需要的数据时：

ⓐ客户端向代理服务器发送数据请求。

ⓑ代理服务器检查自己的数据缓存。

ⓒ代理服务器在缓存中找到了用户想要的数据，取出数据。

ⓓ代理服务器将从缓存中取得的数据返回给客户端。

（2）当代理服务器中没有客户端需要的数据时：

①客户端向代理服务器发送数据请求。

②代理服务器检查自己的数据缓存。

③代理服务器在缓存中没有找到用户想要的数据。

④代理服务器向 Internet 上的远端服务器发送数据请求。

⑤远端服务器响应，返回相应的数据。

⑥代理服务器取得远端服务器的数据，返回给客户端，并保留一份到自己的数据缓存中。

在实际环境中，可能还存在上层代理服务器。上层代理服务器下面的代理服务器相当于代理服务器下面的客户机。

2. 正向代理和反向代理

正向代理，让用户可以通过 Squid 服务程序获取网站页面等数据，不但能节省网络带宽资源还能限制访问的页面，具体工作形式又分为标准代理模式和透明代理模式。

标准正向代理模式：将网站的数据缓存在服务器本地，提高数据资源被再次访问时的效率，但用户必须在上网时指定代理服务器的 IP 地址与端口号，否则将不使用 Squid 服务。

透明正向代理模式：功能作用与标准正向代理模式完全相同，但用户不需要指定代理服务器的 IP 地址与端口号，所以这种代理服务对于用户来讲是完全透明的。

反向代理则是为了降低网站服务器负载而设计的。反向代理大多搭建在网站架构中，用于缓存网站的静态数据，如图片、HTML 静态网页、JS、CSS 框架文件等。反向代理服务器负责回应用户对原始网站服务器的静态页面请求，即如果反向代理服务器中正巧有用户要访问的静态资源则直接将缓存的内容发送给用户，减少了对原始服务器的部分数据资源请求。

正向代理和反向代理的区别在于：正向代理对服务端来说，所有访问都是来自于代理服务器；反向代理对客户端来说，代理服务器就是服务端。

子任务 2　安装与启停控制 Squid 服务

1. Squid 服务器软件安装

要配置 Squid 服务器，必须先在 Linux 系统中使用以下命令查看 squid 软件包是否已经安装：

```
[root@rhel7 ~]# rpm   -qa   |grep   squid
[root@rhel7 ~]# yum    install   squid         //安装 squid 软件包
[root@rhel7 ~]# rpm   -ql                      //查询安装 squid 生成的文件及存放位置
```

在 RHEL7 系统中安装 squid-3.3.8-11.el7.x86_64.rpm 软件包后生成了很多文件，其中部分文件及用途如表 11.1 所示。

表 11.1　squid 的相关重要文件

文件类别	文件名称	说明
配置文件	/etc/squid/squid.conf	主配置文件
	/etc/squid/errors	错误报告
	/etc/squid/mib.txt	SQUID-MIB 定义文件
	/etc/squid/mime.conf	定义 TYPE
	/etc/squid/msntauth.conf	MSTN 认证配置文件
文档目录	/usr/share/doc/squid	文档目录的根
缓存目录	/var/spool/squid	缓存根目录

续表

文件类别	文件名称	说明
错误提示	/usr/share/squid/errors	错误语言文件的根目录
应用程序和库文件	/usr/sbin/squid	主应用程序
	/usr/sbin/squidclient	统计客户端程序
	/usr/lib/*_auth	认证库文件
	/usr/lib/squid/cachemgr.cgi	监控 Squid 的 CGI 脚本
日志文件	/var/log/squid/access.log	Squid 访问日志
	/var/log/squid/store.log	缓存中存储对象的日志文件
	/var/log/squid/cache.log	Squid 服务进程的日志文件

2. Squid 服务的启停控制

```
[root@rhel7 ~]# systemctl  start  squid
[root@rhel7 ~]# systemctl  enable  squid
ln -s '/usr/lib/systemd/system/squid.service' '/etc/systemd/system/multi-user.target.wants/squid.service'
[root@rhel7 ~]# netstat -anpt | grep squ
tcp6       0      0 :::3128             :::*                LISTEN      8828/(squid-1)
```

3. 防火墙和 SELinux 设置

```
[root@rhel7 ~]# firewall-cmd  --add-service=squid  --permanent
success                    //通过指定服务名开放 squid 服务，--permanent 选项表示永远生效
[root@rhel7 ~]# firewall-cmd  --zone=internal  --add-port=3128/tcp  --permanent
[root@rhel7 ~]# firewall-cmd  --reload
```

```
[root@rhel7 ~]# semanage  port  -l | grep -w -i squid_port_t
squid_port_t                tcp      3128, 3401, 4827
squid_port_t                udp      3401, 4827
//Squid 服务程序默认会占用 3128、3401 和 4827 端口
[root@rhel7 ~]# setsebool  -P  squid_connect_any  1
```

4. Squid 对硬件的要求

（1）内存短缺会严重影响性能。

（2）硬盘空间也是一个重要因素，更多的硬盘空间意味着更多的缓存目录和更高的命中率。

（3）Squid 需要使用硬盘作为缓存 Cache，所以对硬盘的存取速度要求较高，最好配置万转高速 SCSI 硬盘和磁盘阵列。

任务 2　详解 Squid 服务器配置文件

子任务 1　详解配置文件结构与配置项

默认的/etc/squid/squid.conf 文件内容和文件结构如下，该文件由访问控制列表、参数设置和刷新模式三部分组成，更详细的内容可以参考/usr/share/doc/squid-*/squid.conf.documented 模板文件：

```
[root@rhel7 ~]# more  /etc/squid/squid.conf
//第一部分：访问控制列表
acl localnet src 10.0.0.0/8          # RFC1918 possible internal network
```

```
acl localnet src 172.16.0.0/12                # RFC1918 possible internal network
acl localnet src 192.168.0.0/16               # RFC1918 possible internal network
acl localnet src fc00::/7                     # RFC 4193 local private network range
acl localnet src fe80::/10                    # RFC 4291 link-local (directly plugged) machines

acl SSL_ports port 443
acl Safe_ports port 80          # http
acl Safe_ports port 21          # ftp
acl Safe_ports port 443         # https
acl Safe_ports port 70          # gopher
acl Safe_ports port 210         # wais
acl Safe_ports port 1025-65535  # unregistered ports
acl Safe_ports port 280         # http-mgmt
acl Safe_ports port 488         # gss-http
acl Safe_ports port 591         # filemaker
acl Safe_ports port 777         # multiling http
acl CONNECT method CONNECT

http_access deny !Safe_ports
http_access deny CONNECT !SSL_ports
http_access allow localhost manager
http_access deny manager
#http_access deny to_localhost
http_access allow localnet
http_access allow localhost
http_access deny all

//第二部分：参数设置
http_port   128
#cache_dir ufs /var/spool/squid 100 16 256
coredump_dir /var/spool/squid

//第三部分：刷新模式条目
refresh_pattern     ^ftp:           1440    20%     10080
refresh_pattern     ^gopher:        1440    0%      1440
refresh_pattern     –i(/cgi-bin/|\?)  0     0%      0
refresh_pattern     .               0       20%     4320
```

下面介绍在/etc/squid/squid.conf 文件中可以添加和修改的主要参数。

1．网络设置

（1）http_port　3128：设置 Squid 监听端口为 TCP 的 3128。

（2）icp_port　3130：设置 Squid 发送/接收 ICP 查询时使用的端口。

（3）htcp_port　4827：设置 Squid 发送/接收 HTCP 查询时使用的端口。

2．临近代理设置

cache_peer 参数用来设置与其他代理服务器的关系，用法：<cache_peer> <主机名称> <类别> <http_port> <icp_port> <其他参数>，或<cache_peer_access> <上层 Proxy > <allow|deny> <acl 名称>。

（1）cache_peer　192.168.60.6　parent　3128　3130　no-digest　no-netdb-exchange：表示指定其他代理服务器。192.168.60.6 为上层服务器，http_port 为 3128，icp_port 为 3130，不发出建立摘要表的请求，不交换管理信息。

（2）cache_peer_access　example.com　allow　aclcom：表示用不同的代理服务器获取特

定的目标资源。使用 example.com 服务器去访问 aclcom 中定义的目标主机资源，这里的 aclcom 是用户自己定义的 ACL 名称。

3. 缓存设置

（1）cache_mem 256 MB：设置内存缓冲区的大小，一般为实际内存的 1/3。注意书写格式。

（2）cache_dir ufs /var/spool/squid 100 16 256：设置磁盘缓存目录和大小，ufs 表示缓存格式，/var/spool/squid 表示缓存目录，100 表示磁盘缓存容量 100MB，16 表示最大 16 个二级子目录，256 表示每个二级子目录最大有 256 个三级子目录。

（3）cache_swap_high 95：设置最高缓存百分比。当实际缓存超过 cache_swap_high 设置的百分比时，服务器会开始删除缓存直到百分比下降到 cache_swap_low 的设定值。

（4）cache_swap_low 90：设置最低缓存百分比。当实际缓存超过 cache_swap_high 设置的百分比时，服务器会开始删除缓存数据，直至容量达到 cache_mem 容量的 90%。

（5）maximum_object_size 4096 KB：设置能缓存的最大单个文件的大小。

（6）maximum_object_size_in_memory 8 KB：在内存中单个文件最大缓存大小，超过这个大小将不缓存到内存中。

（7）ipcache_size 1024：设置 IP 地址的最大缓存大小。

（8）fqdncache_size 1024：设置完全合格的域名的最大缓存大小。

4. 日志文件名设置

（1）cache_log /var/log/squid/cache.log：设置缓存日志文件路径。它记录服务器启动、关闭，以及系统相关信息。

（2）cache_store_log /var/log/squid/store.log：网页缓存日志文件路径，记录了网页在缓存中的调用情况。

（3）access_log /var/log/squid/access.log：设置访问日志文件路径，记录了用户访问 Internet 的详细信息，可以查看每个用户的上网记录，格式由 logformat 参数指定。

（4）pid_filename /var/run/squid.pid：设置将 squid 的进程号记录在哪个文件中。

5. 认证设置

（1）auth_param basic children 5：设置鉴权程序的进程数。

（2）auth_param basic realm Squid proxy-caching web server：定义 Web 浏览器显示认证对话框时的领域名称，即用户输入用户名密码时看到的提示信息。

（3）auth_param basic credentialsttl 2 hours：用户通过认证后的有效时间，超出则必须重新认证。

（4）auth_param basic casesensitive off：用户名是否需要匹配大小写。

（5）acl ncsa_users proxy_auth REQUIRED：所有成功鉴权的用户都归于 ncsa_users 组。

（6）http_access allow ncsa_users：允许 ncsa_users 组的用户使用 Proxy。

（7）auth_param basic program /usr/lib/squid/ncsa_auth /etc/squid/squid_passwd：指定密码文件和用来验证密码的程序。

6. 禁止缓存

（1）hierarchy_stoplist cgi-bin ?：出现 cgi-bin 或者 ?的 URL 不予缓存。

（2）hierarchy_stoplist -i ^https:// ?。

（3）acl QUERY urlpath_regex -i cgi-bin /? /.asp /.php /.jsp /.cgi。

（4）acl denyssl urlpath_regex -i ^https://。

（5）no_cache deny QUERY。

（6）no_cache deny denyssl。

上面几条设置遇到 URL 中有包含 cgi-bin 和以 https://开头的都不要缓存，asp、cgi、php 等动态脚本也不要缓存。https://开头的不缓存是因为一般我们进行电子商务交易，例如银行付款等都是采用这个，如果把信用卡号等进行缓存那是很危险的。

7. 超时设置

（1）connect_timeout　1　minute：设置连接超时时间。

（2）peer_connect_timeout　30　seconds：设置与上层服务器之间的连接超时时间。

（3）request_timeout　5　minutes：设置建立连接后请求的超时时间。

（4）persistent_ request_timeout　1　minute：设置持续请求的超时时间。

子任务 2　详解 Squid 访问控制列表

1. 内容格式

Squid 服务支持访问控制，可以控制客户是否能够连接，以及连接后可以使用的资源。使用 acl 命令对不同性质的客户进行分类并赋予名称，然后使用 http_access 命令对某一类客户实施允许还是拒绝的操作。下面给出 Squid 访问控制列表的内容格式，其中类型如表 11.2 所示，时间表示方法如表 11.3 所示，匹配模式如表 11.4 所示，参数-i 使 Squid 不区分大小写。

```
acl          ACL 名称   ACL 类型   [-i]   值|文件
http_access  allow|deny  ACL 名称
```

表 11.2　Squid 访问控制列表类型

ACL 类型	描述
src	源 IP 地址
dst	目的 IP 地址
srcdomain	源域名
dstdomain	目的域名
srcdom_regex	使用正则表达式匹配源域名
dstdom_regex	使用正则表达式匹配目的域名
port	访问端口
proto	请求协议
method	请求方法
url_regex	使用正则表达式匹配特定的一类 URL（网站目录）
urlpath_regex	使用正则表达式匹配特定的一类 URL（网站中的一类页面）
maxconn	最大访问连接数
time	访问时间
arp	客户端 MAC 地址
proxy_auth	通过外部程序进行用户认证
http_status	状态代码

表 11.3　时间表示方法

全称	简写	描述
Monday	M	星期一
Tuesday	T	星期二
Wednesday	W	星期三
Thursday	H	星期四
Friday	F	星期五
Saturday	A	星期六
Sunday	S	星期日

表 11.4　匹配模式

符号	描述
^	匹配数据开头
$	匹配数据结尾
.	匹配任意字符
\	匹配标点符号
[ab]	匹配一个字符：a 或 b
[a~z]	匹配任意一个小写字母
[a~z][0~9]	匹配任意小写字母或数字

2. 配置实例

（1）屏蔽网站 www.sohu.com。

```
acl   acl_1   dstdomain   -i   www.sohu.com
http_access   deny   acl_1
```

（2）禁止下载 Flash 的 ACL。

```
acl   badfiles   urlpath_regex   -i   .swf$
http_access   deny   badfiles
```

（3）禁止 IP 地址为 192.168.0.5 的客户端访问代理服务器。

```
acl   acl_3   src   192.168.0.5
http_access   deny   acl_3
```

（4）禁止来自 sh.com 域的客户端使用代理服务器。

```
acl   acl_4   srcdomain   .sh.com
http_access   deny   acl_4
```

（5）屏蔽所有包含 sex 的 URL 路径。

```
acl   acl_5   rul_regex   -i   sex
http_access   deny   acl_5
```

（6）限制网络 192.168.0.0 的客户端并发的最大连接数为 33。

```
acl   acl_6   src   192.168.0.0
acl   acl_7   maxconn   33
http_access   deny   acl_6   acl_7
```

（7）禁止下载 gif 和 bmp 文件。

```
acl   acl_8   urlpath_regex   -i   \.gif$ \.bmp$
http_access   deny   acl_8
```

（8）禁止用户访问端口 21、80、1000～1024。

```
acl  acl_9  port  21 80 1000-1024
http_access  deny  acl_9
```

（9）允许所有员工只能在周一到周五 9:00～15:00 使用代理服务。

```
acl  acl_10  src  0.0.0.0/0.0.0.0
acl  acl_11  time  MTWHF  9:00-15:00
http_access  allow  acl_10  acl_11
```

（10）禁止通过 HTTP 和 FTP 协议浏览网站。

```
acl  acl_12  proto  HTTP FTP
http_access  deny  acl_12
```

（11）禁止请求方法 GET 和 POST。

```
acl  acl_13  method  GET POST
http_access  deny  acl_13
```

（12）屏蔽所有包含".foo"和".com"的源域名。

```
acl  acl_14  srcdom_regex  -i  \.foo \.com
http_access  deny  acl_14
```

（13）禁止 MAC 地址为 00:0c:29:32:84:5f 的客户端使用代理服务。

```
acl  acl_15  arp  00:0c:29:32:84:5f
http_access  deny  acl_15
```

（14）禁止访问 3721。

```
acl  badurls  dstdomain  -i  www.3721.com  www.3721.net  ownload.3721.com  nsmin.3721.com
http_access  deny  badurls
acl  badkeywords  url_regex  -i  3721.com  721.net
http_access  deny  adkeywords
```

任务 3　解析 Squid 服务器配置实例

子任务 1　构建代理服务虚拟环境

1. 设置双网卡 Linux 服务器

下面将为大家演示如何部署 Squid 服务的正向代理与反向代理。首先我们需要再添加一块网卡设备，主机共有两块网卡，外网卡设置为桥接模式，通过该网卡能够访问互联网，内网卡设置为仅主机模式，如图 11-2 所示。

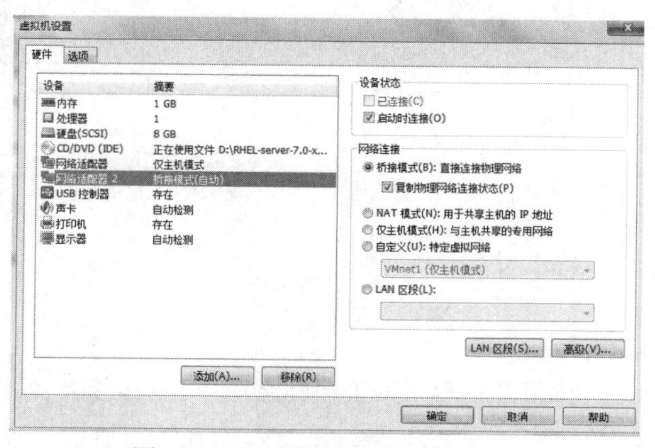

图 11-2　添加并设置两块虚拟网卡

2．配置服务器和客户机 IP 地址

按照表 11.5 所示配置 Linux 服务器和 Windows 客户端 IP 地址，让 Linux 主机能和 Windows 主机双机互通，并且能访问互联网。

表 11.5 Squid 服务器与客户端网卡设置

主机名称	操作系统	IP 地址
服务端	RHEL7 操作系统	外网卡：桥接 DHCP 模式；内网卡：172.16.255.254/16
客户端	Windows 7 操作系统	172.16.0.1/16

```
[root@rhel7 ~]# ifconfig
eno16777736: flags=4163<UP,BROADCAST,RUNNING,MULTICAST>  mtu 1500
        inet 192.168.0.254  netmask 255.255.255.0  broadcast 192.168.0.255
        inet6 fe80::20c:29ff:fe43:f8e3  prefixlen 64  scopeid 0x20<link>
        ether 00:0c:29:43:f8:e3  txqueuelen 1000  (Ethernet)
        RX packets 1682  bytes 208476 (203.5 KiB)
        RX errors 0  dropped 0  overruns 0  frame 0
        TX packets 227  bytes 19575 (19.1 KiB)
        TX errors 0  dropped 0 overruns 0  carrier 0  collisions 0

eno33554984: flags=4163<UP,BROADCAST,RUNNING,MULTICAST>  mtu 1500
        inet 172.16.255.254  netmask 255.255.0.0  broadcast 172.16.255.255
...
[root@rhel7 ~]# ping  172.16.0.1  -c2
PING 172.16.0.1 (172.16.0.1) 56(84) bytes of data.
64 bytes from 172.16.0.1: icmp_seq=1 ttl=64 time=0.954 ms
64 bytes from 172.16.0.1: icmp_seq=2 ttl=64 time=0.596 ms

--- 172.16.0.1 ping statistics ---
2 packets transmitted, 2 received, 0% packet loss, time 1005ms
rtt min/avg/max/mdev = 0.596/0.775/0.954/0.179 ms
[root@rhel7 ~]# ping  www.baidu.com  -c2
PING www.a.shifen.com (111.13.100.91) 56(84) bytes of data.
64 bytes from 111.13.100.91: icmp_seq=1 ttl=53 time=56.8 ms
64 bytes from 111.13.100.91: icmp_seq=2 ttl=53 time=63.7 ms

--- www.a.shifen.com ping statistics ---
2 packets transmitted, 2 received, 0% packet loss, time 1002ms
rtt min/avg/max/mdev = 56.830/60.313/63.796/3.483 ms
[root@rhel7 ~]# rpm  -qa |grep squi
squid-3.3.8-11.el7.x86_64
[root@rhel7 ~]# more  /etc/passwd  |grep squ
squid:x:23:23::/var/spool/squid:/sbin/nologin
[root@rhel7 ~]# setenforce 0
[root@rhel7 ~]# systemctl stop firewalld
```

子任务 2　配置匿名正向代理服务器

1．规划代理服务器参数

在公司内部配置一台 Squid 服务器，为公司网络内的客户端提供代理上网服务，具体参数如表 11.6 所示。

表 11.6　Squid 服务器配置参数

参数要求	参数描述
Squid 服务器 IP 地址	172.16.255.254/16
Squid 服务器监听端口	3128
Squid 服务管理员邮箱地址	root@dzx.net
内存缓冲区大小	512MB
磁盘缓存目录和大小	/var/spool/squid，容量大小 20480MB，一级子目录 16 个，二级子目录 256 个
缓存日志文件	/var/log/squid/cache.log
网页缓存日志文件	/var/log/squid/store.log
访问日志文件	/var/log/squid/access.log
Squid 进程所有者	squid
Squid 进程所属组	squid
DNS 服务器 IP 地址	8.8.8.8，一般不设置，用服务器默认的 DNS 地址
可见计算机主机名	prox.dzx.net，设置 Squid 服务主机的名称
允许使用代理服务的网络	172.16.0.0/16

2．编辑服务器配置文件

```
[root@rhel7 ~]# vim /etc/squid/squid.conf
acl localnet src 10.0.0.0/8
acl localnet src 172.16.0.0/12
acl localnet src 192.168.0.0/16
acl localnet src fc00::/7
acl localnet src fe80::/10

acl SSL_ports port 443
acl Safe_ports port 80
acl Safe_ports port 21
acl Safe_ports port 443
acl Safe_ports port 70
acl Safe_ports port 210
acl Safe_ports port 1025-65535
acl Safe_ports port 280
acl Safe_ports port 488
acl Safe_ports port 591
acl Safe_ports port 777
acl CONNECT method CONNECT

http_access deny !Safe_ports
http_access deny CONNECT !SSL_ports
http_access allow localhost manager
http_access deny manager
#http_access deny to_localhost
http_access allow localnet
http_access allow localhost
http_access deny all
```

```
http_port    3128
cache_mem    512    MB

cache_dir    ufs    /var/spool/squid 20480 16 256
cache_log    /var/log/squid/cache.log
cache_access_log    /var/log/squid/access.log
cache_store_log    /var/log/squid/store.log
cache_mgr    root@dzx.net
cache_effective_user    squid
cache_effective_group    squid
dns_nameservers    8.8.8.8
visible_hostname    prox.dzx.net
coredump_dir    /var/spool/squid

refresh_pattern    ^ftp:              1440  20%   10080
refresh_pattern    ^gopher:           1440  0%    1440
refresh_pattern    -i  (/cgi-bin/|\?)  0    0%    0
refresh_pattern    .                  0     20%   4320
[root@rhel7 ~]# squid    -k    parse              //测试配置文件语法是否正确
[root@rhel7 ~]# systemctl    restart    squid
```

3. 打开内核路由转发功能

```
[root@rhel7 ~]# sysctl -a |grep net.ipv4.ip_f
net.ipv4.ip_forward = 0
[root@rhel7 ~]# echo "net.ipv4.ip_forward = 1" >> /etc/sysctl.conf
[root@rhel7 ~]# sysctl -p
net.ipv4.ip_forward = 1
[root@rhel7 ~]# sysctl -a |grep net.ipv4.ip_f
net.ipv4.ip_forward = 1
```

4. 本机测试 Squid 服务

```
[root@rhel7 ~]# curl    -x 172.16.255.254:3128    www.baidu.com
<!DOCTYPE html>
<!--STATUS OK--><html> <head><meta http-equiv=content-type content=text/html;charset=utf-8><meta http-equiv=X-UA-Compatible content=IE=Edge><meta content=always name=referrer><link rel=stylesheet type=text/css href=http://s1.bdstatic.com/ r/www/cache/bdorz/baidu.min.css><title>百度一下，你就知道</title>
...
京 ICP 证 030173 号  <img src=//www.baidu.com/img/gs.gif> </p> </div> </div> </div> </body> </html>
[root@rhel7 ~]# netstat -anpt | grep squ
tcp        0      0 192.168.0.254:53302      183.232.231.173:80      ESTABLISHED 8828/(squid-1)
tcp6       0      0 :::3128                  :::*                    LISTEN      8828/(squid-1)
[root@rhel7 ~]# systemctl stop squid
[root@rhel7 ~]# curl    -x 172.16.255.254:3128    www.baidu.com
curl: (7) Failed connect to 172.16.255.254:3128; 拒绝连接
```

5. 配置 Squid 客户端

（1）标准正向代理。当 Squid 服务程序顺利启动后，默认即可使用标准正向代理模式。在该种模式下，Windows 客户端只需设置 IP 地址、子网掩码即可，网关和 DNS 可以不作设置。在 Windows 7 系统中打开浏览器后依次单击“工具”→“Internet 选项”，如图 11-3 所示。

在“Internet 选项”对话框中单击“连接”→“局域网设置”，打开如图 11-4 所示的“局域网（LAN）设置”对话框，填写 Squid 服务器的 IP 地址和端口号，然后尝试访问互联网网站。

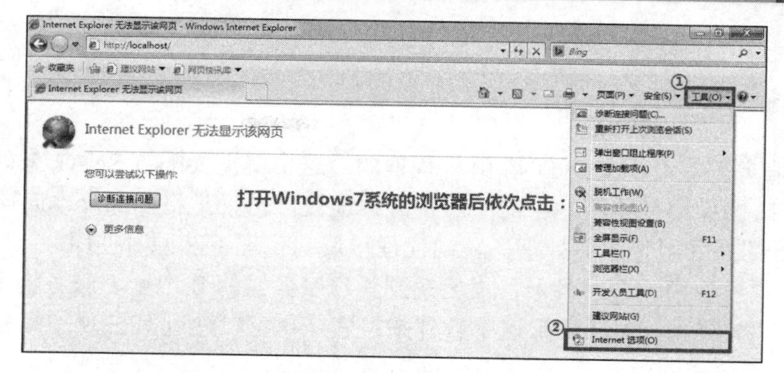

图 11-3　IE 浏览器的“Internet 选项”

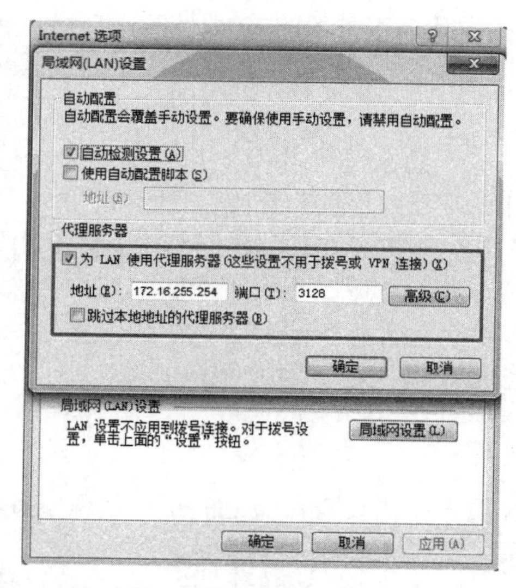

图 11-4　设置代理服务器

（2）透明正向代理。Linux 网关提供透明代理服务，局域网可以通过透明代理访问 Internet 中的网站。在使用透明正向代理服务时，无须再修改客户端浏览器选项，但必须将客户端的网关 IP 指向 Squid 服务器，可以不设置 DNS。然后，尝试访问互联网网站，会发现失败，无法解析目标主机的域名。原来 Squid 服务程序是不支持 DNS 解析代理的，这个就需要配置 SNAT。关于 SNAT 技术，可以参考查阅防火墙的相关内容，这里就不讲解了。

思考与练习

一、填空题

1．Squid 服务程序是一款在类 UNIX 系统中最为流行的高性能________软件。

2．________是为了降低网站服务器负载而设计的，大多搭建在网站架构中，用于缓存网站的静态数据，如图片、HTML 静态网页、JS、CSS 框架文件等。

3．Squid 服务支持访问控制，可以控制客户是否能够连接以及连接后可以使用的资源。使用________命令对不同性质的客户进行分类并赋予名称，然后使用________命令对某一类客户实施允许还是拒绝的操作。

二、判断题

1．Squid 服务程序是不支持 DNS 解析代理的，这个就需要配置 SNAT 来处理。（　）

2．反向代理的作用是将网站中的静态资源本地化，也就是将一部分本应该由原始服务器处理的请求交给 Squid 缓存服务处理，正向代理与反向代理不能同时使用。（　）

3．普通用户要使用代理服务器，需要找到代理服务器的 IP地址、服务类型及所用端口，可以使用“代理猎手Proxy Hunter”这个软件来搜索，也可以通过第三方代理发布网站获取。（　）

4．标准正向代理模式是将网站的数据缓存在服务器本地，提高数据资源被再次访问时的效率，但用户必须在上网时指定代理服务器的 IP 地址和端口号，否则将不使用 Squid 服务。（　）

三、简答题

1．什么是正向代理，什么是反向代理？正向代理分哪两类，有什么区别？

2．什么是代理服务器？代理服务器在计算机网络中有什么用？

3．请写出禁止 QQ 通过 Squid 代理上网的配置指令。

4．请写出禁止用户访问域名包含有 sex 关键字的 URL。

5．什么是 squid？其默认端口是什么，如何更改其监听端口？

四、综合题

1．请自行查找资料，配置一个需要身份验证的正向代理服务器，即客户端在使用该服务器时需要输入用户名和密码。

2．配置反向代理服务器，实现 Web 服务器加速。假设 Web 服务器的域名为 example.net，监听端口为 80，Squid 服务器的域名为 example.org，监听端口为 3128。在 Squid 服务器设置完成后，客户端直接访问http://example.org:3128即可获得 Web 服务器上的数据。

3．你为一家公司工作，管理员要求你通过 Squid 代理服务器阻止某些域。你应该怎样做？

4．Squid 可以用作网络缓存守护进程，是否可以清除其缓存？如果可以，怎样清除？

项目 11

12

电子邮件服务器的应用与管理

- 了解电子邮件系统的作用和构成
- 了解 DNS 在电子邮件系统中的作用
- 熟悉 MUA、MTA、MDA 和 MRA 的功能
- 掌握电子邮件系统相关软件的安装和管控
- 熟悉电子邮件系统重要配置文件的重要配置项
- 掌握电子邮件系统的配置和邮件收发测试

任务导引

1971 年由美国国防部资助的 ARPANET 科研项目遇到了严峻问题——参与科研项目的科学家在不同的地方工作，不能及时分享各自的研究成果，迫切地需要一种能够借助网络并且建立在计算机之间的传输数据的方法。当时麻省理工学院的 Ray Tomlinson 博士也是 ARPANET 项目的科研成员，当年秋天他使用软件 SNDMSG 向自己的另一台计算机发出了人类历史上第一封电子邮件，即 E-mail。电子邮件系统与大多数的网络应用协议有本质的不同，例如前面讲过的文件传输协议，FTP 服务程序就像拨打电话一样，需要对方当前也保持在线，否则会报错连接超时。但电子邮件的发送者则并不需要等待投递工作完成，因为如果对方服务器死机了，则会将要发送的内容自动地暂时保存到本地，检测到对方服务器恢复后再次投递，方便了信息的交流。本项目从电子邮局系统的组成角色开始讲起，介绍 MUA、MTA、MDA 和 MRA 的作用，SMTP、POP3 与 IMAP4 邮局协议，Sendmail 和 Dovecot 等程序的安装和使用方法，并逐条分析配置参数，完整演示部署电子邮局系统以及设置用户别名邮箱的方法。

任务 1　部署电子邮件系统运行环境

子任务 1　了解电子邮件的工作过程

1. 电子邮件的发送和接收过程

电子邮件系统，即 Electronic mail system，E-mail。日常应用中，用户 A 从 QQ 邮箱发送邮件到用户 B 的 163 邮箱的详细过程可以用图 12-1 表示。下面对图示的 6 个步骤分别进行说明。

（1）用户 A 的电子邮箱为xx@qq.com，通过邮件客户端软件写好一封邮件，交到 QQ 的邮件服务器，这一步使用的协议是 SMTP，对应图示中的①。

（2）QQ 邮箱服务器会根据用户 A 发送的邮件进行解析，也就是根据收件地址判断是否是自己管辖的账户，如果收件地址也是 QQ 邮箱，那么会直接存放到自己的存储空间。这里收件地址不是 QQ 邮箱，而是 163 邮箱，QQ 邮箱会将邮件转发到 163 的邮箱服务器，转发使用的协议也是 SMTP，对应图示中的②。

（3）163 邮箱服务器接收到 QQ 邮箱转发过来的邮件，也会判断收件地址是否是自己，发现是自己的账户，那么就会将 QQ 邮箱转发过来的邮件存放到自己的内部存储空间，对应图示中的③。

（4）用户 A 将邮件发送了之后，就会通知用户 B 去指定的邮箱收取邮件。用户 B 会通过邮件客户端软件先向 163 邮箱服务器请求，要求收取自己的邮件，对应图示中的④。

（5）163 邮箱服务器收到用户 B 的请求后，会从自己的存储空间中取出 B 未收取的邮件，对应图示中的⑤。

（6）163 邮箱服务器取出用户 B 未收取的邮件后，将邮件发给用户 B，对应图示中的⑥。

最后三步用户 B 收取邮件的过程使用的协议是 POP3 或 IMAP。

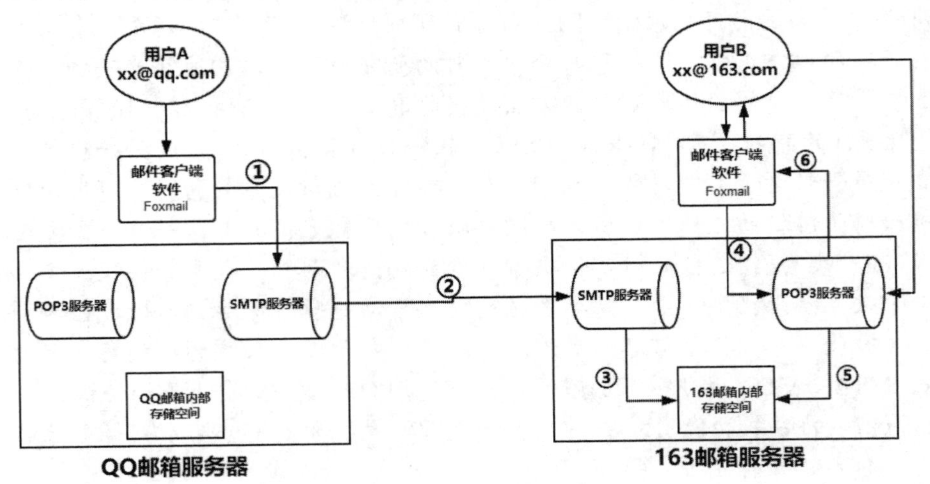

图 12-1　电子邮件收发过程

2. 邮件系统的构成和基本概念

（1）电子邮件服务器。用户想要在网上收发邮件，必须要有专门的邮件服务器。邮件服务器我们可以假想为现实生活中的邮局。如果按功能划分，邮件服务器可以划分为以下两种类型：

- SMTP 邮件服务器：替用户发送邮件和接收外面发送给本地用户的邮件，对应图 12-1 中的①和②。它相当于现实生活中邮局的邮件接收部门，可接收普通用户要投出的邮件和其他邮局投递进来的邮件。
- POP3/IMAP 邮件服务器：帮助用户读取 SMTP 邮件服务器接收进来的邮件，对应图 12-1 中的⑥。它相当于专门为前来取包裹的用户提供服务的部门。

（2）电子邮箱。电子邮箱也称为 E-mail 地址，比如用户 A 的 xx@qq.com 和用户 B 的 xx@163.com。用户能通过 E-mail 地址标识自己发送的电子邮件，同时也可以通过这个地址接收别人发来的电子邮件。电子邮箱需要到邮件服务器上进行申请，也就是说，电子邮箱其实就是用户在邮件服务器上申请的账户。邮件服务器会把接收到的邮件保存到为该账户所分配的邮箱空间中，用户通过用户名密码登录到邮件服务器查收该地址已经收到的邮件。一般来讲，邮件服务器为用户分配的邮箱空间是有限的。

（3）邮件客户端软件。我们可以直接在网站上进行邮件收发，也可以用邮件客户端软件，比如常见的 Foxmail 和 Outlook Express。邮件客户端软件通常集邮件撰写、发送和接收功能于一体，主要用于帮助用户将邮件发送给 SMTP 邮件服务器和从 POP3/IMAP 邮件服务器读取用户的电子邮件。

（4）邮件传输协议。电子邮件需要在邮件客户端和邮件服务器之间，以及两个邮件服务器之间进行传递，那就必须要遵守一定的规则，这个规则就是邮件传输协议。所有的邮件服务器和邮件客户端软件程序都是基于下面这些协议编写的。

- SMTP 协议：全称为 Simple Mail Transfer Protocol（简单邮件传输协议），它定义了邮件客户端软件和 SMTP 邮件服务器之间，以及两台 SMTP 邮件服务器之间的通信规则，占用 TCP 25 端口。
- POP3 协议：全称为 Post Office Protocol（邮局协议），它定义了邮件客户端软件和 POP3 邮件服务器之间的通信规则，占用 TCP 110 端口。
- IMAP 协议：全称为 Internet Message Access Protocol（Internet 消息访问协议），它是对 POP3 协议的一种扩展，也定义了邮件客户端软件和 IMAP 邮件服务器之间的通信规则，占用 TCP 143 端口。

（5）MUA、MTA 和 MDA。电子邮件系统可以抽象为 4 个组成部分：MUA、MTA、MDA 和 MRA。

- MUA（Mail User Agent，邮件用户代理）：是用在客户端的软件，客户端的计算机无法直接收发邮件，需要通过 MUA 传递信件，通过各个操作系统提供的 MUA 才能够使用邮件系统。MUA 的主要功能就是接收邮件服务器上的电子邮件，并提供用户浏览与编写邮件的功能。目前，主流的用户代理软件有基于 Windows 平台的 Outlook、Foxmail 等和基于 Linux 平台的 mail、pine、mutt 和 Evolution 等。
- MTA（Mail Transfer Agent，邮件传输代理）：是用在邮件服务器上的软件，负责用户寄信与收信。不过需要注意，MTA 会将信件送给目的地的 MTA 而不是目的地的

MUA。用户使用的是 MUA，而信件仅会送达 MTA 主机上，收、发信件时都需要通过 MTA 帮忙处理，所以用户在使用邮件编辑器 MUA 将数据编辑完毕之后，单击“发送”按钮，并且成功送到 MTA 之后，接下来的事情就是 MTA 的工作了，跟用户的 Client 端计算机没有关系。常用的 MTA 有 Sendmail 和 Postfix。

- MDA（Mail Delivery Agent，邮件投递代理）：工作在邮件服务器上，将 MTA 接收的信件依照信件的流向（送到哪里）放置到本机账户下的邮件文件中（收件箱），或者再经由 MTA 将信件送到下一个 MTA，即邮件中继。如果信件的流向是到本机，这个邮件代理的功能就不只是将由 MTA 传来的邮件放置到每个用户的收件箱，还可以具有邮件过滤（filtering）的功能，可以通过 MDA 邮件分析功能将信件丢弃，也可以自动回复一封，让寄件人知道你的状态。常用的 MDA 有 Procmail 和 Dropmail，RHEL 7 默认使用的是 Procmail。Mailbox 即“收件箱”，是在邮件服务器上的一个目录下某个人专门用来接收信件的文件夹。举个例子，系统管理员 root 在默认情况下会有个信箱，默认的文件就是/var/spool/mail/root 文件（每个账号都会有一个自己的信箱），然后当 MTA 收到 root 的信件时，就会将该信件存到/var/spool/mail/root 文件中，用户可以通过程序将这个文件里的信件数据读取出来。
- MRA（Mail Receive Agent，邮件接收代理）：工作在邮件服务器上，负责实现 IMAP 和 POP3 协议，与 MUA 进行交互，用于支持客户端从服务器读取邮件。RHEL 7 系统上默认使用的是开源的 Dovecot。Dovecot 是一个安全性较好的 POP3/IMAP 服务器软件，响应速度快而且扩展性好。POP3/IMAP 是 MUA 从邮件服务器中读取邮件时使用的协议。其中，POP3 是从邮件服务器中下载邮件，而 IMAP 是将邮件留在服务器端直接对邮件进行管理、操作。Dovecot 使用 PAM 方式（Pluggable Authentication Module，可插拔认证模块）进行身份认证，以便识别并验证系统用户，通过认证的用户才允许从邮箱中收取邮件。对于 RPM 方式安装的 dovecot，会自动建立该 PAM 文件。

3. 电子邮件系统的中继服务

前面讲到了邮件转发的流程，实际上邮件服务器在接收到邮件以后，会根据邮件的目的地址判断该邮件是发送至本域还是外部，然后再分别进行不同的操作，常见的处理方法如下：

（1）本地邮件发送。当邮件服务器检测到邮件发往本地邮箱时，如 liteng@cqcetli.net发至 luxianzhi@ cqcetli.net，处理的方法非常简单，直接将邮件发往指定的邮箱。

（2）邮件中继发送。一个服务器处理的邮件分为两类：一类是外发的邮件，另一类是接收的邮件。前者是本域用户通过服务器要向外部用户转发的邮件，后者是发给本域用户的。

邮件中继是指用户通过服务器将邮件转发到组织外的用户。不受限制的组织外中继叫开放式中继，即无验证的用户也可提交中继请求。

由服务器提交的开放中继不是从客户端直接提交的，所以这种中继被称为第三方中继。比如李腾的域是 A，他通过 B 域的服务器 b 中转自己的邮件到 C 域的用户张三，这在服务器 b 上看到的连接请求来源于 A 域的服务器 a，不是发送邮件的客户李腾，这就属于第三方中继。

（3）邮件认证机制。如果在邮件服务器上关闭了开放中继，则该邮件服务器只能在组织的域内使用。如果启用了开放中继，那么很容易导致垃圾邮件的泛滥。作为折中，邮件认证机制要求用户在发送邮件时必须提交账号和密码，邮件服务器验证该用户是授权的合法用户后才允许转发邮件。

4. 域名解析服务和 MX 记录

在电子邮件系统的架构中通常必须存在一个域名解析服务器 DNS，原因是邮件格式通常情况下有两种：abc@xyz.com和abc@mail.xyz.com。前者“用户名@域名”是最常见的格式，后者“用户名@主机名”是最为确切的表示，但不常用。在第一种表示方式中，域并不代表一个特定的主机，所以还不知道邮件服务器的主机名是哪一个，而在 DNS 中可以通过 MX 记录标明一个域的邮件服务器地址。所以在第一种情况下，发送邮件的时候还要通过 DNS 去查找该域下的邮件服务器的地址。

在本书中，为了能够实际部署一个电子邮局系统，需要使用到以下软件：Sendmail（实现邮件的接收和中转，即 SMTP）、Dovecot（实现邮件的收取，即 POP3 和 IMAP）、Foxmail（客户端收发邮件的工具）。硬件上需要两台主机：一台 Linux 主机，同时安装邮件服务器软件 Sendmail、Dovecot 和 DNS 服务器软件 bind；一台 Windows 7 主机（192.168.11.2），作为电子邮件用户端，安装软件 Foxmail。

```
[root@rhel7 ~]# ifconfig   eno33554984   192.168.11.254/24   up       //设置邮件服务监听的 IP
[root@rhel7 ~]# ifconfig   eno33554984:1   192.168.11.252/24          //设置 DNS 服务监听的 IP
```

子任务 2 安装与开启 sendmail 服务

1. 安装 sendmail 服务器程序

```
[root@rhel7 ~]# yum   install   sendmail   -y
………………省略安装过程………………
[root@rhel7 ~]#yum   install   m4   -y
[root@rhel7 ~]#yum   install   sendmail-cf   -y
[root@rhel7 ~]# rpm   -ql   sendmail            //查询安装 sendmail 软件包生成的文件
```

2. 切换 MTA 让 sendmail 随系统启动

RHEL 7 默认已经安装了同功能的 postfix，所以需要切换 MTA。为了避免和服务冲突，建议直接禁止运行 postfix，执行#systemctl mask postfix.service。

```
[root@rhel7 ~]# alternatives   --config   mta

共有 2 个提供“mta”的程序。

  选项      命令
-----------------------------------------------
 + 1              /usr/sbin/sendmail.postfix
*   2              /usr/sbin/sendmail.sendmail

按 Enter 保留当前选项[+]，或者键入选项编号：2
[root@rhel7 ~]# systemctl   start   sendmail.service
[root@rhel7 ~]# systemctl   enable   sendmail.service
[root@rhel7 ~]# systemctl   mask   postfix.service
ln -s '/dev/null' '/etc/systemd/system/postfix.service'
[root@rhel7 ~]# netstat   -antu |grep   :25                    //SMTP 使用 25 号端口
Active Internet connections (servers and established)
Proto   Recv-Q   Send-Q   Local Address              Foreign Address         State
tcp           0          0    192.168.11.254:25            0.0.0.0:*               LISTEN
```

/usr/sbin/sendmail 程序支持许多命令参数，对我们来说，最重要的是-bd 参数，它表示将

sendmail 作为一个守护进程来运行：sendmail -bd -q1h，-q1h 表示每隔一个小时发送一次邮件，类似地，-q15m 是 15 分钟，等等。

子任务 3　安装与开启 Dovecot 服务

Sendmail 是一个 MTA，只提供 SMTP 服务。尽管邮件服务器可以用 SMTP 发送、接收邮件，但是邮件客户端只能用 SMTP 发送邮件，接收邮件一般用IMAP或者POP3。RHEL 7 中，有两个软件可以同时提供 POP3 和 IMAP 服务：dovecot 和 cyrus-imapd，这里选择 dovecot。

1．安装 Dovecot 软件包

这里选择使用 dovecot 作为接收邮件服务器。通常情况下，都是将 STMP 服务和 POP3/IMAP 服务安装在同一台电子邮件服务器主机上。

```
[root@rhel7 ~]# yum   install   dovecot   -y
………………省略安装过程………………
[root@rhel7 ~]# rpm   -ql   dovecot              //查询 dovecot 安装生成的文件
```

2．让 dovecot 服务随系统启动

```
[root@rhel7 ~]# systemctl   start   dovecot
[root@rhel7 ~]# systemctl   enable   dovecot
ln -s '/usr/lib/systemd/system/dovecot.service' '/etc/systemd/system/multi-user.target.wants/dovecot.service'
[root@rhel7 ~]# netstat   -antu |grep 110          //POP3 使用 110 端口
tcp        0      0      192.168.11.254:110       0.0.0.0:*          LISTEN
[root@rhel7 ~]# netstat   -antu |grep 143          //IMAP 使用 143 端口
tcp        0      0      192.168.11.254:143       0.0.0.0:*          LISTEN
```

任务 2　配置 SMTP 邮件服务器 Sendmail

子任务 1　详解 Sendmail 主要配置文件

1．/etc/mail/sendmail.cf 和 sendmail.mc

Sendmail 服务器的第一个配置文件是主配置文件 sendmail.cf，该文件决定了 Sendmail 的属性，定义了 Sendmail 服务器在哪一个域上工作以及开启哪些验证机制。文件内容是特定宏语言编写，都是计算机自动生成的。由于该配置文件太过复杂，所以提供了文件模板 sendmail.mc，通过编辑模板文件再使用 m4 命令将结果导入，降低了配置的复杂度。在 sendmail.mc 中，以 dnl 开头的行是注释行，它为用户配置参数起到解释说明的作用，不会被系统执行。

```
[root@rhel7 ~]# more   /etc/mail/sendmail.mc    |grep   -v   "^dn"
//Sendmail.mc 文件的最前面几行完成一些辅助工作
divert(-1)dnl                                    //在生成配置文件时删除额外的输出
include('/usr/share/sendmail-cf/m4/cf.m4')dnl    //将 Sendmail 所需的规则包含进来
VERSIONID('setup for linux')dnl                  //指出配置文件是针对 RedHat Linux，可以设为任意值
OSTYPE('linux')dnl                               //必须设置为 linux 以获得 Sendmail 所需文件的正确位置
define('confDEF_USER_ID', "8:12")dnl
define('confTO_CONNECT', '1m')dnl
define('confTRY_NULL_MX_LIST', 'True')dnl
define('confDONT_PROBE_INTERFACES', 'True')dnl
define('PROCMAIL_MAILER_PATH', '/usr/bin/procmail')dnl
define('ALIAS_FILE', '/etc/aliases')dnl
```

```
define('STATUS_FILE', '/var/log/mail/statistics')dnl
define('UUCP_MAILER_MAX', '2000000')dnl
define('confUSERDB_SPEC', '/etc/mail/userdb.db')dnl
define('confPRIVACY_FLAGS', 'authwarnings,novrfy,noexpn,restrictqrun')dnl
define('confAUTH_OPTIONS', 'A')dnl
define('confTO_IDENT', '0')dnl
//FEATURE 宏用于设置一些特殊的 sendmail 特性
FEATURE('no_default_msa', 'dnl')dnl
FEATURE('smrsh', '/usr/sbin/smrsh')dnl
FEATURE('mailertable', 'hash -o /etc/mail/mailertable.db')dnl
FEATURE('virtusertable', 'hash -o /etc/mail/virtusertable.db')dnl
FEATURE(redirect)dnl
FEATURE(always_add_domain)dnl
FEATURE(use_cw_file)dnl
FEATURE(use_ct_file)dnl
FEATURE(local_procmail, '', 'procmail -t -Y -a $h -d $u')dnl
FEATURE('access_db', 'hash -T<TMPF> -o /etc/mail/access.db')dnl
FEATURE('blacklist_recipients')dnl
EXPOSED_USER('root')dnl
DAEMON_OPTIONS('Port=smtp,Addr=127.0.0.1, Name=MTA')dnl
FEATURE('accept_unresolvable_domains')dnl
LOCAL_DOMAIN('localhost.localdomain')dnl
MAILER(smtp)dnl
MAILER(procmail)dnl
```

（1）define('confDEF_USER_ID', "8:12")dnl：指定 Sendmail 使用的用户 ID 为 8，组 ID 为 12。

（2）define('confTO_CONNECT', '1m')dnl：设置等待连接的最长时间为 1 分钟。

（3）define('confTRY_NULL_MX_LIST', 'True')dnl：如果 MX 记录指向本机，那么 Sendmail 直接连接到远程计算机。

（4）define('confDONT_PROBE_INTERFACES', 'True')dnl：Sendmail 不会自动将服务器的网络接口视为有效地址。

（5）define('PROCMAIL_MAILER_PATH', '/usr/bin/procmail')dnl：设置 procmail 的存储路径。

（6）define('ALIAS_FILE', '/etc/aliases')dnl：设置邮件别名的存储路径，如果有必要 Sendmail 将自动重建别名数据库。

（7）define('STATUS_FILE', '/var/log/mail/statistics')dnl：设置邮件状态文件的存储路径。

（8）define('UUCP_MAILER_MAX', '2000000')dnl：设置基于 UUCP 的 Mailer 处理信息的最大限制为 2MB。

（9）define('confUSERDB_SPEC', '/etc/mail/userdb.db')dnl：设置用户数据库文件的路径。

（10）define('confTO_IDENT', '0')dnl：设置等待接收 IDENT 查询响应的超时值，默认为 0，表示永不超时。

（11）FEATURE('smrsh', '/usr/sbin/smrsh')dnl：Smrsh 定义/usr/sbin/smrsh 作为 Sendmail 用来接受命令的简单 shell。

（12）FEATURE('mailertable', 'hash -o /etc/mail/mailertable.db')dnl：设置 mailertable 数据库的存储路径，为特定的域指定特殊的路由规则。

（13）FEATURE('virtusertable', 'hash -o /etc/mail/virtusertable.db')dnl：设置虚拟邮件域数据库 virtusertable 的存储路径。

（14）FEATURE(redirect)dnl：允许拒绝接收已移走的用户的邮件并提供其新地址。

（15）FEATURE(always_add_domain)dnl：always_add_domain 在所有发送的邮件上为主机名添加本地域名。

（16）FEATURE(use_cw_file)dnl：表明 Sendmail 使用/etc/mail/local-host-names 文件为该邮件服务器提供另外的主机名。

（17）FEATURE(use_ct_file)dnl：表明 Sendmail 使用/etc/mail/trusted-users 文件提供可信用户名，可信用户可用另一个用户名发送邮件而不会收到警告消息。

（18）FEATURE(local_procmail, '', 'procmail -t -Y -a $h -d $u')dnl：设置用于递送本地邮件的命令（procmail）及其选项（$h:hostname、$u:user name）。

（19）FEATURE('access_db', 'hash -T<TMPF> -o /etc/mail/access.db')dnl：设置访问数据库的位置，该数据库指出允许哪些主机通过此服务器中继邮件。

（20）FEATURE('blacklist_recipients')dnl：启用服务器为所选用户、主机或地址阻塞接收邮件的功能。access_db 和 blacklist_recipients 特性对防止垃圾邮件有用。

（21）EXPOSED_USER('root')dnl：禁止伪装发送者地址中出现 root 用户。

（22）DAEMON_OPTIONS('Port=smtp,Addr=127.0.0.1, Name=MTA')dnl：允许接收本地主机创建的邮件，如果要允许接收从 Internet 或其他网络接口（如局域网）传入的邮件，一定要启用此行。

（23）FEATURE('accept_unresolvable_domains')dnl：启用 accept_unresolvable_domains，使得能够接收域名不可解析的主机发送来的邮件。如果有需要使用邮件服务器的客户机（如拨号计算机），则启用该选项。关闭该选项有助于防止垃圾邮件。

（24）LOCAL_DOMAIN('localhost.localdomain')dnl：设置本地邮箱的域名。

（25）MAILER(smtp)dnl：指定 Sendmail 所有 SMTP 发送者，包括 smtp、esmtp、smtp8 和 relay。

（26）dnl define('SMART_HOST','smtp.your.provider')dnl：指定邮件服务器中继。

（27）dnl define('confTRUSTED_USER'，'SMMSP')dnl：将 smmsp 添加到 Sendmail 的可信用户列表中，其他的可信用户是 root、uucp、daemon（smmsp 用户被赋予部分 Sendmail 假脱机目录和邮件数据库文件的所有权）。

（28）dnl define('confTO_QUEUEWARN', '4h')dnl：设置邮件发送被延期多久之后向发件人发送通知消息，默认为 4 小时。

（29）dnl define('confTO_QUEUERETURN', '5d')dnl：设置多长时间返回一个无法发送消息。

2. /etc/mail/submit.cf 和 submit.mc

/etc/mail/submit.mc 和/etc/mail/submit.cf 配置文件也是 Sendmail 服务器的重要文件，它们之间的关系与 sendmail.cf 和 sendmail.mc 类似。submit.cf 是由文件 submit.mc 编译产生的，以下是 submit.mc 文件的解释。

```
[root@rhel7 ~]# more    /etc/mail/submit.mc    |grep    -v    "#"    |grep    -v    "^dn"|grep    -v    "^$"
divert(-1)
divert(0)dnl
sinclude('/usr/share/sendmail-cf/m4/cf.m4')dnl
VERSIONID('linux setup')dnl
define('confCF_VERSION', 'Submit')dnl
define('__OSTYPE__','')dnl dirty hack to keep proto.m4 from complaining
define('_USE_DECNET_SYNTAX_', '1')dnl support DECnet
```

```
define('confTIME_ZONE', 'USE_TZ')dnl
define('confDONT_INIT_GROUPS', 'True')dnl
define('confPID_FILE', '/run/sm-client.pid')dnl
FEATURE('use_ct_file')dnl
FEATURE('msp', '[127.0.0.1]')dnl
```

（1）define('confCF_VERSION', 'Submit')dnl：使用 define 定义了配置版本。

（2）define('__OSTYPE__','')dnl：经过 proto.m4 程序的检查，将_OSTYPE_的值置空。

（3）define('_USE_DECNET_SYNTAX_', '1')dnl：提供对 DECNET 的支持。

（4）define('confTIME_ZONE', 'USE_TZ')dnl：定义系统时区。

（5）define('confDONT_INIT_GROUPS', 'True')dnl：表示禁止使用 INIT_GROUPS 程序。

（6）define('confPID_FILE', '/run/sm-client.pid')dnl：定义 Sendmail 客户端进程号的保存位置。

（7）FEATURE('use_ct_file')dnl：加载信任的用户名单。

（8）FEATURE('msp', '[127.0.0.1]')dnl：定义 msp 的 IP 地址。

3. /etc/mail/local-host-names

在/etc/mail/sendmail.mc 文件中有配置行 FEATURE(use_cw_file)dnl，设置 Sendmail 读取/etc/mail/local-host-names 文件的内容，并将这个文件的内容看作本地主机名。

local-host-names 配置文件对 Mail 服务器而言十分重要，可以用它来实现虚拟域名或多域名支持。必须在该文件中定义收发邮件的主机名称和主机别名，否则无法收发邮件。初始状态下 local-host-names 文件中没有内容，用户可以在该文件中添加适当的内容，如下：

```
[root@rhel7 ~]# vim   /etc/mail/local-host-names
# local-host-names - include all aliases for your machine here.
cqcet.edu.cn
mail.cqcet.edu.cn
mymail.cn
www.cqcet.edu.cn
~
:wq                              //命令 wq 保存并退出 vim
```

MTA 通常通过邮件的送信人地址或者域名来判断是否接收和转送。文件中存的这些列表表示 Sendmail 允许接收这些主机或域发送的邮件，修改完该文件后还需要重新启动 Sendmail 才能使其生效。

4. /etc/mail/access

Access 文件用于控制邮件中继（RELAY）和邮件的进出管理。当 Sendmail 从任意 MTA 收到一封邮件时，首先检查收信地址。如果@后面的部分和本机文件/etc/mail/local- host-names 里的一条匹配则尝试将其本地邮件保存，无匹配项时则尝试将该邮件转发给外部 MTA。邮件接收和转发机制是 MTA 最重要的部分，如果设置有问题邮件服务器很可能成为垃圾邮件的中转站，所以有必要熟悉这部分的设置方法。

默认情况下，SMTP 不需要经过身份验证，任何用户都可以通过 Telnet 连接到邮件服务器的 25 号端口并发送邮件。为了避免不必要的麻烦，Sendmail 中的默认配置直接禁止其他主机利用本地 Sendmail 服务器投递邮件。

在/etc/mail/sendmail.mc 配置文件中有以下两行默认设置：FEATURE('access_db', 'hash -T<TMPF> -o /etc/mail/access.db')dnl 表示设置 Sendmail 读取/etc/mail/access.db 文件的内容，并根据文件中的配置决定是否中继邮件；FEATURE('blacklist_recipients')dnl 表示将 Access 数据

库中定义的规则应用到源地址和目的地址中。

/etc/mail/access.db 是一个散列表数据库，可以通过 makemap 命令将文本文件/etc/mail/access 转换生成，因此实际修改时先改/etc/mail/access，然后转换。

/etc/mail/access 文件的每一行是一个设置项，格式为“标签:设置对象 IP 地址或域名　空格或 Tab　制约关键字”。地址字段的格式如表 12.1 所示。

表 12.1　access 文件地址字段及其含义

格式	举例	说明
domain	cqcet.edu.cn	一个特定域内的所有主机
IP address	192.168.0	一个特定网段内的所有主机
	192.168.0.2	一个特定的 IP 地址
username@domain	liteng@cqcet.edu.cn	一个特定的邮箱地址
username@	liteng@	一个特定用户的邮箱地址

不加标签的默认为 Connect，另外标签还可以指定为 From 和 To。Connect：检查对象为域名或 IP。From：检查对象为送信人地址，这里注意送信人地址和收信人地址是可以伪装的，所以送信人地址和送信服务器地址不一定一致，所以 From 的设置有时是必要的。To：检查对象为收信人地址，设置理由和方法同 From。下面是 From 的 3 个设置例子和一个该文件的配置举例。

```
From:spam@obenrispam.com    REJECT                //拒绝某人发来的邮件
From:obenrispam.com                 REJECT        //拒绝从 obenrispam.com 发来的所有邮件
From:spam@                                REJECT  //拒绝所有名字叫 spam 的邮件，无论来自哪个域
```

```
[root@rhel7 ~]# vim   /etc/mail/access
Connect:localhost.localdomain                RELAY
Connect:localhost                            RELAY
Connect:127.0.0.1                            RELAY
//默认设置表示来自本地的客户端允许使用 Mail 服务器收发邮件，以下内容为添加
192.168.2                                    REJECT
192.168.2.100                                OK
//拒绝 192.168.2.0 网段发送邮件，但允许 192.168.2.100 发送邮件。OK 表示无条件接收
~
:wq                          //命令 wq 保存并退出 vim
[root@rhel7 ~]# makemap   hash   /etc/mail/access.db   < /etc/mail/access
//映射类型常用 hash 数据库格式
```

5．/etc/aliases

在/etc/mail/sendmail.mc 配置文件中有一行默认设置：define('ALIAS_FILE', '/etc/aliases')dnl，表示设置 Sendmail 读取配置文件/etc/aliases 中的内容。/etc/aliases 文件用来实现别名和群发的功能。文件配置项的格式为“别名:真实用户名 1,[真实用户名 2] …”。

为了优化查找，Sendmail 为别名记录建立了一个哈希表数据库/etc/aliases.db，通过执行 #newaliaes 命令生成。

（1）为 user1 账号设置别名 zhangsan，为 user2 账号设置别名 lisi。发送给 zhangsan 和 lisi 的邮件实际上分别由 user1 和 user2 收到。

```
[root@rhel7 ~]# vim   /etc/aliases
…                                  //添加以下两行内容
```

```
zhangsan:user1
lisi:user2
~
:wq
[root@rhel7 ~]# newaliases
```

（2）财务部的每一个成员都在邮件系统中拥有一个真实的账号：account1、account2、account3、account4，发给财务部 account_group 的信件财务部的所有人都会收到，其他部门无法收到。

```
[root@rhel7 ~]# vim   /etc/aliases
…                                        //以下为添加的内容
account_group: account1, account2, account3, account4
~
:wq
[root@rhel7 ~]# newaliases
```

6. /etc/mail/userdb

在 Sendmail 主配置文件/etc/mail/sendmail.mc 中有一行默认设置：define('confUSERDB_SPEC', '/etc/mail/userdb.db')dnl，表示设置 Sendmail 读取配置文件/etc/mail/userdb.db，从而对入站地址和出站地址进行改写。相比/etc/aliases.db 而言，/etc/mail/userdb.db 的功能更加强大，多出了改写出站地址的功能。

（1）入站地址改写，配置项格式为"入站地址:maildrop　被改写的入站地址"。这实际上就是 Access 数据库的功能。例如在 Access 中有一行：lrj:smond，就等价于在 userdb 文件中添加一行：lrj:maildrop smond。

（2）出站地址改写，配置项格式为"出站地址:mailname　被改写的出站地址"。这是 Access 数据库不能实现的功能。例如 lrj:mailname smond，将 lrj 用户所有发送的邮件的发件人改为 smond。

```
[root@rhel7 ~]# vim   /etc/mail/userdb
zhangsan:maildrop    root
//将发给 zhangsan 的邮件发给 root，类似在/etc/aliase 文件中添加 zhangsan: root
zhangsan:mailname   root@cqcet.edu.cn
//将用户 zhangsan 发送的所有邮件都改写为 root@cqcet.edu.cn
~
:wq
[root@rhel7 ~]# makemap   btree   /etc/mail/userd.db   < /etc/mail/userdb
```

/etc/mail/userdb.db 是一个散列表数据库，通过执行命令#makemap btree /etc/mail/userd.db < /etc/mail/userdb 生成。/etc/mail/userdb 文件默认不存在，需要手工创建。

子任务 2　详解 Sendmail 服务器配置实例

在公司内部部署一台 Sendmail 服务器，为公司网络内部的客户端计算机提供邮件收发服务，具体参数要求如下：DNS 域名为 cqcetli.net；DNS 服务器 IP 地址为 192.168.11.252；Sendmail 服务器 IP 地址为 192.168.11.254；Sendmail 服务器 MX 记录为 mail.cqcetli.net；公司网络为 192.168.11.0/24；能够给公司全体员工群发邮件。

1. 修改 DNS 相关配置文件

在 Linux 主机上设置两个 IP 地址：Sendmail 邮件服务器侦听地址 192.168.11.254、DNS 服务器侦听地址 192.168.11.252，使用 Windows 7 作为邮件服务器的客户端主机。若要为用户提供 cqcetli.net 域的电子邮局系统，则需要先在 DNS 服务器中增加 A 记录和 MX 记录：@ IN MX 10 mail.cqcetli.net 和 mail IN A 192.168.11.254，这样配置解析记录后，主机名即为 mail.cqcetli.net，而邮件域为@cqcetli.net。

```
[root@rhel7 ~]# vim    /etc/named.conf
...
listen-on port 53 { 192.168.11.252; };
allow-query        { any; };
...
~
:wq
[root@rhel7 ~]# vim    /etc/named.rfc1912.zones
...
zone   "cqcet.net"   IN {
type   master;
file   "cqcet.netli.zone";
allow-update   {none;};
};
~
:wq
[root@rhel7 ~]# vim   /var/named/cqcet.net.zone
$TTL 1D
@          IN   SOA   dns.cqcetli.net.    root.cqcetli.net. (
                                              0          ; serial
                                              1D         ; refresh
                                              1H         ; retry
                                              1W         ; expire
                                              3H )       ; minimum
@       IN   NS        dns.cqcetli.net.

dns   IN   A          192.168.11.252
mail   IN   A          192.168.11.254
@     IN    MX    10   mail.cqcetli.net.
~
:wq
[root@rhel7 ~]# systemctl   restart   named
[root@rhel7 ~]# vim   /etc/resolv.conf
nameserver   192.168.11.252
~
:wq
[root@rhel7 ~]# host   -t mx cqcetli.net           //验证邮件交换器的设置
cqcet.net mail is handled by 10 mail.cqcetli.net.
[root@rhel7 ~]# nslookup   -q=mx   cqcetli.net
Server:             192.168.11.252
Address:            192.168.11.252#53

cqcet.net          mail exchanger = 10 mail.cqcetli.net.
[root@rhel7 ~]# nslookup   dns.cqcetli.net           //验证 DNS 正向解析
Server:             192.168.11.252
Address:            192.168.11.252#53

Name:    dns.cqcetli.net
Address: 192.168.11.252
```

2. 修改 sendmail.mc 并重新生成 sendmail.cf

修改/etc/mail/sendmail.mc，将 DAEMON_OPTIONS('Port=smtp,Addr=127.0.0.1,Name=MTA') dnl 和 LOCAL_DOMAIN('localhost.localdomain')dnl 指定邮件服务器的侦听地址范围以及邮件服务器所在的本地域，也可以设置为 0.0.0.0 表示侦听所有 IP 地址。

```
[root@rhel7 ~]# vim    /etc/mail/sendmail.mc
...
DAEMON_OPTIONS('Port=smtp,Addr=192.168.11.254, Name=MTA')dnl
LOCAL_DOMAIN('cqcetli.net')dnl
~
:wq
[root@rhel7 ~]# m4   /etc/mail/sendmail.mc   >   /etc/mail/sendmail.cf   //不安装 sendmail-cf 会报错。
```

3. 修改 access 文件设置邮件中继

修改/etc/mail/access 文件，添加允许 Sendmail 服务器接收和发送邮件的网络、域或主机域名。

```
[root@rhel7 ~]# vim    /etc/mail/sendmail.mc
...                                   //以下为增加的
cqcetli.net                                    RELAY
mail.cqcetli.net                               RELAY
192.168.11.0/24                                RELAY
~
:wq
[root@rhel7 ~]# makemap   -r   hash    /etc/mail/access.db    < /etc/mail/access
```

邮件中继服务的实验需要有两块网卡的 Linux 主机，涉及网络数据转发问题，所以要打开数据转发选项 net.ipv4.ip_forward=1 并使用 route 命令设置路由让两个公司之间的 MTA 能够互通。

4. 修改 local-host-names 文件

修改/etc/mail/local-host-names 文件，添加 Sendmail 服务器允许接收和转发邮件的本地主机名称或域。

```
[root@rhel7 ~]# vim   /etc/mail/local-host-names
# local-host-names - include all aliases for your machine here.
cqcetli.net
mail.cqcetli.net
~
:wq
```

5. 修改 hosts 文件

修改/etc/hosts 文件，在该文件的末尾添加邮件服务器的 IP 地址、主机名和 FQDN 映射信息。需要先修改/etc/hosts 文件，否则在后面执行# newaliases 命令时会出现以下错误提示：WARNING: local host name (rhel7) is not qualified; see cf/README: WHO AM I? /etc/aliases: 77 aliases, longest 38 bytes, 814 bytes total。

```
[root@rhel7 ~]# vim   /etc/hosts
127.0.0.1       localhost   localhost.localdomain   localhost4   localhost4.localdomain4
::1             localhost   localhost.localdomain   localhost6   localhost6.localdomain6
192.168.11.254  rhel7     mail.cqcetli.net
~
:wq
```

6. 修改/etc/aliases 设置群发别名

修改/etc/aliases 文件，添加邮件列表，以便发送电子邮件时只需输入一个邮件地址，即可让 Sendmail 服务器将邮件发送给多个人。

```
[root@rhel7 ~]# vim    /etc/aliases
…
stud:zhangsan,lisi,wangwu                      //可列出公司所有的账户名
~
:wq
[root@rhel7 ~]# newaliases
/etc/aliases: 77 aliases, longest 38 bytes, 814 bytes total
```

7. 重新启动 Sendmail 让新配置生效

```
[root@rhel7 ~]# systemctl restart    sendmail.service
[root@rhel7 ~]# systemctl status    sendmail.service
sendmail.service - Sendmail Mail Transport Agent
    Loaded: loaded (/usr/lib/systemd/system/sendmail.service; enabled)
    Active: active (running) since 日 2018-08-26 12:25:19 CST; 15s ago
  Process: 18558 ExecStart=/usr/sbin/sendmail -bd $SENDMAIL_OPTS $SENDMAIL_OPTARG (code=exited,
  status=0/SUCCESS)
  Process: 18553 ExecStartPre=/etc/mail/make aliases (code=exited, status=0/SUCCESS)
  Process: 18551 ExecStartPre=/etc/mail/make (code=exited, status=0/SUCCESS)
  Main PID: 18569 (sendmail)
   CGroup: /system.slice/sendmail.service
           └─18569 sendmail: accepting connections

8 月 26 12:24:19 rhel7 systemd[1]: Starting Sendmail Mail Transport Agent...
8 月 26 12:25:19 rhel7 systemd[1]: PID file /run/sendmail.pid not readable (yet?) after start.
8 月 26 12:25:19 rhel7 sendmail[18569]: starting daemon (8.14.7): SMTP+queueing@01:00:00
8 月 26 12:25:19 rhel7 systemd[1]: Started Sendmail Mail Transport Agent.
```

8. 创建邮件用户

```
[root@rhel7 ~]# groupadd    stud
[root@rhel7 ~]# useradd    zhangsan    -g    stud    -s    /sbin/nologin
[root@rhel7 ~]# useradd    lisi    -g    stud    -s    /sbin/nologin
[root@rhel7 ~]# useradd    wangwu    -g    stud    -s    /sbin/nologin
[root@rhel7 ~]# passwd    zhangsan
更改用户 zhangsan 的密码。
新的 密码:
无效的密码: 密码少于 8 个字符
重新输入新的 密码:
passwd: 所有的身份验证令牌已经成功更新。
[root@rhel7 ~]# passwd lisi
...
passwd: 所有的身份验证令牌已经成功更新。
[root@rhel7 ~]# passwd wangwu
...
passwd: 所有的身份验证令牌已经成功更新。
```


9. 测试发送 Sendmail 邮件

SMTP 服务器监听 25 号端口，通过使用 telnet 命令登录 Sendmail 服务器的 25 号端口，模拟邮件服务器发送邮件给所在服务器的用户。

```
[root@rhel7 ~]# telnet    192.168.11.254    25
Trying 192.168.11.254...
Connected to 192.168.11.254.
Escape character is '^]'.
220 mail.cqcetli.net ESMTP Sendmail 8.14.7/8.14.7; Thu, 23 Aug 2018 13:37:14 +0800
helo mail.cqcetli.net
250 mail.cqcetli.net Hello dns.cqcetli.net [192.168.11.252], pleased to meet you
mail from:"test"root@cqcetli.net            //设置邮件主题是 test，发件人是 root@cqcet.net
```

```
250 2.1.0 "test"root@cqcetli.net... Sender ok
rcpt to:zhangsan@cqcetli.net              //设置收件人地址是 zhangsan@cqcetli.net
250 2.1.5 zhangsan@cqcetli.net... Recipient ok
data        //data 表示开始写邮件的内容
354 Enter mail, end with "." on a line by itself
This is a test mail.                      //邮件内容的正文
.                                         //这里的点号表示邮件正文结束
250 2.0.0 w7N5bEMR010666 Message accepted for delivery
quit                                      //输入 quit 表示退出登录
221 2.0.0 mail.cqcet.net closing connection
Connection closed by foreign host.
[root@rhel7 ~]# mailq      //检查所传送的电子邮件是否送出或滞留在邮件服务器中
/var/spool/mqueue is empty
                    Total requests: 0
//若屏幕显示为 Mail queue is empty 的信息，表示 mail 已送出；若为其他错误信息，表示电子邮件因故尚未送出。也
可以执行/usr/lib/sendmail   -bp 命令进行检查
```

任务 3　配置 POP3/IMAP 邮件服务器 Dovecot

1. 修改 Dovecot 程序主配置文件

```
[root@ rhel7 ~] # vim   /etc/dovecot/dovecot.conf
...
protocols = imap pop3 lmtp                //支持的邮局协议，第 24 行
listen = 192.168.11.254, ::               //设置 dovecot 监听的 IP 地址，默认为所有地址，第 30 行
base_dir = /var/run/dovecot/              //设置存储 dovecot 运行时数据的目录，第 33 行
login_trusted_networks = 192.168.11.0/24      //允许登录的网段地址，0.0.0.0/0 为全部允许，第 48 行
dict {
}
!include conf.d/*.conf                    //说明 conf.d 下的所有以 conf 结尾的文件均有效
!include_try local.conf
~
:wq
```

2. 配置邮件的格式与存储路径

编辑 dovecot 的配置文件/etc/dovecot/conf.d/10-mail.conf，将默认的第 25 行的注释符#号去掉。将 INBOX 下的邮件信息存放到/var/mail/下，INBOX 用于存放每个用户收到的邮件，每个用户的家目录下都要有这个目录，该目录一般会由服务器程序根据需要自动创建。

```
[root@mail~] # vim   /etc/dovecot/conf.d/10-mail.conf/
...
mail_location = mbox:~/mail:INBOX=/var/mail/%u
namespace inbox {
    inbox = yes
}
mbox_write_locks = fcntl
~
:wq
[root@rhel7 ~]# chmod   0600   /var/mail/*
[root@rhel7 ~]# systemctl   restart   dovecot          //重启 dovecot 服务
[root@rhel7 ~]# ls   /var/mail/   -l
总用量  16
-rw-------. 1 lihua        mail     0    9 月    23 2017   lihua
-rw-------. 1 lisi         mail   1704   8 月    26 23:19  lisi
-rw-------. 1 rpc          mail     0    9 月    23 2017   rpc
```

```
-rw-------. 1 wangwu      mail    0     8 月   26 12:21   wangwu
-rw-------. 1 zhangsan    mail    8853  8 月   26 23:22   zhangsan
[root@rhel7 ~]# systemctl   status   dovecot   -l
```

在 RHEL 7 系统中，/var/mail/文件夹下的文件默认权限为 0660，需要修改为 0600，否则在执行#systemctl status dovecot -l 命令时会看到出现图 12-2 所示的类似错误提示。

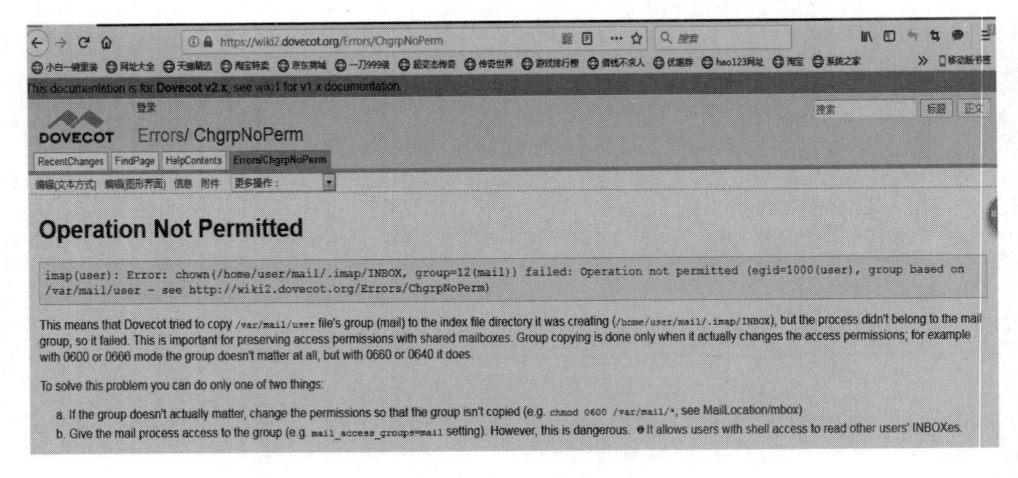

图 12-2　dovecot 错误提示

3. 总结邮件的整个收发过程

用户 1 使用邮件客户端或网页版的邮箱发送邮件给用户 2 时，首先邮件被传送到邮件服务器上，邮件服务器有两个服务：sendmail 和 dovecot，其中 sendmail 负责接收邮件，将收到的用户邮件全都存放到/var/spool/mail/%u，u 代表对应用户的文件，该文件是以用户名命名的，里面存放的是邮件信息；其次，dovecot 负责转发邮件，从上面的邮件池中取出用户 1 的邮件放到用户 2 的家目录下的/mail/.imap/INBOX 中，而 INBOX 里面的文件又指向到了/var/mail/%u，最终呈现到用户 2 的客户端或网页邮箱上。/var/mail 是指向/var/spool/mail 的软链接。

```
[root@rhel7 ~]# more   /var/mail/zhangsan
From "test"root@cqcetli.net   Thu Aug 23 13:42:16 2018
Return-Path: <"test"root@cqcet.net>
Received: from mail.cqcetli.net (dns.cqcetli.net [192.168.11.252])
        by mail.cqcetli.net (8.14.7/8.14.7) with SMTP id w7N5bEMR010666
        for zhangsan@cqcetli.net; Thu, 23 Aug 2018 13:40:49 +0800
Date: Thu, 23 Aug 2018 13:37:14 +0800
From: "test"root@cqcetli.net
Message-Id: <201808230540.w7N5bEMR010666@mail.cqcetli.net>
Status: RO

This is a test mail.
```

任务 4　配置邮件客户端并收发邮件

子任务 1　使用 Linux 邮件客户端

mailx 是 UNIX 系统上用来处理邮件的工具，使用它可以发送、读取邮件。/usr/bin/mail

是指向/usr/bin/mailx 的符号链接。

1. 编辑/etc/resolv.conf

在 Linux 客户端修改/etc/resolv.conf，添加配置行 nameserver 192.168.11.254，指定 DNS 服务器为 192.168.11.254。

2. 安装并设置 mailx

```
[root@rhel7 ~]# yum    -y    install    mailx        //确保安装了 mailx 软件包
[root@rhel7 ~]# vim    /etc/mail.rc
...                //以下为添加内容
set from=lisi@cqcetli.net
set smtp=mail.cqcetli.net
set smtp-auth-user=lisi@cqcetli.net
set smtp-auth-password=123456
```

3. 使用 mail 命令给用户发送邮件

```
[root@rhel7 ~]# mail    zhangsan@cqcetli.net
Subject: hello          //输入邮件主题
test
@@@@@@@
EOT                    //按 Ctrl+D 键退出内容编辑
[root@rhel7 ~]# echo    'wo shi root !!' | mail    -s "Hello2"    zhangsan@cqcetli.net
```

在 Bash 环境下，要输出感叹号必须使用单引号。这是因为默认情况下开启了使用感叹号引用内存中的历史命令的设置，可以使用 set +H 关闭该设置，这时可以直接使用感叹号输出。echo -e 可以识别转义和特殊意义的符号，如换行符 n、制表符\t、转义符\等。

4. 使用 mail 命令接收邮件

```
[root@rhel7 ~]# mail -u zhangsan
Heirloom Mail version 12.5 7/5/10.    Type ? for help.
"/var/mail/zhangsan": 2 messages 2 new
>N    1 To zhangsan@cqcetli.    Mon Aug 27 23:04    19/582    "hello"
 N    2 To zhangsan@cqcetli.    Mon Aug 27 23:05    19/590    "Hello2"
& t    1                    //19/582 表示邮件的行号和字符数，N 表示新邮件
Message    1:
From lisi@cqcetli.net    Mon Aug 27 23:04:36 2018
Return-Path: <lisi@cqcetli.net>
Date: Mon, 27 Aug 2018 23:04:35 +0800
From: lisi@cqcetli.net
To: zhangsan@cqcetli.net
Subject: hello
User-Agent: Heirloom mailx 12.5 7/5/10
Content-Type: text/plain; charset=us-ascii
Status: RO

test
@@@@@@@

& ?
                    mail commands
type <message list>                 type messages
next                                goto and type next message
from <message list>                 give head lines of messages
headers                             print out active message headers
```

```
delete <message list>          delete messages
undelete <message list>        undelete messages
save <message list> folder     append messages to folder and mark as saved
copy <message list> folder     append messages to folder without marking them
write <message list> file      append message texts to file, save attachments
preserve <message list>        keep incoming messages in mailbox even if saved
Reply <message list>           reply to message senders
reply <message list>           reply to message senders and all recipients
mail addresses                 mail to specific recipients
file folder                    change to another folder
quit                           quit and apply changes to folder
xit                            quit and discard changes made to folder
!                              shell escape
cd <directory>                 chdir to directory or home if none given
list                           list names of all available commands

A <message list> consists of integers, ranges of same, or other criteria
separated by spaces.  If omitted, mail uses the last message typed.
&  quit
Held 1 message in /var/mail/zhangsan
```

子任务 2　使用 Windows 邮件客户端

1．创建 Foxmail 账号

在 Windows 客户端上，使用 Foxmail 7.2.9.156 作为邮件服务器的客户端软件进行邮件收发的测试。客户端软件第一次启动会要求新建账号，如图 12-3 所示按照提示输入电子邮件账户信息，然后单击“创建”按钮。

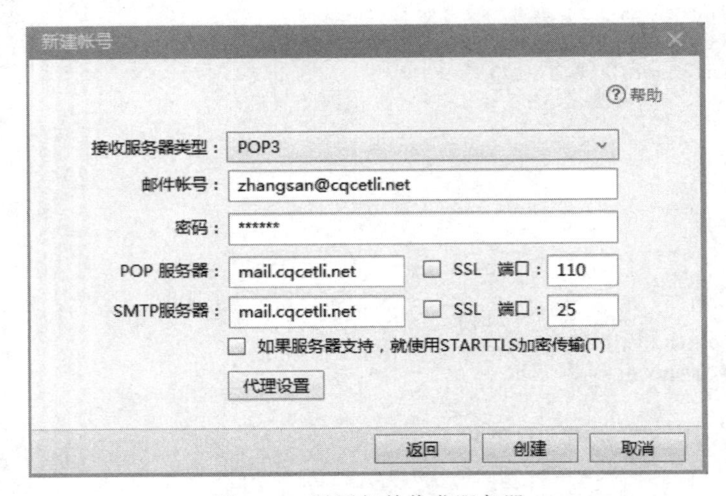

图 12-3　设置邮件收发服务器

系统会自动搜索邮件服务器设置，并判断输入的电子邮件账户信息和服务器上的设置是否匹配，如图 12-4 所示表示添加账号成功。只能使用普通账号为 Foxmail 创建账号，如果使用 root 账号创建，在执行 systemctl status dovecot.service -l 命令时会出现 pam_succeed_if (dovecot:auth): requirement "uid >= 1000" not met by user "root"的错误提示。

图 12-4　添加账号成功

2. 邮件收发测试

使用邮件账号 zhangsan 给 lisi 发一封测试邮件，lisi 收到邮件后给 zhangsan 回复，如图 12-5 所示，表示同一个账号既可以收信也可以发信。通过给 stud@cqcetli.net发邮件可以测试群发功能是否运行正常。

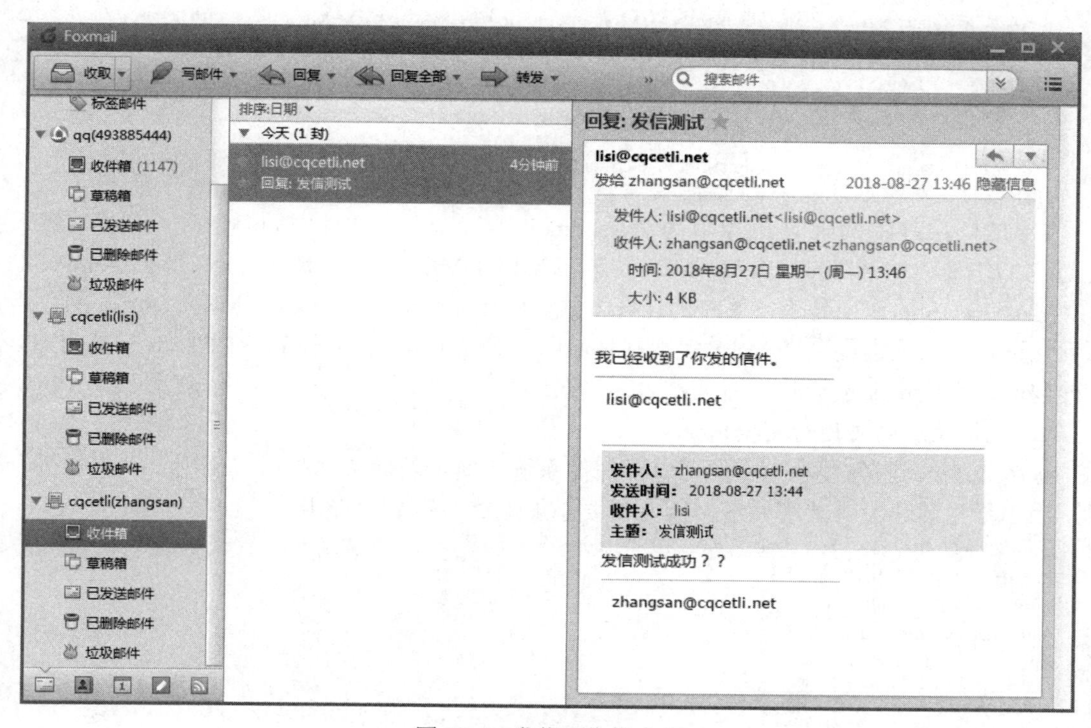

图 12-5　发信和收信成功

任务 5　配置 Sendmail 服务器高级应用

子任务 1　设置服务器使用 SMTP 验证

对拨号上网的用户利用 access.db 文件实现邮件中继代理控制不太现实，因为此类用户的

IP 由 DHCP 服务器动态分配。此时可以使用 SMTP 验证机制对指定用户进行邮件中继。RHEL 7 中利用 saslauthd 服务提供 SMTP 身份验证，该服务由 cyrus-sasl 软件包提供。

1. 确保 saslauthd 已经安装并启动

```
[root@rhel7 ~]# rpm   -qa   |grep sasl
cyrus-sasl-plain-2.1.26-17.el7.x86_64
cyrus-sasl-md5-2.1.26-17.el7.x86_64
cyrus-sasl-scram-2.1.26-17.el7.x86_64
cyrus-sasl-lib-2.1.26-17.el7.x86_64
cyrus-sasl-2.1.26-17.el7.x86_64
[root@rhel7 ~]# saslauthd   -v          //查看其支持的验证方法
saslauthd 2.1.26
authentication mechanisms: getpwent kerberos5 pam rimap shadow ldap httpform
[root@rhel7 ~]# systemctl   restart   saslauthd.service
```

2. 修改/etc/mail/sendmail.cf 配置文件

```
[root@ rhel7 ~] # vim   /etc/mail/sendmail.mc
…
TRUST_AUTH_MECH('EXTERNAL DIGEST-MD5 CRAM-MD5 LOGIN PLAIN')dnl
define('confAUTH_MECHANISMS', 'EXTERNAL GSSAPI DIGEST-MD5 CRAM-MD5 LOGIN PLAIN')dnl
 ('no_default_msa', 'dnl')dnl
DAEMON_OPTIONS('Port=submission, Name=MSA, M=Ea')dnl
~
:wq
[root@rhel7 ~]# m4   /etc/mail/sendmail.mc > /etc/mail/sendmail.cf
[root@rhel7 ~]# systemctl restart sendmail.service
```

TRUST_AUTH_MECH 的作用是使 Sendmail 不管 access 文件中如何设置，都能转发那些通过 LOGIN、PLAIN、CRAM-MD5 或 DIGEST-MD5 方式验证的邮件。confAUTH_MECHANISMS 的作用是确定系统的认证方式。Port=submission, Name=MSA, M=Ea 的作用是开启认证，并以子进程允许 MSA 实现邮件的账户和密码验证。FEATURE 要加在 MAILER 语句的前面，否则可能造成邮件服务器运行错误。

3. 允许使用明文进行密码认证

因为dovecot服务程序为了保证电子邮件系统的安全而默认强制用户使用加密方式进行登录，而由于当前还没有加密系统，因此需要添加配置参数来允许用户的明文登录。

```
[root@ rhel7 ~] # vim   /etc/dovecot/conf.d/10-auth.conf
...
disable_plaintext_auth = no     //允许明文认证
auth_mechanisms = plain
!include auth-system.conf.ext
~
:wq
[root@rhel7 ~]# m4   /etc/mail/sendmail.mc > /etc/mail/sendmail.cf
[root@rhel7 ~]# systemctl restart sendmail.service
```

4. 配置邮件客户端使用 SMTP 认证

在电子邮件客户端软件 Foxmail 中，依次选择“设置”→“账户”，然后选中特定的用户账户，单击“服务器”选项卡，如图 12-6 所示，设置“发件服务器身份验证”为“自定义”或“和收件服务器相同”。

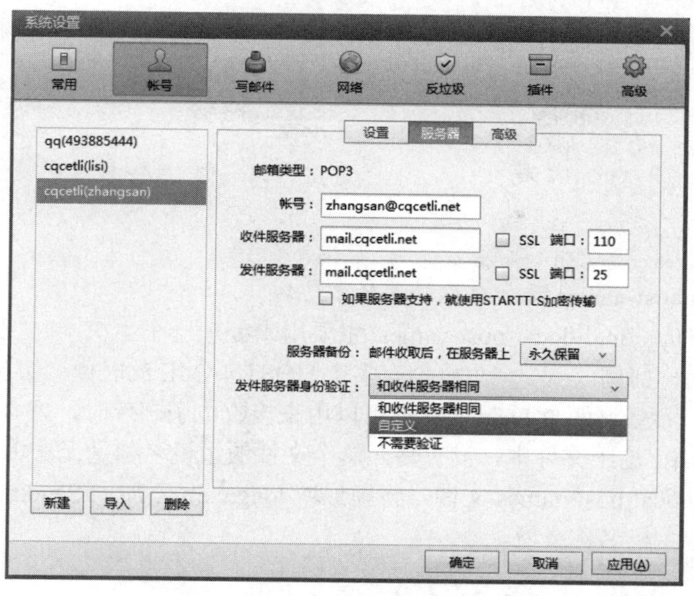

图 12-6　客户端 SMTP 身份认证

子任务 2　设置服务器使用虚拟域用户

虚拟域是真实域的别名，通过虚拟域用户表文件实现虚拟域的邮件地址到真实域的邮件地址的重定向。虚拟域用户表类似于 aliases 文件，其内容格式为“虚拟域地址　真实域地址”。邮件地址的格式可以只有域名或者只有用户名，下面的几种格式都是正确的。如果要实现邮件列表的功能，则各个真实域地址之间用逗号分隔。

```
@sales.com                @smile.com
user1@smile.com           user2
user1@smile.com           user2,user3,user4
```

Sendmail 邮件服务器的域为 cqcetli.net，为该邮件服务器设置虚拟域 long.com，并为 user1@cqcetli.net设置虚拟域别名为 user1@long.com。下面给出具体配置过程。

1．配置 DNS 设置虚拟域和 MX 资源记录

```
[root@rhel7 ~]# vim    /etc/named.rfc1912.zones
...
zone   "long.com"   IN {
type    master;
file    "long.com.zone";
allow-update    {none;};
};
~
:wq
[root@rhel7 ~]# vim    /var/named/long.com.zone
$TTL 1D
@          IN    SOA    long.com.     root.long.com. (
                                        0          ; serial
                                        1D          ; refresh
                                        1H          ; retry
                                        1W          ; expire
                                        3H )        ; minimum
```

```
@       IN  NS        dns.long.com.
@       IN  MX    10  mail.long.com.
dns     IN  A         192.168.11.252
mail    IN  A         192.168.11.254
smtp    IN  A         192.168.11.254
pop3    IN  A         192.168.11.254
~
:wq
[root@rhel7 ~]# systemctl  restart  named
```

2. 修改 local-host-names 添加允许转发的本地域

Sendmail 中的/etc/mail/local-host-names 主要用来处理一个主机同时拥有多个主机名称时的收发信件主机名称问题。当一个主机拥有多个 HOSTNAME 的时候，如 test1.your.domain 和 test2.your.domain，希望这两个 hostname 都可以用来接收电子邮件时，就必须将这两个名字都写入 local-host-names 这个文件中，没有写入这个文件的主机名称是无法用来收信的。

修改/etc/mail/local-host-names 文件，将虚拟域 long.com 添加为 Sendmail 服务器允许接收和转发邮件的本地主机名称或域。

```
[root@rhel7 ~]# echo  " long.net "  >>  /etc/mail/local-host-names
```

3. 修改 access 配置文件设置电子邮件中继

```
[root@rhel7 ~]# echo   " long.com   RELAY "    >> /etc/mail/access
[root@rhel7 ~]# makemap  -r  hash   /etc/mail/access.db   < /etc/mail/access
```

4. 修改 virtusertable 配置文件设置虚拟域用户

```
[root@rhel7 ~]# vim  /etc/mail/virtusertabl
...
user1@long.com              user1@cqcetli.net
~
:wq
[root@rhel7 ~]# makemap  -r  hash   /etc/mail/virtusertabl.db   < /etc/mail/virtusertabl
[root@rhel7 ~]# systemctl restart sendmail.service            //重启 Sendmail
```

子任务 3 设置 SendMail 地址伪装

Linux 下启动 Sendmail 后，默认发件人为 xxx@localhost.localdomain，导致 163、QQ 等邮箱会以垃圾邮件处理。SendMail 能对本服务器所有发出的邮件进行地址伪装，自动修改发件人地址，这样就不会被当成垃圾邮件了。这里没有给出实验的完整实现，有兴趣的读者可进一步完善。

1. 全局伪装

全局伪装针对所有本区域用户，此功能需要修改/etc/mail/sendmail.mc 文件，下面这个例子将所有发住外部区域的邮件的发件人所在区域自动修改为 zhangqing.com。

```
MASQUERADE_AS('zhangqing.com')dnl          #配置文件中有，取消注释，修改为要伪装的域名
FEATURE(masquerade_envelope)dnl            #配置文件中有，取消注释即可
FEATURE(masquerade_entire_domail)dnl       #配置文件中有，取消注释即可
```

2. 指定用户伪装

指定用户的地址伪装，该功能只能用于收件人是外部域的情况。这个可以和全局地址伪装同时使用。下面的例子中将所有 user7@example.zqing 发出的邮件的发件人修改为 zhangqing@rhel.com。

（1）修改/etc/mail/sendmail.mc 文件。

```
FEATURE(genericstable)dnl          #需要输入，genericstable 文件需要新建
MASQUERADE_AS('always_add_domain')dnl          #这句配置文件中有，不需要修改
GENERICS_DOMAIN_FILE('/etc/mail/local-host-names')dnl          #需要输入
```

（2）建立用户列表。

```
[root@rhel7 ~]# cat   /etc/mail/genericstable
user7@example.zqing        zhangqing@rhel.com
```

（3）在 lost-hosts-names 中加入虚拟区域名称。

```
[root@rhel7 ~]# cat   /etc/mail/local-host-names
example.zqing
rhel.com
```

思考与练习

一、填空题

1．________是电子邮件系统的服务器端程序，主要负责邮件的存储和转发。

2．在 Sendmail 中，________是邮件队列临时存放的目录。

3．SMTP 工作在 TCP 协议上的默认端口为________，POP3 工作在 TCP 协议上的默认端口为________，IMAP 工作在 TCP 协议上的默认端口为________。

4．一个完整的电子邮件地址格式为 user@rhel7.net，由三个部分构成，第一部分代表________，第二部分________是分隔符，第三部分代表________。

5. RHEL 7 中利用 saslauthd 服务提供________身份验证，该服务由 cyrus-sasl 软件包提供，使用命令________可以设置为开机自启动。

二、判断题

1．Sendmail 邮件系统使用的两个主要协议是：SMTP 和 POP3，前者用来发送邮件，后者用来接收邮件。（　　）

2．对拨号上网的用户利用 etc/mail/access.db 文件实现邮件中继代理控制很容易，因为此类用户的 IP 由 DHCP 服务器动态分配。（　　）

3．修改/etc/aliases 文件，添加邮件列表，以便发送电子邮件时只需输入一个邮件地址即可让 Sendmail 服务器将邮件发送给多个人。（　　）

三、选择题

1．用来控制 sendmail 服务器邮件中继的文件是（　　）。

A．sendmail.cf　　B．sendmail.conf
C．sendmail.mc　　D．acess.db

2．下面选项中不是邮件系统的组成部分的是（　　）。

A．用户代理　　B．传输代理　　C．代理服务器　　D．投递代理

3．Sendmail 中未发出信件的默认存放位置是（　　）。

A．/var/mail/　　B．/var/spool/mail/
C．/var/spool/mqueue/　　D．/var/mail/deliver/

4．邮件转发代理也称邮件转发服务器，它可以使用 SMTP 协议，也可以使用（　）协议。

A．FTP　　B．TCP　　C．UUCP　　D．POP3

5．在下面的（　）文件中保存了 Sendmail 的别名。

A. /etc/aliases　　B. /etc/mailaliases

C. /etc/sendmail.aliases　　D. /etc/sendmail/aliases

四、综合题

1．请详细描述 E-mail 的整个收发过程。

2．什么是虚拟域？虚拟域是怎样实现的？

3．请查询各种文档，配置一个带有 SMTP 认证拒绝垃圾邮件的服务器，并测试其正确性。

4．假设邮件服务器的 IP 地址为 192.168.50.3，域名为 mail.smile.li，请构建 POP3 和 SMTP 服务器，为局域网中的用户提供电子邮箱，邮件要能发送到 Internet 上，同时 Internet 上的用户也能把邮件发送到局域网内部的用户邮箱中。在此基础上，请自行查资料实现设置邮箱的最大容量为 100MB，收发的邮件最大为 20MB，并实现反垃圾邮件功能。

13

OpenLDAP 目录服务器的应用与管理

学习目标

- 了解 OpenLDAP 的功能与特点
- 熟悉 OpenLDAP 的目录结构和相关概念
- 熟悉 Schema 文件的功能、格式和用法
- 掌握 OpenLDAP 服务器端的安装与配置
- 掌握 OpenLDAP 客户端的安装与配置
- 掌握 NFS 服务器的安装、配置与管理
- 掌握挂载 OpenLDAP 用户主目录到客户端的方法

任务导引

账号是登录系统的唯一入口。系统要保存登录所使用的账号（/etc/passwd）及密码信息（/etc/shadow），然后经过系统顺序查找（/etc/nsswith.conf）及认证模块（/etc/Pam.d/*）验证，得到授权后用户方可登录系统。对于账号管理人员而言，维护 10 台、100 台机器的账号，或许勉强可以维护、管理。如果机器数量达到 1000 台以上，对于账号的创建、回收、权限的分配、密码策略、账号安全审计等一系列操作，账号管理人员就心有余而力不足了，此时 OpenLDAP 账号集中管理软件就应运而生了。OpenLDAP 可以实现账号集中维护、管理，只需要将被管理的机器加入到服务器端即可，此后所有与账号相关的策略均在服务端实现，从而解决了运维案例所产生的众多管理问题。关于账号的添加、删除、修改、权限的赋予等一系列操作只需要在服务端操作即可，无须在客户端机器上进行单独操作。客户端账号及密码均通过 OpenLDAP 服务器进行验证，从而实现账号集中认证管理。本项目将带领读者理解目录服务的概念，学习 OpenLDAP 服务程序与 TLS 加密协议的部署方法，并自动挂载用户目录，通过部署目录服务实现对系统账户的集中式管理。

任务 1　安装与理解 OpenLDAP 认证系统

子任务 1　初识 OpenLDAP 目录服务

1. 什么是 LDAP 和 OpenLDAP

目录是一个为查询、浏览和搜索而优化的专业分布式数据库，它呈树状结构组织数据，就好像 Linux/UNIX 系统中的文件目录一样。目录数据库和关系数据库不同，它有优异的读性能，但写性能差，并且没有事务处理、回滚等复杂功能，不适于存储修改频繁的数据。所以目录天生是用来查询的，就好像它的名字一样。

目录服务是由目录数据库和一套访问协议组成的系统。类似以下的信息适合存储在目录中：企业员工信息，如姓名、电话、邮箱等；公用证书和安全密钥；公司的物理设备信息，如服务器，它的 IP 地址、存放位置、厂商、购买时间等。

LDAP 是 Lightweight Directory Access Protocol（轻量目录访问协议）的缩写，它是从 X.500 目录访问协议的基础上发展过来的目录服务器协议，目前的版本是 3.0。

OpenLDAP 是基于 X.500 标准实现的开源集中账号管理架构，而且去除了 X.500 复杂的功能，还可以根据自我需求定制额外扩展功能。与 LDAP 一样提供类似目录服务的软件还有 ApacheDS、Active Directory、RedHat Directory Service。

OpenLDAP 默认以 Berkeley DB 作为后端数据库，Berkeley DB 数据库主要以散列的数据类型进行数据存储，如以键值对的方式进行存储。Berkeley DB 是一类特殊的数据库，主要用于搜索、浏览、更新、查询操作，一般对于一次写入数据、多次查询和搜索有很好的效果。Berkeley DB 数据库是面向查询和读取进行优化的数据库。Berkeley DB 不支持事务型数据库（MySQL、MariDB、Oracle 等）所支持的大量更新操作所需要的复杂的事务管理或回滚策略等。

2. 为什么选择 OpenLDAP

OpenLDAP 属于开源软件，而且 OpenLDAP 支持 LDAP 最新标准、更多模块扩展功能、自定义 schema 满足需求、权限管理、密码策略及审计管理、主机控制策略管理、第三方应用平台管理以及与第三方开源软件结合实现高可用负载均衡平台等诸多功能，这也是商业化管理软件无可比拟的。所以关于账号的管理 OpenLDAP 是企业唯一的选择。目前各大著名公司都在使用 OPenLDAP 实现账号的集中管理，如 PPTV、金山、Google、Facebook 等，这也是选择 OpenLDAP 实现账号统一管理的原因之一。OpenLDAP 目录服务有以下 10 个优点：

（1）OpenLDAP 是一个跨平台的标准互联网协议，它基于 X.500 标准协议。

（2）OpenLDAP 提供静态数据查询搜索，不需要像在关系数据库中那样通过 SQL 语句维护数据库信息。

（3）OpenLDAP 基于推和拉的机制实现节点间数据同步，简称复制（Replication），并提供基于 TLS、SASL 的安全认证机制，实现数据加密传输以及 Kerberos 密码验证功能。

（4）OpenLDAP 可以基于第三方开源软件实现负载（LVS、HAProxy）及高可用性解决方案，24 小时提供验证服务，如 Headbeat、Corosync、Keepalived 等。

（5）OpenLDAP 数据元素使用简单的文本字符串（简称 LDIF 文件）而非一些特殊字符，便于维护管理目录树条目。

（6）OpenLDAP 可以实现用户的集中认证管理，所有关于账号的变更，只需在 OpenLDAP 服务器端直接操作，无需到每台客户端进行操作，影响范围为全局。

（7）OpenLDAP 默认使用协议简单如支持 TCP/IP 协议传输条目数据，通过使用查找操作实现对目录树条目信息的读写操作，同样可以通过加密的方式获取目录树条目信息。

（8）OpenLDAP 产品应用于各大应用平台（Nginx、HTTP、vsftpd、Samba、SVN、Postfix、Openstack、Hadoop 等）、服务器（HP、IBM、Dell 等）和存储（EMC、NetApp 等）控制台，负责管理账号验证功能，实现账号的统一管理。

（9）OpenLDAP 实现具有费用低、配置简单、功能强大、管理容易及开源的特点。

（10）OpenLDAP 通过 ACL（Access Control List）灵活控制用户访问数据的权限，从而保证数据的安全性。

3. OpenLDAP 的工作模型

OpenLDAP 软件采用 C/S 架构，通过配置服务器和客户端，并通过与第三方应用相结合，如 Samba、Postfix 等，实现客户端所有账号均可通过服务器端进行登录验证与授权。其工作过程如图 13-1 所示：客户端向 OpenLDAP 服务发起验证请求→服务器接收用户请求后通过 slapd 进程向后端的数据库查询→slapd 将查询结果返回给客户端。

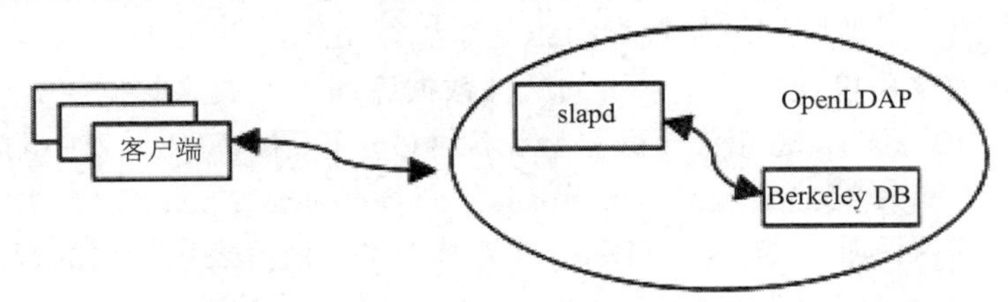

图 13-1　OpenLDAP 系统架构和工作流程

4. OpenLDAP 的基本操作

LDAP 的功能模型中定义了一系列利用 LDAP 协议的操作，主要包含以下 4 个部分：

（1）查询操作：允许查询目录并取得条目，其查询性能比关系数据库好。

（2）更新操作：目录树条目支持条目的添加、删除、修改等操作。

（3）同步操作：OpenLDAP 是一种典型的分布式结构，提供复制同步，可将主服务器上的数据通过推或拉的机制实现更新，完成数据的同步，从而避免 OpenLDAP 服务器出现单点故障，影响用户验证。

（4）认证和管理操作：允许客户端在目录中识别自己，并且能够控制一个会话的性质。

5. OpenLDAP 的目录架构

OpenLDAP 的目录信息是以树型结构进行存储的，如图 13-2 所示。树根一般定义为国家（c=CN）或者域名（dc=com）；在根目录下，往往定义一个或多个组织（organization，o）或组织单元（organization unit，ou）从逻辑上把数据区分开，例如：ou=people，ou=groups；组织单元下面可以包含员工、设备（计算机、打印机等）相关信息，例如 uid=babs，ou=People，dc=example，dc=com。

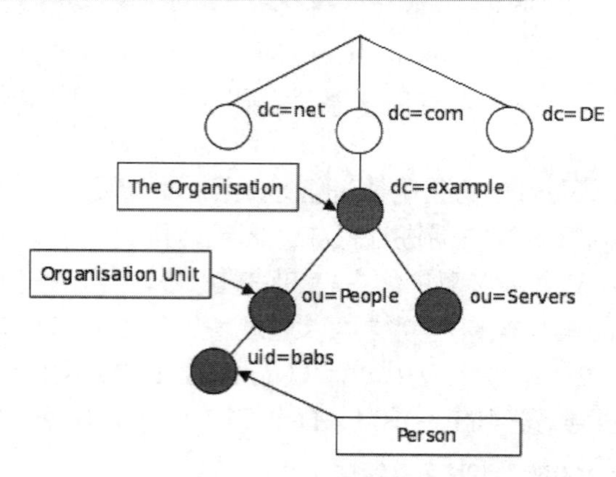

图 13-2　LDAP 目录架构

OpenLDAP 中的具体信息存储在条目（Entry）中。条目相当于关系数据库中表的记录，每个条目可以有多个属性（如姓名、地址、电话等），每个属性中会保存着对象名称与对应值，LDAP 已经为运维人员对常见的对象定义了属性。条目是具有唯一标志名称（Distinguished Name，DN）的属性（Attribute）集合。

属性（Attribute）由类型（Type）和一个或多个值（Values）组成，相当于关系数据库中的字段（Field）由字段名和数据类型组成，只是为了方便检索的需要，LDAP 中的 Type 可以有多个 Value，而不像关系数据库中为降低数据的冗余性要求实现的各个域必须是不相关的。LDAP 中条目的组织一般按照地理位置和组织关系进行组织，非常直观。LDAP 把数据存放在文件中，为了提高效率可以使用基于索引的文件数据库而不是关系数据库。

DN 是用来引用条目的，它相当于关系数据库（Oracle、MySQL）表中的关键字（Primary Key）。如图 13-2 中 babs 的 DN 值是：uid=babs，ou=People。OpenLDAP 中的 entry 只有 DN 是由 LDAP Server 来保证唯一的。base DN：此为基准 DN 值，表示顶层的根部，图 13-2 中的 base DN 值是：dc=example，dc=com。

6. OpenLDAP 的查询

执行 LDAP 查询时一般要指定 BaseDN，由于 LDAP 是树状数据结构，指定 basedn 后，搜索将从 BaseDN 开始，我们可以指定 Search Scope 为：只搜索 basedn（base）、basedn 直接下级（one level）和 basedn 全部下级（sub tree level）。一条 Base DN 可以是 dc=163，dc=com，也可以是 dc=People，dc=163，dc=com。

使用 Filter 对 LDAP 进行条件搜索。Filter 一般由(attribute=value)这样的单元组成，比如(&(uid=ZHANGSAN)(objectclass=person)) 表示搜索用户中，uid 为 ZHANGSAN 的 LDAP Entry。再比如(&(|(uid= ZHANGSAN)(uid=LISI))(objectclass=person))表示搜索 uid 为 ZHANGSAN 或者 LISI 的用户；也可以使用*来表示任意一个值，比如(uid=ZHANG*SAN)搜索 uid 值以 ZHANG 开头 SAN 结尾的 Entry。更进一步，根据不同的 LDAP 属性匹配规则，可以有如下的 Filter：(&（createtimestamp>=20050301000000）(createtimestamp<= 20050302000000))，表示搜索创建时间在 20050301000000 和 20050302000000 之间的 Entry。

Filter 中，&表示“与”；!表示“非”；|表示“或”。根据不同的匹配规则，我们可以使用=、~=、>=和<=，更多关于 LDAP Filter 的内容读者可以参考LDAP 相关协议。

子任务 2　详解 OpenLDAP 的 Schema

1．Schema 的功能与格式

Schema 是 OpenLDAP 软件的重要组成部分，用来指定一个条目所包含的对象类（Objectclass）以及每一个对象类所包含的属性值（Attribute Value）。目录树中条目可理解为一个具体的对象，它们均是通过 Schema 创建的，并符合 Schema 的标准规范，会对用户所添加的数据条目中所包含的对象类和属性进行检测，检测通过完成添加，否则打印错误信息，从而保障整个目录树信息的完整性、唯一性。因此，Schema 是一个数据模型，数据模型可以理解为关系数据库的存储引擎，如 MyISAM、InnoDB，主要用来决定数据按照什么方式进行存储，并定义存储在目录树不同条目中的数据类型之间的关系。

OpenLDAP 默认的 Schema 文件一般存放在/etc/openldap/schema/目录下，此目录下的每个文件定义了不同的对象类和属性，可以通过 include 指令来引用。了解当前所使用的 Schema 文件有助于添加目录树中的条目信息，如对象类以及包含哪些属性和值，减少添加条目提示的各种语法错误。

```
[root@rhel7 ~]# ls   /etc/openldap/schema/   |grep .schem
collective.schema corba.schema
core.schema
cosine.schema
dhcp.schema
duaconf.schema
dyngroup.schema
inetorgperson.schema
java.schema
misc.schema
nis.schema                              //定义网络信息服务
openldap.schema                         //定义 OpenLDAP 自身
pmi.schema
ppolicy.schema                          //定义用户密码规则，如密码长度及复杂度
```

一个条目的属性必须要遵循 Schema 模式文件中定义的规则。规则包含在条目的 Objectclass 属性中。下面是 nis.schema 中的默认内容。

```
[root@rhel7 ~]# more   /etc/openldap/schema/nis.schema
# $OpenLDAP$
## This work is part of OpenLDAP Software <http://www.openldap.org/>.
##
## Copyright 1998-2014 The OpenLDAP Foundation.
## All rights reserved.
##
## Redistribution and use in source and binary forms, with or without
## modification, are permitted only as authorized by the OpenLDAP
## Public License.
##
## A copy of this license is available in the file LICENSE in the
## top-level directory of the distribution or, alternatively, at
## <http://www.OpenLDAP.org/license.html>.

# Definitions from RFC2307 (Experimental)
#         An Approach for Using LDAP as a Network Information Service
```

```
# Depends upon core.schema and cosine.schema

# Note: The definitions in RFC2307 are given in syntaxes closely related
# to those in RFC2252, however, some liberties are taken that are not
# supported by RFC2252.   This file has been written following RFC2252
# strictly.

# OID Base is iso(1) org(3) dod(6) internet(1) directory(1) nisSchema(1).
# i.e. nisSchema in RFC2307 is 1.3.6.1.1.1
#
# Syntaxes are under 1.3.6.1.1.1.0 (two new syntaxes are defined)
#         validaters for these syntaxes are incomplete, they only
#         implement printable string validation (which is good as the
#         common use of these syntaxes violates the specification).
# Attribute types are under 1.3.6.1.1.1.1
# Object classes are under 1.3.6.1.1.1.2

# Attribute Type Definitions

# builtin
#attributetype ( 1.3.6.1.1.1.1.0 NAME 'uidNumber'
#         DESC 'An integer uniquely identifying a user in an administrative domain'
#         EQUALITY integerMatch
#         SYNTAX 1.3.6.1.4.1.1466.115.121.1.27 SINGLE-VALUE )

# builtin
#attributetype ( 1.3.6.1.1.1.1.1 NAME 'gidNumber'
#         DESC 'An integer uniquely identifying a group in an administrative domain'
#         EQUALITY integerMatch
#         SYNTAX 1.3.6.1.4.1.1466.115.121.1.27 SINGLE-VALUE )

attributetype ( 1.3.6.1.1.1.1.2 NAME 'gecos'                //对 gecos 属性的定义
          DESC 'The GECOS field; the common name'
          EQUALITY caseIgnoreIA5Match
          SUBSTR caseIgnoreIA5SubstringsMatch
          SYNTAX 1.3.6.1.4.1.1466.115.121.1.26 SINGLE-VALUE )

attributetype ( 1.3.6.1.1.1.1.3 NAME 'homeDirectory'        //对 homeDirectory 属性的定义
          DESC 'The absolute path to the home directory'
          EQUALITY caseExactIA5Match
          SYNTAX 1.3.6.1.4.1.1466.115.121.1.26 SINGLE-VALUE )

...

attributetype ( 1.3.6.1.1.1.1.27 NAME 'nisMapEntry'
          EQUALITY caseExactIA5Match
          SUBSTR caseExactIA5SubstringsMatch
          SYNTAX 1.3.6.1.4.1.1466.115.121.1.26{1024} SINGLE-VALUE )

# Object Class Definitions

objectclass ( 1.3.6.1.1.1.2.0 NAME 'posixAccount'       //收集到 posixAccount objectclass 中的属性
          DESC 'Abstraction of an account with POSIX attributes'
          SUP top AUXILIARY
          MUST ( cn $ uid $ uidNumber $ gidNumber $ homeDirectory )
```

```
            MAY ( userPassword $ loginShell $ gecos $ description ) )

objectclass ( 1.3.6.1.1.1.2.1 NAME 'shadowAccount'   //收集到 shadowAccount objectclass 中的属性
            DESC 'Additional attributes for shadow passwords'
            SUP top AUXILIARY
            MUST uid
            MAY ( userPassword $ shadowLastChange $ shadowMin $
                  shadowMax $ shadowWarning $ shadowInactive $
                  shadowExpire $ shadowFlag $ description ) )

...

objectclass ( 1.3.6.1.1.1.2.12 NAME 'bootableDevice'
            DESC 'A device with boot parameters'
            SUP top AUXILIARY
            MAY ( bootFile $ bootParameter ) )
```

上面就是用类型定义属性，cn、uid、uidNumber 等是属性，然后把属性加入对象类的示例。通过加入不同的 schema，可以定义不同的属性和对象类。而 shema 可以根据 RFC 的相关标准进行定制。

2. OpenLDAP 的 objectclass

LDAP 中，一个条目必须包含一个 objectClass 属性，而且需要赋予至少一个值。每一个值将用作一条 LDAP 条目进行数据存储的模板，模板中包含了一个条目必须被赋值的属性和可选的属性。

objectClass 可分为以下 3 类：结构型（Structural），如 person 和 organizationUnit；辅助型（Auxiliary），如 extensibeObject；抽象型（Abstract），如 top，抽象型的 objectClass 不能直接使用。

objectClass 有着严格的等级之分，最顶层是 top 和 alias。例如，organizationalPerson 这个 objectClass 就隶属于 person，而 person 又隶属于 top。在 OpenLDAP 的 schema 中定义了很多 objectClass，下面列出部分常用 objectClass 的名称：alias、applicationEntity、dSA、applicationProcess、bootableDevice、certificationAuthority、certificationAuthority-V2、country、cRLDistributionPoint、dcObject、device、dmd、domain、domainNameForm、extensibleObject、groupOfNames、groupOfUniqueNames、ieee802Device、ipHost、ipNetwork、ipProtocol、ipService、locality、dcLocalityNameForm、nisMap、nisNetgroup、nisObject、oncRpc、organization、dcOrganizationNameForm、organizationalRole、organizationalUnit、dcOrganizationalUnit NameForm、person、organizationalPerson、inetOrgPerson、uidOrganizationalPersonNameForm、residentialPerson、posixAccount、posixGroup、shadowAccount、strongAuthenticationUser、uidObject、userSecurity-Information。

以上对象类由 OpenLDAP 官方提供，以满足大部分企业的需求，OpenLDAP 还支持系统所提供的对象类，例如 sudo、samba 等。当 OpenLDAP 官方以及系统提供的对象类无法满足企业的特殊需求时，读者可根据 schema 内部结构制定 schema 规范并生成对象类来满足当前需求。下面给出两个对象类案例分析。

（1）person。

```
objectclass ( 2.5.6.6 NAME 'person'
        DESC 'RFC2256: a person'
        SUP top STRUCTURAL
```

```
        MUST ( sn $ cn )
        MAY ( userPassword $ telephoneNumber $ seeAlso $ description ) )
```

person 属性的定义存放在/etc/openldap/schema/core.schema 文件中。如果要定义 person 类型，则需要定义顶级为 top，并且必须定义 sn 和 cn 两个属性，还可以附加 userPassword、telephoneNumber、seeAlso、description 四个属性值。邮件地址、国家等属性不可以定义，除非读者添加相关的 objectClass 条目，否则提示相关属性不允许添加。

（2）top。

```
objectclass: (2.5.6.0 NAME 'top'
        ABSTRACT
        MUST (objectClass))

objectclass: ( 2.5.6.6 NAME 'person'
        SUP top STRUCTURAL
        MUST (sn $ cn )
        MAY (userPassword $ telephoneNumber $
        seeAlso $ description ))
```

对于此案例，如果要定义 top 属性，必须定义一个 objectClass 属性。因为此案例中还定义了 person 属性，所以必须要定义 sn 和 cn 属性，以及可以附加的属性（userPassword、telephoneNumber、seeAlso、description）。此案例中必须要定义的有 3 个属性：objectClass、sn 和 cn。通过此案例下一级的 objectClass 可以继承上一级 objectClass 的属性信息。

3. OpenLDAP 的 Attribute

属性（Attribute）类似于程序设计中的变量，可以被赋值。在 OpenLDAP 中声明了许多常用的 Attribute，用户也可以自己定义 Attribute。常见的 Attribute 含义如下：

- c：国家。
- cn：common name，指一个对象的名字。如果指人，需要使用其全名。
- dc：domain Component，常用来指一个域名的一部分。
- givenName：指一个人的名字，不能用来指姓。
- l：指一个地名，如一个城市或者其他地理区域的名字。
- mail：电子邮箱地址。
- o：organizationName，指一个组织的名字。
- ou：organizationalUnitName，指一个组织单元的名字。
- sn：surname，指一个人的姓。
- telephoneNumber：电话号码，应该带有所在国家的代码。

提示：objectClass 是一种特殊的 Attribute，它包含其他用到的 Attribute 以及其自身。

对于不同的 objectClass，通常具有一些必设属性值和一些可选属性值。例如，可使用 person 这个 objectClass 来表示系统中一个用户的条目，系统中的用户通常需要有这样一些信息：姓名、电话、密码、描述等。对于 person，通过 cn 和 sn 设置用户的名和姓，这是必须设置的，而其他属性则是可选的。下面列出部分常用 objectClass 要求必设的属性。

- account：userid。
- organization：o。
- person：cn 和 sn。
- organizationalPerson：与 person 相同。

- organizationalRole：cn。
- organizationUnit：ou。
- posixGroup：cn、gidNumber。
- posixAccount：cn、gidNumber、homeDirectory、uid、uidNumber。

accout 内置的 attributes 有：userid、description、host、localityName、organizationName、organizationalUnitName、seeAlso；inetOrgPerson 内置的 attributes 有：cn、sn、description、seeAlso、telephoneNumber、userPassword、destinationIndicator、facsimileTelephoneNumber、internationaliSDNNumber、l、ou、physicalDeliveryOfficeName、postOfficeBox、postalAddress、postalCode、preferredDeliveryMethod、registeredAddress、st、street、telephoneNumber、teletexTerminalIdentifier、telexNumber、title、x121Address、audio、usinessCategory、carLicense、departmentNumber、isplayName、employeeNumber、employeeType、givenName、homePhone、homePostalAddress、initials、jpegPhoto、labeledURI、mail、manager、mobile、o、pager、photo、preferredLanguage、roomNumber、secretary、uid、userCertificate 等。

由上可见，accout 仅仅预置了几个必要且实用的属性（完成登录验证已经足够），而 inetOrgPerson 内置了非常多的属性，例如电话号码、手机号码、街道地址、邮箱号码、邮箱地址、房间号码、头像、经理、雇员号码等。因此，在配置 LDAP 时，如果仅仅是基于验证登录的目的，建议将 objectClass 类型设置为 accout，而如果希望打造一个大而全的员工信息库，建议将 objectClass 类型设置为 inetOrgPerson。

当然，对于一个 Entry 来说，仅仅有 accout 或者 inetOrgPerson 是不够的，在安装配置 LDAP 时，我们介绍了使用 migrationtools 工具将 Linux 系统用户转化为 ldif 格式的文件，进而导入到 LDAP 中。在这个过程里，导出的 user 会同时具备 accout、posixAccount、shadowAccount、top 这 4 个 objectClass，而导出的 group 则会同时具备 posixGroup 和 top 两个 objectClass。

上面已经给出，account 的必要属性是 userid，而 posixAccount 的必要属性是 cn、gidNumber、homeDirectory、uid、uidNumber；shadowAccount 的必要属性是 uid，可选属性有 shadowExpire、shadowInactive、shadowMax、shadowMin、userPassword 等；top 的必要属性是 objectClass，可见 top 和其他 objectClass 是继承的关系。

4. LDIF 文件的功能与特点

LDIF 是 LDAP Data Interchanged Format（轻量级目录访问协议数据交换格式）的缩写，在 LDAP 目录服务中使用 LDIF 格式来保存信息，而 LDIF 是一种标准的文本文件且可以随意地导入导出，所以我们需要有一种“格式”标准化 LFID 文件的写法，这种格式叫做 schema。

schema 用于指定一个目录中所包含对象的类型，以及每一个类型中的可选属性。我们可以将 schema 理解为面向对象程序设计中的“类”，通过“类”定义出具体的对象，因此其实 LDIF 数据条目都是通过 schema 数据模型创建出来的具体对象。LDIF 文件内容需要接受 schema 的检查，如果不符合 OpenLDAP schema 规范要求，则会提示相关语法错误。下面是 LDIF 文件存取 OpenLDAP 条目的标准格式和样例。

```
1
2
3
4
#注释，用于对条目进行解释
```

```
dn: 条目名称
objectClass（对象类）：属性值
objectClass（对象类）：属性值
...
```

LDIF 文件在格式上有以下特点：

- LDIF 文件每行的结尾不允许有空格或者制表符。
- LDIF 文件允许相关属性可以重复赋值并使用。
- LDIF 文件命名以.ldif 结尾。
- LDIF 文件中以#号开头的一行为注释，可以作为解释使用。
- LDIF 文件所有的赋值方式为：属性:[空格]属性值。
- LDIF 文件通过空行来定义一个条目，空行前为一个条目，空行后为另一个条目的开始。

```
1
2
3
4
5
6
7
8
9
1
1
dn: uid=water,ou=people,dc=wzlinux,dc=com        #DN 描述项，在整个目录树上唯一
objectClass: top
objectClass: posixAccount
objectClass: shadowAccount
objectClass: person
objectClass: inetOrgPerson
objectClass: hostObject
sn: Wang
cn: WangZan
telephoneNumber: xxxxxxxxxxx
mail: xxxx@126.com
```

注意：如果读者要手动自定义 LDIF 文件添加修改条目，需要了解以上相关特点，否则会提示各种各样的语法错误。而且 OpenLDAP 服务器中定义的 LDIF 文件，每个条目必须包含一个 objectclass 属性，并且需要定义值，objectclass 属性有等级之分，在定义 objectclass 之前需要了解 objectclass 的相关依赖性，否则在添加或者修改时也会提示相关语法错误。

5．对象标识符 OID

schema 定义了 OpenLDAP 框架目录所应遵循的结构和规则，保障整个目录树的完整性。主要包括 4 个部分，分别是 OID、objectClass、匹配规则、属性。每个 schema 中的对象，都具有合法而全局唯一的对象标识符（object identifier，OID）。

Attribute 的名字是为了方便人们读取，但为了方便计算机的处理，通常使用一组数字来标识这些对象，这类似于 SNMP 中的 MIB2。例如，当计算机接收到 dc 这个 Attribute 时，它会将这个名字转换为对应的 OID：1.3.6.1.4.1.1466.115.121.1.26。

OID 在 OpenLDAP 项目中承担着重要角色，是存在层级关系的。由表 13.1 得知，项目 ID 为 1.1，分为 6 个层级，分别是 SNMP 元素定义、LDAP 元素定义、属性类型、属性名称、对

象类型、对象名称。可以到http://www.iana.org/上申请免费已注册的 OID，也可以通过http://pen.iana.org/pen/PenApplication.page填写信息并提交来完成 OID 的申请。关于 OID 的更多知识读者可以通过www.openldap.org官网进行了解，这里不再过多阐述。

表 13.1　OID 层级关系

OID	Assignment
1.1	Organization's OID
1.1.1	SNMP Elements
1.1.2	LDAP Elements
1.1.2.1	AttributeTypes
1.1.2.1.1	x-my-Attribute
1.1.2.2	objectClasses
1.1.2.2.1	x-my-objectClass

子任务 3　安装与启停控制 OpenLDAP

1. 安装 OpenLDAP 服务器端软件

本次实验需要用到两台 Linux 主机，其中一台作为 OpenLDAP 服务器。为了简化 OpenLDAP 服务器的安装，作者建议使用光盘自带的 rpm 软件包安装。除非有特殊需求，需要定制安装，才使用编译方式安装 OpenLDAP。这里以本地 yum 源为例进行安装和配置。

```
[root@rhel7 ~]# yum install openldap openldap-servers openldap-clients openldap-devel compat-openldap   -y
………………省略安装过程………………
[root@rhel7 ~]# rpm   -qa   |grep   openldap
openldap-servers-2.4.39-3.el7.x86_64
openldap-2.4.39-3.el7.x86_64
openldap-clients-2.4.39-3.el7.x86_64
openldap-devel-2.4.39-3.el7.x86_64
compat-openldap-2.3.43-5.el7.x86_64
```

2. 后台服务 slapd 启停控制

```
[root@rhel7 ~]# systemctl   start   slapd
[root@rhel7 ~]# systemctl   enable   slapd
ln -s '/usr/lib/systemd/system/slapd.service' '/etc/systemd/system/multi-user.target.wants/slapd.service'
[root@rhel7 ~]# systemctl   status   slapd -l
slapd.service - OpenLDAP Server Daemon
   Loaded: loaded (/usr/lib/systemd/system/slapd.service; enabled)
   Active: active (running) since 一 2018-09-03 20:59:24 CST; 1min 1s ago
...
9 月 03 20:59:24 rhel7.cqceti.net slapd[17128]: slapd starting
9 月 03 20:59:24 rhel7.cqceti.net systemd[1]: Started OpenLDAP Server Daemon.
```

默认 OpenLDAP 服务所使用的端口为 389，此端口采用明文传输数据，数据信息得不到保障。所以可以通过配置 CA 并结合 TLS/SASL 实现数据加密传输，所使用端口为 636，后面章节会详细介绍实现过程。

```
[root@rhel7 ~]# ps   -aux | grep slapd | grep -v grep
USER   PID   %CPU %MEM   VSZ   RSS   TTY   STAT   START   TIME   COMMAND
ldap   795   0.0   0.4   93600   4976   ?   Ssl   15:02   0:00   /usr/sbin/slapd -u ldap -h ldapi:/// ldap:///
[root@rhel7 ~]# netstat -ntplu | grep   :389
```

```
tcp        0      0 0.0.0.0:389             0.0.0.0:*               LISTEN      795/slapd
tcp6       0      0 :::389                  :::*                    LISTEN      795/slapd
```

任务 2　配置 OpenLDAP 服务器及相关服务

子任务 1　配置 OpenLDAP 用户认证服务

1. 配置 OpenLDAP 服务器主机名

```
[root@rhel7 ~]# echo    "rhel7.cqcetli.net" >> /etc/hostname
[root@rhel7 ~]# echo "192.168.11.254    rhel7.cqcetli.net" >> /etc/hosts        //配置 FQDN 域名解析
```

2. 生成 OpenLDAP 服务器全局连接密码

```
[root@rhel7 ~]# slappasswd -s    mima123456    -n > /etc/openldap/passwd
[root@rhel7 ~]# more    /etc/openldap/passwd
{SSHA}FtDYY/Gy+YDXrnAoKWzYyuvgtl/tEDQp
```

通过 slappasswd 命令对管理员密码进行加密，上述加密后的字段需要保存，在后面的配置文件中会使用到。

3. 创建 x509 认证本地 LDAP 服务证书

LDAP 目录服务以明文的方式在网络中传输数据和密码，这样很不安全，所以可采用 TLS 加密机制来解决这个问题，使用 openssl 工具生成 X509 格式的证书文件（有效期为 365 天）。

```
[root@rhel7 ~]# ls    /etc/openldap/certs/
[root@rhel7 ~]# openssl req -new -x509 -nodes -out /etc/openldap/certs/cert.pem -keyout /etc/openldap/certs/priv.pem -days 365
Generating a 2048 bit RSA private key
.............................................+++
...............................................................+++
writing new private key to '/etc/openldap/certs/priv.pem'
...
You are about to be asked to enter information that will be incorporated
into your certificate request.
What you are about to enter is what is called a Distinguished Name or a DN.
There are quite a few fields but you can leave some blank
For some fields there will be a default value,
If you enter '.', the field will be left blank.
...
Country Name (2 letter code) [XX]:cn
State or Province Name (full name) []:chongqing
Locality Name (eg, city) [Default City]:shapingba
Organization Name (eg, company) [Default Company Ltd]:cqcetli
Organizational Unit Name (eg, section) []:oa
Common Name (eg, your name or your server's hostname) []:rhel7.cqcetli.net
Email Address []:root@rhel7.cqcetli.net                    //server's hostname 一定要与主机名相同
```

4. 修改 LDAP 证书所属组和权限

```
[root@rhel7 ~]# ll /etc/openldap/certs/
总用量 8
-rw-r--r--. 1 root root 1464 9 月    3 20:38 cert.pem
-rw-r--r--. 1 root root 1704 9 月    3 20:38 priv.pem
[root@rhel7 ~]# chown    ldap:ldap    /etc/openldap/certs/*    -R
[root@rhel7 ~]# chmod    600    /etc/openldap/certs/priv.pem
[root@rhel7 ~]# ll    /etc/openldap/certs/
总用量 8
```

```
-rw-r--r--. 1 ldap ldap 1464 9 月    3 20:38 cert.pem
-rw-------. 1 ldap ldap 1704 9 月    3 20:38 priv.pem
```

5. 生成 LDAP 数据库并设置权限

```
[root@rhel7 ~]# cp   /usr/share/openldap-servers/DB_CONFIG.example   /var/lib/ldap/DB_CONFIG   -v
"/usr/share/openldap-servers/DB_CONFIG.example" -> "/var/lib/ldap/DB_CONFIG"
[root@rhel7 ~]# slaptest
5b8d2be5 hdb_db_open: database "dc=my-domain,dc=com": db_open(/var/lib/ldap/id2entry.bdb) failed: No such file or directory (2).
5b8d2be5 backend_startup_one (type=hdb, suffix="dc=my-domain,dc=com"): bi_db_open failed! (2)
slap_startup failed (test would succeed using the -u switch)
[root@rhel7 ~]# ll   /var/lib/ldap/
总用量 328
-rw-r--r--.   1   ldap ldap      4096   9 月    3   14:58   alock
-rw-------.   1   ldap ldap    262144   9 月    3   14:58   __db.001
-rw-------.   1   ldap ldap     32768   9 月    3   14:58   __db.002
……
-rw-------.   1   ldap ldap  10485760   9 月    1   22:51   log.0000000001
[root@rhel7 ~]# chown   ldap.ldap   /var/lib/ldap/DB_CONFIG
[root@rhel7 ~]# slaptest
config file testing succeeded            //表示通过配置文件生成数据库成功
```

6. 设置 LDAP 日志文件保存日志信息

```
[root@rhel7 ~]# echo   'local4.* /var/log/ldap.log'   >>   /etc/rsyslog.conf
[root@rhel7 ~]# systemctl   restart   rsyslog
[root@rhel7 ~]# systemctl   enable   rsyslog
[root@rhel7 ~]# systemctl   status   rsyslog
rsyslog.service - System Logging Service
    Loaded: loaded (/usr/lib/systemd/system/rsyslog.service; enabled)
    Active: active (running) since 一 2018-09-03 21:02:51 CST; 21s ago
...
9 月 03 21:02:51 rhel7.cqceti.net systemd[1]: Started System Logging Service.
```

7. 安装并设置 httpd 服务

```
[root@rhel7 ~]# yum   install   httpd
...
安装:
  httpd.x86_64 0:2.4.6-17.el7

作为依赖被安装:
  apr.x86_64 0:1.4.8-3.el7      apr-util.x86_64 0:1.5.2-6.el7      httpd-tools.x86_64 0:2.4.6-17.el7
完毕!
[root@rhel7 ~]# cp   /etc/openldap/certs/cert.pem   /var/www/html/ -v   //将密钥文件传至网站目录
"/etc/openldap/certs/cert.pem" -> "/var/www/html/cert.pem"
[root@rhel7 ~]# systemctl   restart   httpd                         //重启 httpd 服务
[root@rhel7 ~]# systemctl   enable   httpd
ln -s '/usr/lib/systemd/system/httpd.service' '/etc/systemd/system/multi-user.target.wants/httpd.service'
[root@rhel7 ~]# wget   http://rhel7.cqcetli.net/cert.pem          //测试 http 服务器是否工作
...
100%[======================================>] 1,464        --.-K/s  用时  0s
2018-09-05 14:43:06 (50.0 MB/s) - 已保存  "cert.pem.1" [1464/1464])
```

8. 设置防火墙和 SELinux

```
[root@rhel7 ~]# firewall-cmd --permanent   --add-service=ldap
success
[root@rhel7 ~]# firewall-cmd   --add-service=http   --permanent
success
```

```
[root@rhel7 ~]# firewall-cmd   --reload
success
[root@rhel7 ~]# setenforce   0
```

子任务 2　创建 OpenLDAP 用户和用户组

1. 配置基础用户认证结构

```
[root@rhel7 ~]# ls   /etc/openldap/schema/   -l
总用量 328
-r--r--r--. 1 root root    2036 2 月    26 2014 collective.ldif
-r--r--r--. 1 root root    6190 2 月    26 2014 collective.schema
……
-r--r--r--. 1 root root 19603 2 月    26 2014 ppolicy.schema
[root@rhel7 ~]# cd   /etc/openldap/schema/
//导入 schema 文件（cosine 和 nis 模块）
[root@rhel7 schema]# ldapadd -Y EXTERNAL -H ldapi:/// -D "cn=config" -f cosine.ldif
SASL/EXTERNAL authentication started
SASL username: gidNumber=0+uidNumber=0,cn=peercred,cn=external,cn=auth
SASL SSF: 0
adding new entry "cn=cosine,cn=schema,cn=config"
[root@rhel7 schema]# ldapadd -Y EXTERNAL -H ldapi:/// -D "cn=config" -f nis.ldif
SASL/EXTERNAL authentication started
SASL username: gidNumber=0+uidNumber=0,cn=peercred,cn=external,cn=auth
SASL SSF: 0
adding new entry "cn=nis,cn=schema,cn=config"
```

ldapadd 命令用于将 LDIF 文件导入到目录服务数据库中，格式为“ldapadd [参数] LDIF 文件”。表 13.2 给出了 ldapadd 命令的常用参数及其作用。

表 13.2　ldapadd 命令的参数及其作用

参数	作用
-x	进行简单认证
-D	用于绑定服务器的 dn
-h:	目录服务的地址
-w:	绑定 dn 的密码
-f:	使用 LDIF 文件进行条目添加

2. 自定义 LDIF 文件并导入 LDAP 服务器

（1）创建/etc/openldap/changes.ldif 文件。

```
[root@rhel7 schema]# vim   /etc/openldap/changes.ldif      //需要注意的是每一行后面都不能有空格
dn: olcDatabase={2}hdb,cn=config
changetype: modify
replace: olcSuffix
olcSuffix: dc=cqcetli,dc=net

dn: olcDatabase={2}hdb,cn=config
changetype: modify
replace: olcRootDN
olcRootDN: cn=Manager,dc=cqcetli,dc=net

dn: olcDatabase={2}hdb,cn=config
```

```
changetype: modify
replace: olcRootPW
olcRootPW: {SSHA}FtDYY/Gy+YDXrnAoKWzYyuvgtl/tEDQp

dn: cn=config
changetype: modify
replace: olcTLSCertificateFile
olcTLSCertificateFile: /etc/openldap/certs/cert.pem

dn: cn=config
changetype: modify
replace: olcTLSCertificateKeyFile
olcTLSCertificateKeyFile: /etc/openldap/certs/priv.pem

dn: cn=config
changetype: modify
replace: olcLogLevel
olcLogLevel: -1

dn: olcDatabase={1}monitor,cn=config
changetype: modify
replace: olcAccess
olcAccess: {0}to * by dn.base="gidNumber=0+uidNumber=0,cn=peercred,cn=external,cn=auth" read by dn.base
="cn=Manager,dc=cqcetli,dc=net" read by * none
```

（2）将新的配置文件更新到 slapd 服务程序。

```
[root@rhel7 schema]# ldapmodify -Y EXTERNAL -H ldapi:/// -f /etc/openldap/changes.ldif
SASL/EXTERNAL authentication started
SASL username: gidNumber=0+uidNumber=0,cn=peercred,cn=external,cn=auth
SASL SSF: 0
modifying entry "olcDatabase={2}hdb,cn=config"
modifying entry "olcDatabase={2}hdb,cn=config"
modifying entry "olcDatabase={2}hdb,cn=config"
modifying entry "cn=config"
modifying entry "cn=config"
modifying entry "cn=config"
modifying entry "olcDatabase={1}monitor,cn=config"
```

（3）创建/etc/openldap/base.ldif 文件。

```
[root@rhel7 schema]# vim    /etc/openldap/base.ldif
#base.ldif
dn: dc=cqcetli,dc=net
dc: cqcetli
objectClass: top
objectClass: domain

dn: ou=People,dc=cqcetli,dc=net
ou: People
objectClass: top
objectClass: organizationalUnit

dn: ou=Group,dc=cqcetli,dc=net
ou: Group
objectClass: top
objectClass: organizationalUnit
```

（4）创建目录的结构服务。

```
[root@rhel7 schema]# ldapadd -x -W   -D   cn=Manager,dc=cqcetli,dc=net -f /etc/openldap/base.ldif
Enter LDAP Password:                          //输入密码：mima123456
adding new entry "dc=cqcetli,dc=net"
adding new entry "ou=People,dc=cqcetli,dc=net"
adding new entry "ou=Group,dc=cqcetli,dc=net"
```

3. 创建 Linux 本地用户和本地用户组

```
[root@rhel7 ~]# mkdir   /home/guests   -v
mkdir: 已创建目录 "/home/guests"
[root@rhel7 ~]#   useradd   -d /home/guests/ldap1   ldapuser1
[root@rhel7 ~]# passwd   ldapuser1
更改用户 ldapuser1 的密码。                    //密码 123456
新的 密码：
无效的密码： 密码少于 8 个字符
重新输入新的 密码：
passwd：所有的身份验证令牌已经成功更新。
```

4. 迁移 Linux 本地账号为 LDAP 账号

migrationtools 开源工具通过查找/etc/passwd、/etc/shadow、/etc/groups 生成 LDIF 文件，并通过 ldapadd 命令更新数据库数据，完成用户添加。具体步骤如下：

（1）安装并设置 migrationtools。

```
[root@rhel7 ~]# yum   install   migrationtools       //安装 migrationtools 软件包
………………省略安装过程………………
[root@rhel7 ~]# vim   /usr/share/migrationtools/migrate_common.ph
...
# Default DNS domain
#$DEFAULT_MAIL_DOMAIN = "padl.com";        //修改默认文件的第 71 行和第 74 行
$DEFAULT_MAIL_DOMAIN = "cqcetli.net";
# Default base
#$DEFAULT_BASE = "dc=padl,dc=com";
$DEFAULT_BASE = "dc=cqcetli,dc=net";
~
: wq
```

（2）将当前系统中的用户迁移至目录服务。

```
[root@rhel7 ~]# cd /usr/share/migrationtools
[root@rhel7 migrationtools]# grep ":10[0-9][0-9]" /etc/passwd > passwd
[root@rhel7 migrationtools]# ./migrate_passwd.pl passwd users.ldif
[root@rhel7 migrationtools]# ldapadd -x -w mima123456 -D cn=Manager,dc=cqcetli,dc=net -f users.ldif
adding new entry "uid=lihua,ou=People,dc=cqcetli,dc=net"
adding new entry "uid=ldapuser1,ou=People,dc=cqcetli,dc=net"
```

（3）将当前系统中的用户组迁移至目录服务。

```
[root@rhel7 migrationtools]# grep ":10[0-9][0-9]" /etc/group > group
[root@rhel7 migrationtools]# ./migrate_group.pl group groups.ldif
[root@rhel7 migrationtools]# ldapadd -x -w mima123456 -D cn=Manager,dc=cqcetli,dc=net -f groups.ldif
adding new entry "cn=lihua,ou=Group,dc=cqcetli,dc=net"
adding new entry "cn=ldapuser1,ou=Group,dc=cqcetli,dc=net"
```

5. 测试 LDAP 用户的配置文件

```
[root@rhel7 migrationtools]# ldapsearch -x cn=ldapuser1 -b dc=cqcetli,dc=net
# extended LDIF
#
# LDAPv3
# base <dc=cqcetli,dc=net> with scope subtree
```

```
# filter: cn=ldapuser1
# requesting: ALL

# ldapuser1, People, cqcetli.net
dn: uid=ldapuser1,ou=People,dc=cqcetli,dc=net
uid: ldapuser1
cn: ldapuser1
objectClass: account
objectClass: posixAccount
objectClass: top
objectClass: shadowAccount
userPassword:: e2NyeXB0fSQ2JDJtd3RlNVoxJHpudVJGLldpR1FNYkkyYzloNUEyZ2QzL241Nk1Y N Hp6ND VBL3IvZn
shadowLastChange: 17777
shadowMin: 0
shadowMax: 99999
shadowWarning: 7
loginShell: /bin/bash
uidNumber: 1001
gidNumber: 1001
homeDirectory: /home/guests/ldap1

# ldapuser1, Group, cqcetli.net
dn: cn=ldapuser1,ou=Group,dc=cqcetli,dc=net
objectClass: posixGroup
objectClass: top
cn: ldapuser1
userPassword:: e2NyeXB0fXg=
gidNumber: 1001

# search result
search: 2
result: 0 Success

# numResponses: 3
# numEntries: 2
[root@rhel7 ~]# more    /etc/passwd |grep ldapuser
ldapuser1:x:1001:1001::/home/guests/ldap1:/bin/bash
[root@rhel7 ~]# id    ldapuser1
uid=1001(ldapuser1) gid=1001(ldapuser1)  组=1001(ldapuser1)
```

任务 3　配置 OpenLDAP 客户端及相关服务

子任务 1　配置 LDAP 客户端

1．配置客户端 IP 和域名解析

LDAP 客户端可以使用 CentOS 7 或 RHEL 7，先设置客户机 IP 地址和主机名等，并配置其与 LDAP 服务器双机互通。

```
[root@Centos7 ~]# ifconfig    eno16777736    192.168.11.222/24
[root@Centos7 ~]# echo    "192.168.11.254    rhel7.cqcetli.net" >> /etc/hosts        //配置域名解析
[root@Centos7 ~]# ping    rhel7.cqcetli.net    -c2
PING rhel7.cqcetli.net (192.168.11.254) 56(84) bytes of data.
64 bytes from rhel7.cqcetli.net (192.168.11.254): icmp_seq=1 ttl=64 time=692 ms
```

```
64 bytes from rhel7.cqcetli.net (192.168.11.254): icmp_seq=2 ttl=64 time=0.923 ms

--- rhel7.cqcetli.net ping statistics ---
2 packets transmitted, 2 received, 0% packet loss, time 999ms
rtt min/avg/max/mdev = 0.923/346.943/692.963/346.020 ms
```

2. 安装客户端需要的软件包

```
[root@Centos7 ~]# yum install openldap-clients nss-pam-ldapd authconfig-gtk pam_krb5
...
完毕!
```

3. 运行并设置客户端认证工具

在客户端主机上，使用超级用户执行命令#system-config-authentication 可以启动图形界面的系统认证配置工具，如图 13-3 所示。按照提示填写 LDAP 服务信息，如果选择使用“TLS 加密连接”复选项，则需要从服务器端下载证书文件到本地。

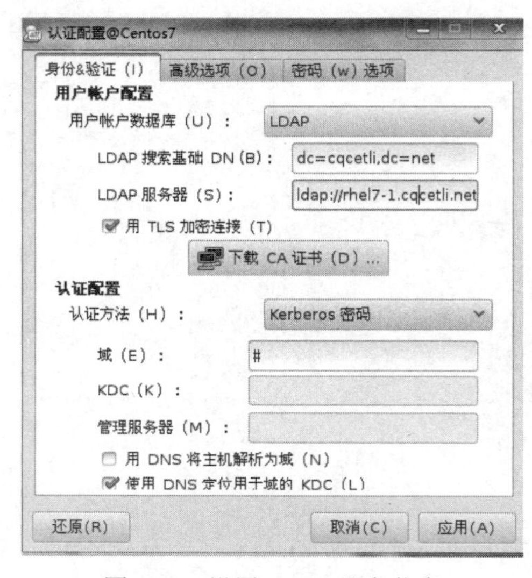

图 13-3　设置 LDAP 服务信息

单击“下载 CA 证书”按钮，打开如图 13-4 所示的对话框，填写服务器上的证书地址，然后单击“确定”按钮，如果地址填写不对会出现“下载错误”的提示。

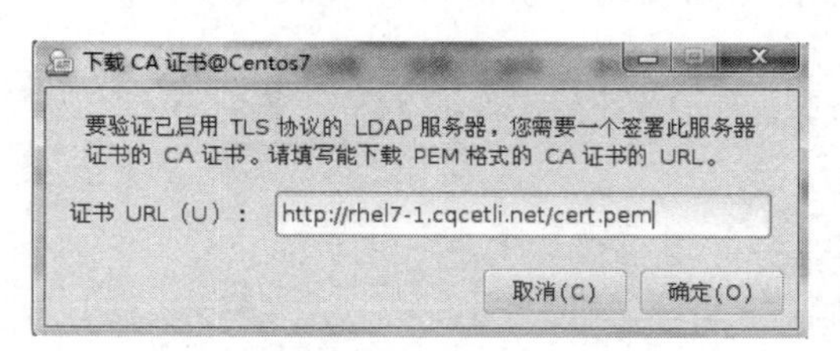

图 13-4　设置证书下载地址

4. 验证是否可用 LDAP 全局账号

稍等片刻后，验证客户端本地是否已经可以使用在 LDAP 服务器上创建的全局账号 ldapuser1。

```
[root@Centos7 ~]# id    ldapuser1
uid=1001(ldapuser1) gid=1001(ldapuser1)  组=1001(ldapuser1)
```

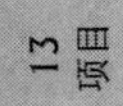

```
[root@Centos7 ~]# more   /etc/passwd   |grep   ldap
```

此时说明已经可以通过 LDAP 服务端验证登录的用户了，并且 ldapuser1 用户的账号信息也不会保存在客户端本地的/etc/passwd 文件中。

子任务 2 挂载 LDAP 用户目录到客户端

虽然在客户端已经能够使用 LDAP 验证账号了，但是当切换到 LDAP 用户（ldapuser1）时会提示“没有该用户的家目录”。原因是客户端主机并没有该用户的家目录，我们可以在 LDAP 服务器上通过配置 NFS 服务将用户的家目录共享并自动挂载，从而解决这个问题。

```
[root@Centos7 ~]# su   -   ldapuser1
su: 警告：无法更改到 /home/guests/ldap1 目录: 没有那个文件或目录
mkdir: cannot create directory '/home/guests': Permission denied
```

1. 在 LDAP 服务器上配置 NFS 服务

NFS 即网络文件系统（Network Files System），NFS 文件系统协议允许网络中的 Linux 主机之间通过 TCP/IP 协议进行资源共享，NFS 客户端可以像使用本地资源一样读写远端 NFS 服务端的资料。NFS 服务器的配置文件/etc/exports 的格式为“共享目录的绝对路径　允许访问 NFS 资源的客户端（权限参数）”，如/nfsfile 192.168.10.* (rw,sync,root_squash)。其支持的共享参数如表 13.3 所示。

表 13.3　NFS 配置共享的参数

参数	作用
ro	默认只读
rw	读写模式
root_squash	当 NFS 客户端使用 root 用户访问时，映射为 NFS 服务端的匿名用户
no_root_squash	当 NFS 客户端使用 root 用户访问时，映射为 NFS 服务端的 root 用户
all_squash	不论 NFS 客户端使用任何账户，均映射为 NFS 服务端的匿名用户
sync	同时将数据写入到内存与硬盘中，保证不丢失数据
async	优先将数据保存到内存，然后再写入硬盘，效率更高，但可能造成数据丢失

```
[root@rhel7 ~]# yum   install   nfs-utils      //安装 NFS 相关软件包
[root@rhel7 ~]# vim   /etc/exports
/home/guests/ldap1   192.168.11.254(rw,sync,root_squash)
~
: wq
[root@rhel7 ~]# systemctl   restart   nfs-server.service      //重启 nfs-server 服务程序
[root@rhel7 ~]# systemctl   enable   nfs-server.service
ln -s '/usr/lib/systemd/system/nfs-server.service' '/etc/systemd/system
[root@rhel7 ~]# showmount   -e   192.168.11.254         //显示 NFS 服务端的共享列表
Export list for 192.168.11.254:
/home/guests/ldap1   192.168.11.254
```

2. 在 LDAP 客户机上设置自动挂载

（1）修改/home 文件夹的权限。

```
[root@Centos7 ~]# ll   -d   /home
drwxr-xr-x.   3   root root   18 9 月    5 14:00   /home
[root@Centos7 ~]# chmod   1777   /home/
```

```
[root@Centos7 ~]# ll   -d   /home
drwxrwxrwt.   3   root root   18 9 月     5 14:00    /home
```

其他用户权限的第 3 位是小写的 t，表示该目录拥有 Sticky 属性，这样所有在该目录中的文件或子目录无论有什么权限，只有文件的所有者和 root 才有权限删除。

（2）手动挂载 LDAP 用户主目录到客户端。

```
[root@Centos7 ~]# showmount   -e   192.168.11.254      //在 LDAP 客户端查看 NFS 服务器共享信息
Export list for 192.168.11.254:
/home/guests/ldap1 192.168.11.254
[root@Centos7 ~]# mkdir /home/guests/ldap1   -p        //创建本地挂载点，作为 LDAP 账号的主目录
[root@Centos7 ~]# mount   -t nfs   rhel7.cqcetli.net:/home/guests/ldap1   /home/guests/ldap1
[root@Centos7 ~]# su   - ldapuser1        //再次尝试切换到 ldapuser1 用户，这次没有了错误提示
上一次登录：三  9 月    5 14:01:53 CST 2018pts/1 上
[ldapuser1@Centos7 ~]$ ls   /home/guests/ldap1/ -a
.   ..   .bash_history   .bash_logout   .bash_profile   .bashrc   .cache   .config   .mozilla   readme
```

（3）设置开机自动挂载 LDAP 用户主目录。

```
[root@Centos7 ~]# vim   /etc/fstab
…
192.168.11.254:/home/guests/ldap1     /home/guests/ldap1    nfs    defaults   0   0     //增加的配置行
~
:wq
```

思考与练习

一、填空题

1．RHEL 7 系统中 NFS 服务端配置文件是________，用于定义要共享的目录和相应权限。

2．OpenLDAP 软件采用________架构，通过配置服务器和客户端，并通过与第三方应用相结合，如 Samba、Postfix 等，实现客户端所有账号均可通过服务器端进行登录验证与授权。

3．schema 定义了 OpenLDAP 框架目录所应遵循的结构和规则，保障整个目录树的________。每个 schema 中的对象都具有合法而全局唯一的________，简称 OID。

4．开源工具 migrationtools 通过查找/etc/passwd、/etc/shadow、/etc/groups 生成 LDIF 文件，并通过命令________更新数据库数据，完成用户添加。

5．NFS 服务用来在 Linux 主机上实现文件共享的功能，命令________可用于查询 NFS 服务端的共享信息。如果希望开机后自动将 NFS 资源挂载到本地，可以通过修改/etc/目录下的________配置文件来实现。

二、判断题

1．Windows 活动目录（Active Directory）是运用 LDAP 的完美实现，它把大量验证方式统一到一个后台数据库里，极大地方便了管理员管理，有点像网易的“通行证”。（　）

2．与 X.500 不同 OpenLDAP 支持 TCP/IP 协议，直接运行在更简单和更通用的 TCP/IP 或其他可靠的传输协议层上，避免了在 OSI 会话层和表示层的开销，使连接的建立和包的处理更简单快捷，对于互联网和企业网应用更理想。（　）

3．LDAP 协议的好处就是公司的所有员工在所有系统里共享同一套用户名和密码，来人

的时候新增一个用户就能自动访问所有系统，走人的时候一键删除就取消了他对所有系统的访问权限。（　）

4．LDIF 文件命名以.ldif 结尾，不允许相关属性重复赋值并使用。（　）

5．Berkeley DB 是一类特殊的数据库，同样支持事务型数据库（MySQL、MariDB、Oracle 等）所支持的大量更新操作所需要的复杂的事务管理或回滚策略等。（　）

6．NFS 服务依赖于 RPC 服务与外部通信，所以必须保证 RPC 服务能够正常注册服务的端口信息才能正常使用 NFS 服务，在 RHEL 7 系统中 RPC 服务（rpcbind）通常是默认运行的，所以无须再配置 RPC 服务。（　）

三、选择题

1．在 OpenLDAP 的 schema 中定义了很多 objectClass，下面（　）不是常用 objectClass 的名称。

A．person　B．cn　C．posixGroup　D．posixAccount

2．在 OpenLDAP 中声明了许多常用的 Attribute，用户也可自己定义 Attribute，下面（　）不是 OpenLDAP 中常见的 Attribute。

A．c　B．dc　C．cn　D．firewalld

3．objectClass 可分为 3 类，下面（　）不是正确的类别。

A．结构型（Structural）　B．辅助型（Auxiliary）
C．抽象型（Abstract）　D．条目型（Entry）

4．抽象型的 objectClass 不能直接使用，下面（　）属于这种类型。

A．person　B．organizationUnit
C．extensibeObject　D．top

5．LDIF 文件内容需要按照 LDAP 中 schema 的规范进行组织，并会接受 schema 的检查，如果不符合 OpenLDAP schema 规范要求，则会提示相关语法错误。下面（　）不是 LDIF 文件的特点。

A．LDIF 文件每行的结尾不允许有空格或者制表符
B．LDIF 文件所有的赋值方式为：属性:[空格]属性值
C．LDIF 文件通过空行定义条目，空行前为一个条目，空行后为另一个条目的开始
D．LDIF 文件不允许相关属性重复赋值和使用

四、综合题

1．什么是目录？什么是目录服务？什么样的信息比较适合存储在目录中？

2．OpenLDAP 默认以什么数据库作为后端数据库？这种数据库有哪些特点？

3．Windows 7 操作系统增加了 NFS 功能，通过在控制面板中开启该功能，就可以很容易地在 Windows 命令行界面下使用 mount 命令通过 NFS 连接到 Linux 的共享文件，成功后如图 13-5 所示。请自行查资料完成该实验，并将关键步骤截图保存成 Word 文档。

4．AutoFs 服务与 Mount/Umount 命令的不同之处在于它是一种守护进程，只有检测到用户试图访问一个尚未挂载的文件系统时才自动地检测并挂载该文件系统。换句话说将挂载信息填入/etc/fstab 文件后系统将在每次开机时都自动将其挂载，而运行 AutoFs 后则是当用户需要

使用该文件系统时才会动态地挂载，节约网络与系统资源。请自行查找资料，在 RHEL 7 系统上完成该实验并将关键步骤截图保存成 Word 文档。

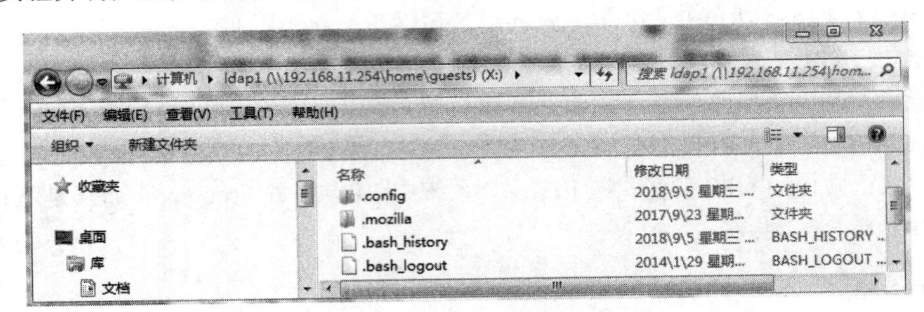

图 13-5　使用 Windows 7 作为客户端访问 NFS 服务器

5. 在 RHEL 7 系统上通过 migrationtools 工具按照以下步骤实现 OpenLDAP 用户和用户组的添加：

（1）使用 yum 命令安装 migrationtools 工具。

（2）使用 migrate_base.pl 工具创建 OpenLDAP 根域条目。

（3）使用 useradd 命令添加用于生成 OpenLDAP 用户的 Linux 用户。

（4）配置 migrationtools 配置文件。

（5）通过 migrationtools 工具生成 LDIF 模板文件并生成系统用户及组 LDIF 文件。

（6）利用 ldapadd 命令分别导入用户和用户组 LDIF 文件中的内容至 OpenLDAP 目录树，生成 OpenLDAP 用户和 OpenLDAP 用户组。

（7）使用 ldapsearch 命令查询添加的 OpenLDAP 用户信息，判断本地用户和本地组的迁移是否成功。

请完成上述实验步骤，并截图保存成 Word 文档。

14

Linux 防火墙软件的应用与管理

学习目标

- 熟悉 Linux 防火墙的基本概念
- 熟悉 iptables 命令的功能和使用
- 掌握 firewall-cmd 配置防火墙的方法
- 掌握 firewall-config 配置防火墙的方法
- 了解 tcp_wrappers 防火墙的工作原理
- 熟悉 tcp_wrappers 防火墙的使用方法

任务导引

RHEL 7 系统已经用 firewalld 服务替代了 iptables 服务，使用新的防火墙管理命令 firewall-cmd 与图形化工具 firewall-config。对于学习过 RHEL 6 系统的读者来讲，突然接触 firewalld 服务，可能会觉得新增 firewalld 服务是一次不小的改变，会比较抵触。但其实 iptables 服务与 firewalld 服务都不是真正的防火墙，它们都只是用来定义防火墙规则的“防火墙管理工具”，定义好的规则由内核中的 netfilter（网络过滤器）来读取从而真正实现防火墙功能，所以它们在配置规则的思路上其实是完全一致的。因此，无论使用 iptables 还是使用 firewalld 配置防火墙都是可行的。本章基于数十个防火墙需求，使用规则策略完整演示数据包的过滤、SNAT/SDAT 技术、端口转发、负载均衡等实验。不只学习 iptables 命令与 firewalld 服务，还新增了 tcp_wrappers 防火墙服务，简单配置即可实现安全增强的服务。

任务 1　使用 iptables 命令管理防火墙

子任务 1　切换至 iptables

在 RHEL 7 系统中 firewalld 服务取代了 iptables 服务，但依然可以使用 iptables 命令来管理内核的 netfilter。iptables 命令用于创建数据过滤与 NAT 规则，主流的 Linux 系统都支持 iptables 命令，但其参数较多且规则策略相对比较复杂。

要使 Linux 系统成为网络防火墙除内核支持之外，还需要启动 Linux 的 IP 转发功能。如果需要在系统启动时就具有该功能，可以将命令 echo 1 > /proc/sys/net/ipv4/ip_forword 写入到 /etc/rc.d/rc.local 文件中。在正式使用 iptables 之前，还需要将默认使用的 firewalld 停止，并让系统将 iptables 作为默认防火墙。

```
[root@rhel7 ~]# systemctl    |grep   fire                          //查询 firewalld 的当前状态
firewalld.service loaded active running    firewalld - dynamic firewall daemon
[root@rhel7 ~]# systemctl stop firewalld.service                   //关闭并禁用 firewalld
[root@rhel7 ~]# systemctl disable firewalld.service
rm '/etc/systemd/system/dbus-org.fedoraproject.FirewallD1.service'
rm '/etc/systemd/system/basic.target.wants/firewalld.service'
[root@rhel7 ~]# systemctl   start   iptables.service               //启用并启动 iptables
[root@rhel7 ~]# systemctl   enable   iptables.service
ln -s '/usr/lib/systemd/system/iptables.service' '/etc/systemd/system/basic.target.wants/iptables.service'
[root@rhel7 ~]# systemctl   start   ip6tables.service   //如果使用了 IPv6，还需要启用并启动 ip6tables
[root@rhel7 ~]# systemctl   enable   ip6tables.service
ln -s '/usr/lib/systemd/system/ip6tables.service' '/etc/systemd/system/basic.target.wants/ip6tables.service'
[root@rhel7 ~]# systemctl    |grep   fire
ip6tables.service   loaded active exited     IPv6 firewall with ip6tables
iptables.service   loaded active exited     IPv4 firewall with iptables
```

iptables 配置文件说明：系统开机 iptables 会自动读取/etc/sysconfig/iptables 这个配置文件，也就是说当你配置好防火墙而没有保存至该文件，那么系统重启后所有配置将会失效。iptables-save 命令将保存当前配置规则，用法为：iptables-save > /etc/sysconfig/iptables，将当前配置导入配置文件，重启生效。

子任务 2　详解规则、链与策略

在 iptables 命令中设置数据过滤或处理数据包的策略叫做规则，将多个规则合成一个链。举例来说，小区门卫有两条规则，可以将这两条规则合成一个规则链：遇到外来车辆需要登记，严禁快递小哥进入社区。

但是光有策略还不能保证社区的安全，我们需要告诉门卫（iptables）这个策略（规则链）是作用于哪里的，并赋予安保人员可能的操作有这些，如允许、登记、拒绝、不理他，对应到 iptables 命令中常见的控制类型有 ACCEPT（允许通过）、LOG（记录日志信息，然后传给下一条规则继续匹配）、REJECT（拒绝通过，必要时会给出提示）、DROP（直接丢弃，不给出任何回应）。

其中 REJECT 和 DROP 的操作都是将数据包拒绝，但 REJECT 会再回复一条“您的信息我已收到，但被扔掉了”，如果是 DROP 则不予响应。可以使用 ping 命令进行测试。

```
[root@localhost ~]# ping   -c2   192.168.10.10          //测试 REJECT
PING 192.168.10.10 (192.168.10.10) 56(84) bytes of data.
From 192.168.10.10 icmp_seq=1 Destination Port Unreachable
From 192.168.10.10 icmp_seq=2 Destination Port Unreachable
--- 192.168.10.10 ping statistics ---
2 packets transmitted, 0 received, +2 errors, 100% packet loss, time 3002ms
[root@localhost ~]# ping   -c4   192.168.10.10          //测试 DROP
PING 192.168.10.10 (192.168.10.10) 56(84) bytes of data.

--- 192.168.10.10 ping statistics ---
4 packets transmitted, 0 received, 100% packet loss, time 3000ms
```

规则链则依据处理数据包的位置不同而进行分类：PREROUTING（在进行路由选择前处理数据包）、INPUT（处理入站的数据包）、OUTPUT（处理出站的数据包）、FORWARD（处理转发的数据包）、POSTROUTING（在进行路由选择后处理数据包）。

iptables 中的规则表用于容纳规则链，规则表默认是允许状态的，那么规则链就是设置被禁止的规则；反之，如果规则表是禁止状态的，那么规则链就是设置被允许的规则。

- raw 表：确定是否对该数据包进行状态跟踪，用得不多，这里不作讲解。
- mangle 表：为数据包设置标记。
- nat 表：修改数据包中的源、目标 IP 地址或端口。
- filter 表：确定是否放行该数据包（过滤）。

规则表的先后顺序：raw→mangle→nat→filter。规则链的先后顺序：入站顺序，PREROUTING→INPUT；出站顺序，OUTPUT→POSTROUTING；转发顺序，PREROUTING→FORWARD→POSTROUTING。iptables 中规则表的匹配流程如图 14-1 所示。

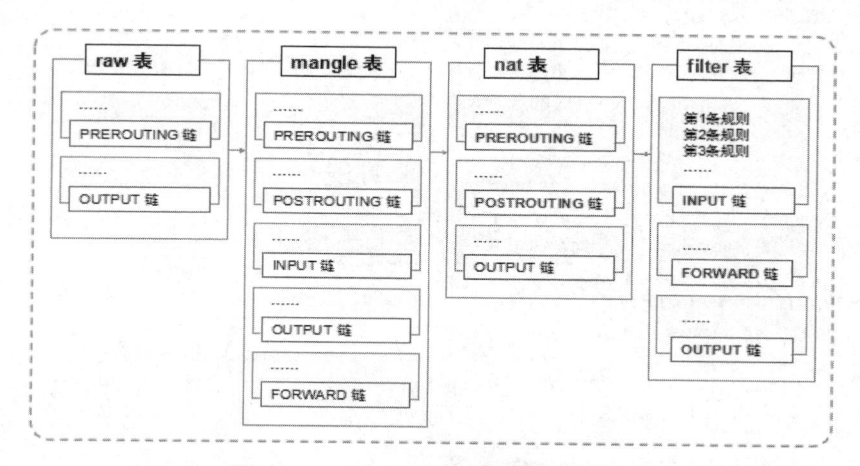

图 14-1　iptables 中规则表的匹配流程

还有以下 3 点注意事项：①没有指定规则表则默认指 filter 表；②不指定规则链则指表内所有的规则链；③在规则链中匹配规则时会依次检查，匹配即停止（LOG 规则例外），若没有匹配项则按链的默认状态处理。

子任务 3　详解 iptables 命令的基本参数

iptables 命令用于管理防火墙的规则策略，格式为“iptables [-t 表名] 选项 [链名] [条件] [-j 控制类型]”。表 14.1 总结了几乎所有常用的 iptables 参数。iptables 命令执行后的规则策略仅当前生效，若想重启后依然有效，则需要执行 service iptables save 命令保存规则。

表 14.1　iptables 命令的常用参数及功能

参数	作用
-P	设置默认策略：iptables -P INPUT (DROP|ACCEPT)
-F	清空规则链
-L	查看规则链
-A	在规则链的末尾加入新规则
-I num	在规则链的头部加入新规则
-D num	删除某一条规则
-s	匹配来源地址 IP/MASK，加叹号“!”表示除这个 IP 外
-d	匹配目标地址
-i 网卡名称	匹配从这块网卡流入的数据
-o 网卡名称	匹配从这块网卡流出的数据
-p	匹配协议，如 tcp、udp、icmp
--dport num	匹配目标端口号
--sport num	匹配来源端口号

```
[root@rhel7 ~]# iptables   -L        //查看已有的规则
Chain INPUT (policy ACCEPT)
target        prot  opt   source              destination
ACCEPT        all   --    anywhere            anywhere          ctstate RELATED,ESTABLISHED
ACCEPT        all   --    anywhere            anywhere
INPUT_direct  all   --    anywhere            anywhere
INPUT_ZONES_SOURCE   all   --    anywhere            anywhere
INPUT_ZONES   all   --    anywhere            anywhere
ACCEPT        icmp  --    anywhere            anywhere
REJECT        all   --    anywhere            anywhere          reject-with icmp-host-prohibited

Chain FORWARD (policy ACCEPT)
target        prot  opt   source              destination
ACCEPT        all   --    anywhere            anywhere          ctstate RELATED,ESTABLISHED
ACCEPT        all   --    anywhere            anywhere
FORWARD_direct   all   --    anywhere            anywhere
…
[root@rhel7 ~]# iptables -F          //清空已有的规则
```

将 INPUT 链的默认策略设置为拒绝（DROP）：当 INPUT 链默认规则设置为拒绝时，我们需要写入允许的规则策略。这个动作的目的是当接收到数据包时，按顺序匹配所有的允许规则策略，当全部规则都不匹配时，拒绝这个数据包。

```
[root@rhel7 ~]# iptables   -P   INPUT   DROP
```

```
[root@rhel7 ~]# iptables   -I   INPUT -p   icmp   -j   ACCEPT      //允许所有的 ping 操作
[root@rhel7 ~]# iptables   -t   filter   -A   INPUT   -j   ACCEPT
//在 INPUT 链的末尾加入一条规则，允许所有未被其他规则匹配上的数据包：因为默认规则表就是 filter，所以其中
//的-t filter 一般省略不写，效果是一样的
[root@rhel7 ~]# iptables   -D   INPUT   2              //删除上面的那条规则。
```

模拟训练 A：仅允许来自 192.168.10.0/24 网段的用户连接本机的 ssh 服务。iptables 防火墙会按照顺序匹配规则，请一定要保证“允许”规则是在“拒绝”规则的上面。

```
[root@rhel7 ~]# iptables -I INPUT -s 192.168.10.0/24 -p tcp --dport 22 -j ACCEPT
[root@rhel7 ~]# iptables -A INPUT -p tcp --dport 22 -j REJECT
```

模拟训练 B：不允许任何用户访问本机的 12345 端口。

```
[root@rhel7 ~]# iptables -I INPUT -p tcp --dport 12345 -j REJECT
[root@rhel7 ~]# iptables -I INPUT -p udp --dport 12345 -j REJECT
```

模拟实验 C：拒绝其他用户从 eno16777736 网卡访问本机 http 服务的数据包。

```
[root@rhel7 ~]# iptables -I INPUT -i eno16777736 -p tcp --dport 80 -j REJECT
```

模拟训练 D：禁止用户访问www.my133t.org。

```
[root@rhel7 ~]# iptables -I FORWARD -d www.my133t.org -j DROP
```

模拟训练 E：禁止 IP 地址是 192.168.10.10 的用户上网。

```
[root@rhel7 ~]# iptables -I FORWARD -s 192.168.10.10 -j DROP
```

子任务 4　区别 SNAT 与 DNAT

NAT（Network Address Translation）是将局域网的内部地址，如 192.168.0.x，转换成公网（Internet）上合法的 IP 地址，如 202.202.12.11，以使内部主机能像有公网地址的主机一样上网。NAT 将自动修改 IP 报文的源 IP 地址和目的 IP 地址，IP 地址校验则在 NAT 处理过程中自动完成。有些应用程序将源 IP 地址嵌入到 IP 报文的数据部分中，所以还需要同时对报文的数据部分进行修改，以匹配 IP 头中已经修改过的源 IP 地址；否则，在报文数据部分嵌入 IP 地址的应用程序就不能正常工作。

iptables 利用 nat 表将内网地址与外网地址进行转换，完成内外网的通信。nat 表支持下述 3 种操作。

1．源地址转换技术

SNAT（Source Network Address Translation，源地址转换技术）是指在数据包从网卡发送出去的时候，把数据包中的源地址替换为指定的 IP，这样接收方就认为数据包的来源是被替换的那个 IP 的主机。SNAT 能够让多个内网用户通过一个外网地址上网，解决了 IP 资源匮乏的问题，确实很实用。

在使用了 SNAT 地址转换技术的情况下，服务器应答后先由网关服务器接收，网关服务器接收后再分发给内网的用户主机，其工作流程如图 14-2 所示。

如果未使用 SNAT 技术，在网站服务器应答后响应包就无法回传至拥有私有 IP 地址 192.168.10.10 的这台主机，因此内网用户就无法正常浏览到网页。

路由是按照目的地址选择的，因此 DNAT 是在 PREROUTING 链上来进行的，而 SNAT 是在数据包发送出去的时候才进行，只能在 POSTROUTING 链上使用。

现在需要将 192.168.10.0 网段的内网 IP 地址经过地址转换技术变成外网 IP 地址 111.196.211.212，这样一来内网 IP 用户就都可以通过这个外网 IP 上网了，使用 iptables 防火墙即可实现 SNAT 源地址转换，根据需求命令格式如图 14-3 所示。

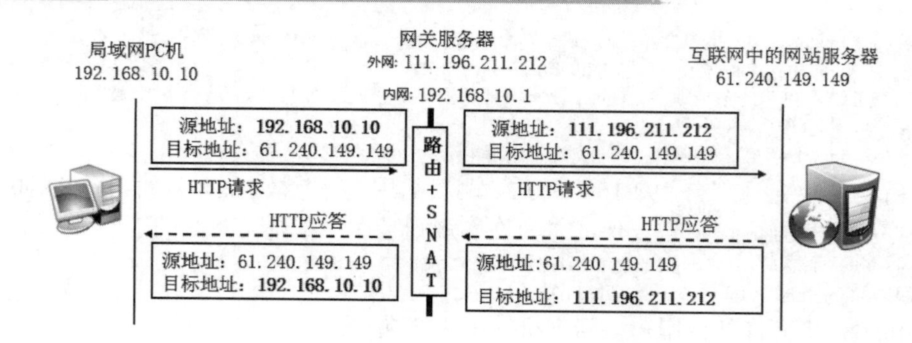

图 14-2 使用 SNAT 的 Web 工作流程

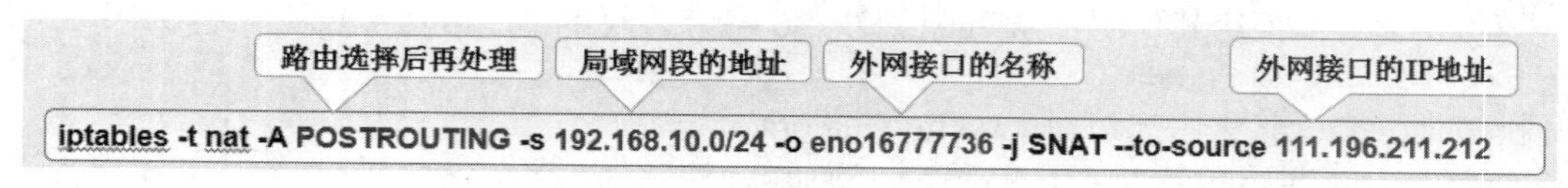

图 14-3 实现 SNAT 技术的 iptables 命令

2. 目的地址转换技术

DNAT（Destination Network Address Translation，目的地址转换技术）是指数据包从网卡发送出去的时候修改数据包中的目的 IP。表现为如果用户想访问 A，可是因为网关做了 DNAT，把所有访问 A 的数据包的目的 IP 全部修改为 B，那么实际上访问的是 B。DNAT 能够让外网 IP 用户访问局域网内不同的服务器，其工作流程如图 14-4 所示。

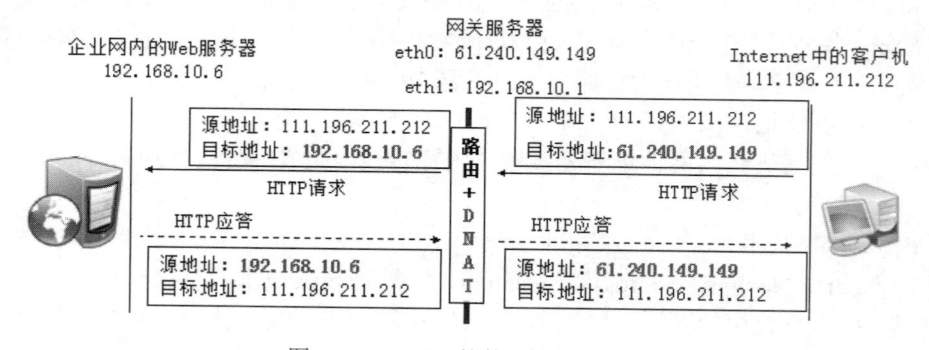

图 14-4 DNAT 的数据包转换过程

（1）发布内网服务器：现在希望互联网中的客户机可以访问到内网 192.168.10.6 这台提供 Web 服务的主机，那么只需在 Linux 网关系统上运行如图 14-5 所示的这条命令。

图 14-5 实现 DNAT 技术的 iptables 命令

（2）实现负载均衡：利用 DNAT 将外部的访问流量分配到多台服务器上，可以减轻服务器的负担。比如学校有两台数据相同的 Web 服务器，IP 地址分别为 10.1.160.14 和 10.1.160.15，

Linux 防火墙外部 IP 地址为 10.192.0.65/32。为了提高页面响应速度，需要对 Web 服务器进行优化。

```
[root@rhel7 ~]# iptables -t nat -A PREROUTING -d 10.192.0.65/32 -p tcp -m tcp --dport 8080 -m statistic --mode nth
--every 2 --packet 0 -j DNAT --to-destination 10.1.160.14:8080
[root@rhel7 ~]# iptables -t nat -A POSTROUTING -d 10.1.160.14/32 -p tcp -m tcp --dport 8080 -j SNAT --to-source
10.192.0.65
[root@rhel7 ~]# iptables -t nat -A PREROUTING -d 10.192.0.65/32 -p tcp -m tcp --dport 8080 -m statistic --mode nth
--every 1 --packet 0 -j DNAT --to-destination 10.1.160.15:8080
[root@rhel7 ~]# iptables -t nat -A POSTROUTING -d 10.1.160.15/32 -p tcp -m tcp --dport 8080 -j SNAT --to-source
10.192.0.65
```

原理解释：第一条使用 statistic 模块，模块的模式是 nth，--every 2 是每两个数据包，--packet 0 是第一个数据包；第二条 iptables rule 匹配时，第一条规则匹配上的数据已经被拿走，剩下的数据包重新计算。如果有计数器的话，奇数号数据包被第一条规则匹配，偶数号数据包被第二条规则匹配。

iptables 可以使用扩展模块来进行数据包的匹配，语法为-m module_name，所以-m tcp的意思是使用tcp扩展模块的功能（tcp扩展模块提供了--dport、--tcp-flags、--sync 等功能）。其实只用-p tcp 的话，iptables 也会默认地使用-m tcp 来调用 tcp 模块提供的功能。但是-p tcp 和-m tcp 是两个不同层面的东西，一个是说当前规则作用于 tcp 协议包，另一个是说要使用 iptables 的 tcp 模块的功能（--dport 等）。

注意：需要在 10.192.0.65/32 上打开 net.ipv4.ip_forward=1，修改/etc/sysctl.conf 文件，然后执行 sysctl -p 命令。

3. MASQUERADE

有一种 SNAT 的特殊情况是 IP 欺骗，也就是所谓的 MASQUERADE（动态伪装），通常建议在用拨号上网的时候使用，或者在合法 IP 地址不固定的时候使用。

说明：MASQUERADE 是特殊的过滤规则，它只能伪装从一个接口到另一个接口的数据；MASQUERADE 不需要使用--to-source 指定转换的 IP 地址。

假如公司内部网络有 200 台计算机，网段为 192.168.10.0/24，并配有一台拨号主机，使用接口 ppp0 接入 Internet，所有客户机通过该主机访问互联网。这时，需要在拨号主机上进行设置，将 192.168.10.0/24 的内部地址转换为 ppp0 的公网地址。

```
[root@rhel7 ~]# iptables -t nat -A POSTROUTING –o ppp0 -s 192.168.10.0/24 -j MASQUERADE
```

子任务 5　解析 iptables 综合配置实例

1. 配置基于主机的防火墙

假设某一台主机使用 RHEL 作为 Web 服务器，网卡 eth0 的 IP 地址为 192.168.1.100，现在需要配置该 Web 服务器能被客户端访问，并配置它作为 DNS 客户端能通过域名访问因特网上的其他服务器。为了保证该机器能远程管理，还需要打开 SSH 服务。下面使用 iptables 逐步建立该主机的包过滤型防火墙。

（1）清除主机的 iptables 规则。

```
[root@rhel7 ~]# iptables    -t filter    -F
```

（2）创建默认策略，使 INPUT、FORWORD 和 OUTPUT 链均丢弃没有明确允许的数据包。

```
[root@rhel7 ~]# iptables    -P    INPUT    DROP
[root@rhel7 ~]# iptables    -P    OUTPUT    DROP
```

```
[root@rhel7 ~]# iptables    -P    FORWARD    DROP
```

（3）允许来自客户端对服务器 SSH 服务的访问。

```
[root@rhel7 ~]# iptables    -A INPUT    -p tcp    -d 192.168.1.100    --dport 22    -j ACCEPT
[root@rhel7 ~]# iptables    -A OUTPUT    -p tcp    -s 192.168.1.100    --sport 22    -j ACCEPT
```

（4）允许来自客户端对服务器 http 服务的访问。

```
[root@rhel7 ~]# iptables    -A INPUT    -p tcp    -d 192.168.1.100    --dport 80    -j ACCEPT
[root@rhel7 ~]# iptables    -A OUTPUT    -p tcp    -s 192.168.1.100    --sport 80    -j ACCEPT
```

（5）允许服务器对 DNS 服务器 53 号端口的访问。

```
[root@rhel7 ~]# iptables    -A INPUT    -p udp    --dport 53    -j ACCEPT
[root@rhel7 ~]# iptables    -A OUTPUT    -p udp    --sport 53    -j ACCEPT
```

（6）允许服务器对本地回环地址 127.0.0.1 的访问。

```
[root@rhel7 ~]# iptables    -A    OUTPUT    -s 127.0.0.1    -d 127.0.0.1    -j ACCEPT
[root@rhel7 ~]# iptables    -A    INPUT    -s 127.0.0.1    -d 127.0.0.1    -j ACCEPT
```

（7）保存所有配置并查看所配置的规则。

```
[root@rhel7 ~]# iptables    -L    -n    --line-numbers
[root@rhel7 ~]# service    iptables    save
```

2. 配置基于网络的防火墙

假设某单位的网络结构如图 14-6 所示，图中 eth0 为 219.128.252.240，eth1 为 61.142.248.254。该网络中的所有服务器所用到的 IP 地址均为注册了的公用 IP 地址，故不需要 IP 伪装，它们的地址分别是，Web 服务器：61.142.248.30/24、FTP 服务器：61.142.248.31/24、E-mail 服务器：61.142.248.32/24。内网网段的 IP 地址为 192.168.1.0/24。

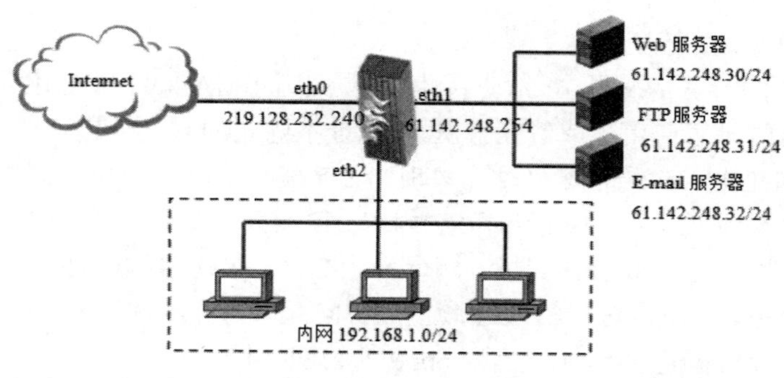

图 14-6　网络结构

（1）清除所有的链规则。

```
[root@rhel7 ~]# iptables    -F
```

（2）创建默认策略，使 INPUT、FORWORD 和 OUTPUT 链均丢弃没有明确允许的数据包。

```
[root@rhel7 ~]# iptables    -P    INPUT    DROP
[root@rhel7 ~]# iptables    -P    FORWARD    DROP
[root@rhel7 ~]# iptables    -P    OUTPUT    DROP
```

（3）允许到 Web、FTP 和 E-mail 服务器的数据包通过防火墙。

```
[root@rhel7 ~]# iptables    -A FORWARD    -p tcp    -d 61.142.248.30    --dport 80    -j ACCEPT
[root@rhel7 ~]# iptables    -A FORWARD    -p tcp    -d 61.142.248.31    --dport 21    -j ACCEPT
[root@rhel7 ~]# iptables    -A FORWARD    -p tcp    -d 61.142.248.31    --dport 20    -j ACCEPT
[root@rhel7 ~]# iptables    -A FORWARD    -p tcp    -d 61.142.248.32    --dport 25    -j ACCEPT
[root@rhel7 ~]# iptables    -A FORWARD    -p tcp    -d 61.142.248.32    --dport 110    -j ACCEPT
```

（4）禁止 Internet 上的用户 ping 防火墙的 eth0 接口。

```
[root@rhel7 ~]# iptables  -A  INPUT  -i eth0  -p icmp  -j DROP
```

（5）打开 Linux 内核的路由功能允许防火墙转发包。

```
[root@rhel7 ~]# echo 1 > /proc/sys/net/ipv4/ip_forword
```

（6）保存所有配置并查看所配置的规则。

```
[root@rhel7 ~]# iptables  -L  -n  --line-numbers
[root@rhel7 ~]# service  iptables  save
```

任务 2　使用 firewalld 配置工具管理防火墙

firewalld 服务是 RHEL 7 系统中默认的防火墙管理工具，特点是拥有运行时配置与永久配置选项且能够支持动态更新而不需要重启服务，以及 zone 的区域功能概念，使用图形化工具 firewall-config 或文本管理工具 firewall-cmd。

子任务 1　了解 firewalld 区域和区域规则

“区域”是针对给定位置或场景（例如家庭、公共、受信任等）可能具有的各种信任级别的预构建规则集。不同的区域允许不同的网络服务和入站流量类型，而拒绝其他任何流量。常用的区域规则如表 14.2 所示。

表 14.2　firewalld 区域和区域规则

区域	默认规则策略
trusted	信任所有连接
work	允许受信任的计算机被限制的进入连接，类似 home
home	同上，类似 work
internal	同上，范围针对所有互联网用户
public	允许指定的进入连接
external	同上，对伪装的进入连接，一般用于路由转发
dmz	允许受限制的进入连接
block	拒绝所有外部发起的连接，允许内部发起的连接
drop	丢弃所有进入的包，而不给出任何响应

简单来讲就是为用户预先准备了几套规则集合，我们可以根据场景的不同选择合适的规矩集合，而默认区域是 public。

子任务 2　使用 firewall-cmd 字符界面管理工具

如果想要更高效地配置妥当防火墙，那么就一定要学习字符管理工具 firewall-cmd 命令，该命令的参数及功能如表 14.3 所示。

表 14.3　firewall-cmd 命令的常用参数及功能

参数	作用
--get-default-zone	查询默认的区域名称
--set-default-zone=<区域名称>	设置默认的区域，永久生效
--get-zones	显示可用的区域
--get-services	显示预先定义的服务
--get-active-zones	显示当前正在使用的区域与网卡名称
--add-source=	将来源于此 IP 或子网的流量导向指定的区域
--remove-source=	不再将此 IP 或子网的流量导向某个指定区域
--add-interface=<网卡名称>	将来自于该网卡的所有流量都导向某个指定区域
--change-interface=<网卡名称>	将某个网卡与区域进行关联
--list-all	显示当前区域的网卡配置参数：资源、端口、服务等信息
--list-all-zones	显示所有区域的网卡配置参数：资源、端口、服务等信息
--add-service=<服务名>	设置默认区域允许该服务的流量
--add-port=<端口号/协议>	设置默认区域允许该端口的流量
--remove-service=<服务名>	设置默认区域不再允许该服务的流量
--remove-port=<端口号/协议>	设置默认区域不再允许该端口的流量
--reload	让配置规则立即生效，覆盖当前的配置

特别需要注意的是，firewalld 服务有两份规则策略配置记录，必须区分：RunTime（当前正在生效的）、Permanent（永久生效的）。当修改的是永久生效的策略记录时，必须执行--reload 参数后才能立即生效，否则要重启后再生效。

```
//查看当前的区域
[root@rhel7 ~]# firewall-cmd  --get-default-zone      //查询 eno16777728 网卡的区域
public
[root@rhel7 ~]# firewall-cmd  --get-zone-of-interface=eno16777728  //在 public 中分别查询是否允许 ssh 和 http 服务
public
[root@rhel7 ~]# firewall-cmd  --zone=public --query-service=ssh
yes
[root@rhel7 ~]# firewall-cmd  --zone=public --query-service=http     //设置默认规则为 dmz
no
[root@rhel7 ~]# firewall-cmd  --set-default-zone=dmz
 [root@rhel7 ~]# firewall-cmd  --reload                    //让“永久生效”的配置文件立即生效
success
```

启动/关闭应急状况模式，阻断所有网络连接：应急状况模式启动后会禁止所有的网络连接，一切服务的请求也都会被拒绝，请慎用。

```
[root@rhel7 ~]# firewall-cmd  --panic-on
success
[root@rhel7 ~]# firewall-cmd  --panic-off
success
```

端口转发功能可以将原本到某端口的数据包转发到其他端口：firewall-cmd --permanent --zone=<区域> --add-forward-port=port=<源端口号>:proto=<协议>:toport=<目标端口号

>:toaddr=<目标 IP 地址>。

```
[root@rhel7 ~]# firewall-cmd --permanent --zone=public --add-forward-port =port = 888 :proto=tcp :toport=22 :toaddr=
192.168.10.10      //将访问 192.168.10.10 主机 888 端口的请求转发至 22 端口
success
[root@ rhel7 ~]# ssh -p 888 192.168.10.10        //使用客户机的 ssh 命令访问 192.168.10.10 主机的 888 端口
The authenticity of host '[192.168.10.10]:888 ([192.168.10.10]:888)' can't be established.
ECDSA key fingerprint is b8:25:88:89:5c:05:b6:dd:ef:76:63:ff:1a:54:02:1a.
Are you sure you want to continue connecting ([YES|NO])?    yes
Warning: Permanently added '[192.168.10.10]:888' (ECDSA) to the list of known hosts.
root@192.168.10.10's password:
Last login: Sun Jul 19 21:43:48 2017 from 192.168.10.10
```

如果已经能够完全理解上面练习中 firewall-cmd 命令参数的作用，不妨来尝试完成下面的模拟训练。再次提示，请仔细琢磨立即生效与重启后依然生效的差别，千万不要修改错了。

模拟训练 A：允许 https 服务流量通过 public 区域，要求立即生效且永久有效。

方法一：分别设置当前生效与永久有效的规则记录。

```
[root@rhel7 ~]# firewall-cmd --zone=public --add-service=https
[root@rhel7 ~]# firewall-cmd --permanent --zone=public --add-service=https
```

方法二：设置永久生效的规则记录后读取记录。

```
[root@rhel7 ~]# firewall-cmd --permanent --zone=public --add-service=https
[root@rhel7 ~]# firewall-cmd --reload
```

模拟训练 B：不再允许 http 服务流量通过 public 区域，要求立即生效且永久生效。

```
[root@rhel7 ~]# firewall-cmd --permanent --zone=public --remove-service=http
 success
[root@rhel7 ~]# firewall-cmd --reload
 success
```

模拟训练 C：允许 8080 与 8081 端口流量通过 public 区域，要求立即生效且永久生效。

```
[root@rhel7 ~]# firewall-cmd --permanent --zone=public --add-port=8080-8081/tcp
[root@rhel7 ~]# firewall-cmd --reload
```

模拟训练 D：查看模拟训练 C 中要求加入的端口操作是否成功。

```
[root@rhel7 ~]# firewall-cmd --zone=public --list-ports
8080-8081/tcp
[root@rhel7 ~]# firewall-cmd --permanent --zone=public --list-ports
8080-8081/tcp
```

模拟训练 E：将 eno16777728 网卡的区域修改为 external，重启后生效。

```
[root@rhel7 ~]# firewall-cmd --permanent --zone=external --change-interface= eno16777728
 uccess
[root@rhel7 ~]# firewall-cmd --get-zone-of-interface=eno16777728
public
```

模拟训练 F：设置富规则，拒绝 192.168.10.0/24 网段的用户访问 ssh 服务。

```
[root@rhel7 ~]# firewall-cmd --permanent --zone=public --add-rich-rule="rule family="ipv4" source
address="192.168.10.0/24" service name="ssh" reject"
 Success
```

firewalld 服务的富规则用于对服务、端口、协议进行更详细的配置，规则的优先级最高。

子任务 3　使用 firewall-config 图形界面管理工具

执行 firewall-config 命令即可看到防火墙图形化管理工具，如图 14-7 所示。用户可以配置防火墙允许通过的服务、端口、伪装、端口转发、ICMP 过滤器和调整 zone（区域）设置等功能以使防火墙设置更加自由、安全和强健。

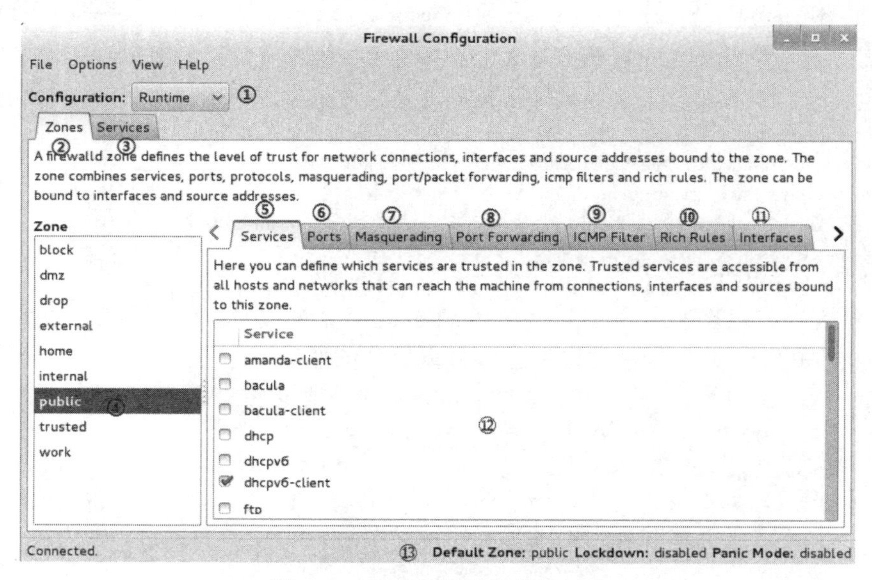

图 14-7 防火墙图形化管理工具

firewall-config 工作界面分成 4 个部分：上面是主菜单，中间是配置选项卡，下面是区域、服务、ICMP 端口、白名单等设置选项卡，最底部是状态栏。分别描述如下：①选择“立即生效”或“重启后生效配置”；②区域列表；③服务列表；④当前选中的区域；⑤被选中区域的服务；⑥被选中区域的端口；⑦被选中区域的伪装；⑧被选中区域的端口转发；⑨被选中区域的 ICMP 包；⑩被选中区域的富规则；⑪被选中区域的网卡设备；⑫被选中区域的服务，前面有√的表示允许；⑬firewalld 防火墙的状态。

firewall-config 的“配置”选项卡包括：运行时和永久。

（1）运行时（Runtime）：运行时配置为当前使用的配置规则。运行时配置并非永久有效，在重新加载时可以被恢复，而系统或者服务重启、停止时，这些选项将会丢失。

（2）永久（Permanent）：永久配置规则在系统或者服务重启的时候启用。永久配置存储在配置文件中，每次机器重启或者服务重启、重新加载时将自动恢复。

firewall-config 的“区域”选项卡的主要设置界面定义了连接的可信程度。firewalld 提供了几种预定义的区域。这里的区域是服务、端口、协议、伪装、ICMP 过滤等组合的意思。区域可以绑定到接口和源地址。“服务”子选项卡定义哪些区域的服务是可信的。可信的服务可以绑定该区的任意连接、接口和源地址。

在左下方角落寻找“已连接”字符，这标志着 firewall-config 工具已经连接到用户区后台程序 firewalld。注意，ICMP 类型、直接配置（Direct Configuration）和锁定白名单（Lockdown Whitlist）标签只在从“查看”下拉菜单中选择之后才能看见。状态栏显示 4 个信息，从左到右依次是连接状态、默认区域、锁定状态、应急模式。应急模式意味着丢弃所有的数据包。下面是几个具体的防火墙配置例子。

（1）允许其他主机访问 http 服务，当前有效，如图 14-8 所示。

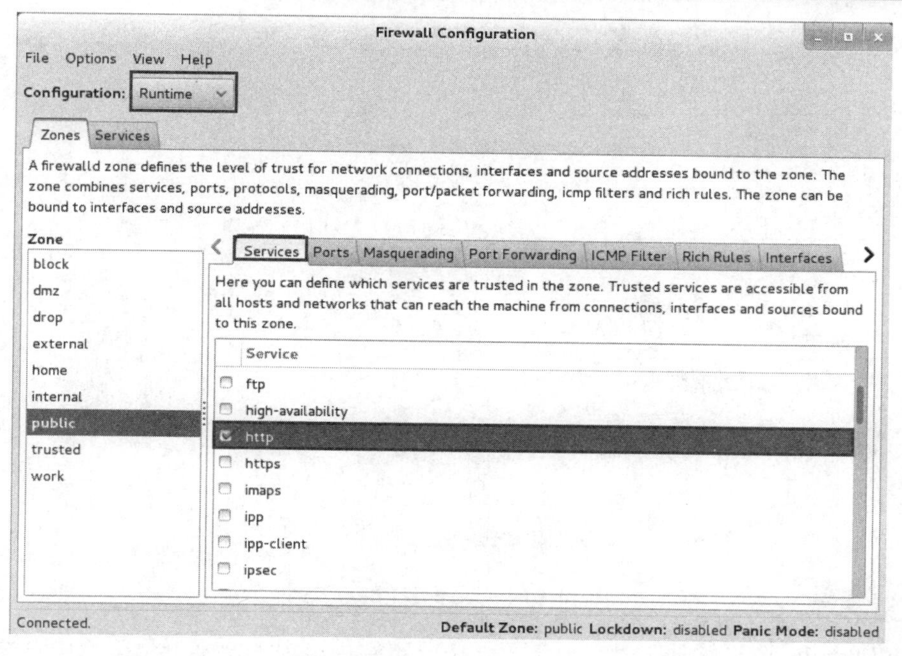

图 14-8　firewall-config 例子 1

（2）开启伪装功能，重启后依然生效，如图 14-9 所示。firewalld 防火墙的伪装功能实际上就是 SNAT 技术，即让内网用户不必在公网中暴露自己真实的 IP 地址。

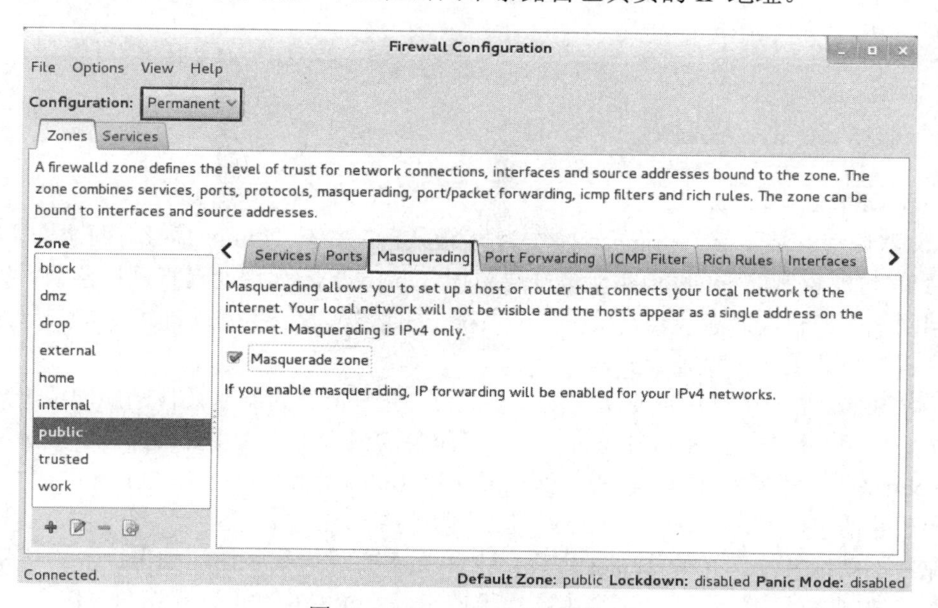

图 14-9　firewall-config 例子 2

（3）仅允许 192.168.10.20 主机访问本机的 1234 端口，仅当前生效，如图 14-10 所示。富规则代表着更细致、更详细的规则策略，是针对某个服务、主机地址、端口号等选项的规则策略，优先级最高。

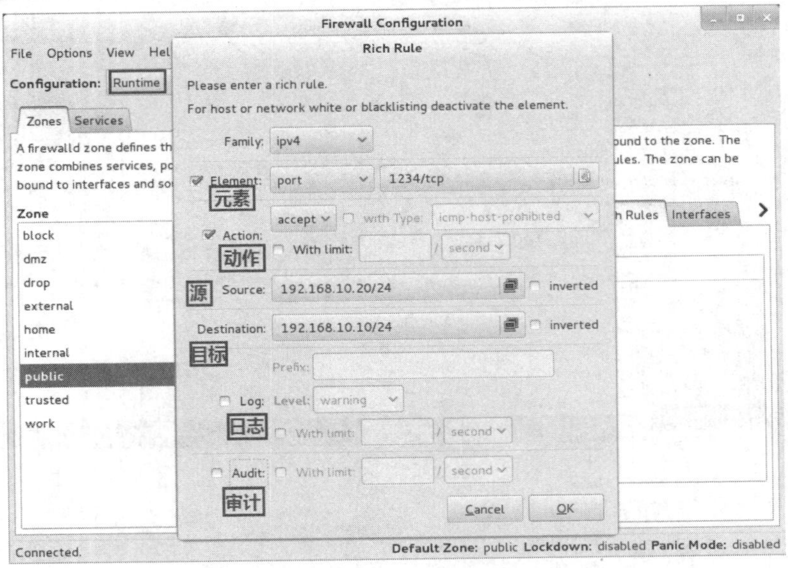

图 14-10　firewall-config 例子 3

firewall-config 图形管理工具在日常工作中非常实用，很多原本复杂的长命令被用图形化按钮替代，设置规则也变得简单了。所以有必要讲清楚配置防火墙的原则——只要能实现需求的功能，无论用文本管理工具还是用图形管理工具都是可以的。

任务 3　使用和管理 tcp_wrappers 防火墙

子任务 1　概述 tcp_wrappers

1．tcp_wrappers 工作原理

Linux 默认都安装了 tcp_wrappers。作为一个安全的系统，Linux 本身有两层安全防火墙，通过使用 IP 过滤机制的 iptables 实现第一层防护。iptables 防火墙通过直观地监视系统的运行状况阻挡网络中的一些恶意攻击，保护整个系统正常运行，免遭攻击和破坏。如果通过了第一层防护，那么下一层防护就是 tcp_wrappers。

tcp_wrappers 是一个工作在应用层的安全工具，它只能针对某些具体的应用或者服务起到一定的防护作用。比如说 SSH、Telnet、FTP 等服务的请求都会先受到 tcp_wrappers 的拦截。tcp_wrappers 有一个 TCP 的守护进程叫做 tcpd。以 Telnet 为例，每当有 Telnet 的连接请求时，tcpd 即会截获请求，先读取系统管理员所设置的访问控制文件，如果请求合乎要求，则会把这次连接原封不动地转给真正的 Telnet 进程，由 Telnet 完成后续工作；如果这次连接发起的 IP 不符合访问控制文件中的设置，则会中断连接请求，拒绝提供 Telnet 服务。

2．tcp_wrappers 防火墙的局限

系统中的某个服务是否可以使用 tcp_wrappers 防火墙，取决于该服务是否应用了 libwrapped 库文件，如果应用了就可以使用 tcp_wrappers 防火墙。系统中默认的一些服务如 sshd、portmap、sendmail、xinetd、vsftpd、tcpd 等都可以使用 tcp_wrappers 防火墙。

子任务 2　安装与配置 tcp_wrappers

1．tcp_wrappers 安装

查看系统是否安装了 tcp_wrappers。如果有下面类似的输出，表示系统已经安装了 tcp_wrappers 模块。如果没有显示，可能是没有安装，可以从 Linux 系统安装盘找到对应的 RPM 包进行安装，也可以使用 yum install tcp_wrappers 进行安装。

```
[root@rhel7 ~]# rpm  -qa | grep tcp
tcpdump-4.5.1-2.el7.x86_64
tcp_wrappers-libs-7.6-77.el7.x86_64
tcp_wrappers-7.6-77.el7.x86_64
```

2．tcp_wrappers 配置

tcp_wrappers 防火墙的实现是通过/etc/hosts.allow 和/etc/hosts.deny 两个文件来完成的，先来看一下设定的格式：service:host(s) [:action]。

- service：代表服务名，例如 sshd、vsftpd、sendmail 等。
- host(s)：主机名或者 IP 地址，可以有多个，例如 192.168.12.0、www.zzidc.com。
- action：动作，符合条件后所采取的动作。

配置文件中常用的关键字有：①ALL，所有服务或者所有 IP；②ALL EXCEPT，所有的服务或者所有 IP 除去指定的。例如 ALL:ALL EXCEPT 192.168.12.189，表示除了 192.168.12.189 这台机器，任何机器执行所有服务时或被允许或被拒绝。

了解了设定语法后，下面就可以对服务进行访问限定。例如，互联网上的一台 Linux 服务器，实现的目标是：仅仅允许 222.61.58.88、61.186.232.58 和域名 www.zzidc.com 通过 SSH 服务远程登录到系统，下面介绍具体的设置过程。

首先设定允许登录的计算机，即配置/etc/hosts.allow 文件，设置很简单，只要修改/etc/hosts.allow，如果没有此文件，请自行建立这个文件，即只需将下面的规则加入/etc/hosts.allow。

```
sshd: 222.61.58.88
sshd: 61.186.232.58
sshd: www.zzidc.com
```

接着设置不允许登录的机器，也就是设置/etc/hosts.deny 文件。一般情况下，Linux 会首先判断/etc/hosts.allow 这个文件，如果远程登录的计算机满足文件/etc/hosts.allow 的设定，则不会去使用/etc/hosts.deny 文件；相反，如果不满足 hosts.allow 文件设定的规则，就会去使用 hosts.deny 文件，如果满足 hosts.deny 的规则，此主机就被限制不可访问 Linux 服务器，如果也不满足 hosts.deny 的设定，此主机默认是可以访问 Linux 服务器的。因此，当设定好/etc/hosts.allow 文件访问规则之后，只需设置/etc/hosts.deny 为“所有计算机都不能登录”：sshd:ALL，这样一个简单的 tcp_wrappers 防火墙就设置好了。

```
sshd:ALL
```

思考与练习

一、填空题

1．在 RHEL 7 系统中________服务取代了 iptables 服务，但依然可以使用 iptables 命令来管理内核的 netfilter。

2. 作为一个安全的系统，Linux 本身有两层安全防火墙，通过使用 IP 过滤机制的________实现第一层防护。如果通过了第一层防护，那么下一层防护就是应用层的________。

3. Netfilter 提供一系列的表（table），每个表由若干________组成，每条链可以由一条或数条________组成。

4. iptables 通常使用________和________来表示接收或者直接丢弃数据包。

5. “区域”是针对给定位置或场景（例如家庭、公共、受信任等）可能具有的各种信任级别的预构建规则集，首次启用 firewalld 后，________将是默认区域。

二、判断题

1. firewalld 是 RHEL 7 的一大特性，好处有两个：第一支持动态更新，不用重启服务；第二加入了防火墙 zone 的概念，实现多个区域使用不同的规则。（ ）

2. firewall-cmd --reload 命令会删除所有运行时配置并应用永久配置，因为 firewalld 动态管理规则集，所以它不会破坏现有的连接和会话。（ ）

3. RHEL 7 使用的是 Linux Kernel 3.10.0 内核版本，新版的 Kernel 内核已经有了防火墙 netfilter，相比旧版本的 iptables，firewalld 的使用效能更高，稳定性更好。（ ）

4. firewalld 支持两种类型的网络地址转换（NAT）：伪装和端口转发，可以在基本级别使用常规 firewall-cmd 规则来同时配置这两者，更高级的转发配置可以使用富规则来完成，这两种形式的 NAT 会在发送包之前修改包的某些内容，如源或目标地址。（ ）

5. 区域也可以用于不同的网络接口，例如要分离内部网络和互联网的接口，你可以在 internal 区域上允许 DHCP，但在 external 区域仅允许 HTTP 和 SSH，未明确设置为特定区域的任何接口将添加到默认区域。

6. 防火墙守护 firewalld 服务引入了一个信任级别的概念来管理与之相关联的连接与接口，它支持 IPv4 与 IPv6，并支持网桥，采用 firewall-cmd 或 firewall-config 来动态地管理 Kernel Netfilter 的临时或永久的接口规则，并实时生效而无需重启服务。（ ）

7. firewalld 能将不同的网络连接归类到不同的信任区域，一个网卡只能绑定一个区域，多个网卡可以绑定同一区域。（ ）

8. firewall-cmd 命令没有加入参数--permanent 都是即时生效的，而且 reload 或者重启服务后就会失效；而加入--permanent，还需要手动 reload 或者重启服务才能生效。（ ）

三、选择题

1. 命令 iptables-save >/etc/sysconfig/iptables 的作用是（ ）。

A. 保存 iptables 的规则　　B. 添加规则到 iptables

C. 更新 iptables 的规则　　D. 查看 iptables 的配置

2. 使用 iptables 命令在所选链的尾部加入一条规则，必须使用的选项是（ ）。

A. -A　　B. -D　　C. -L　　D. -R

3. firewalld 默认没有命令来清空已经生效的规则，可以通过修改配置文件来清除规则，其配置文件存放在目录（ ）中。

A. /etc/firewalld/zones/　　B. /usr/lib/firewalld/services

C．/etc/firewalld/services/　　D．/etc/firewalld/firewalld.conf

4．用来进行封包过滤处理的动作一般有（　　）。

A．DROP　　B．ACCEPT　　C．REJECT　　D．以上都是

5．下列命令中（　　）一旦执行，将会立即切断网络连接，因此是管理员必须谨记而不能随便执行的危险命令。

A．firewall-cmd --panic-on　　B．firewall-cmd --query-panic

C．firewall-cmd --panic-off　　D．以上都不是

四、简答题

1．iptables 利用 nat 表将内网地址与外网地址进行转换完成内外网的通信。nat 表支持哪三种操作？这三种操作有什么区别？

2．客户机发送邮件时需要访问邮件服务器的 TCP25 端口，接收邮件时可能使用的端口比较多，有 UDP 协议和 TCP 协议的端口：110、143、993 和 995。执行哪些命令才可以允许内网主机通过这些端口收发邮件？

3．端口转发也称端口映射，有两种基本使用方式。将同一台服务器上 80 端口的流量转发至 8080，只需执行命令 firewall-cmd --add-forward-port=port=80:proto=tcp:toport=8080，执行命令 firewall-cmd --list-all 查看设置结果。如果要将端口转发到另外一台服务器上，需要两步操作：第一步，要在需要的区域中激活 masquerade，执行命令 firewall-cmd --zone=public --add-masquerade；第二步，要添加转发的规则，如将本地 80 端口的流量转发到 IP 地址为 10.0.10.15 的远程服务器上的 8080 端口，可以执行命令 firewall-cmd --zone=public --add-forward-port=port=80:proto=tcp:toport=8080:toaddr=10.0.10.15，请构建完整的 Web 实验环境，完成上述操作过程，并验证端口转发能工作正常。

4. 在 filter 表的 INPUT 链中插入一条规则，位置在第 2 条规则之前，用来禁止 192.168.92.0 子网的所有主机访问 TCP 协议的 80 端口。

5．下面的这些命令和其实现的功能没有一一对应，请将它们用直线连接起来。

firewall-cmd --list-all-zones	显示当前系统网络接口使用哪个区域
firewall-cmd --get-default-zone	查看当前系统中默认使用哪个区域
firewall-cmd --get-active-zones	查看所有区域中的配置
firewall-cmd --set-default-zone=internal	设置 home 区域的接口
firewall-cmd --zone=public --list-all	获取指定区域的所有配置
firewall-cmd --zone=home --change-interface=eth0	修改默认区域

6．firewalld 能将不同的网络连接安装不同的信任级别归类到不同的 Zone，请简述其提供了哪几个区域，有什么不同？

15

Linux 服务器的远程访问与管理

学习目标

- 了解 SSH 和 VNC 服务的功能和特点
- 熟悉 SSH 和 VNC 服务的配置文件
- 掌握 SSH 和 VNC 服务器进程的管控方法
- 掌握使用 SSH 远程访问 Linux 服务器的方法
- 掌握使用 VNC 远程访问 Linux 服务器的方法
- 掌握通过 SSH 实现远程登录后两个系统互传文件的方法

任务导引

Telnet 是一种字符模式的终端服务，可以使用户通过网络登入远程主机，然后在系统赋予该用户的权限范围内对远程主机进行操作。这种连通可以发生在局域网里面，也可以通过互联网进行，实现了服务器主机的远程控制和管理。但是 Telnet 在网络上用明文传送数据、用户账号和用户口令，这在本质上是不安全的。别有用心的人通过窃听等网络攻击手段可以非常容易地截获这些数据，从而发动“中间人”（man-in-the-middle）攻击，就会出现很严重的问题。因此，绝大多数的 Linux 系统都默认安装并开启 SSH 服务，用来实现 Linux 服务器的远程管理。SSH 是英文 Secure Shell 的缩写，实现与 Telnet 类似的功能，是 Telnet 的安全替代品。SSH 采用密文的形式在网络中传输数据，有效防止了“中间人”攻击，并且 SSH 通过传输经过压缩的数据加快了传输速度。本章完整演示 sshd 服务配置方法并详细讲述每个参数的作用，实战基于密钥远程登录实验，并介绍使用 VNC 远程访问 Linux 的图形界面，让读者能够掌握 Linux 服务器远程访问与控制技巧。

任务 1　使用 SSH 服务远程登录 Linux 系统

子任务 1　了解 SSH 服务的功能和特点

最初的 SSH 是由芬兰的一家公司开发的，因为受版权和加密算法的限制，现在很多人都使用免费的 SSH 实现版本 OpenSSH。该软件的最新版本可以到 OpenSSH 的官方站点 www.openssh.com 去下载。SSH 分为两部分：客户端部分和服务端部分。服务端是一个守护进程 sshd，它在后台运行并响应来自客户端的连接请求，提供对远程连接的处理，一般包括公共密钥认证、密钥交换、对称密钥加密和安全连接。客户端包含 ssh 客户程序以及像 scp（远程拷贝）、slogin（远程登录）、sftp（安全文件传输）等其他应用程序。

启动 SSH 服务器后，sshd 默认在 22 端口进行监听，当请求到来的时候 SSH 守护进程会产生一个子进程，该子进程进行这次的连接处理。客户端发送一个连接请求到远程的服务端，服务器检查请求包和 IP 地址，发送密钥给 SSH 的客户端，客户端再将密钥发回给服务端，自此连接建立。从客户端来看，SSH 提供两种级别的安全验证。

第一种级别：基于口令的安全验证。只要用户知道自己的账号和口令，就可以登录到远程主机。所有传输的数据都会被加密，但是不能保证正在连接的服务器就是用户想连接的服务器，因为可能会有别的服务器在冒充真正的服务器。

第二种级别：基于密钥的安全验证。该认证需要依靠用户为自己创建一对密钥，并把公用密钥放在需要访问的服务器上。当用户要连接 SSH 服务器时，客户端软件向服务器发出安全验证的请求。服务器收到请求后，先在服务器中该用户的主目录下寻找其公用密钥，然后和用户发送过来的公用密钥进行比较，如果两个密钥一致，服务器就用公用密钥加密“质询”（challenge），并把它发送给客户端，客户端软件收到“质询”之后，使用用户的私用密钥进行解密，并把它发送回服务器。

第二种方式下，用户必须知道自己的密钥口令。与第一种级别相比，第二种不需要在网络上传送用户的账号和口令，可以有效防止“中间人”攻击。

子任务 2　管理与控制 SSH 服务进程

1. 安装 OpenSSH 服务器软件

Linux 在安装时，默认会安装 OpenSSH，通常情况下不需要用户再进行安装。在使用之前最好先检查一下是否已经安装。

```
[root@rhel7 ~]# rpm    -qa    |grep    ssh
libssh2-1.4.3-8.el7.x86_64
openssh-clients-6.4p1-8.el7.x86_64
openssh-6.4p1-8.el7.x86_64      //openssh 客户端软件包，客户端必装
openssh-server-6.4p1-8.el7.x86_64      //openssh 服务端软件包，服务器必装
```

如果当前的系统没有安装，可以在 RHEL 7 的安装光盘中找到这几个软件包，然后执行 rpm 命令进行安装。

2. SSH 服务的配置文件解析

SSH 服务器的主配置文件是/etc/ssh/sshd_config，其主要配置参数及功能如表 15.1 所示。

如果想修改服务的配置参数，请务必记得删除参数前面的注释符#并重启服务才能生效。

表 15.1　sshd 的配置参数及功能

参数	作用
#Port　22	默认的 sshd 服务端口
#ListenAddress　0.0.0.0	设定 sshd 服务端监听的 IP 地址
#Protocol　2	SSH 协议的版本号
#HostKey　/etc/ssh/ssh_host_key	SSH 协议版本为 1 时，私钥存放的位置
HostKey　/etc/ssh/ssh_host_rsa_key	SSH 协议版本为 2 时，RSA 私钥存放的位置
#HostKey　/etc/ssh/ssh_host_dsa_key	SSH 协议版本为 2 时，DSA 私钥存放的位置
#PermitRootLogin　yes	设定是否允许 root 用户直接登录
#StrictModes　yes	当远程用户私钥改变时直接拒绝连接
#MaxAuthTries　6	最大密码尝试次数
#MaxSessions　10	最大终端数
#PasswordAuthentication　yes	是否允许密码验证
#PermitEmptyPasswords　no	是否允许空密码登录，空密码很不安全

3. SSH 服务器启停控制

SSH 服务器也可以像前面介绍的 FTP、Web 等服务器一样，采用同样的几种方法进行启动、关闭、设置自动启动等操作。

```
[root@rhel7 ~]# systemctl start sshd
[root@rhel7 ~]# systemctl status sshd
sshd.service - OpenSSH server daemon
   Loaded: loaded (/usr/lib/systemd/system/sshd.service; enabled)
   Active: active (running) since 六 2018-08-11 10:22:10 CST; 4h 49min ago
 Main PID: 1505 (sshd)
   CGroup: /system.slice/sshd.service
           └─1505 /usr/sbin/sshd -D
…
[root@rhel7 ~]# systemctl enable sshd
```

子任务 3　使用 SSH 远程访问 Linux 服务器

1. 使用 Linux 客户机连接 SSH 服务器

对于 Linux 客户端，必须安装 openssh 和 openssh-clients 软件包。这两个软件包提供了用于建立安全连接的客户端程序和工具软件。通过下面的命令可以查看到这两个软件包所安装的文件及位置。

```
[root@rhel7 ~]# rpm   -ql   openssh-clients-6.4p1
/etc/ssh/ssh_config          //客户端配置文件
/usr/bin/scp                 //安全的远程复制文件的程序
/usr/bin/sftp                //安全的类 FTP 程序
/usr/bin/slogin              //安全的远程登录程序
/usr/bin/ssh                 //用于登录 openssh 服务器的客户端程序
/usr/bin/ssh-add             //为 ssh-agent 添加私有密钥的工具程序
```

```
/usr/bin/ssh-agent            //一个保存私有密钥的授权代理
/usr/bin/ssh-keyscan                //密钥扫描程序
…
[root@rhel7 ~]# rpm   -ql   openssh
/etc/ssh
/etc/ssh/moduli
/usr/bin/ssh-keygen                 //一个为用户生成密钥的程序
/usr/libexec/openssh
/usr/libexec/openssh/ctr-cavstest
/usr/libexec/openssh/ssh-keysign
/usr/share/doc/openssh-6.4p1
…
```

客户端配置文件 etc/ssh/ssh_config 通常不需要进行修改，使用默认设置即可。远程登录安装有 OpenSSH 的服务器使用 ssh 命令，该命令是 rlogin、rsh 和 telnet 的安全替代程序。ssh 的命令格式是“ssh　[用户名@]SSH 服务器 IP”。如果不指定用户名，则默认当前用户。

```
[root@rhel7 ~]# service   sshd   status
sshd （pid 2251） 正在运行...
[root@rhel7 ~]# ssh    lihh@192.168.1.254
The authenticity of host '192.168.1.254 （192.168.1.254）' can't be established.
RSA key fingerprint is 45:1d:9b:92:6d:14:86:71:f5:4d:61:2e:ea:e1:ce:77.
Are you sure you want to continue connecting （yes/no）? yes  //首次登录，要回答 yes
Warning: Permanently added '192.168.1.254' （RSA） to the list of known hosts.
lihh@192.168.1.254's password:                //输入用户登录密码
/usr/X11R6/bin/xauth:   creating new authority file /home/lihh/.Xauthority
[root@rhel7 ~]$                               //登录成功
```

2. Linux 客户端和 SSH 服务器互传文件

利用 ssh 登录到远程主机后，可以使用 scp 或 sftp 命令进行文件的复制、上传和下载等操作。

（1）使用 scp 命令复制文件。由于 scp 命令使用 SSH 协议进行数据传输，因此操作更安全。该命令用于将一台主机上的文件复制到另一台主机上。命令用法为“scp　源文件　目标文件”。其中，源文件的表达格式为“用户名@主机地址:文件名”。

```
[root@rhel7 ~]# scp   liteng@192.168.1.2:/home/liteng/aa   /tmp    //可使用相对路径
liteng@192.168.1.2's password:                                     //输入当前用户的密码
aa        100% |************************************| 28461 KB    00:03
```

（2）使用 sftp 上传/下载文件。sftp 的功能与 ftp 类似，是一种安全的上传/下载程序，用于连接安装有 OPenSSH 并启动了 sftp-server 服务的 Linux 主机。

sftp 的服务器程序是 sftp-server，它作为 OpenSSH 服务器的一个子进程运行。在 sshd_config 配置文件中，通过 Subsystem sftp /usr/libexec/openssh/sftp-server 配置行来启动 sftp 服务子进程。

利用 sftp 连接远程服务器的命令用法为“sftp　用户名@服务器 IP 地址”。sftp 提供的子命令和 ftp 的子命令很相似，登录后通过使用“?”可以查看这些子命令及其帮助。

```
[root@rhel7 ~]# sftp   liteng@192.168.1.2
Connecting to 192.168.1.2...
liteng@192.168.1.2's password:         //输入当前用户的密码
sftp> ?                                //命令提示符“sftp>”出现，表示登录成功
Available commands:
cd path                                Change remote directory to 'path'
```

```
lcd path                        Change local directory to 'path'
chgrp grp path                  Change group of file 'path' to 'grp'
chmod mode path                 Change permissions of file 'path' to 'mode'
chown own path                  Change owner of file 'path' to 'own'
help                            Display this help text
get remote-path [local-path]    Download file
lls [ls-options [path]]         Display local directory listing
ln oldpath newpath              Symlink remote file
lmkdir path                     Create local directory
lpwd                            Print local working directory
ls [path]                       Display remote directory listing
lumask umask                    Set local umask to 'umask'
mkdir path                      Create remote directory
put local-path [remote-path]    Upload file
pwd                             Display remote working directory
exit                            Quit sftp
quit                            Quit sftp
rename oldpath newpath          Rename remote file
rmdir path                      Remove remote directory
rm path                         Delete remote file
symlink oldpath newpath         Symlink remote file
version                         Show SFTP version
!command                        Execute 'command' in local shell
!                               Escape to local shell
?                               Synonym for help
sftp> pwd                                          //查看远程工作目录
Remote working directory: /home/lihh
sftp> lpwd                                         //查看本地工作目录
Local working directory: /root
sftp> quit                                         //断开和 sftp-server 的连接
```

3. 使用 Windows 客户机连接 SSH 服务器

在 Windows 系统平台下，可使用 PUTTY 软件包来作为 OpenSSH 的客户端。该软件很小，无需安装即可直接运行，在下载页面上可下载整个软件包，也可下载单个实用程序。图 15-1 所示是该软件包中的单个软件程序。其中，putty.exe 是 PUTTY 的主程序，使用该程序来实现 SSH 登录；pscp.exe 用于实现 scp 命令的功能；psftp.exe 用于实现 sftp 命令的功能。

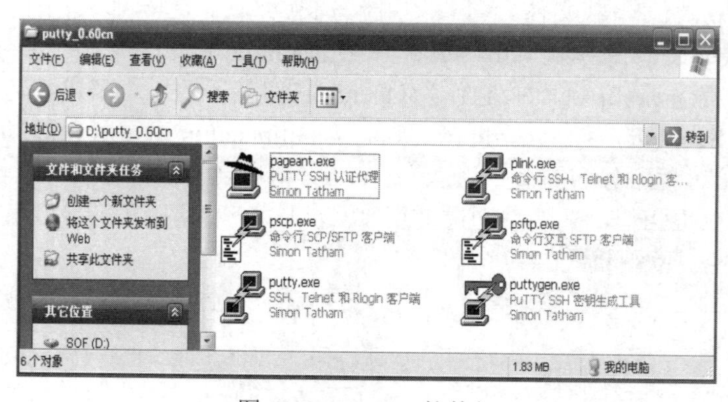

图 15-1 PUTTY 软件包

双击运行 putty.exe，界面如图 15-2 所示。SSH 服务默认使用 TCP22 号端口，Telnet 默认使用 TCP23 号端口。选择“连接类型”为 SSH，在“主机名称（或 IP 地址）”文本框中输入 SSH 服务器的 IP 地址，然后单击“打开”按钮，即可开始以安全方式连接 Linux 服务器。

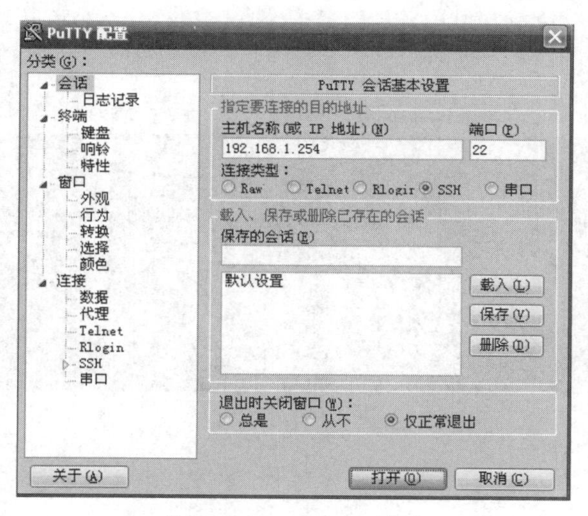

图 15-2　PUTTY 主界面

首次连接时，将会弹出一个安全警告对话框，如图 15-3 所示，对于受信任的主机可以单击“是”按钮，为其添加密钥到 PUTTY 的缓存，在下次建立 SSH 连接时将不再显示该对话框；如果只是希望进行本次连接，则可以单击“否”按钮不存储密钥。

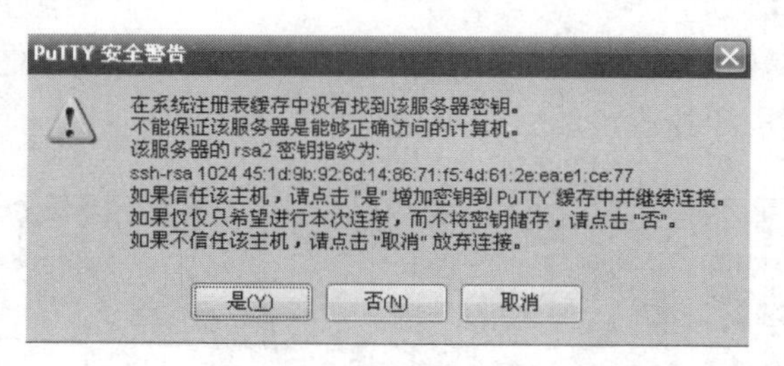

图 15-3　给受信任的主机添加密钥

单击“是”按钮或“否”按钮后，系统将打开一个终端窗口，提示用户输入用户名和口令，图 15-4 所示是使用 lihh 用户账号登录成功后的界面。

图 15-4　使用 PUTTY 成功登录 Linux 系统

登录成功后，就可以在 Windows 平台下远程操作 Linux 服务器了，如果要关闭连接，可以执行 exit 命令。若不允许任何用户远程登录 Linux 服务器，可通过停止 Telnet 和 SSH 服务来实现。若要限制非 root 用户的远程登录，可用 touch 命令创建/etc/nologin 文件，这样所有的非 root 用户都不能通过远程登录访问服务器。

4. Windows 客户端和 SSH 服务器互传文件

在 Windows 系统平台下，可用 PUTTY 软件包中的 pscp.exe 实现 scp 命令的功能，用 psftp.exe 实现 sftp 命令的功能，如图 15-5 所示。

```
管理员: C:\Windows\system32\cmd.exe
C:\Users\Administrator\Desktop\putty_0.60cn>pscp d:\VC6_m.zip  root@192.168.1.25
4:/root
在系统注册表缓存中没有找到该服务器密钥。
不能保证该服务器是能够正确访问的计算机。
该服务器的 rsa2 密钥指纹为:
ssh-rsa 2048 54:18:e1:7a:6a:8e:77:4a:26:31:43:91:df:f4:73:00
如果信任该主机，请输入 "y" 增加密钥到 PuTTY 缓存中并继续连接。
如果仅仅只希望进行本次连接，而不将密钥储存，请输入 "n"。
如果不信任该主机，请按回车键放弃连接。
是否储存该密钥? (y/n) n
root@192.168.1.254's password:
VC6_m.zip                 | 54503 kB | 500.0 kB/s | ETA: 00:00:00 | 100%

C:\Users\Administrator\Desktop\putty_0.60cn>_
```

图 15-5 使用 pscp 传文件到 SSH 服务器

子任务 4 使用 SSH 的安全密钥验证

使用密码验证终归会存在着被骇客暴力破解或嗅探监听的危险，其实也可以让 SSH 服务基于密钥进行安全验证，这样就无需密码验证。

1. 使用 puttygen 在本地主机中生成密钥对

这里介绍在 Windows 平台上使用 puttygen.exe 生成密钥。如图 15-6 所示，按照提示生成密钥，然后分别保存公钥和私钥，最后关闭程序。

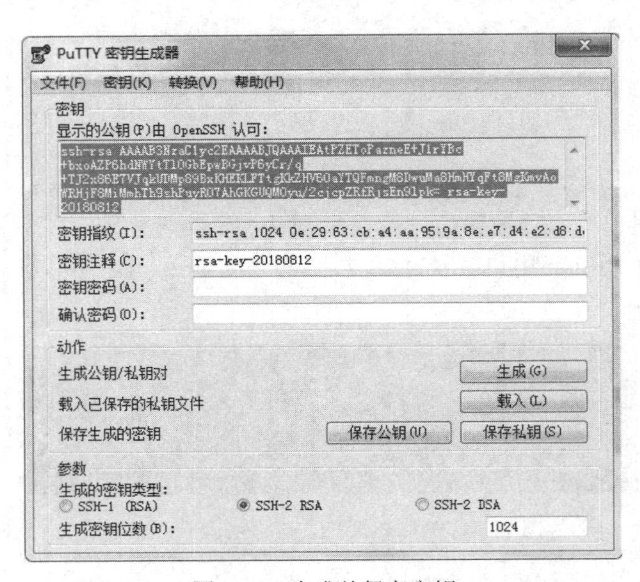

图 15-6 生成并保存密钥

2. 使用 psftp 将公钥传送到远程 Linux 主机

打开 psftp.exe，使用 open 来打开指定的主机，然后使用 put 命令上传公钥到服务器，如图 15-7 所示。注意，公钥最好放在 psftp.exe 运行的当前目录中。

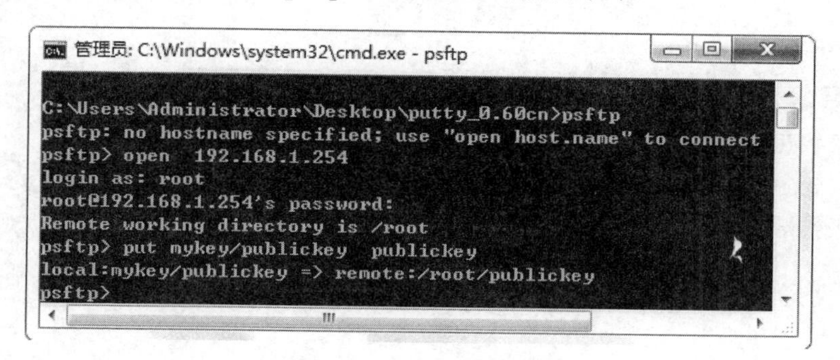

图 15-7　上传公钥到 Linux 服务器

3. 使用 putty 登录到服务器上进行设置

使用 putty.exe 登录到服务器上，将刚刚上传的公钥移动到/root 或用户家目录的.ssh 目录下，这里是 root 用户。如果没有.ssh 目录存在，则先创建.ssh 目录，并且设置目录权限为所有者读写和执行，其他人都没有任何权限。这一步一定要执行，否则会使密钥无效。

```
[root@rhel7 ~]# mkdir  .ssh  -v
mkdir: 已创建目录 ".ssh"
[root@rhel7 ~]# chmod   700  .ssh
[root@rhel7 ~]# ll  .ssh  -d
drwx------.  2  root root  6 8 月  12 10:13  .ssh
```

然后进入.ssh 目录，把上传的公钥转换成 Openssh 可以识别的公钥格式，否则使用 putty.exe 将连接不上。也要把文件 authorized_keys 权限设置为所有者读写和执行，其他人都没有任何权限（600）。这一步一定要执行，否则会使密钥无效。

```
[root@rhel7 ~]# mv  publickey  .ssh/  -v
"publickey" -> ".ssh/publickey"
[root@rhel7 ~]# cd  .ssh/
[root@rhel7 .ssh]# ssh-keygen -i -f publickey >authorized_keys
[root@rhel7 .ssh]# chmod  600  authorized_keys
[root@rhel7 .ssh]# ll  authorized_keys
-rw-------.  1  root root  209  8 月  12  10:20  authorized_keys
```

4. 修改 sshd 服务的配置文件

用 vim 编辑 SSH 服务程序主配置文件，将允许密码验证的参数设置为 no，将允许密钥验证的参数设置为 yes。

```
[root@rhel7 .ssh]# vim  /etc/ssh/sshd_config
[root@rhel7 .ssh]# grep  -v "#"  /etc/ssh/sshd_config  |grep  -v ^$
HostKey /etc/ssh/ssh_host_rsa_key
HostKey /etc/ssh/ssh_host_ecdsa_key
SyslogFacility AUTHPRIV
PubkeyAuthentication  yes
AuthorizedKeysFile      .ssh/authorized_keys
PasswordAuthentication  no
ChallengeResponseAuthentication no
GSSAPIAuthentication yes
GSSAPICleanupCredentials yes
```

```
UsePAM yes
X11Forwarding yes
AcceptEnv LANG LC_CTYPE LC_NUMERIC LC_TIME LC_COLLATE LC_MONETARY LC_MESSAGES
AcceptEnv LC_PAPER LC_NAME LC_ADDRESS LC_TELEPHONE LC_MEASUREMENT
AcceptEnv LC_IDENTIFICATION LC_ALL LANGUAGE
AcceptEnv XMODIFIERS
Subsystem       sftp    /usr/libexec/openssh/sftp-server
[root@rhel7 .ssh]# systemctl   restart   sshd     //修改后记得重启服务
```

5. 使用密钥远程登录测试

运行 putty.exe，在“连接”选项卡里面设置认证私钥文件，在“会话”选项卡里面设置 SSH 服务器 IP 和端口号，如图 15-8 所示。

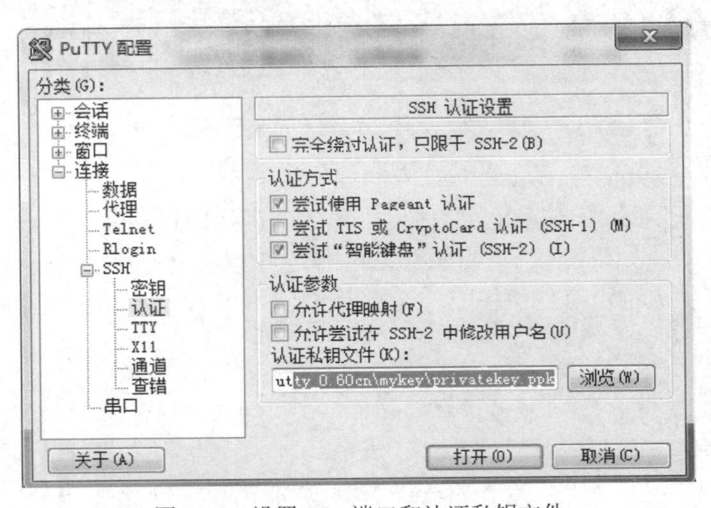

图 15-8　设置 IP、端口和认证私钥文件

单击“打开”按钮，开始连接服务器。按照交互提示，分别输入用户名和私钥保护密码即可成功登录，如图 15-9 所示。

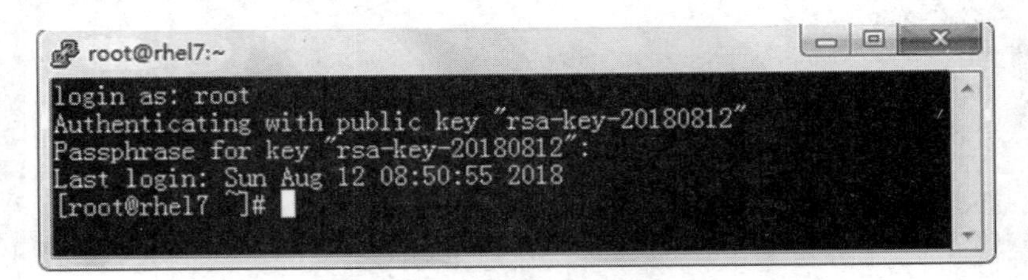

图 15-9　实现无密码登录 SSH 服务器

任务 2　使用 VNC 远程登录 Linux 系统

子任务 1　了解 VNC 服务器的功能和特点

VNC 是英文 Virtual Network Computing 的缩写，是由美国 Cambridge 的 AT&T 试验室开发的一款优秀的远程控制工具软件。提供与 Windows Server 中包含的 Terminal Server 以及

Symantec 的 PC Anywhere 类似的功能。VNC 远程控制能力强大，高效实用，其性能可以与 Windows 和 Mac OS 中的任何远程控制软件相媲美。

VNC 是一个桌面共享系统，它能将完整的窗口界面通过网络传输到另一台计算机的屏幕上。VNC 使用了 RFB（Remote Frame Buffer，远程帧缓冲）协议来实现远程控制另外一台计算机，它把键盘、鼠标动作发送到远程计算机，并把远程计算机的屏幕发回到本地。

VNC 基本上由两部分组成：客户端的应用程序（vncviewer）和服务器端的应用程序（vncserver）。vncviewer 和 vncserver 可以安装在不同的操作系统上。VNC 是免费的开放源码软件，几乎支持所有的操作系统，也支持 Java，甚至可以通过支持 Java 的浏览器来访问 vncserver。多个 VNC 客户端也可以同时连接到一个 vncserver 上。

在 Linux 系统中，VNC 服务器端是以一个标准的 X 服务器为运行基础的，所以如果想在 Linux 上使用 VNC 服务，必须在系统中安装至少一个标准的 X Window 环境，RHEL 7 系统中默认安装的是 GNOME。当 VNC 服务器启动后，应用程序就可以使用 VNC 协议将在 VNC 服务器本地显示的窗口界面传送到 VNC 客户端上。这时，对于 X Window 中的应用程序，VNC 服务器就是 X 服务器。

子任务 2　管理和控制 VNC 服务

1．安装 VNC 服务器软件

RHEL 7 提供的服务器软件为 tigervnc-server，建立 VNC 服务器首先需要安装该软件。tigervnc-server 和 tigervnc-license、tigervnc-server-minimal 存在依赖关系，可以执行 rpm -qa 命令检查这些软件是否已经安装。如果想在 Linux 系统中同时安装这些软件，可以先将这些软件存放在某个单独的目录下，然后执行 rpm 命令进行安装。

```
[root@rhel7 ~]# rpm   -qa   |grep vnc     //当前系统未安装 tigervnc-server 软件包
[root@rhel7 ~]# ls   /root/tigervnc/
tigervnc-license-1.2.80-0.30.20130314svn5065.el7.noarch.rpm
tigervnc-server-1.2.80-0.30.20130314svn5065.el7.x86_64.rpm
tigervnc-server-minimal-1.2.80-0.30.20130314svn5065.el7.x86_64.rpm
[root@rhel7 ~]# rpm   -ivh   /root/tigervnc/*
准备中...                          ################################# [100%]
正在升级/安装...
   1:tigervnc-license-1.2.80-0.30.2013################################# [ 33%]
   2:tigervnc-server-minimal-1.2.80-0.################################# [ 67%]
   3:tigervnc-server-1.2.80-0.30.20130################################# [100%]
```

2．启动和管理 VNC 服务器

与其他服务器不同，VNC 服务器可以由超级用户启动，也可以由普通用户启动。哪个用户启的服务器，客户机连接后看到的就是哪个用户的桌面。不同的用户可以同时启动各自的 VNC 服务器，只要每个 VNC 服务器进程占用的端口号不同即可。

下面的例子给出的是用户 root 登录启动 VNC 服务器的过程。在第一次启动 VNC 服务器时，会提示用户设置用于连接 VNC 服务器的密码。如果以后要修改该密码，要使用 vncpasswd 命令才能实现。

```
[root@rhel7 ~]# vncserver   :3
```

```
You will require a password to access your desktops.

Password:          //设定 VNC 服务器的连接密码
Verify:
xauth: (stdin):1:   bad display name "rhel7:3" in "add" command

New 'rhel7:3 (root)' desktop is rhel7:3   //VNC 服务器进程占用的端口号是 3

Creating default startup script /root/.vnc/xstartup       //创建默认的启动脚本
Starting applications specified in /root/.vnc/xstartup
Log file is /root/.vnc/rhel7:3.log           //创建 VNC 服务器进程的日志文件
[root@rhel7 ~]# vncpasswd                    //修改 VNC 连接密码，可以不执行
Password:                                    //输入新设置的 VNC 连接密码
Verify:                                      //重新输入新设置的密码
```

默认情况下，第一个启动的 VNC 服务器进程所占用的端口号为“:1”，后面启动的 VNC 服务器进程所占用的端口号顺延，如“:2”“:3”等。用户在启动 VNC 服务器时，也可以直接指定 VNC 服务器进程要用的端口，如 vncserver :5。启动后，可以通过 netstat -an 命令查看相应的连接端口是否开启。VNC 服务器监听的端口从 5901 开始。

```
[root@rhel7 ~]# netstat   -an   | grep   590
（Proto      Recv-Q      Send-Q    Local Address     Foreign Address    State）
tcp          0           0         0.0.0.0:5903      0.0.0.0:*          LISTEN
```

在杀死 VNC 服务器进程之前可以执行 vncserver --help 命令查看 vncserver 命令的帮助，执行 ps -af | grep vnc 命令查看已经开启的 VNC 服务器进程及其端口号等信息。

```
[root@rhel7 ~]# ps     -af    |grep    vnc
（UID    PID    PPID C STIME TTY    TIME       CMD）
wcl   4441   1     0    11:39    pts/0 00:00:17 /usr/bin/Xvnc :3 -desktop rhel7:3 (wcl) -auth /home/wcl/.Xauthority -geometry 1024x768 -rfbwait 30000 -rfbauth /home/wcl/.vnc/passwd -rfbport 5901 -fp catalogue:/etc/X11/fontpath.d -pn
wcl   4446    1    0   11:39   pts/0      00:00:00 /usr/bin/vncconfig -iconic
wcl   12836 12600    0 12:32   pts/0      00:00:00 grep --color=auto vnc
[root@rhel7 ~]#vncserver --help

usage: vncserver [:<number>] [-name <desktop-name>] [-depth <depth>]
                 [-geometry <width>x<height>]
                 [-pixelformat rgbNNN|bgrNNN]
                 [-fp <font-path>]
                 [-cc <visual>]
                 [-fg]
                 [-autokill]
                 <Xvnc-options>...
       vncserver -kill <X-display>
       vncserver -list
[root@rhel7 ~]# vncserver -kill :3
Killing Xvnc process ID 4441      //正在杀死 1 号端口对应的 VNC 服务器进程
Xvnc seems to be deadlocked.   Kill the process manually and then re-run      /bin/vncserver -kill :3 to clean up the socket files.
```

3. 开放防火墙的 VNC 服务

```
[root@rhel7 ~]# systemctl    start    firewalld
[root@rhel7 ~]# firewall-cmd --permanent --add-service=vnc-server
success
[root@rhel7 ~]# firewall-cmd --reload
success
```

4. 修改 VNC server 分辨率

默认的分辨率是 1024×768，如果要改变 VNC server 的分辨率，可以用如下命令启动 VNC server，这种修改在重启机器以后就会丢失：

```
[root@rhel7 ~]# vncserver    -geometry 1280x1024
xauth: (stdin):1:    bad display name "rhel7:1" in "add" command

New 'rhel7:1 (root)' desktop is rhel7:1

Starting applications specified in /root/.vnc/xstartup
Log file is /root/.vnc/rhel7:1.log
```

可以通过修改配置文件使之重启后也能生效，执行#vim /usr/bin/vncserver 命令，修改下面这一行：$geometry = "1280x1024"。

子任务 3　建立远程 VNC 连接

1. Linux 主机下的 VNC 连接

使用 Linux 主机连接远程 VNC 服务器要安装 VNC 客户端软件（vnc），该软件在 Linux 系统盘中可以找到。RHEL 7 中的 VNC 客户端是 tigervnc，下面是使用 yum 命令自动安装。

```
[root@rhel7 ~]# yum install    tigervnc        -y
…
已安装:
  tigervnc.x86_64 0:1.2.80-0.30.20130314svn5065.el7

  作为依赖被安装:
  fltk.x86_64 0:1.3.0-13.el7
  mesa-libGLU.x86_64 0:9.0.0-4.el7
  tigervnc-icons.noarch 0:1.2.80-0.30.20130314svn5065.el7

  完毕！
```

安装后执行命令 vncviewer，在弹出的对话框中输入要登录的 VNC 服务器 IP 和端口号，如图 15-10 所示。

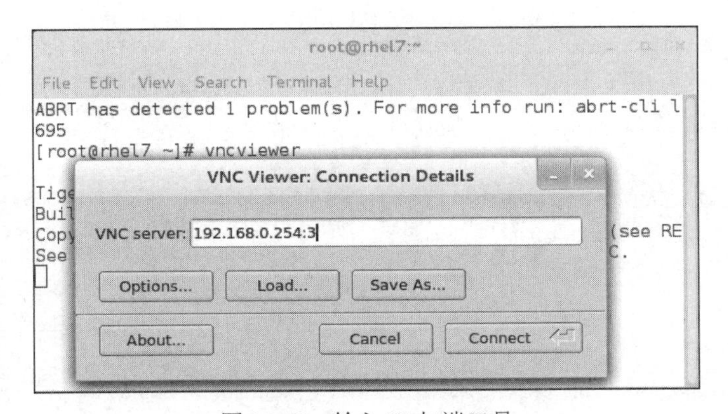

图 15-10　输入 IP 与端口号

接着在图 15-11 中输入 VNC 连接密码，验证通过后会出现如图 15-12 所示的界面，表示远程连接 VNC 服务器成功。

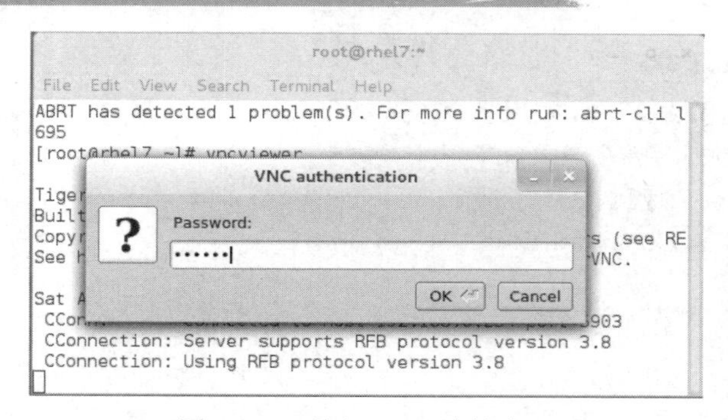

图 15-11 输入 VNC 连接密码

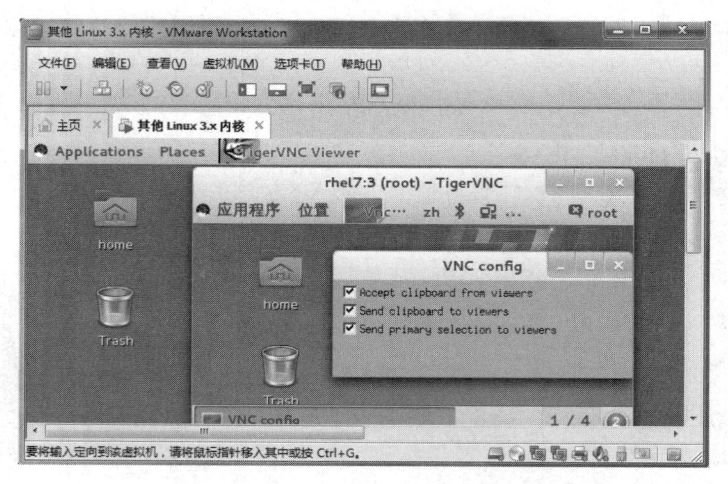

图 15-12 Linux 系统下的 VNC 连接

2. Windows 主机下的 VNC 连接

如果想在 Windows 系统下建立 VNC 连接，需要先从互联网上下载 Windows 版本下的 VNC 客户端软件，本人下载的该软件的名字是 VNC Viewer v6.18.625 官方版，由 www.realvnc.com 网站提供。

安装后，在安装目录下会产生 vncviewer.exe 可执行程序。启动该程序后在先后出现的两个对话框中，按照提示输入 VNC 服务器的 IP、端口号、VNC 连接密码，还可以选择加密方式，如图 15-13 所示。

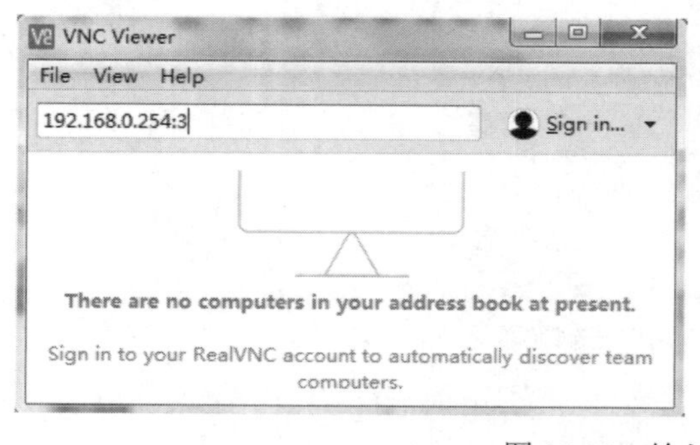

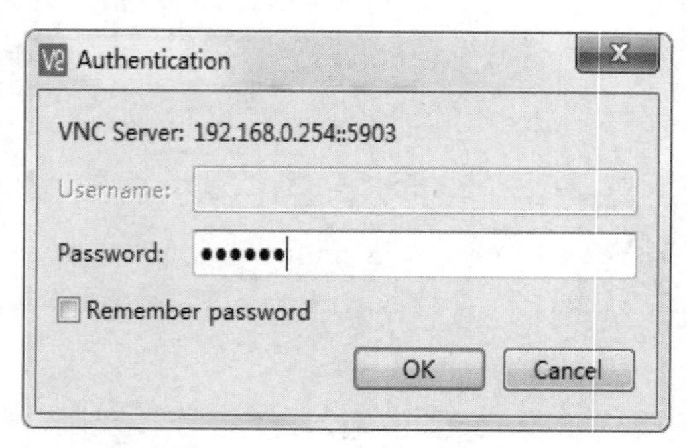

图 15-13 输入 IP 与端口号

通过验证后，就可以使用远程 Linux 系统了。图 15-14 所示是在 Windows 系统下使用 root 连接成功后的界面。

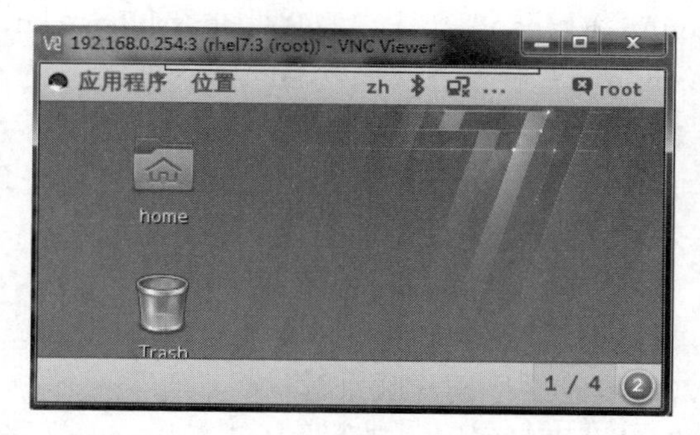

图 15-14　Windows 系统下的 VNC 连接

如果一时无法找到 vncviewer，也可以使用 Web 浏览器连接远程 VNC 服务器。在浏览器地址栏中，按“http://VNC 服务器 IP:监听端口号”的格式输入网址。

思考与练习

一、填空题

1．Telnet 和 SSH 默认使用的端口号分别是________和________，两者的功能都是实现________，在 RHEL 7 中默认安装的是________。

2．Telnet 是使用明文传送口令和数据的，不是很安全，默认情况下不允许使用________账号直接登录 Linux 系统。

3．从客户端来看，SSH 提供两种级别的安全验证，分别是基于________的安全认证和________的安全认证。

4．若要限制非 root 用户的远程登录，可以用 touch 命令创建________文件，这样所有的非 root 用户都不能通过远程登录访问服务器。

二、判断题

1．Telnet 和 SSH 都不允许直接使用 root 账号远程登录服务器。（　　）

2．VNC 服务器可以由超级用户启动，也可以由普通用户启动。（　　）

3．Telnet 远程登录时，其用户名和密码采用加密方式传输，一般数据采用明文传输。（　　）

4．利用 sftp 可以实现文件的安全上传和下载。（　　）

5．在使用 Telnet 成功登录前，系统会自动显示一些信息，这些信息可能会给攻击者可乘之机，因此把这些信息给禁止掉，让其只显示“login:”可以提高系统的安全性。（　　）

三、选择题

1．在以下远程登录方式中，允许使用 root 账号直接登录的是（　　）。

A．rsh　　　　B．rlogin　　　　C．telnet　　　　D．ssh

2．如果要更改 SSH 服务器所使用的端口，应修改（　　）配置文件。

A．/etc/ssh/ssh_config　　　　B．/etc/ssh/host_key

C．/etc/ssh/sshd_config　　　　D．/etc/ssh.conf

3．从 Windows 操作系统安全登录 Linux 服务器，应该使用的客户端软件是（　　）。

A．telnet　　　　B．Foxmail　　　　C．putty　　　　D．cmd

四、简答题

1．用户使用 Telnet 进行远程登录必须满足什么条件？

2．Telnet、SSH 和 VNC 有什么区别与联系？

3．从客户端来看，SSH 提供两种级别的安全验证，简述这两种安全认证分别是怎样实现的。

4．学完 SSH 服务后有没有发现一个很重要的事情——当连接的终端被关闭时，运行在服务器上的命令也会中断并需要重新开始，这对于需要长时间才能完成的任务非常不利。请查资料说明，如何配置使用 Screen 服务来解决这个问题。

16

Linux操作系统的加固与安全管理

学习目标

- 了解 Linux 系统不安全的因素与对策
- 熟悉加强 Linux 登录安全的主要措施
- 熟悉影响 Linux 文件和目录安全的属性与权限
- 掌握使用 Linux 的安全日志文件和架设日志服务器的方法
- 掌握 Linux 系统下预防黑客和防治病毒的方法
- 掌握 Linux 系统安全加固的基本措施和方法
- 掌握使用 Linux 日志服务器集中管理日志的方法

任务导引

系统安全始终是网络信息安全的一个重要方面，攻击者往往通过控制操作系统来破坏系统和信息，或扩大已有的破坏。对操作系统进行安全加固就可以减少攻击者的机会。近几年来 Internet 变得更加不安全了。网络的通信量日益加大，越来越多的重要交易正在通过网络完成，与此同时数据被损坏、截取和修改的风险也在增加。只要有值得偷窃的东西就会有想办法窃取它的人。Internet 的今天比过去任何时候都更真实地体现出这一点，基于 Linux 的系统也不能摆脱这个“普遍规律”而独善其身。因此，优秀的系统应当拥有完善的安全措施，应当足够坚固，能够抵抗来自 Internet 的侵袭，这正是 Linux 流行并且成为 Internet 骨干力量的主要原因。但是，如果用户不恰当地运用 Linux 的安全工具，反而会埋下隐患。配置拙劣的安全系统会产生许多问题，本模块将为读者解释如何通过基本的安全措施使 Linux 系统变得更加可靠。

任务 1　概述 Linux 不安全的因素与对策

子任务 1　概述 Linux 下的黑客防范

世界上没有绝对安全的系统，即使是普遍认为稳定的 Linux 系统，在管理和安全方面也存在不足之处。我们期望让系统尽量在承担低风险的情况下工作，这就要加强对系统安全的管理。下面从两个方面来具体阐述 Linux 存在的不足，并介绍如何加强 Linux 系统在安全方面的管理。

1. 黑客入侵方法

在详谈黑客入侵方面的安全管理之前，先简单介绍一些黑客攻击 Linux 主机的主要途径和惯用手法，让大家对黑客攻击的途径和手法有所了解。这样才能更好地防患于未然，做好安全防范。

要阻止黑客蓄意入侵，可以减少内网与外界网络的联系，甚至独立于其他网络系统之外。这种方式虽然造成网络使用上的不便，但也是最有效的防范措施。黑客一般都会寻求下列途径去试探一台 Linux 主机，直到找到容易入侵的目标，然后再开始动手入侵：

（1）直接窃听取得 root 密码，或者取得某位特殊 User 的密码，而该 User 可能为 root，然后再获取任意一位 User 的密码，因为取得一般用户的密码通常很容易。

（2）黑客们经常用一些常用词来破解密码。曾经有一位美国黑客表示，只要用 password 这个词就可以打开全美多数的计算机。其他常用的单词还有 account、ald、alpha、beta、computer、dead、demo、dollar、games、bod、hello、help、intro、kill、love、no、ok、okay、please、sex、secret、superuser、system、test、work、yes 等。

（3）使用命令 finger@some.cracked.host 就可以知道该台计算机上面的用户名称。然后找这些用户下手，并通过这些容易入侵的用户取得系统的密码文件/etc/shadow，再用密码字典文件搭配密码猜测工具猜出 root 的密码。

（4）利用一般用户在/tmp 目录放置的 SetUID 文件或者执行的 SetUID 程序，让 root 去执行，以产生安全漏洞。

（5）利用系统上需要 SetUID root 权限的程序的安全漏洞取得 root 的权限，例如 pppd。

（6）从.rhost 主机入侵。因为当用户执行 rlogin 登录时，rlogin 程序会锁定.rhost 定义的主机及账号，并且不需要密码登录。

（7）修改用户的.login、.cshrc、.profile 等 Shell 设置文件，加入一些破坏程序。用户只要登录就会执行，例如 if　/tmp/backdoor exists　run /tmp/backdoor。

（8）只要用户登录系统，就会不知不觉地执行 Backdoor 程序（可能是 Crack 程序），它会破坏系统或者提供更进一步的系统信息，以有利于 Hacker 渗透系统。

（9）公司的重要主机可能有网络防火墙的层层防护，Hacker 有时先找该子网的任何一台容易入侵的主机下手，再慢慢向重要主机伸出魔掌。例如，使用 NIS 共同联机，可以利用 remote 命令不需要密码即可登录，这样黑客就很容易得手了。

（10）Hacker 会通过中间主机联机，再寻找攻击目标，避免被用逆查法抓到其所在的真正 IP 地址。

（11）Hacker 进入主机有多种方式，可以经由 Telnet（Port 23）、Sendmail（Port25）、FTP（Port 21）或 WWW（Port 80）的方式进入。一台主机虽然只有一个地址，但是它可能同时进行多项服务，而这些 Port 都是黑客“进入”该主机的很好的方式。

（12）Hacker 通常利用 NIS（IP）、NFS 这些 RPC Service 截获信息。只要通过简单的命令（例如 showmount），便能让远方的主机自动报告它所提供的服务。当这些信息被截获时，即使装有 tcp_wrapper 等安全防护软件，管理员依然会在毫不知情的情况下被“借”用了 NIS Server 上的文件系统，从而导致/etc/passwd 外流。

（13）发 E-mail 给 anonymous 账号，从 FTP 站取得/etc/passwd 密码文件，或直接下载 FTP 站/etc 目录的 passwd 文件。

（14）网络窃听，使用 sniffer 程序监视网络数据包，捕捉 Telnet、FTP 和 Rlogin 一开始的会话信息，便可顺手截获 root 密码，所以 sniffer 是造成今日 Internet 非法入侵的主要原因之一。

（15）利用一些系统安全漏洞入侵主机，例如 Sendmail、Imapd、Pop3d、DNS 等程序，经常发现安全漏洞，这对于入侵不勤于修补系统漏洞的主机相当容易得手。

（16）被 Hacker 入侵计算机，系统的 Telnet 程序可能被掉包，所有用户 Telnet session 的账号和密码均被记录下来，并发 E-mail 给 Hacker，进行更进一步的入侵。

（17）Hacker 会清除系统记录。一些厉害的 Hacker 都会把他们进入的时间、IP 地址的记录消除掉，诸如清除 syslog、lastlog、messages、wtmp、utmp 的内容，以及 Shell 历史文件.history。

（18）入侵者经常将如 ifconfig、tcpdump 这类的检查命令更换，以避免被发觉。

（19）系统家贼偷偷复制/etc/passwd，然后利用字典文件去破解密码。

（20）家贼通过 su 或 sudo 之类的 Super User 程序觊觎 root 的权限。

（21）黑客经常使用 Buffer overflow（缓冲区溢出）手动入侵系统。

（22）cron 是 Linux 操作系统用来自动执行命令的工具，如定时备份或删除过期文件等。入侵者常会用 cron 来留后门，除了可以定时执行破译码来入侵系统外，还可避免被管理员发现的危险。

（23）利用 IP spoof（IP 诈骗）技术入侵 Linux 主机。

以上是目前常见的黑客攻击 Linux 主机的伎俩。如果黑客可以利用上述一种方法轻易地入侵计算机，那么该计算机的安全性就非常差，需要赶快下载新版的软件来升级或是用 patch 文件来修补安全漏洞。在此警告，擅自使用他人计算机系统或窃取他人资料都是违法行为，希望各位读者不要以身试法。

除了上面这些方法，很多黑客还可以利用入侵工具来攻击 Linux 系统。这些工具常常被入侵者完成入侵以后种植在受害者服务器当中。这些入侵工具各自有不同的特点，有的只是简单地用来捕捉用户名和密码，有的则非常强大可记录所有的网络数据流。总之，黑客利用入侵工具也是攻击 Linux 主机的常用方法。

2. 预防黑客入侵

如果要保护系统的安全，针对黑客入侵我们要做的第一步应该就是把预防工作提前做好。作为一名系统管理员一定要保证自己管理的系统在安全上没有漏洞。这样就不会给非法用户以可乘之机。要提前做好预防工作，笔者认为主要有以下几点：

（1）提前关闭所有可能的系统后门，以防止入侵者利用系统中的漏洞入侵。例如用 rpcinfo-p 来检查机器上是否运行了一些不必要的远程服务。一旦发现，立即停掉，以免给非法用户留下系统的后门。

（2）确认系统当中运行的是较新的 Linux 守护程序。因为，老的守护程序有可能允许其他机器远程运行一些非法的命令。

（3）定期从操作系统生产商那里获得安全补丁程序。

（4）安装加强系统安全的程序，如 Shadow password、TCP wrapper、SSH、PGP 等。

（5）可以搭建网络防火墙，防止网络受到攻击。

（6）利用扫描工具对系统进行漏洞检测，来考验主机容易受攻击的程度。

（7）多订阅一些安全通报，多访问安全站点，以及时获得安全信息来修补系统软硬件的漏洞。

3. 安全检查系统

即使预防工作做好了也不能大意。随着网络技术的不断发展，黑客的水平也在不断提高。他们的攻击手段可谓是层出不穷，很多意想不到的事情都会发生，所以我们在做好预防工作的前提下，要每天对系统进行安全检查。尤其作为一名系统管理员更要随时去观察系统的变化情况，如系统中进程、文件、时间等的变化情况。具体说来，对系统进行安全检查有以下几个方法：

（1）充分利用 Linux 系统中内置的检查命令来检测系统。例如，下面几个命令在 Linux 中就很有用处：

- who：查看谁登录到系统中。
- w：查看谁登录到系统中，且在做什么操作。
- last：显示系统曾经被登录的用户和 TTYS。
- history：显示系统过去被运行的命令。
- netstat：可以查看现在的网络状态。
- top：动态实时查看系统的进程。
- finger：查看所有的登录用户。

（2）定期检查系统中的日志、文件、时间和进程信息，如：

- 检查/var/log/messages 日志文件查看外部用户的登录状况。
- 检查用户目录/home/username 下的登录历史文件，如.history 文件。
- 检查用户目录/home/username 下的.rhosts、.forward 远程登录文件。
- 用 find / -ctime -3 -ctime +1 命令来查看三天以内一天之前修改的一些文件。
- 用 ls -lac 命令去查看文件真正的修改时间。
- 用 cmp file1 file2 命令来比较文件大小的变化。
- 保护重要的系统命令、进程和配置文件以防止入侵者替换获得修改系统的权力。

当然为了保证系统的绝对安全，除了做好预防和进行安全检查工作外，还要养成一个保证系统、网络安全的好习惯，这就是定期定时做好完整的数据备份。有了完整的数据备份，在遭到攻击或系统出现故障时也能迅速恢复系统。

子任务 2 概述 Linux 下的杀毒软件

由于 Linux 良好的用户权限管理体系，病毒往往是 Linux 系统管理员最后才需要考虑的问题。以往，Linux 上的杀毒软件主要是为企业的邮件和文件服务器设计的。虽然 Linux 被病毒攻击的概率远远小于 Windows 系统，但并不代表没有病毒攻击。其中最有名的就是 Staog 病毒，该病毒在 1996 年诞生，是 Linux 系统下的第一个病毒。如今，随着 Linux 桌面用户数量的增长，桌面用户在受益于 Linux 系统对病毒较强的天然免疫力的同时，也需要杀毒软件清理从网络或 U 盘带来的 Windows 病毒。尽管那些病毒根本无法给 Linux 系统带来任何影响，但是阻止病毒的进一步传播，也未尝不是一件好事。另外对于双系统的用户来说，在 Linux 下查杀 Windows 分区的病毒是个很明智的手段。

1. Avira AntiVir Personal

Avira AntiVir Personal 是一款来自德国的免费杀毒软件，国内俗称“小红伞”。它以较低的系统占用率著称，产品广泛应用于企业和个人领域。小红伞产品因其极高的稳定性和近乎完美的一系列 VB100 奖项而闻名。作为“资讯安全，德国制造”协会（ITSMIG e.V.）的创办会员，小红伞（Avira）是唯一一家保证没有第三方或政府可以访问或窥探其客户数据的防病毒软件供应商。如果用户正在为选择哪款防病毒软件而苦恼，选择这款国际闻名的防病毒软件准没错，好用，值得信赖。

AntiVir Personal 的 UNIX 版本支持 Linux、FreeBSD、OpenBSD、Solaris 操作系统，打包在一个 45MB 大的 tar.gz 文件中，未提供 RPM/DEB 安装包。安装采用的是 Bash 脚本方式，全英文，期间会提供关于实时病毒检测、邮件病毒提醒、更新代理服务器等配置向导，依照提示即可完成。

2. Free avast! Linux Home Edition

Avast!是捷克一家软件公司 AVAST SoftWare 的产品。AVAST 软件公司的研发机构在捷克的首都——布拉格，他们和世界上许多国家的安全软件机构都有良好的合作关系。早在 20 世纪 80 年代末 AVAST 公司的安全软件就已经获得良好的市场占有率，但当时仅限于捷克地区。

AVAST 公司擅长于安全软件方面的研发，开发的 avast!AAV/APRO/AIS 系列是他们的拳头产品。Avast!在许多重要的市场和权威评奖中都取得了骄人的成绩，同样在此后进军国际市场也赢得了良好的增长率。与卡巴斯基（Kaspersky）、诺顿（Norton）、迈克菲（McAfee）相比，Avast!登陆中国要晚很多，但是 Avast!的性能相比于它们却毫不逊色。Avast 自信：高超技术的公司不一定只存在于硅谷！自 1996 年以来，Avast!获得的行业殊荣多达 40 个，其Linux 版本被誉为 Linux 上最好的杀毒软件。

avast! for Linux/UNIX Servers 是专为 Linux 和 BSD 环境开发的杀毒解决方案。基于其独特的设计和支持邮件扫描的功能，它主要是为 Linux（或者 BSD）服务器而设计的，但是它也可以在桌上型计算机上用作单机解决方案。由于采用灵活的 Deamon 内部结构，avast! for Linux/UNIX Servers 既可用作文件系统扫描又可用作网络通信扫描，例如实时监控邮件（SMTP）和网页（HTTP）数据流。

Free avast! Linux Home Edition 虽然没有保持 Windows 版本精美的操作界面，但是在简洁的外观下蕴涵了最为丰富的功能。包括排除目录、邮件提醒、报告格式等全部设置都可以在图形界面下完成，遗憾的是没有更新代理服务器的设置。值得一提的是 Free avast! Linux Home Edition 提供了本地的病毒百科全书，方便用户查阅。

在图形界面下可以进行病毒库更新、查看日志、设置隔离区等操作，对于桌面用户来讲十分方便。病毒扫描也可以选择多个不同的目录，并且可以方便地在快速、标准、深入 3 种方式间切换，也可以自由选择是否扫描压缩文件。按 F1 键可以打开内置帮助，采用的是 GTK2 的帮助组件。

3. ClamAV 杀毒

ClamAV 是一个 UNIX 下的开源（GPL）杀毒软件包，这个软件最主要的目的是集成在邮件服务器里，查杀邮件附件中的病毒。软件中主要包含一个灵活可升级的多线程后台程序、一个命令行扫描程序和一个自动升级程序。软件运行基于随 Clam Anti 使用编辑器修改 rus 软件包同时发布的共享库文件。用户也可以在自己的软件中使用这些共享库文件，最重要的是病毒库升级得很快很及时。主要特征如下：

- 命令行扫描程序。
- 高效，多线程后台运行。
- 支持 sendmail 的 milter 接口。
- 支持数字签名的病毒库升级程序。
- 支持病毒扫描 C 语言库。
- 支持按访问扫描（Linux FreeBSD Solaris）。
- 病毒库每天多次升级。
- 内置支持 RAR（2.0）、Zip、Gzip、Bzip2、Tar、MS OLE2、MS Cabinet files、MS CHM（压缩的 HTML）和 MS SZDD 压缩格式。
- 内置支持 mbox、Maildir 和原始邮件文件格式。
- 内置支持 UPX、FSG 和 Petite 压缩的 PE 可执行文件。
- 基于 Dazuko 模块进行 on-access 病毒扫描，即拦截文件系统的访问，触发 clamd 对访问文件进行病毒扫描。

4. ClamTK Virus Scanner

ClamTK Virus Scanner 同样是一款开放源代码的杀毒软件，所以可以在包括商业公司、盈利机构等在内的任何场所免费使用。与采用 KDE 组件构造的Klamav相比，ClamTK 更适合以 GNOME 为桌面环境的用户。

ClamTK Virus Scanner 提供了适合于多个发行版的软件包，包括 Debian、Fedora、CentOS、SuSE、Mandriva 等，只有大约 97KB，十分小巧。ClamTK Virus Scanner 充分发挥了开放源代码软件的优势，它的图形化界面与 GNOME 的风格协调统一，可以正确使用全局设置中的图标集和字体，并且中文化程度很高。安装后不仅会在应用程序菜单中创建启动器，还会和 Nautilus 文件管理器集成，添加右键杀毒功能，十分方便。除此之外，还可以通过快捷键快速切换 ClamTK Virus Scanner 提供的各种设置选项。遗憾的是，由于权限设置问题，普通用户不能使用图形化方式更新病毒库，不知此瑕疵可否通过把普通用户添加到 clamav 用户组中来解决。

5. F-PROT 杀毒

F-PORT 属于 Linux 系统中的一种新的杀毒解决方案，对家庭用户免费。它有使用克龙（cron）工具的任务调度的特性，能在指定时间执行扫描任务。同时它还可以扫描 USB HDD、Pendrive、CD-ROM、网络驱动、指定文件或目录、引导区病毒扫描、镜像。

任务 2　强化 Linux 系统用户登录安全

子任务 1　加强 Linux 用户账号的安全性

1. 加强用户密码的安全性

为了降低用户密码由于长时间使用而导致的泄露危险，或是被黑客破解密码而受到攻击的风险，用户应该养成定期更改密码的习惯。可以通过修改/etc/login.defs 文件来提高新建用户的安全性。对于已经存在的用户，可使用 chage 命令管理密码的时效，格式为“chage [选项] [用户名]”，常用的选项如表 16.1 所示。

表 16.1　chage 的常用选项及作用

选项	作用
-m 天数	密码可更改的最小天数，为零时代表任何时候都可以更改密码
-M 天数	密码可更改的最大天数
-w 天数	用户密码到期前提前收到警告信息的天数
-d 天数	上一次更改密码的日期
-I 天数	设定密码为失效状态的天数
-E 日期	账号到期被锁定的日期，日期格式为 YYYY-MM-DD，也可以是自 1970 年 1 月 1 日后经过的天数
-l	列出用户密码时效信息

（1）设置两次改变密码的时间间隔。

```
[root@rhel7 ~]# grep wangwu   /etc/shadow
wangwu:$6$i49NP5EZ$IxJKGWycOsSQKna1fqCzK1j4v.EsO.xF5uM4KyoTJ9ycvJ0pU7XUL8N.Db4ryI41Lw.3HqaqT9Th
pk2qTtN0g/:17392:0:99999:7:::
[root@rhel7 ~]# chage   -m 2   -M 10   wangwu          //上次修改密码后 2～10 天内可再次修改密码
[root@rhel7 ~]# grep wangwu   /etc/shadow
wangwu:$6$i49NP5EZ$IxJKGWycOsSQKna1fqCzK1j4v.EsO.xF5uM4KyoTJ9ycvJ0pU7XUL8N.Db4ryI41Lw.3HqaqT9Th
pk2qTtN0g/:17392:2:10:7:::
```

（2）设置密码过期失效的时间。

```
[root@rhel7 ~]# chage   -I 90   wangwu      //密码有效期，即可以用 90 天
[root@rhel7 ~]# grep wangwu   /etc/shadow
wangwu:$6$i49NP5EZ$IxJKGWycOsSQKna1fqCzK1j4v.EsO.xF5uM4KyoTJ9ycvJ0pU7XUL8N.Db4ryI41Lw.3HqaqT9Th
pk2qTtN0g/:17392:2:10:7:90::
```

（3）设置密码过期前警告时间。

```
[root@rhel7 ~]# chage   -W 3   wangwu      //密码过期失效前 3 天发出警告
[root@rhel7 ~]# grep wangwu   /etc/shadow
wangwu:$6$i49NP5EZ$IxJKGWycOsSQKna1fqCzK1j4v.EsO.xF5uM4KyoTJ9ycvJ0pU7XUL8N.Db4ryI41Lw.3HqaqT9Th
pk2qTtN0g/:17392:2:10:3:90::
```

（4）设置账号过期失效的时间。

```
[root@rhel7 ~]# chage   -E 2018-12-1   wangwu    //账号可以用到 2018 年 12 月 1 日
[root@rhel7 ~]# grep wangwu   /etc/shadow
wangwu:$6$i49NP5EZ$IxJKGWycOsSQKna1fqCzK1j4v.EsO.xF5uM4KyoTJ9ycvJ0pU7XUL8N.Db4ryI41Lw.3HqaqT9Th
pk2qTtN0g/:17392:2:10:3:90:17866:      //数字 17866 就是 2018 年 12 月 1 日到 1970 年 1 月 1 日之间间隔的天数
```

（5）显示出用户密码时效信息。

```
[root@rhel7 ~]# chage  -l  wangwu
最近一次密码修改时间                    : 8 月 14, 2017
密码过期时间                            : 8 月 24, 2017
密码失效时间                            : 11 月 22, 2017
账户过期时间                            : 12 月 01, 2018
两次改变密码之间相距的最小天数          : 2
两次改变密码之间相距的最大天数          : 10
在密码过期之前警告的天数                : 3
```

（6）交互式设置用户密码时效。

```
[root@rhel7 ~]# chage  lihua
正在为 lihua 修改年龄信息
请输入新值，或直接敲回车键以使用默认值

        最小密码年龄 [2]: 7
        最大密码年龄 [10]: 14
        最近一次密码修改时间 (YYYY-MM-DD) [2017-08-15]: 2017-08-15
        密码过期警告 [7]: 3
        密码失效 [-1]: 90
        账户过期时间 (YYYY-MM-DD) [-1]: 2020-12-30
```

2. 设置超级用户自动注销

在 Linux 系统中，root 账户具有最高权限。如果系统管理员在离开系统时忘记了注销该账户，就可能造成严重后果。通过在/etc/profile 文件中使用 TMOUT 指令可以实现 BASH 终端环境下的自动注销。

```
[root@rhel7 ~]# echo  "TMOUT=120" >> /etc/profile
```

在配置文件中加入 TMOUT=3600 这行配置后，root 用户在登录后连续 3600 秒无动作系统将会自动注销本次登录，并显示 timed out waiting for input: auto-logout 的信息。配置文件所作的修改，在相关用户下次登录时才会生效。对于普通用户，可以修改该用户主目录中的.bash_profile 文件，在该文件中添加该行配置实现普通用户的自动注销。

需要注意的是，当正在执行程序代码编译、修改系统配置等耗时较长的操作时，可以执行#unset TMOUT 命令取消 TMOUT 变量的影响。

3. 减少或关闭命令历史

Shell 环境的命令历史机制为用户提供了方便，也留下了潜在的风险。只要获得用户的命令历史文件，该用户的命令操作过程将会一览无余，包括曾经在命令行中输入的明文密码。BASH 终端环境中，历史命令的记录条数由/etc/profile 中的 HISTSIZE 控制，默认为 1000 条，可以修改使之减少以降低风险。还可以修改用户主目录下的~/.bash_logout 文件，添加清空命令历史的语句，这样用户退出 Bash 环境后命令历史将自动清除。

```
[root@rhel7 ~]# more  /etc/profile  |grep  HISTS
HISTSIZE=1000
export PATH USER LOGNAME MAIL HOSTNAME HISTSIZE HISTCONTROL
[root@rhel7 ~]# vim  ~/.bash_logout
[root@rhel7 ~]# more  .bash_logout
# ~/.bash_logout
history -c
clear
```

4. 删除或锁定多余的用户账号

Linux 系统中有大量随系统或程序安装过程而生成的非登录账号，常见的包括 bin、

daemon、adm、lp、mail、news、uucp、shutdown、halt、games（如果不使用 X Window，则删除）、gopher 等，为了确保安全这些用户的登录 Shell 通常是/sbin/nologin，表示禁止登录系统，应确保不被人为改动。

```
[root@rhel7 ~]# grep   "/sbin/nologin$"   /etc/passwd
bin:x:1:1:bin:/bin:/sbin/nologin
daemon:x:2:2:daemon:/sbin:/sbin/nologin
adm:x:3:4:adm:/var/adm:/sbin/nologin
lp:x:4:7:lp:/var/spool/lpd:/sbin/nologin
mail:x:8:12:mail:/var/spool/mail:/sbin/nologin
operator:x:11:0:operator:/root:/sbin/nologin
games:x:12:100:games:/usr/games:/sbin/nologin
ftp:x:14:50:FTP User:/var/ftp:/sbin/nologin
…
```

各种非登录账号中有相当一部分是用不上的，应该直接删除，这些无用的账号一旦被入侵者利用，将给系统带来极大的安全隐患。对于无法确定的，可以暂时将其锁定。如果服务器中的账号已经固定，不再进行更改，还可以采用执行 chattr 命令锁定账号配置文件的方法。

```
[root@rhel7 ~]# passwd   -S   lihua
lihua PS 2017-09-23 0 99999 7 -1 (密码已设置，使用 SHA512 算法)
[root@rhel7 ~]# usermod   -L   lihua                //锁定账号，解锁用选项-U
[root@rhel7 ~]# passwd   -S   lihua                 //查看账号的状态
lihua LK 2017-09-23 0 99999 7 -1 (密码已被锁定)
[root@rhel7 ~]# userdel   -r   -Z   lihua           //删除账号，创建用命令 useradd
//选项-r 用于删除主目录和邮件池，-Z 为用户删除所有的 SELinux 用户映射
[root@rhel7 ~]# lsattr     /etc/shadow              //查看密码文件为解锁的状态
---------------- /etc/shadow
[root@rhel7 ~]# chattr   +i   /etc/shadow           //锁定账号密码文件，解锁用选项-i
[root@rhel7 ~]# lsattr     /etc/shadow
----i----------- /etc/shadow
[root@rhel7 ~]# useradd   luxianzhi
useradd：无法打开 /etc/shadow                        //锁定后，无法创建新用户
```

5. 减少 root 能登录的终端数量

Linux 服务器中默认开启了 6 个 tty 终端，允许用户本地登录，对于通常远程维护的服务器来说这有点多余，并且增加了不安全性。/etc/securetty 文件定义了 root 可以从哪些 TTY 设备登录。编辑/etc/securetty 文件，在不需要登录的 TTY 设备前添加#标志可以禁止从该 TTY 设备进行 root 登录。

```
[root@rhel7 ~]# more   /etc/securetty
…
#tty4
#tty5
#tty6
```

6. 使用 PAM 阻止 su 为 root

默认情况下，任何人都可以使用$su -转换为超级用户 root，增加了安全风险。可以借助 pam_wheel 认证模块，只允许极个别的人使用 su 命令进行身份转换。

```
[root@rhel7 ~]# gpasswd   -a luxianzhi   wheel
正在将用户"luxianzhi"加入到"wheel"组中
[root@rhel7 ~]# gpasswd   -a lihehua   wheel
正在将用户"lihehua"加入到"wheel"组中
[root@rhel7 ~]# grep   wheel   /etc/group            //确认组成员
wheel:x:10:luxianzhi,lihehua
```

```
[root@rhel7 ~]# vim    /etc/pam.d/su
#%PAM-1.0
…
auth              required          pam_wheel.so use_uid          //去掉此行开头的#号
…
account           sufficient        pam_succeed_if.so uid = 0 use_uid quiet
…
password          include           system-auth
…
session           optional          pam_xauth.so
~
: wq
[lihua@rhel7 ~]$ su   -
密码：
su: 拒绝权限
```

PAM 是 Linux 系统中的可插拔认证模块，提供了对所有服务进行认证的中央机制，适用于 login、远程登录（telnet、rlogin、fsh、ftp 等）、su 等，管理员可通过 PAM 配置文件指定不同应用程序的不同认证策略。

PAM 支持的验证类型有以下 4 个：

- auth：验证使用者身份，提示输入账号和密码。
- account：基于用户表、时间或者密码有效期来决定是否允许访问。
- password：禁止用户反复尝试登录，在变更密码时进行密码复杂性控制。
- session：进行日志记录或者限制用户登录的次数。

PAM 验证控制类型（Control Values），也可以称为 Control Flags，用于 PAM 验证类型的返回结果，有以下 4 种：

- required：验证失败时仍然继续，但返回 Fail（用户不会知道哪里失败了）。
- requisite：验证失败则立即结束整个验证过程，返回 Fail。
- sufficient：验证成功则立即返回，不再继续，否则忽略结果并继续。
- optional：无论验证结果如何，均不会影响，通常用于 session 类型。

/lib/security 目录下的每一个认证模块都会返回 pass 或者 fail 结果，部分程序使用 /etc/security 目录下的设置文件决定认证方式。应用程序调用 PAM 模块认证的配置存放于 /etc/pam.d 目录下，文件名与应用程序名对应，文件中的每一行都会返回一个验证成功还是失败的控制标志，以决定用户是否拥有访问权限。如果想查看某个程序是否支持 PAM 模块认证，可以使用 ls 命令，如图 16-1 所示。

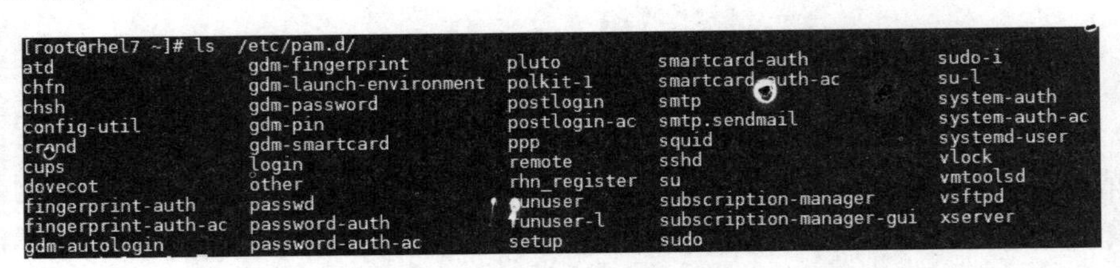

图 16-1　系统中支持 PAM 认证的程序

7. 限制用户可用资源的数量

对系统上所有用户设置资源限制可以防止 DoS 类型攻击（Denial of Service attacks），如最大进程数、内存数量等。limits.conf 是 pam_limits.so 的配置文件，然后/etc/pam.d/下的应用程序调用 pam_***.so 模块。比如，当用户访问服务器时，服务程序将请求发送到 PAM 模块，PAM 模块根据服务名称在/etc/pam.d 目录下选择一个对应的服务文件，然后根据服务文件的内容选择具体的 PAM 模块进行处理。

limits.conf 和 sysctl.conf 的区别在于，limits.conf 是针对用户配置，而 sysctl.conf 是针对整个系统参数配置。配置行的格式为 username|@groupname　type　resource limit。

```
[root@rhel7 ~]# vim   /etc/security/limits.conf
#<domain>   <type>        <item>        <value>
*           hard          core          0          //限制内核文件的大小 0KB
*           hard          rss           5000       //限制内存使用为 50MB
*           hard          nproc         20         //限制进程数最大为 20 个
*           hard          noflle        100        //限制最多能打开文件 100 个
~
: wq
```

domain 表示用户或者组的名字，还可以使用“*”作为通配符。type 可以有两个值：soft 和 hard，hard 表明系统中所能设定的最大值，soft 的限制不能比 hard 限制高。item 表示需要限定的资源，可以有很多候选值，如 stack、cpu、nofile 等，分别表示最大的堆栈大小、占用的 CPU 时间、打开的文件数。通过添加对应的一行描述，则可以产生相应的限制。

注意：要使 limits.conf 文件配置生效，必须要确保 pam_limits.so 文件被加入到了启动文件中。查看/etc/pam.d/login 文件中有： session required /lib/security/pam_limits.so。

子任务 2　破解 root 密码与加密 GRUB

1. 破解 root 用户的密码

在默认情况下，GRUB2 允许所有可以在物理上进入控制台的用户直接编辑任何菜单项和使用 GRUB 命令行。因此，如果忘记了 root 用户的密码而无法登录系统，可以按照如下步骤来重设 root 密码：

（1）重启 Linux 系统，在图 16-2 所示的 GRUB 2 启动菜单界面中选中包含“with linux 3.10.0-123.el7.x86_64”字符串的行，按 E 键进入 grub 模式。

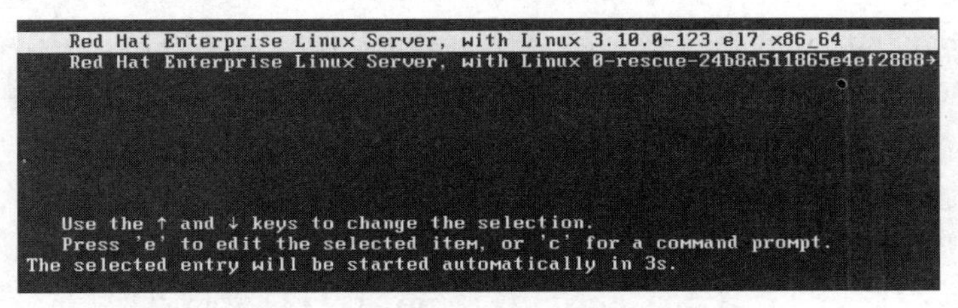

图 16-2　GRUB 2 启动菜单界面

（2）在如图 16-3 所示的 grub 模式下，找到 linux16 开头的那行，在其最后空出一格，然后输入 rd.break，按 Ctrl+X 组合键重新启动系统。

```
        linux16 /vmlinuz-3.10.0-123.el7.x86_64 root=UUID=4d112a82-fa96-49fb-bf\
34-45cf13699092 ro rd.lvm.lv=rhel/root crashkernel=auto  rd.lvm.lv=rhel/swap v\
console.font=latarcyrheb-sun16 vconsole.keymap=us rhgb quiet LANG=zh_CN.UTF-8 \
rd.break_
```

图 16-3　修改 GRUB 2 引导参数

（3）如图 16-4 所示，使用 mount -o remount,rw /sysroot 命令挂载系统临时根目录为可写，

使用 chroot /sysroot 命令改变系统目录为临时挂载目录。接着就可以使用 passwd 命令重设 root 的密码。

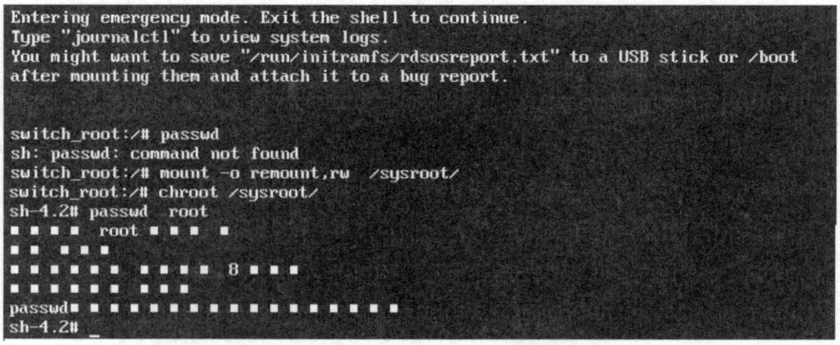

```
Entering emergency mode. Exit the shell to continue.
Type "journalctl" to view system logs.
You might want to save "/run/initramfs/rdsosreport.txt" to a USB stick or /boot
after mounting them and attach it to a bug report.


switch_root:/# passwd
sh: passwd: command not found
switch_root:/# mount -o remount,rw  /sysroot/
switch_root:/# chroot /sysroot/
sh-4.2# passwd  root
■■■■ root ■■■ ■
■■ ■■■
■■■■■■ ■■■■ 8 ■■■
■■■■■■ ■■■
passwd■ ■■■■■■■■■■■■■■■■
sh-4.2# _
```

图 16-4　重置 root 登录密码

在救援模式下 anaconda 会把硬盘中的所有分区挂载到救援模式的虚拟目录中，执行 df -ht 命令可以看到实际挂载到的位置。某些管理工具只能在硬盘环境下执行，这时必须使用 chroot 命令将根目录从救援模式环境下的虚拟目录切换到硬盘 Linux 环境中。

（4）如果系统启动了 SELinux，则必须运行命令 touch　/.autorelabel，否则将无法正常启动系统，如图 16-5 所示。

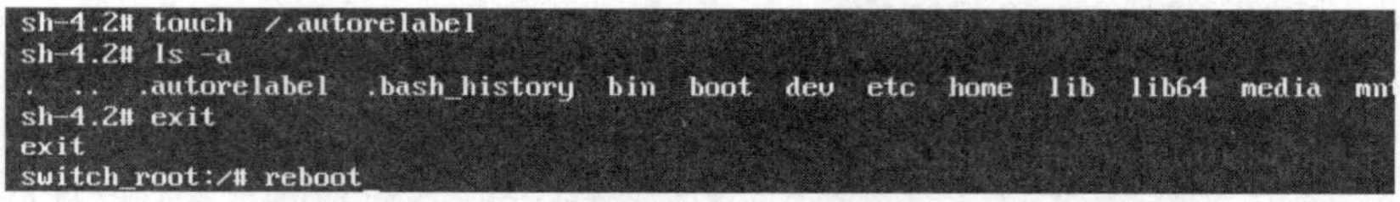

```
sh-4.2# touch  /.autorelabel
sh-4.2# ls -a
.  ..  .autorelabel  .bash_history  bin  boot  dev  etc  home  lib  lib64  media  mn
sh-4.2# exit
exit
switch_root:/# reboot_
```

图 16-5　创建.autorelabel 空文件

注意：*若在 VMWare 虚拟机上操作不成功，可以尝试将 rhgb（图形化启动） quiet（启动过程出现错误提示）先删除。rd.break 破解方法一般用于修改 passwd 或者出现重大问题，临时中断运行，未加载 FileSystem，比单用户模式还要精简。若这样 rd.break 还不能进入，则向 kernel 传递 init=/bin.bash 或 init=/bin/sh 参数，尝试使用 init 破解方法来破解。*

2. 设置 GRUB 2 加密口令

要启用认证支持，必须启用环境变量 superusers（超级用户）只允许列表中的用户使用 GRUB 命令行编辑菜单项。可以设置为一组用户名，用户之间可用空格、逗号和分号作为分隔符。

（1）使用命令 grub2-mkpasswd-pbkdf2 生成 PBKDF2 加密口令。

```
[root@rhel7 ~]# grub2-mkpasswd-pbkdf2
输入口令:                                    //输入 lihua
Reenter password:
PBKDF2 hash of your password is grub.pbkdf2.sha512.10000.369CCE7BE05C38F6409C794C489A924842B12C8921951A
5067C5BF0452AFB2DB8033351BBF7A9A6F5A89B181BC12ECA1D2503637A64F1D72B6C67B6DD4BE9D65.1CA541
0BB9FEC7515B39B7FCDF77231D3CBFA7A280D3264036FAFD6F1331E3A9A7221DD02FC7DBE918DA096668455AD
9BAC72DAC0824347585F9DDEDF303ED61
```

（2）使用 vim 编辑器修改/etc/grub.d/00_header，此文件配置初始的显示项目，如默认选项、时间限制等，加入密码验证项目，在最后一行添加以下内容：

```
[root@rhel7 ~]# tail  /etc/grub.d/00_header
```

```
if [ "x${GRUB_BADRAM}" != "x" ] ; then
  echo "badram ${GRUB_BADRAM}"
fi

cat <<EOF
set superusers="lihua"          //设置为一组用户名，用户之间可以用空格、逗号和分号作为分隔符
password_pbkdf2 lihua grub.pbkdf2.sha512.10000.369CCE7BE05C38F6409C794C489A924842B12C8921951A5067C5BF0452
AFB2DB8033351BBF7A9A6F5A89B181BC12ECA1D2503637A64F1D72B6C67B6DD4BE9D65.1CA5410BB9FEC7515
B39B7FCDF77231D3CBFA7A280D3264036FAFD6F1331E3A9A7221DD02FC7DBE918DA096668455AD9BAC72DAC0
824347585F9DDEDF303ED61
EOF
```

（3）执行命令 grub2-mkconfig　-o /boot/grub2/grub.cfg，重新生成 GRUB2 的配置文件。

```
[root@rhel7 ~]# grub2-mkconfig   -o /boot/grub2/grub.cfg
Generating grub configuration file ...
Found linux image: /boot/vmlinuz-3.10.0-123.el7.x86_64
Found initrd image: /boot/initramfs-3.10.0-123.el7.x86_64.img
Found linux image: /boot/vmlinuz-0-rescue-24b8a511865e4ef288817ce5987bea20
Found initrd image: /boot/initramfs-0-rescue-24b8a511865e4ef288817ce5987bea20.img
done
```

（4）设置完 GRUB 2 密码以后，使用命令 systemctl reboot 重启 Linux 系统，验证是否生效。在图 16-6 所示的 GRUB 2 启动菜单界面中选中包含“with linux 3.10.0-123.el7.x86_64”字符串的行，按 E 键。

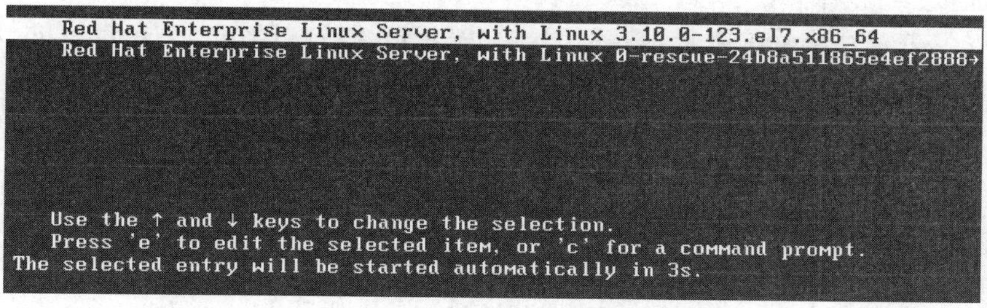

```
Red Hat Enterprise Linux Server, with Linux 3.10.0-123.el7.x86_64
Red Hat Enterprise Linux Server, with Linux 0-rescue-24b8a511865e4ef2888→

Use the ↑ and ↓ keys to change the selection.
Press 'e' to edit the selected item, or 'c' for a command prompt.
The selected entry will be started automatically in 3s.
```

图 16-6　GRUB 2 启动菜单

在图 16-7 所示的身份认证界面中，正确输入之前设置的用户名（lihua）和密码（lihua），才可以进入 grub 模式。

```
Enter username:
lihua
Enter password:
_
```

图 16-7　GRUB 2 用户身份认证

任务 3　安全管理 Linux 系统的文件和目录

对于系统中某些关键的配置文件，如 passwd、shadow、services、xinetd.conf、fstab 等，可使用 chmod、chattr 命令修改其权限和属性，防止它们被普通用户查看或遭到意外修改。

子任务 1　管理文件的属性和权限

1. 查看文件和目录的权限

查看文件的权限使用命令“ls　-l　文件名”，输出的信息分成多列，依次是文件类型与权限、连接数、所有者、所属组、文件大小（字节）、创建或最近修改日期及时间、文件名。

```
[root@rhel7 ~]# ls   -l    /tmp      |grep   da
-rw-r--r--.    1   root root    0 3 月      1 15:40     anaconda.log
drwxr-xr-x.   2   root root   17 3 月      1 23:00     hsperfdata_root
```

其中，第一列的 10 个字符的首字符表示文件的类型：-表示普通文件，d 表示目录，b 表示块设备文件，c 表示字符设备文件，l 表示链接文件，s 表示 Socket 文件；后面的 9 个字符平均分成 3 组分别表示文件所有者、文件所属组和其他人对文件的使用权限，每组的 3 个字符分别表示对文件的读、写和执行权限，r 表示可读，w 表示可写，x 表示可执行，-表示没有相应的权限。

2. 设置文件和目录的基本权限

只有文件的所有者和超级用户才能改变文件和目录的权限，默认情况下，文件和目录的创建者也就是所有者。改变文件或目录的权限最经常使用的是 chmod 命令，也可以使用 umask 命令修改默认权限掩码。chmod 命令有两种用法：一种是用字母和操作符文字表达式的权限设定法；另一种是用数字的权限设定法。使用数字也可以设置文件或目录的权限，命令格式为“chmod　[选项]　[权限]　文件或目录列表”。

在数字权限表示法中，0 表示没有权限，1 表示可执行权限，2 表示可写的权限，4 表示可读的权限。一个文件的数字权限是这 4 个数字中任意 3 个的组合。因此，命令中数字权限的格式应该是 3 个 0～7 的八进制数，分别代表文件所有者的权限（u）、所属组的权限（g）和其他人的权限（o）。

```
[root@rhel7 ~]# chmod    666    /tmp/aa/bb/cc       -v
mode of "/tmp/aa/bb/cc" changed from 0777 (rwxrwxrwx) to 0666 (rw-rw-rw-)
[root@rhel7 ~]# chmod    000    /tmp/aa/bb/cc      -v
mode of "/tmp/aa/bb/cc" changed from 0666 (rw-rw-rw-) to 0000 (---------)
```

3. 理解权限与指令之间的关系

（1）让用户可以进入某目录成为当前工作目录的基本权限。

可使用的指令：切换当前工作目录使用命令 cd。

目录所需权限：用户对这个目录至少要有 x 权限。

额外需求：如果还想使用 ls 命令查阅文件列表，还需要对目录拥有 r 权限。

```
[root@rhel7 ~]# chmod    006    /tmp/aa/
[root@rhel7 ~]# ls    /tmp    -l    |grep aa
d------rw-. 3 root root    15 6 月    20 13:15    aa             //用户 lihua 没有执行权限
[root@rhel7 ~]# su    - lihua
上一次登录：二  6 月  20 14:32:39 CST 2017pts/0  上
[lihua@rhel7 ~]$ cd    /tmp/aa/
-bash: cd: /tmp/aa/:  权限不够
```

（2）让用户可以在某目录下建立和修改文件的基本权限。

可使用的指令：创建文件可用 touch、vim 等，创建目录用 mkdir。

目录所需权限：用户对这个目录至少要有 w 和 x 权限，可以没有 r 权限。

额外需求：如果还想修改目录下的文件，在没有 r 权限的情况下无法用 Tab 键自动补齐，必须得知道该文件的全部名字和路径。

```
[root@rhel7 ~]# chmod    o=wx   /tmp/gg/mm/
[root@rhel7 ~]# ll   /tmp/gg/    |grep    mm
drwxr-x-wx.   2   root root   6   6 月   20 13:24   mm
[root@rhel7 ~]# su   - lihua
上一次登录：二 6 月 20 14:11:13 CST 2017pts/0 上
[lihua@rhel7 ~]$ mkdir    /tmp/gg/mm/kk                    //可以在该目录下创建修改文件
[lihua@rhel7 ~]$ touch   /tmp/gg/mm/kk.txt
[lihua@rhel7 ~]$ ls   -l   /tmp/gg/mm/                      //不可以浏览该目录下的文件
ls: 无法打开目录/tmp/gg/mm/: 权限不够
```

（3）让用户可以执行某目录下的可执行文件的基本权限。

目录所需权限：用户对这个目录至少要有 x 权限。

文件所需权限：用户对这个可执行文件至少要有 x 权限。

```
[root@rhel7 ~]# chmod   o-r    /usr/bin/
[root@rhel7 ~]# chmod   o-r    /usr/bin/uptime
[root@rhel7 ~]# ls -l   /usr/       |grep bin
dr-xr-x--x.    2 root root 73728 3 月     1 23:09 bin
dr-xr-xr-x.    2 root root 24576 3 月     1 23:09 sbin
[root@rhel7 ~]# ls   -l   /usr/bin/uptime
-rwxr-x--x. 1 root root 11456 2 月    27 2014 /usr/bin/uptime
[root@rhel7 ~]# su   - lihua
上一次登录：二 6 月 20 14:46:58 CST 2017pts/0 上
[lihua@rhel7 ~]$ ls   -l   /usr/bin/   |grep   uptime         //用户 lihua 对/usr/bin 仅有 x 权限
ls: 无法打开目录/usr/bin/: 权限不够
[lihua@rhel7 ~]$ ls   -l   /usr/bin/uptime                     //用户 lihua 对命令 uptime 仅有 x 权限
-rwxr-x--x. 1 root root 11456 2 月    27 2014 /usr/bin/uptime
[lihua@rhel7 ~]$ uptime
 14:48:35 up   3:01,    6 users,    load average: 0.28, 0.25, 0.30
[lihua@rhel7 ~]$ cd    /usr/bin/                               //没有 r 权限，可以切换进目录
[lihua@rhel7 bin]$ ls
ls: 无法打开目录.: 权限不够
```

4. 设置文件和目录的隐藏属性

有时候用户发现用 root 权限都不能修改某个文件，大部分原因是曾经用 chattr 命令锁定了该文件。通过 chattr 命令修改属性能够提高系统的安全性，但是它并不适合所有的目录。chattr 命令不能保护/、/dev、/tmp、/var 目录。lsattr 命令是显示 chattr 命令设置的文件属性。这两个命令是用来查看和改变文件、目录属性的，与 chmod 命令相比，chmod 只是改变文件的读写、执行权限，更底层的属性控制是由 chattr 来改变的。

chattr 命令的用法：chattr [-RV] [-v version] [mode] files…，最关键的是在[mode]部分，[mode]部分是由+-=和[ASacDdIijsTtu]这些字符组合的，这部分用来控制文件的属性。该命令常用的选项和功能如表 16.2 所示。

表 16.2　chattr 的主要选项和功能

选项	功能
+	在原有参数设定的基础上追加参数
-	在原有参数设定的基础上移除参数
=	更新为指定参数设定

续表

选项	功能
a	即 append，设定该参数后，只能向文件中添加数据，而不能删除，多用于服务器日志文件安全，只有 root 用户才能设定这个属性
b	不更新文件或目录的最后存取时间
c	即 compresse，设定文件是否经压缩后再存储，读取时需要经过自动解压操作
d	即 no dump，设定文件不能成为 dump 程序的备份目标
i	设定文件不能被删除、改名、设定链接关系，同时不能写入或新增内容。i 参数对于文件系统的安全设置有很大帮助
s	保密性地删除文件或目录，即硬盘空间被全部收回
S	硬盘 I/O 同步选项，功能类似 sync，即时更新文件或目录
u	与 s 相反，当设定为 u 时，数据内容其实还保存在磁盘中，可以用于预防意外删除
A	文件或目录的 atime（access time）不可被修改（modified），可以有效地预防例如手提电脑磁盘 I/O 错误的发生
j	即 journal，设定此参数使得当通过 mount 参数 data=ordered 或者 data=writeback 挂载的文件系统，文件在写入时会先被记录（在 journal 中）。如果 filesystem 被设定参数为 data=journal，则该参数自动失效
-V	显示指令执行过程
-R	递归处理，将指定目录下的所有文件及子目录一并处理

各参数选项中常用到的是 a 和 i。a 选项强制只可添加不可删除，多用于日志系统的安全设定。而 i 是更为严格的安全设定，只有超级用户（root）或具有 CAP_LINUX_IMMUTABLE 处理能力（标识）的进程能够施加该选项。

用执行 chattr 改变的文件或目录属性，可执行 lsattr 指令查询。lsattr 命令显示文件系统属性与 ls 显示的 Linux 文件系统属性是两个不同的概念。lsattr 实现的属性是文件系统的物理属性，而 ls 显示的文件属性是操作系统进行管理文件系统的逻辑属性。该命令常用的选项和功能如表 16.3 所示。

表 16.3 lsattr 的主要选项和功能

选项	功能
-a	显示所有文件和目录，包括以“.”字符为名称开头的隐藏文件
-d	若目标文件为目录，则显示该目录的属性信息，而不显示其内容的属性信息
-R	递归处理，将指定目录下的所有文件及子目录一并处理

（1）防止关键系统文件被错误修改。

```
[root@rhel7 ~]# chattr  +i  /root/anaconda-ks.cfg
[root@rhel7 ~]# lsattr   /root/anaconda-ks.cfg
----i---------- /root/anaconda-ks.cfg
[root@rhel7 ~]# ls  >>/root/anaconda-ks.cfg
bash: /root/anaconda-ks.cfg: 权限不够
```

（2）让日志文件只能往里面追加数据。

```
[root@rhel7 ~]# chattr  +a  /var/log/messages
```

```
[root@rhel7 ~]# lsattr    /var/log/messages
-----a---------- /var/log/messages
[root@rhel7 ~]# rm    /var/log/messages   -f
rm: 无法删除"/var/log/messages": 不允许的操作
[root@rhel7 ~]# ls   >   /var/log/messages
bash: /var/log/messages: 不允许的操作
[root@rhel7 ~]# ls   >>   /var/log/messages
```

子任务 2　设置文件和目录的特殊权限

在 Linux 系统中，文件的基本权限是可读、可写、可执行，还有所谓的特殊权限，分别是 SUID、SGID 和 Sticky。由于特殊权限会拥有一些“特权”，因而用户若无特殊需求，则不应该启用这些权限，以避免安全方面出现严重漏洞而造成黑客入侵，甚至摧毁系统。

1．SUID、SGID 和 Sticky

（1）S 或 s（SUID，Set UID）属性。passwd 命令可以用于更改用户的密码，一般用户可以使用这个命令修改自己的密码。但是保存用户密码的/etc/shadow 文件的权限是 400，也就是说只有文件的所有者 root 用户可以写入，那为什么其他用户也可以修改自己的密码呢？这就是由于 Linux 系统中的文件有 SUID 属性。

```
[root@rhel7 ~]# ls   -l   /etc/shadow
----------.  1   root   root   1557 6 月   20   12:55   /etc/shadow
```

SUID 属性只能运用在可执行文件上，当用户执行该执行文件时，会临时拥有该执行文件所有者的权限。passwd 命令启用了 SUID 属性，所以一般用户在使用 passwd 命令修改密码时，会临时拥有 passwd 命令所有者 root 用户的权限，这样一般用户才可以将自己的密码写入/etc/shadow 文件。

在使用 ls -l 或 ll 命令浏览文件时，如果可执行文件所有者权限的第三位是一个小写的“s”就表明该执行文件拥有 SUID 属性。

```
[root@rhel7 ~]# ll   /usr/bin/passwd
-rwsr-xr-x.  1   root   root   27832   1 月   30   2014   /usr/bin/passwd
```

如果在浏览文件时，发现所有者权限的第三位是一个大写的“S”则表明该文件的 SUID 属性无效，比如将 SUID 属性给一个没有执行权限的文件。

（2）S 或 s（SGID，Set GID）属性。SGID 与 SUID 不同，SGID 属性可以应用在目录或可执行文件上。当 SGID 属性应用在目录上时，该目录中所有建立的文件或子目录的拥有组都会是该目录的拥有组。

比如/charles 目录的拥有组是 charles，当/charles 目录拥有 SGID 属性时，任何用户在该目录中建立的文件或子目录的拥有组都会是 charles；当 SGID 属性应用在可执行文件上时，其他用户在使用该执行文件时就会临时拥有该执行文件拥有组的权限。比如/sbin/apachectl 文件的拥有组是 httpd，当/sbin/apachectl 文件有 SGID 属性时，任何用户在使用该文件时都会临时拥有用户组 httpd 的权限。

在使用 ls -l 或 ll 命令浏览文件或目录时，如果拥有组权限的第三位是一个小写的“s”就表明该执行文件或目录拥有 SGID 属性。

```
[root@rhel7 ~]# ll   /bin/   |grep   r-s
-rwxr-sr-x.   1 root cgred   15616 3 月   5 2014 cgclassify
-rwxr-sr-x.   1 root cgred   15576 3 月   5 2014 cgexec
…
```

```
-rwxr-sr-x.    1 root tty          19536 3 月    28 2014 write
```

如果在浏览文件时，发现拥有组权限的第三位是一个大写的“S”则表明该文件的 SGID 属性无效，比如将 SGID 属性给一个没有执行权限的文件。

（3）T 或 t（Sticky）属性。Sticky 属性只能应用在目录上，当目录拥有 Sticky 属性时所有在该目录中的文件或子目录无论是什么权限，只有文件或子目录所有者和 root 用户才能删除。比如用户 lihua 在/charles 目录中建立一个文件并将该文件权限配置为 777，当/charles 目录拥有 Sticky 属性时，只有 root 和 lihua 这两个用户可以将该文件删除。

在使用 ls -l 或 ll 命令浏览目录时，如果其他用户权限的第三位是一个小写的“t”就表明该目录拥有 Sticky 属性。/tmp 和/var/tmp 目录供所有用户暂时存取文件，亦即每位用户皆拥有完整的权限进入该目录去浏览、删除和移动文件。

```
[root@rhel7 ~]# ll   /var/tmp/   -d
drwxrwxrwt. 7 root root 4096 3 月    1 16:39 /var/tmp/
```

如果在浏览文件时，发现其他人权限的第三位是一个大写的“T”则表明该文件的 Sticky 属性无效，比如将 Sticky 属性给一个不是目录的普通文件。

2. 设置 SUID/SGID/Sticky

配置普通权限时可以使用字符或数字，SUID、SGID、Sticky 也是一样。使用字符时 s 表示 SUID 和 SGID，t 表示 Sticky；4 表示 SUID，2 表示 SGID，1 表示 Sticky。在配置这些属性时还是使用 chmod 命令。

在使用 umask 命令显示当前的权限掩码时，千位的“0”就是表示 SUID、SGID、Sticky 属性。提示，在有些资料上 SUID、SGID 被翻译为“强制位”，Sticky 被翻译为“冒险位”。

（1）让普通用户也可以执行 useradd 命令。

```
[root@rhel7 ~]# ll     /sbin/useradd
-rwxr-x---. 1 root root 114064 2 月    12 2014    /sbin/useradd
[root@rhel7 ~]# ll     /etc/passwd
-rw-r--r--. 1 root root 2796 6 月    20 12:55    /etc/passwd
[root@rhel7 ~]# chmod     u+s     /sbin/useradd
[root@rhel7 ~]# ll     /sbin/useradd
-rwsr-x---. 1 root root 114064 2 月    12 2014 /sbin/useradd
[root@rhel7 ~]# chmod    o+x     /sbin/useradd
[root@rhel7 ~]# su    -l    lihua
上一次登录：三 6 月 21 10:11:13 CST 2017pts/1 上
[lihua@rhel7 ~]$ useradd     zhangsan
[lihua@rhel7 ~]$ userdel    zhangsan
-bash: /usr/sbin/userdel: 权限不够
```

（2）创建一个目录让用户只有权删除自己的文件。

```
[root@rhel7 ~]# mkdir    -m    1777    /tmp/ziliao
[root@rhel7 ~]# ll    -d     /tmp/ziliao/
drwxrwxrwt. 2 root root 6 6 月    21 10:45 /tmp/ziliao/
[root@rhel7 ~]# su    - lihua
上一次登录：三 6 月 21 10:20:39 CST 2017pts/1 上
[lihua@rhel7 ~]$ touch      /tmp/ziliao/li
[lihua@rhel7 ~]$ chmod     o+w     /tmp/ziliao/li
[lihua@rhel7 ~]$ ll     /tmp/ziliao/li
-rw-rw-rw-. 1 lihua lihua 0 6 月    21 10:49 /tmp/ziliao/li
[lihua@rhel7 ~]$ su    - wangxi
密码：
上一次登录：三 6 月 21 10:51:42 CST 2017pts/1 上
```

```
[wangxi@rhel7 ~]$ rm     /tmp/ziliao/li
rm: 无法删除"/tmp/ziliao/li": 不允许的操作     //只是不能删除，因为有 w 权限所以可以修改内容
```

子任务 3　更改文件所有者和所属组

文件和目录的创建者默认就是所有者，他们对文件和目录具有任何权限，可以进行任何操作。只有超级用户和文件的所有者，才可以使用命令 chown 和 chgrp 变更文件和目录的所有者及所属组。

1. chown 命令

chown 命令可以同时改变文件或目录的所有者和所属组，命令格式为“chown　[选项]　用户名:组名　文件或目录列表”。文件名可以使用通配符，列表中的多个文件用空格分开。chown 命令的常用选项及作用如表 16.4 所示。

表 16.4　chown 的主要选项及作用

选项	作用
-R	递归式地改变指定目录及其下的所有子目录和文件的所有者
-v	输出操作的执行过程
--help	显示该命令的帮助信息

```
[root@rhel7 ~]# tail   -3    /etc/passwd
lihua:x:1001:1001::/home/lihua:/bin/bash
zhangs:x:1007:1007::/home/zhangs:/bin/bash
wangxi:x:1008:1008::/home/wangxi:/bin/bash
[root@rhel7 ~]# mkdir    /root/aa/bb/cc    -p
[root@rhel7 ~]# chown     lihua:zhangs       /root/aa/    -Rv
changed ownership of "/root/aa/bb/cc" from root:root to lihua:zhangs
changed ownership of "/root/aa/bb" from root:root to lihua:zhangs
changed ownership of "/root/aa/" from root:root to lihua:zhangs
[root@rhel7 ~]# ll    /root/aa    -d
drwxr-xr-x. 3 lihua zhangs 15 6 月    21 11:35 /root/aa
[root@rhel7 ~]# ll    /root/aa/bb    -d
drwxr-xr-x. 3 lihua zhangs 15 6 月    21 11:35 /root/aa/bb
[root@rhel7 ~]# chown       :wangxi    /root/aa/bb
[root@rhel7 ~]# ll    /root/aa/bb    -d
drwxr-xr-x. 3 lihua wangxi 15 6 月    21 11:35 /root/aa/bb
```

2. chgrp 命令

chgrp 命令只具有改变所属组的功能，格式为“chgrp　[选项]　组名　文件或目录列表”。命令中可以使用的选项和 chown 命令相同。

```
[root@rhel7 ~]# chgrp       root    /root/aa/bb        -v
"/root/aa/bb" 的所属组已保留为 root
```

子任务 4　使用 ACL 控制文件和目录

ACL（Access Control List）的主要目的是提供传统的 owner、group、others 的 read、write、execute 权限之外的具体权限设置。ACL 可以针对单一用户、单一文件或目录来进行 r、w、x 的权限控制，对于需要特殊权限的使用状况有一定的帮助，如某一个文件不让某个单一的用户访问。ACL 使用 getfacl 和 setfacl 两个命令来对其进行控制。

1. 查看文件和目录的 ACL 信息

使用 getfacl 命令可以查看文件和目录的 ACL 信息。对于每一个文件和目录，getfacl 命令显示文件的名称、用户所有者、群组所有者和访问控制列表 ACL。getfacl 命令的用法为"getfacl [选项] [目录|文件]"。getfacl 命令的常用选项和功能如表 16.5 所示。

表 16.5　getfacl 的主要选项和功能

选项	功能
-a, --access	仅显示文件访问控制列表
-d, --default	仅显示默认的访问控制列表
-c, --omit-header	不显示注释表头
-e, --all-effective	显示所有的有效权限
-E, --no-effective	显示无效权限
-s, --skip-base	跳过只有基条目（base entries）的文件
-R, --recursive	递归显示子目录
-t, --tabular	使用制表符分隔的输出格式
-n, --numeric	显示数字的用户/组标识

```
[root@#rhel7 ~]# getfacl   /home    -R
getfacl: Removing leading '/' from absolute path names
# file: home
# owner: root
# group: root
user::rwx
group::r-x
other::r-x

# file: home/wangwu
# owner: wangwu
# group: wangwu
user::rwx
group::---
other::---

# file: home/wangwu/.mozilla
…
[root@#rhel7 ~]# echo   'Hello Linux !' >/opt/ta
[root@#rhel7 ~]# ll   /opt/ta
-rw-r--r--. 1 root root 14 8 月   16 11:26 /opt/ta
[root@#rhel7 ~]# getfacl   /opt/ta
getfacl: Removing leading '/' from absolute path names
# file: opt/ta
# owner: root
# group: root
user::rw-
group::r--
other::r--
```

2. 使用 setfacl 命令设置 ACL

setfacl 命令的用法为“setfacl [选项] [目录|文件]”。该命令的常用选项和功能如表 16.6 所示。

表 16.6　setfacl 的主要选项和功能

选项	功能
-m	更改文件或目录的 ACL 规则。多条 ACL 规则以英文逗号（,）隔开
-M	从一个文件读入 ACL 设置信息并以此为模板修改当前文件或目录的 ACL 规则
-x	删除文件或目录指定的 ACL 规则。多条 ACL 规则以英文逗号（,）隔开
-X	从一个文件读入 ACL 设置信息并以此为模板删除当前文件或目录的 ACL 规则
-d	设定默认的 ACL 规则
-R	递归地对所有文件及目录进行操作
-k	删除默认的 ACL 规则。如果没有默认规则，将不提示
-n	不要重新计算有效权限。getfacl 默认会重新计算 ACL mask，除非 mask 被明确地制定
-P	跳过所有符号链接，包括符号链接文件
-L	跟踪符号链接，默认情况下只跟踪符号链接文件，跳过符号链接目录
--set=<ACL 设置>	用来设置文件或目录的 ACL 规则，先前的设定将被覆盖
--restore=file	从文件恢复备份的 ACL 规则，这些文件可由 getfacl -R 产生。通过这种机制可以恢复整个目录树的 ACL 规则。此参数不能和除--test 以外的任何参数一同执行
--set-file=<file>	从文件读入 ACL 规则来设置当前文件或目录的 ACL 规则
--test	测试模式，不会改变任何文件的 ACL 规则，操作后的 ACL 规则将被列出
--mask	重新计算有效权限，即使 ACL mask 被明确指定

设置 ACL 规则时，setfacl 命令可以识别表 16.7 所示的规则格式。用户和群组可以指定名字或数字 ID。权限可以用字母组合或数字表示。

表 16.7　ACL 规则表示方法

ACL 规则表示	设置对象
[d[efault]:] [u[ser]:]uid [:perms]	指定用户的权限，文件所有者的权限（如果 uid 没有指定）
[d[efault]:] g[roup]:gid [:perms]	指定群组的权限，文件所属群组的权限（如果 gid 未指定）
[d[efault]:] m[ask][:] [:perms]	有效权限掩码
[d[efault]:] o[ther] [:perms]	其他的权限

恰当的 ACL 规则被用在修改和设定的操作中，对于 uid 和 gid，可以指定一个数字，也可指定一个名字。perms 域是一个代表各种权限的字母组合：读-r、写-w、执行-x，执行只适合目录和一些可执行的文件。perms 域也可以设置为八进制格式。

```
[root@#rhel7 ~]# tail    /etc/passwd     -n2
wangwu:x:1003:1003::/home/wangwu:/bin/bash
lihua:x:1004:1004::/home/lihua:/bin/bash
[root@#rhel7 ~]# setfacl   -m   u:wangwu:rwx    /opt/ta    //为用户 wangwu 设置 ACL，使其对/opt/ta 具有 rwx 权限
```

```
[root@#rhel7 ~]# ll    /opt/ta
-rw-rwxr--+ 1 root root 14 8 月    16 11:26 /opt/ta     //设置了 ACL 的文件，在权限的后面会出现一个“+”
[root@#rhel7 ~]# getfacl     /opt/ta
getfacl: Removing leading '/' from absolute path names
# file: opt/ta
# owner: root
# group: root
user::rw-
user:wangwu:rwx
group::r--
mask::rwx
other::r--
```

```
[root@#rhel7 ~]# setfacl -m    g:wangwu:rwx    /opt/ta    //为群组 wangwu 设置 ACL，使其对/opt/ta 具有 rwx 权限
[root@#rhel7 ~]# getfacl     /opt/ta
getfacl: Removing leading '/' from absolute path names
# file: opt/ta
# owner: root
# group: root
user::rw-
user:wangwu:rwx
group::r--
groupwangwu:rwx
mask::rwx
other::r--
```

```
[root@#rhel7 ~]# setfacl --set u::rw-,u:wangwu:rw-,g::r--,o::---    /opt/ta     //重新设置 ACL 规则，覆盖以前的设置
[root@#rhel7 ~]# getfacl    /opt/ta
getfacl: Removing leading '/' from absolute path names
# file: opt/ta
# owner: root
# group: root
user::rw-
user:wangwu:rw-
group::r--
mask::rw-
other::---
```

```
[root@#rhel7 ~]# setfacl    -x u:wangwu    /opt/ta     //删除用户 wangwu 对/opt/ta 文件的 ACL 规则
[root@#rhel7 ~]# getfacl    /opt/ta    |grep    wangwu
getfacl: Removing leading '/' from absolute path names
```

```
[root@rhel7 ~]# setfacl    -m mask:rw       /opt/ta     //修改/opt/ta 文件的 MASK 值
[root@rhel7 ~]# getfacl     /opt/ta
getfacl: Removing leading '/' from absolute path names
# file: opt/ta
# owner: root
# group: root
user::rw-
group::r--
mask::rw-
other::---
```

```
[root@rhel7 ~]# setfacl -d    --set    g:wangwu:rwx      /opt/ok      //设置/opt/ok 目录的默认 ACL
[root@rhel7 ~]# getfacl      /opt/ok
getfacl: Removing leading '/' from absolute path names
```

```
# file: opt/ok
# owner: root
# group: root
user::rwx
group::r-x
other::r-x
default:user::rwx
default:group::r-x
default:group:wangwu:rwx
default:mask::rwx
default:other::r-x
[root@rhel7 ~]# touch   /opt/ok/oo
[root@rhel7 ~]# getfacl    /opt/ok/oo
getfacl: Removing leading '/' from absolute path names
# file: opt/ok/oo
# owner: root
# group: root
user::rw-
group::r-x                    #effective:r--
group:wangwu:rwx              #effective:rw-
mask::rw-
other::r--
//有效权限（mask）即用户或组所设置的权限必须要存在于 mask 的权限设置范围内才会生效
[root@rhel7 ~]# ls   -l   /opt/ok/oo
-rw-rw-r--+ 1 root root 0 8 月   16 12:45 /opt/ok/oo     //文件 oo 自动继承了/opt/ok 目录上设置的默认 ACL
```

3. 使用 chacl 命令更改 ACL

chacl 是用来更改文件或目录的访问控制列表的命令。chacl 命令的用法为“chacl [选项] [目录|文件]”。该命令的常用选项和功能如表 16.8 所示。

表 16.8 chacl 命令的主要选项和功能

选项	功能
-b	表明这里有两个 ACL 需要修改，前一个 ACL 是文件的 ACL，后一个是目录的默认 ACL
-B	删除文件和目录的所有 ACL，是-b 的反向操作
-d	设定目录的默认 ACL，在这个目录下新建的文件或子目录都会继承目录的 ACL
-D	只删除目录的默认 ACL，是-d 的反向操作
-R	只删除文件的 ACL
-r	递归地修改文件和目录的 ACL 权限
-l	列出文件和目录的 ACL 权限

```
[root@rhel7 ~]# chacl -B      /opt/ta
[root@rhel7 ~]# ll      /opt/ta
-rw-r-----. 1 root root 28 8 月   16 11:33 /opt/ta
```

任务 4 使用 Linux 系统下的日志服务

子任务 1 使用 Linux 的安全日志文件

系统管理人员应该提高警惕，随时注意各种可疑状况，并且按时和随机地检查各种系统日志文件。在检查这些日志时，要注意是否有不合常理的事件记载。高明的黑客在入侵后，经常会“打扫”现场。

1. 主要二进制日志文件

Linux 使用一种特殊的（二进制）日志来保留用户登录和退出的相关信息，它们存放在/var/log 目录下的 wtmp、btmp 和 lastlog 文件，以及/var/run 目录下的 utmp 文件中，这 4 个文件是大多数 Linux 日志子系统的关键文件。

有关当前登录用户的信息记录在文件 utmp 中，但该文件并不包括所有精确的信息，因为某些突发错误可能会终止用户登录会话，而系统却没有及时更新 utmp 记录，因此该日志文件的记录不是百分之百值得信赖的。wtmp 文件主要存放用户的登入和退出信息，此外还存放关机、重启等信息。/var/log/lastlog 文件只记录每个用户上次登录的时间。btmp 记录 Linux 登录失败的用户、时间以及远程 IP 地址。

这些特殊二进制日志文件由 login 等程序生成，使系统管理员能够跟踪何人在何时登录到了系统。每次有一个用户登录时，login 程序在文件 lastlog 中查看用户的 UID。如果存在，则把用户上次登录、注销时间和主机名写到标准输出中，然后 login 程序在 lastlog 中记录新的登录时间，打开 utmp 文件并插入用户的 utmp 记录，该记录一直到用户登录退出时删除。下一步，login 程序打开文件 wtmp 附加用户的 utmp 记录，当用户登录退出时将具有更新时间戳的同一 utmp 记录附加到文件中。

这些文件在具有大量用户的系统中增长十分迅速。例如 wtmp 文件可以无限增长，除非定期截取。许多系统以一天或者一周为单位把 wtmp 配置成循环使用。它通常由 cron 运行的脚本来修改。这些脚本重新命名并循环使用 wtmp 文件。通常，wtmp 在第一天结束后命名为 wtmp.1，第二天后 wtmp.1 变为 wtmp.2，依此类推。用户可以根据实际情况来对这些文件进行命名和配置使用。

2. 查看二进制日志文件

wtmp、btmp、utmp 和 lastlog 文件都是二进制文件，它们不能被诸如 tail、cat 等命令剪贴或合并，用户需要使用 who、w、users、last、ac 和 lastlog 等命令来使用这 4 个文件所包含的信息。utmp 文件被各种命令文件使用，包括 who、w、users 和 finger；wtmp 文件被程序 last 和 ac 使用；lastlog 文件被命令 lastlog 使用；btmp 文件被命令 lastb 使用。

（1）使用 who 命令。who 命令查询/var/log/utmp 文件并报告当前登录的每个用户。who 的默认输出包括用户名、终端类型、登录日期及远程主机。

```
[root@rhel7 ~]# who
root        :0          2017-03-01 15:55 (:0)
root        tty2        2017-03-01 15:58
lihh        tty6        2017-03-01 15:59
root        pts/2       2017-06-20 14:17 (:0)
```

如果指明了 wtmp 文件名，则 who 命令查询所有以前的记录。命令 who /var/log/wtmp 将报告自从 wtmp 文件创建或删改以来的每一次登录。

```
[root@rhel7 ~]# who   /var/log/wtmp
lihh        :0          2017-03-01 15:46 (:0)
lihh        pts/0       2017-03-01 15:51 (:0)
…
lisi23      tty3        2017-06-21 10:34
root        pts/3       2017-06-21 10:49 (:0)
```

```
root        pts/0          2017-06-25 15:18 (:0)
```

（2）使用 w 命令。w 命令查询 utmp 文件并显示当前系统中每个用户及其所运行的进程信息。

```
[root@rhel7 ~]# w
 15:24:15 up 12:47,   4 users,   load average: 0.12, 0.30, 0.74
USER      TTY      LOGIN@     IDLE     JCPU    PCPU    WHAT
root      :0       013 月 17  ?xdm?    1:52m   1.90s   gdm-session-worker [pam/gdm-pas
root      tty2     013 月 17  115days  0.04s   0.04s   -bash
lihh      tty6     013 月 17  115days  0.33s   0.33s   -bash
root      pts/2    二 14      7.00s    0.18s   0.06s   w
```

（3）使用 last 命令。last 命令往回搜索 wtmp 来显示自从文件第一次创建以来登录过的用户，如果指明了用户，那么 last 只报告该用户的近期活动。last 也能根据用户、终端 tty 或时间显示相应的记录。

```
[root@rhel7 ~]# last
root      pts/0        :0              Sun Jun 25 15:18 - 15:18   (00:00)
root      pts/3        :0              Wed Jun 21 10:49 - 15:18 (4+04:28)
lisi23    tty3                         Wed Jun 21 10:34 - 10:35   (00:00)
…
lihh      pts/0        :0              Wed Mar  1 15:51 - 15:51   (00:00)
lihh      :0           :0              Wed Mar  1 15:46 - 15:55   (00:08)
(unknown :0            :0              Wed Mar  1 15:44 - 15:46   (00:02)
reboot    system boot  3.10.0-123.el7.x Wed Mar  1 23:39 - 15:26 (115+15:47)

wtmp begins Wed Mar  1 23:39:38 2017
[root@rhel7 ~]# last  lihh
lihh      tty6                         Wed Mar  1 15:59   still logged in
lihh      pts/0        :0              Wed Mar  1 15:52 - 15:53   (00:01)
lihh      pts/0        :0              Wed Mar  1 15:51 - 15:51   (00:00)
lihh      :0           :0              Wed Mar  1 15:46 - 15:55   (00:08)

wtmp begins Wed Mar  1 23:39:38 2017
```

（4）使用 ac 命令。ac 命令根据当前/var/log/wtmp 文件中的登录进入和退出情况来报告用户连接的时间（小时），如果不使用标志，则报告总的时间。-d，显示每天的总的连接时间；-p，显示每个用户的总的连接时间。

```
[root@rhel7 ~]# ac
        total       8918.27
[root@rhel7 ~]# ac   -dp
        lihh                              8.18
        root                             16.10
        (unknown)                         0.05
Mar  1          total     24.32
        lihh                           2664.00
        root                           5359.86
Jun 20          total     8023.86
        lihh                             24.00
        lisi23                           13.42
        root                            133.17
…
Today           total     699.52
```

（5）使用 lastlog 命令。超级用户可以使用 lastlog 命令检查某特定用户上次登录的时间，并格式化输出上次登录日志/var/log/lastlog 的内容。

```
[root@rhel7 ~]# lastlog
用户名            端口      来自            最后登录时间
root             tty2                     三 3月  1 15:58:10 +0800 2017
bin                                        **从未登录过**
…
wangxi           pts/1                    三 6月 21 10:53:21 +0800 2017
```

系统账户诸如 bin、daemon、adm、uucp、mail 等绝不应该登录，如果发现这些账户已经登录，就说明系统可能已经被入侵了。若发现记录的时间不是用户上次登录的时间，则说明该用户的账户已经泄密了。

（6）使用 lastb 命令。执行 lastb 命令就可以通过查看/var/log/btmp 记录显示用户不成功的登录尝试，包括登录失败的用户、时间以及远程 IP 地址等信息。

```
[root@rhel7 ~]# lastb
(unknown tty3                    Wed Jun 21 10:36 - 10:36   (00:00)
zhangs   tty3                    Wed Jun 21 10:35 - 10:35   (00:00)
…
lisi     tty4                    Wed Jun 21 10:27 - 10:27   (00:00)
lisi     tty4                    Wed Jun 21 10:26 - 10:26   (00:00)

btmp begins Wed Jun 21 10:26:51 2017
```

3. 主要的文本日志文件

除了上述 4 个特殊日志文件外，在/var/log 目录中还包含了 Linux 系统许多其他的日志文件，下面介绍常用的几个。这些日志文件均为文本文件，可以使用 tail、cat、more 等命令来查看其内容。

（1）/var/log/cron。该日志文件记录 crontab 守护进程 crond 所派生的子进程的动作，前面加上用户、登录时间和 PID，以及派生出的进程的动作。CMD 的一个动作是 cron 派生出一个调度进程的常见情况。下面给出的是该文件的内容。

```
[root@rhel7 ~]# ls /var/log/  -l    |grep  cr
-rw-r--r--. 1 root     root       0 8月  13 10:24 cron
-rw-r--r--. 1 root     root    4636 6月  20 13:13 cron-20170620
-rw-r--r--. 1 root     root   18621 6月  24 16:50 cron-20170625
-rw-r--r--. 1 root     root   17183 8月  14 18:28 cron-20170813
[root@rhel7 ~]# more /var/log/cron-20170813
Jun 25 17:36:35 localhost crond[1061]: (CRON) INFO (RANDOM_DELAY will be scaled with factor 86% if used.)
Jun 25 17:36:31 localhost crond[1061]: (CRON) INFO (running with inotify support)
…
Aug 14 18:30:01 localhost CROND[72045]: (root) CMD (/usr/lib64/sa/sa1 1 1)
```

（2）/var/log/dmesg。记录最后一次系统引导的引导日志。该文件可以使用命令 dmesg 来查看，可以用前面介绍过的所有文本编辑或查看程序来显示其内容。

```
[root@rhel7 ~]# more    /var/log/dmesg
[     0.000000] Initializing cgroup subsys cpuset
[     0.000000] Initializing cgroup subsys cpu
[     0.000000] Initializing cgroup subsys cpuacct
[     0.000000] Linux version 3.10.0-123.el7.x86_64 (mockbuild@x86-017.build.eng.bos.redhat.com) (gcc version 4.8.2
20140120 (RedHat 4.8.2-16) (GCC) ) #1 SMP Mon May 5 11:16:57 EDT 2014
…
[   17.730622] type=1305 audit(1502588978.688:4): audit_pid=981 old=0 auid=4294967295 ses=4294967295
subj=system_u:system_r:auditd_t:s0 res=1
```

（3）/var/log/maillog。该日志文件记录了每一个发送到系统或从系统发出的电子邮件的活动。它可以用来查看用户使用哪个系统发送工具或把数据发送到哪个系统。下面给出的是某 Linux 系统中该日志文件的内容。

```
[root@rhel7 ~]# ls    -l   /var/log/ |grep   maillog
-rw-------. 1 root           root          0 8 月    13 10:24 maillog
-rw-------. 1 root           root        806 3 月     1 15:55 maillog-20170620
-rw-------. 1 root           root       1758 6 月    25 16:45 maillog-20170625
-rw-------. 1 root           root       1823 8 月    14 00:10 maillog-20170813
[root@rhel7 ~]# more    /var/log/maillog-20170813
Jun 25 17:36:51 localhost postfix/sendmail[2607]: warning: valid_hostname: invalid character 10(decimal):
localhost.localdomain?rhel7.cqcet.edu.cn
Jun 25 17:36:51 localhost postfix/sendmail[2607]: fatal: unable to use my own hostname
…
Aug 14 00:10:03 localhost postfix/sendmail[59136]: fatal: config variable inet_interfaces: host not found: localhost
```

（4）/var/log/messages。messages 日志是系统核心日志文件。通常，/var/log/messages 是进行故障诊断时首先要查看的文件。在系统的预设状况中，所有未知状态的信息几乎都是写入/var/log/messages 这个文件中，所以，如果系统有问题，一定要详细地检查一下这个日志文件。

```
[root@rhel7 ~]#   more    /var/log/messages
Jun 20 13:13:31 rhel7 rhsmd: In order for Subscription Manager to provide your system with updates, your system must be
registered with the Customer Portal. Please enter your RedHat login to ensure your system is up-to-date.
Jun 20 13:20:01 rhel7 systemd: Starting Session 22 of user root.
…
Aug 14 19:01:01 localhost systemd: Started Session 114 of user root.
```

（5）/var/log/syslog。RedHat Linux 默认不生成该日志文件，但可以配置/etc/rsyslog.conf 让系统生成该日志文件。它和/var/log/messages 日志文件不同，它只记录警告信息，常常是系统出问题的信息，所以更应该关注这个文件。要让系统生成该日志文件，需要在/etc/rsyslog.conf 文件中加上：*.warning　/var/log/syslog。

该日志文件能记录当用户登录时 login 记录下的错误口令、Sendmail 的问题、su 命令执行失败等信息。下面给出的是该文件的内容。

```
[root@rhel7 ~]#   more   /var/log/syslog
Aug 15 17:49:53 localhost kernel: ACPI: RSDP 00000000000f6a10 00024 (v02 PTLTD )
Aug 15 17:49:53 localhost kernel: ACPI: XSDT 00000000892ea65b 0005C (v01 INTEL   440BX      06040000 VMW
01324272)
…
Aug 16 21:47:34 localhost bluetoothd[1012]: Unknown command complete for opcode 19
```

（6）/var/log/secure。该文件记录系统自开通以来所有用户的登录时间和地点，可以给系统管理员提供更多的参考。例如 pop3、ssh、telnet、ftp 等都会记录在这个文件中。

```
[root@rhel7 ~]# more     /var/log/secure
Jun 20 13:34:48 rhel7 su: pam_unix(su-l:session): session opened for user lihua by root(uid=0)
Jun 20 14:04:56 rhel7 gdm-password]: gkr-pam: unlocked login keyring
…
Aug 14 20:00:27 localhost polkitd[1140]: Registered Authentication Agent for unix-session:125 (system bus name :1.462
[/usr/bin/gnome-shell], object path /org/freedesktop/PolicyKit1/AuthenticationAgent, locale zh_CN.UTF-8)
```

（7）/var/log/xferlog。该日志文件记录 FTP 会话，可以显示出用户向 FTP 服务器或从服务器拷贝了什么文件。该文件会显示用户拷贝到服务器上的用来入侵服务器的恶意程序，以及该用户拷贝了哪些文件供他使用。

该文件的格式为：第一个域是日期和时间，第二个域是下载文件所花费的秒数、远程系统名称、文件大小、本地路径名、传输类型（a：ASCII，b：二进制）、与压缩相关的标志或

tar 或 "_"（如果没有压缩的话）、传输方向（相对于服务器而言，i 代表进，o 代表出）、访问模式（a：匿名，g：输入口令，r：真实用户）、用户名、服务名（通常是 ftp）、认证方法（l：RFC931，或 0）、认证用户的 ID 或 "*"。下面是该文件的部分内容。

```
[root@rhel7 ~]# more /var/log/xferlog
Mon Aug 14 19:44:58 2017 1 ::ffff:192.168.9.252 0 /anaconda-ks.cfg b _ o a gvfsd-ftp-1.16.4@example.com ftp 0 * i
Mon Aug 14 19:45:54 2017 1 ::ffff:192.168.9.252 0 /anaconda-ks.cfg b _ o a gvfsd-ftp-1.16.4@example.com ftp 0 * i
Mon Aug 14 19:47:18 2017 1 ::ffff:192.168.9.252 0 /li b _ o a gvfsd-ftp-1.16.4@example.com ftp 0 * c
```

（8）/var/log/Xorg.0.log。Xorg 是 X11 的一个实现，而 X Window System 是一个 C/S 结构的程序，Xorg 只是提供了一个 X Server，负责底层的操作。当用户运行一个程序的时候，这个程序会连接到 X Server 上，由 X Server 接收键盘鼠标的输入、负责屏幕输出窗口的移动、窗口标题的样式等。该日志文件记录了 X Window 启动的情况。

```
[root@rhel7 ~]# more    /var/log/Xorg.0.log
[      24.514] X.Org X Server 1.15.0
Release Date: 2013-12-27
[      24.514] X Protocol Version 11, Revision 0
…
[    120.462] (II) vmware(0): Modeline "1280x768"x60.0      78.76    1280 1330 1380 1430    768 818 868 918 -hsync
+vsync (55.1 kHz eP)
```

子任务 2　架设日志服务器集中管理日志

Linux 操作系统内核及应用程序的信息可以通过 rsyslogd 后台进程写入到/var/log 目录下的信息文件（messages.*）中。rsyslogd 后台进程可以通过打开和读/dev/klog 设备读取内核的调试信息，如 printk 的打印信息。用户进程（或后台进程）可以调用 rsyslog 函数将产生调试信息写入系统 log。rsyslogd 后台进程根据/etc/rsyslog.conf 中的设定把 log 信息写入相应文件中、邮寄给特定用户或者直接以消息的方式发往控制台。

1．设置日志服务服务器端

在服务器 A（机器名 logmaster）上进行设置，将其中的下面 4 行注释取消，使其可以接收客户端的日志记录，大多数日志都是以 UDP 协议发送的。

```
[root@logmaster ~]# ifconfig    eno16777736    192.168.11.222/24    up
[root@logmaster ~]# cp    /etc/rsyslog.conf    /etc/rsyslog.conf.li    -p
[root@logmaster ~]# vim      /etc/rsyslog.conf
…              //将其中的下面 4 行注释取消
$ModLoad imudp
$UDPServerRun 514
$ModLoad imtcp
$InputTCPServerRun 514
…
~
:wq
[root@logmaster ~]# systemctl    restart    rsyslog.service
[root@logmaster ~]# netstat -anp | grep rsyslog
tcp        0       0 0.0.0.0:514         0.0.0.0:*                  LISTEN       8422/rsyslogd
tcp6       0       0 :::514              :::*                       LISTEN       8422/rsyslogd
udp        0       0 0.0.0.0:514         0.0.0.0:*                               8422/rsyslogd
udp6       0       0 :::514              :::*                                    8422/rsyslogd
[root@logmaster ~]#firewall-cmd --zone=public --add-port=514/udp –permanent     //必须打开 UDP514 端口
[root@logmaster ~]#firewall-cmd --reload          //丢弃 Runtime 配置并应用 Permanet 配置
[root@logmaster ~]# firewall-cmd --zone=public --list-ports
```

```
514/udp 68/udp 67/udp
```

2. 设置日志服务客户端

在客户端 B 上修改/etc/rsyslog.conf，在最后加上如下几行，目的是让 Linux 写日志的同时写一份到远端的 logmaster 机器上。

```
[root@rhel7 ~]# vim    /etc/rsyslog.conf
…
*.*                                   @192.168.11.222
~
:wq
```

3. 测试

在客户端 B 上执行 logger 命令，产生日志。

```
[root@rhel7 ~]# logger   ' hello w5555!!!!'            //最好不要用双引号
```

在服务器端 A 上执行 tail -f 命令检测日志记录，看是否能成功接收到客户端发来的日志。

```
 [root@logmaster ~]# tail -f /var/log/messages
Sep 22 16:17:01 logmaster dbus[827]: [system] Activating service name='org.freedesktop.PackageKit' (using
servicehelper)Sep 22 15:48:22 rhel7 root: hello world
…
Sep 22 16:28:48 rhel7 root: hello w5555!!!!                          //来自客户端的日志
```

任务 5　使用 Linux 系统下的杀毒软件

子任务 1　安装杀毒软件 ClamAV

1. 安装 EPEL 仓库

EPEL（Extra Packages for Enterprise Linux）是为企业级 Linux 提供的一组高质量的额外软件包，适用系统包括但不限于 RedHat Enterprise Linux（RHEL）、CentOS and Scientific Linux（SL）、Oracle Enterprise Linux（OEL）。针对系统架构选择相应的类型，下载网址为 http://dl.fedoraproject.org/pub/epel/7/。我们使用的架构为 x86_64，要进入该目录下寻找相应包，安装方法如下：

```
[root@rhel7 ~]# wget   http://dl.fedoraproject.org/pub/epel/7/x86_64/Packages/e/epel-release-7-11.noarch.rpm
--2018-09-17 23:54:11--
…
100%[======================================>] 15,080        3.14KB/s 用时 10s

2018-09-17 23:54:32 (1.42 KB/s) - 已保存 "epel-release-7-11.noarch.rpm" [15080/15080])
[root@rhel7 ~]# rpm    -vih   epel-release-7-11.noarch.rpm
…
正在升级/安装...
   1:epel-release-7-11              ################################# [100%]
[root@rhel7 ~]# ll /etc/yum.repos.d/
总用量 16
-rw-r--r--. 1 root root  150 7 月   6 15:14 dvdiso.repo
-rw-r--r--. 1 root root  951 10 月  3 2017 epel.repo                 //多了两个 epel 的 repo 文件
-rw-r--r--. 1 root root 1050 10 月  3 2017 epel-testing.repo
-rw-r--r--. 1 root root  118 9 月  17 23:43 packagekit-media.repo
[root@rhel7 ~]# yum clean all && yum makecache                       //更新元数据缓存
…
epel                                                        12685/12685
```

```
元数据缓存已建立
[root@rhel7 ~]# yum    repolist                    //刷新安装源并查看是否已经安装
已加载插件：langpacks, product-id, subscription-manager
This system is not registered to RedHat Subscription Management. You can use subscription-manager to register.
源标识                                  源名称                                          状态
epel/x86_64              Extra Packages for Enterprise Linux 7 - x86_64              12,685
rhel7-iso                              RHEL 7.0 Sever                                  4,305
repolist: 16,990
```

2. 安装 ClamAV

和手动编译安装相比，使用 yum 源安装：①安装时需要联网；②安装后会自动生成服务文件，启动服务后可以使用 clamdsacn 命令，扫描速度快；③启动服务后，会实时监控扫描连接，虽然安全性高了，但可能会对服务器性能有影响；④实际应用中，RPM 包安装很容易发生依赖冲突的问题。

```
[root@rhel7 ~]#   yum list   |grep   clamav
clamav.x86_64                                    0.100.1-3.el7                        epel
clamav-data.noarch                               0.100.1-3.el7                        epel
…
clamav-update.x86_64                             0.100.1-3.el7                        epel
[root@rhel7 ~]# yum    install    clamav*
已加载插件：langpacks, product-id, subscription-manager
…

事务概要
================================================================================
安装   11 软件包 (+1 依赖软件包)

总下载量：161 M
安装大小：163 M
Is this ok [y/d/N]:    y
Downloading packages:
警告：/var/cache/yum/x86_64/7Server/epel/packages/clamav-filesystem-0.100.1-3.el7.noarch.rpm: 头 V3 RSA/SHA256
Signature, 密钥 ID 352c
clamav-filesystem-0.100.1-3.el7.noarch.rpm 的公钥尚未安装
(1/12): clamav-filesystem-0.100.1-3.el7.noarch.rpm
(2/12): clamav-devel-0.100.1-3.el7.x86_64.rpm
……
(12/12): clamav-data-0.100.1-3.el7.noarch.rpm                          | 159 MB    01:15:05
--------------------------------------------------------------------------------
总计                                                   36 kB/s | 161 MB    01:15:10
从 file:///etc/pki/rpm-gpg/RPM-GPG-KEY-EPEL-7 检索密钥
导入 GPG key 0x352C64E5:
 用户 ID        : "Fedora EPEL (7) <epel@fedoraproject.org>"
 指纹           : 91e9 7d7c 4a5e 96f1 7f3e 888f 6a2f aea2 352c 64e5
 软件包         : epel-release-7-11.noarch (installed)
 来自           : /etc/pki/rpm-gpg/RPM-GPG-KEY-EPEL-7
是否继续？[y/N]：  y
Running transaction check
Running transaction test
Transaction test succeeded
Running transaction
警告：RPM 数据库已被非 yum 程序修改。
** 发现 1 个已存在的 RPM 数据库问题，'yum check' 输出如下：
systemd-208-11.el7.x86_64 有缺少的需求 systemd-libs = ('0', '208', '11.el7')
```

```
正在安装    : clamav-filesystem-0.100.1-3.el7.noarch                          1/12
正在安装    : clamav-lib-0.100.1-3.el7.x86_64                                 2/12
…
已安装:
clamav.x86_64 0:0.100.1-3.el7                    clamav-data.noarch 0:0.100.1-3.el7
clamav-devel.x86_64 0:0.100.1-3.el7              clamav-filesystem.noarch 0:0.100.1-3.el7
clamav-lib.x86_64 0:0.100.1-3.el7                clamav-milter.x86_64 0:0.100.1-3.el7
clamav-milter-systemd.x86_64 0:0.100.1-3.el7     clamav-scanner-systemd.x86_64 0:0.100.1-3.el7
clamav-server-systemd.x86_64 0:0.100.1-3.el7     clamav-unofficial-sigs.noarch 0:3.7.2-1.el7
clamav-update.x86_64 0:0.100.1-3.el7

作为依赖被安装:
clamd.x86_64 0:0.100.1-3.el7

完毕!
```

3. 定制 Clamd 配置文件

Clamd 服务器由函数 clamd 建立，函数 clamd 分析配置文件后，调用 umask 函数使进程具有读写执行权限，然后初始化 logger 系统（包括使用 syslog），并通过设置组 ID 和用户 ID 来降低权限，还设置临时目录的环境变量，装载病毒库，使进程后台化。然后使用 socket 套接口接收客户端的服务请求并启动相应的服务。clamd 是使用 libclamav 库扫描文件病毒的多线程后台，它可工作在两种网络模式下：UNIX (local) socket 和 TCP socket，两种模式不能同时使用。

Clamd 后台由 clamd.conf 文件配置，复制一个 clamd.conf 模板，用 vim 编辑器在生成的配置文件/etc/clamd.d/scan.conf 中设置需要的部分。

```
[root@rhel7 ~]# cp   /usr/share/clamav/template/clamd.conf   /etc/clamd.d/   -v
"/usr/share/clamav/template/clamd.conf" -> "/etc/clamd.d/clamd.conf"
[root@rhel7 ~]# more /etc/clamd.d/clamd.conf   |grep -v ^#|grep   -v ^$
LogFile   /var/log/clamav
LogSyslog   yes                    //在系统日志中显示日志，可以设置为 no
PidFile   /var/run/clamav/clamd.pid
DatabaseDirectory   /var/lib/clamav
LocalSocket   /tmp/clamd.sock
ScanArchive   no          // yes 改成 no，不把大容量的压缩文件看成被病毒感染的文件
User   clamscan           //可在行首加上“#”，不允许一般用户控制
//LocalSocket 定义使用本地 socket。配置文件中出现的文件夹要注意是否已创建，如果系统运行没有自动创建就要
//手工创建并设置适当的权限
[root@rhel7 ~]# clamd -c /etc/clamd.d/clamd.conf
Localserver: Creating socket directory: /var/run/clamav
[root@rhel7 ~]# ll   /var/run/clamav   -d
drwxr-xr-x. 2 clamscan clamscan 80 9 月   20 15:29 /var/run/clamav
[root@rhel7 ~]# ll   /var/log/clamav
-rwxr-xr-x. 1 clamscan clamscan 45779 9 月   20 15:33 /var/log/clamav
[root@rhel7 ~]# ll   /var/run/clamav/clamd.pid
-rw-rw-r--. 1 clamscan clamscan 6 9 月   20 15:29 /var/run/clamav/clamd.pid
[root@rhel7 ~]# ll /tmp/ -d
drwxrwxrwt. 12 root root 4096 9 月   20 15:37 /tmp/
[root@rhel7 ~]# ll /tmp/clamd.sock                         //系统运行时自动创建的
srw-rw-rw-. 1 clamscan clamscan 0 9 月   20 15:29 /tmp/clamd.sock
```

4. 修改查看守护进程

```
[root@rhel7 ~]# ll   /lib   -d
lrwxrwxrwx. 1 root root 7 9 月   23 2017 /lib -> usr/lib
```

```
[root@rhel7 ~]# more   /usr/lib/systemd/system/clamd@scan.service
.include   /lib/systemd/system/clamd@.service
[Unit]
Description = Generic clamav scanner daemon
[Install]
WantedBy = multi-user.target
[root@rhel7 ~]# more /usr/lib/systemd/system/clamd@.service
[Unit]
Description = clamd scanner (%i) daemon
After = syslog.target nss-lookup.target network.target   //如果该字段指定的 Unit 也要启动，那么必须在当前 Unit 之前启动
[Service]
Type = simple                                // forking 表示以 fork 方式从父进程创建子进程，创建后父进程会立即退出
ExecStart = /usr/sbin/clamd -c /etc/clamd.d/clamd.conf      //修改%i.conf 为 clamd.conf
Restart = on-failure
[root@rhel7 ~]# systemctl daemon-reload
```

5. 服务进程启停控制

```
[root@rhel7 ~]# systemctl   start   clamd@scan.service
[root@rhel7 ~]# systemctl   status   clamd@scan.service
clamd@scan.service - Generic clamav scanner daemon
   Loaded: loaded (/usr/lib/systemd/system/clamd@scan.service; disabled)
   Active: active (running) since 四 2018-09-20 16:13:39 CST; 4s ago
 Main PID: 17916 (clamd)
   CGroup: /system.slice/system-clamd.slice/clamd@scan.service
           └─17916 /usr/sbin/clamd -c /etc/clamd.d/clamd.conf
9 月 20 16:13:39 rhel7.cqceti.net systemd[1]: Started Generic clamav scanner daemon.
[root@rhel7 ~]# systemctl enable   clamd@scan.service
ln -s '/usr/lib/systemd/system/clamd@scan.service' '/etc/systemd/system/multi-user.target.wants/clamd@scan.service'
```

6. 为 ClamAV 配置 SELinux

```
[root@rhel7 ~]# setsebool   -P   antivirus_can_scan_system   1
[root@rhel7 ~]# setsebool   -P   antivirus_use_jit   on      //want to run a mail server。
[root@rhel7 ~]# getsebool -a|grep antiviru
antivirus_can_scan_system --> on
antivirus_use_jit --> on
```

子任务 2　更新 ClamAV 病毒库

病毒库升级程序 freshclam 启动时更新病毒库。它通过网络地址找到合适的服务器，连接到服务器检查病毒库版本，并从网站服务器上下载最新的病毒库，下载完后再完成病毒库的更新工作。可以作为后台进程运行，此时常将应用程序设置为定时更新病毒库。

1. 自动更新病毒库

在配置文件/etc/freshclam.conf 中，添加以下 3 行：LogFile /usr/local/clamav/logs/ clamd.log、PidFile /usr/local/clamav/updata/clamd.pid 和 DatabaseDirectory /usr/local/clamav/ updata。

```
[root@rhel7 ~]# more   /etc/freshclam.conf   |grep   -v   "#"   |grep   -v   ^$
DatabaseDirectory   /var/lib/clamav                //病毒库的本机存储位置
UpdateLogFile   /var/log/freshclam.log
LogSyslog   yes
PidFile   /var/run/freshclam.pid
DatabaseMirror   database.clamav.net
[root@rhel7 ~]# ll   /var/log/freshclam.log
-rw-rw-r--. 1   root   clamupdate   3971   9 月   20   13:21   /var/log/freshclam.log
```

freshclam 命令通过配置文件/etc/cron.d/clamav-update 来自动运行，如果要关闭需要设置其

最后一行。在计划的更新任务“0　23　* * 6　root　/usr/share/clamav/freshclam-sleep”中，第1列表示分钟1～59，每分钟用*或者*/1表示；第2列表示小时1～23（0表示0点）；第3列表示日期1～31；第4列表示月份1～12；第5列表示星期0～6（0表示星期天）；第6列表示要运行命令的用户，可以省略不写；第7列表示要运行的命令。

```
[root@rhel7 ~]# more   /etc/cron.d/clamav-update
## Adjust this line...
MAILTO=root

## It is ok to execute it as root; freshclam drops privileges and becomes
## user 'clamupdate' as soon as possible
0   23   * * 6   root   /usr/share/clamav/freshclam-sleep
 [root@rhel7 ~]# tail   /etc/sysconfig/freshclam   -n4
## 'disabled-warn'   ...  disables the automatic freshclam update and
##                          gives out a warning
## 'disabled'        ...  disables the automatic freshclam silently
#FRESHCLAM_DELAY= disabled-warn                                  //去掉#号关闭自动更新
[root@rhel7 ~]# freshclam
ClamAV update process started at Thu Sep 20 08:40:49 2018
main.cvd is up to date (version: 58, sigs: 4566249, f-level: 60, builder: sigmgr)
nonblock_connect: connect(): fd=3 errno=101: Network is unreachable
Can't connect to port 80 of host database.clamav.net (IP: 2400:cb00:2048:1::6810:bd8a)
Downloading daily-24958.cdiff [100%]
Downloading daily-24959.cdiff [100%]
daily.cld updated (version: 24959, sigs: 2093254, f-level: 63, builder: neo)
bytecode.cld is up to date (version: 327, sigs: 91, f-level: 63, builder: neo)
Database updated (6659594 signatures) from database.clamav.net (IP: 104.16.187.138)
```

备注：如果在使用命令#freshclam更新病毒库时出现错误“Update failed. Your network may be down or none of the mirrors listed in freshclam.conf is working.”，此时就要先删除旧的镜像地址文件，再执行命令# rm -f /var/lib/clamav/mirrors.dat。

也可以采用创建服务的方式实现病毒库的自动更新。下面是建立clam-freshclam.service服务并控制其启停的过程。

```
[root@rhel7 ~]# vim   /usr/lib/systemd/system/clam-freshclam.service
# Run the freshclam as daemon
[Unit]
Description = freshclam scanner
After = network.target
[Service]
Type = forking
ExecStart = /usr/bin/freshclam -d -c 4
Restart = on-failure
PrivateTmp = true
[Install]
WantedBy=multi-user.target
[root@rhel7 ~]# systemctl   start   clam-freshclam.service
[root@rhel7 ~]# systemctl   status   clam-freshclam.service
clam-freshclam.service - freshclam scanner
   Loaded: loaded (/usr/lib/systemd/system/clam-freshclam.service; disabled)
   Active: active (running) since 三 2018-09-19 21:55:19 CST; 21min ago
  Process: 4618 ExecStart=/usr/bin/freshclam -d -c 4 (code=exited, status=0/SUCCESS)
 Main PID: 4619 (freshclam)
   CGroup: /system.slice/clam-freshclam.service
```

```
        └─4619 /usr/bin/freshclam -d -c 4       //以 daemon 的方式运行命令，每天 4 次启动更新

9 月  19 21:55:19 rhel7.cqceti.net systemd[1]: Started freshclam scanner.
[root@rhel7 ~]# systemctl enable clam-freshclam.service
ln -s '/usr/lib/systemd/system/clam-freshclam.service' '/etc/systemd/system/multi-user.target.wants/clam-freshclam.service'
[root@rhel7 ~]# systemctl enable clam-freshclam.service
ln -s '/usr/lib/systemd/system/clam-freshclam.service' '/etc/systemd/system/multi-user.target.wants/clam-freshclam.service'
```

执行命令 systemctl status clam-freshclam.service，如果提示“freshclam[15290]: Can't save PID to file /var/run/freshclam.pid: Permission denied”，则需要手动创建该文件并修改其所有者，令 clam-freshclam.service 以 clamupdate 的用户身份运行服务。

```
[root@rhel7 ~]# tail   /etc/passwd   -n3
clamupdate:x:991:989:Clamav database update user:/var/lib/clamav:/sbin/nologin
clamscan:x:990:987:Clamav scanner user:/:/sbin/nologin
clamilt:x:989:986:Clamav Milter user:/run/clamav-milter:/sbin/nologin
[root@rhel7 ~]# touch   /var/run/freshclam.pid
[root@rhel7 ~]# chown    clamupdate:   /var/run/freshclam.pid
```

2. 手动更新病毒库

访问 https://www.clamav.net/downloads 网址，如图 16-8 所示，从病毒库（Virus Database）中下载 main.cvd、daily.cvd、bytecode.cvd 三个文件。到/var/lib/clamav 目录下将原有病毒库文件替换为下载的最新版。

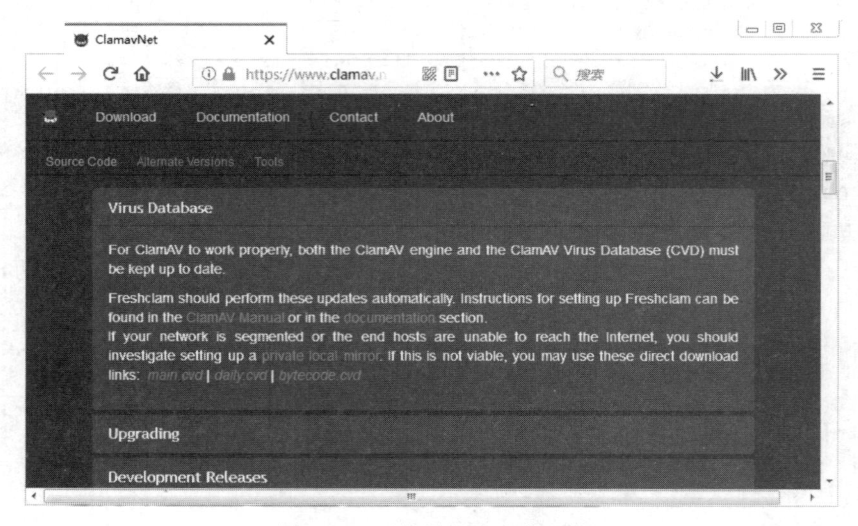

图 16-8　下载最新病毒库文件

```
[root@rhel7 ~]# ll    /var/lib/clamav
总用量 165432
-rw-r--r--. 1 clamupdate clamupdate      951808  9 月   19 15:02   bytecode.cld
-rw-r--r--. 1 clamupdate clamupdate    50546759  9 月   19 15:01   daily.cvd
-rw-r--r--. 1 clamupdate clamupdate   117892267  1 月    9 2018   main.cvd
-rw-------. 1 clamupdate clamupdate         208  9 月   19 16:32   mirrors.dat
```

子任务 3　使用 ClamAV 查杀病毒

根据不同的应用需求，有不同的病毒扫描器客户端应用程序，如邮件服务器病毒扫描器、邮件客户端病毒扫描器、HTTP 反病毒代理、samba 反病毒扫描器等。它们通过 socket 与 clamd

服务器通信来进行病毒扫描。扫描客户端应用程序可能有多个，但它们使用的服务器都是clamd。

clamdscan 是一个简单的 clamd 客户端，它仅依赖于 clamd，许多情况下用户可用它替代 clamscan。虽然它接受与 clamscan 同样的命令行选项，但大多数选项被忽略，因为这些选项已在 clamd.conf 中配置。clamdscan 执行速度快，但只有通过 yum 安装的才有该命令。

1. clamscan 命令语法选项

clamscan 命令用于扫描文件和目录，除了扫描 Linux 系统的病毒外，主要扫描的还是文件中包含的 Windows 病毒。用法为：clamscan [选项] [文件]，clamscan 的常用参数及作用如表 16.9 所示。

表 16.9　clamscan 命令的参数及作用

参数	作用
--reload	要求 clamd 重新加载病毒库
--log=<文件> | -l <文件>	存储扫描报告到指定的文件
--move=<目录>	把感染病毒的文件移动到指定目录
--remove	删除感染病毒的文件
--quiet	使用安静模式，仅仅打印出错误信息
--config-file=<文件>	从指定的文件读取 clamd 的配置
--verbose | -v	显示详细过程信息
--copy=<目录>	复制感染的文件到指定的目录
--infected | -i	仅仅打印被感染的文件
-r | --recursive[=yes | no]	递归扫描，即扫描指定目录下的子目录
--bell	扫描到病毒文件时发出警报声音
--unzip(unrar)	解压压缩文件扫描
-d <文件>	以指定的文件作为病毒库，以代替默认的/var/clamav 目录下的病毒库文件

2. clamscan 命令应用实例

（1）扫描病毒。使用 clamscan 命令行对某一目录进行扫描，可以确认结果是否 OK，同时会给出一个扫描的总体信息，其中 Infected files 是扫描出来的被感染的文件个数。比如如下示例表明对/var/spool/mail 目录下的文件进行扫描，未发现文件感染的情况。

```
[root@rhel7 ~]# clamscan    --version              //查看杀毒软件版本
ClamAV 0.100.1/24960/Thu Sep 20 12:56:20 2018
[root@rhel7 ~]# clamscan   -r   /var/spool/mail       //扫描邮箱目录，以查找包含病毒的邮件
LibClamAV Warning: **************************************************
LibClamAV Warning: ***   The virus database is older than 7 days!   ***
LibClamAV Warning: ***    Please update it as soon as possible.     ***
LibClamAV Warning: **************************************************
/var/spool/mail/rpc: Empty file
/var/spool/mail/lihua: Empty file
/var/spool/mail/ldapuser1: Empty file
/var/spool/mail/root: OK
```

```
----------- SCAN SUMMARY -----------
Known viruses: 6911446              #病毒库中包含的病毒种类数
Engine version: 0.100.1             #引擎版本
Scanned directories: 1              #扫描目录数
Scanned files: 1                    #扫描文件数
Infected files: 0                   //未发现文件感染的情况
Data scanned: 1.09 MB               #总的扫描字节数
Data read: 0.19 MB (ratio 5.79:1)   #数据读取
Time: 77.134 sec (1 m 17 s)         #花费的总时间
```

（2）查杀病毒文件。

```
[root@rhel7 ~]# freshclam           //升级病毒库
ClamAV update process started at Thu Oct 11 20:36:39 2018
…
Downloading daily-25026.cdiff [100%]
daily.cld updated (version: 25026, sigs: 2117478, f-level: 63, builder: neo)
bytecode.cld is up to date (version: 327, sigs: 91, f-level: 63, builder: neo)
Database updated (6683818 signatures) from database.clamav.net (IP: 104.16.189.138)
[root@rhel7 ~]# wget   http://www.eicar.org/download/eicar.comwget   http://www.eicar.org/download/eicar.com
--2018-10-11 20:39:02--   http://www.eicar.org/download/eicar.comwget
…
Downloaded: 2 files, 13K in 0.002s (5.70 MB/s)          //下载两个模拟病毒的文件
[root@rhel7 ~]# clamscan   /root   -v     //仅扫描/root 下的文件，不扫描/root 子目录
Scanning /root/.bash_logout
/root/.bash_logout: OK
…
/root/li: OK
Scanning /root/eicar.com
/root/eicar.com: Eicar-Test-Signature FOUND          //发现病毒
//发现一个感染的文件，但默认方式下 clamscan 只检测不自动删除
----------- SCAN SUMMARY -----------
Known viruses: 6935244
Engine version: 0.100.1
Scanned directories: 1
Scanned files: 25
Infected files: 1
Data scanned: 1.57 MB
Data read: 0.79 MB (ratio 1.99:1)
Time: 75.593 sec (1 m 15 s)
[root@rhel7 ~]# clamscan   --infected   --remove   /root/eicar*  //扫描指定的文件
/root/eicar.com: Eicar-Test-Signature FOUND
/root/eicar.com: Removed.                                 //删除感染病毒的文件

----------- SCAN SUMMARY -----------
Known viruses: 6935262
Engine version: 0.100.1
Scanned directories: 0
Scanned files: 2
Infected files: 1
Data scanned: 0.01 MB
Data read: 0.01 MB (ratio 0.67:1)
Time: 63.234 sec (1 m 3 s)
```

任务 6　检测弱口令和不安全端口

子任务 1　使用 John the Ripper 检测弱口令

1. 安装 John the Ripper

编译完成后的 run 子目录中包括可执行程序 john 及相关配置文件、字典文件，也可以复制到任何其他位置使用。John the Rippe 默认提供的字典文件为 run/ password.lst，其中列出了 3000 多个常见的弱口令。执行 john 程序时，可以使用选项--wordlist=来指定字典文件的位置，进行暴力破解。

```
[root@rhel7 ~]# wget    https://www.openwall.com/john/j/john-1.8.0.tar.gz          //下载
…
2018-09-21 13:22:48 (105 KB/s) - 已保存“john-1.8.0.tar.gz” [5450412/5450412])
[root@rhel7 ~]# tar   -xzf   john-1.8.0.tar.gz
[root@rhel7 ~]# ls   john-1.8.0
doc   README   run   src
[root@rhel7 ~]# cd   john-1.8.0/src/
[root@rhel7 src]# make clean linux-x86-64
…
rm -f ../run/unique
ln -s john ../run/unique
make[1]: 离开目录“/root/john-1.8.0/src”
[root@rhel7 src]# ls   ../run/
ascii.chr    john          lm_ascii.chr   makechr        relbench   unique
digits.chr   john.conf   mailer            password.lst   unafs        unshadow
```

2. 检测弱口令账号

在安装有 John the Ripper 的主机中，可以直接对 shadow 文件进行检查，进行弱口令的分析。分析出来的弱口令账号将即时输出，第一列为密码字符串，第二列括号里面为用户名。破解出来的密码信息将自动保存在 run/john.pot 文件中，可以使用--show 选项进行查看。

```
[root@rhel7 src]# cp   /etc/shadow   /root/shadow.txt
[root@rhel7 src]# ../run/john   /root/shadow.txt
Loaded 5 password hashes with 5 different salts (crypt, generic crypt(3) [?/64])
Press 'q' or Ctrl-C to abort, almost any other key for status
123456            (lihua)
123456            (lihehua)
123456            (ldapuser1)
…
[root@rhel7 src]# ../run/john   /root/shadow.txt     --show
root:654321:17432:0:99999:7:::
ldapuser1:123456:17778:0:99999:7:::
luxianzhi:123456:17795:0:99999:7:::
…
[root@rhel7 run]# ./john   /root/shadow.txt --wordlist=./password.lst      //使用指定的密码文件
…
```

子任务 2　使用 NMAP 进行网络扫描

1. 安装 NMAP 软件包

NMAP，也就是 Network Mapper，是一个功能强大的端口扫描类安全测评工具，被设计为检测主机数量众多的巨大网络，支持 ping 扫描、多端口扫描、OS 识别等多种技术。NMAP 以隐秘的手法，避开检测系统的监视，并尽可能不影响目标系统的日常操作。它是网络管理员必用的软件之一，用以评估网络系统安全。RHEL 7 的系统光盘里面自带有该软件，也可以从官网 http://nmap.org 下载最新的源码包。

```
[root@rhel7 run]# mount   /dev/cdrom    /mnt
mount: /dev/sr0 写保护，将以只读方式挂载
[root@rhel7 run]# rpm   -ivh   /mnt/Packages/nmap-6.40-4.el7.x86_64.rpm
…
    1:nmap-2:6.40-4.el7                    ################################### [100%]
[root@rhel7 ~]# rpm -ql   nmap
/usr/bin/ndiff
/usr/bin/nmap
/usr/bin/nping
…
```

2. 扫描语法及类型

NMAP 的扫描程序位于/usr/bin/nmap，使用时基本命令格式为“nmap [扫描类型] [选项] <扫描目标...>”，其中扫描目标可以是主机名、IP 地址、网络地址等，多个目标以空格分隔；常用的选项有-p、-n，分别用来指定扫描的端口，禁用反向 DNS 解析以加快扫描速度；扫描类型决定着检测的方式，也直接影响到扫描的结果。下面是比较常用的几种扫描类型。

（1）-sS，TCP SYN 扫描（半开扫描）：只向目标发出 SYN 数据包，如果收到 SYN/ACK 响应包就认为目标端口正在监听，并立即断开连接，否则认为目标端口并未开放。

（2）-sT，TCP 连接扫描：这是完整的 TCP 扫描方式，用来建立一个 TCP 连接，如果成功则认为目标端口正在监听服务，否则认为目标端口并未开放。

（3）-sF，TCP FIN 扫描：开放的端口会忽略这种包，关闭的端口会回应 RST 包。许多防火墙只对 SYN 包进行简单过滤，而忽略了其他形式的 TCP 攻击包。这种类型的扫描可间接检测防火墙的健壮性。

（4）-sU，UDP 扫描：探测目标主机提供哪些 UDP 服务，UDP 扫描的速度会比较慢。

（5）-sP，ICMP 扫描：类似于 ping 检测，快速判断目标主机是否存活，不作其他扫描。

（6）-P0，跳过 ping 检测，这种方式认为所有的目标主机都是存活的，当对方不响应 ICMP 请求时，使用这种方式可以避免因无法 ping 通而放弃扫描。

在扫描结果中，STATE 列若为 open 则表示端口为开放状态，filter 表示可能被防火墙过滤，closed 表示端口为关闭状态。

3. 网络扫描实例分析

（1）针对本机进行扫描，检查开放了哪些常用的 TCP 和 UDP 端口。

```
[root@rhel7 ~]# nmap 127.0.0.1        //扫描常用的 1600 多个 TCP 端口
Starting Nmap 6.40 ( http://nmap.org ) at 2018-09-21 18:52 CST
Nmap scan report for localhost (127.0.0.1)
Host is up (0.000034s latency).
Not shown: 991 closed ports
PORT        STATE   SERVICE
```

```
22/tcp      open    ssh
25/tcp      open    smtp
80/tcp      open    http
…
3306/tcp    open    mysql
Nmap done: 1 IP address (1 host up) scanned in 3.12 seconds
[root@rhel7 ~]# nmap -sU 127.0.0.1        //扫描常用的 1400 多个 UDP 端口
Starting Nmap 6.40 ( http://nmap.org ) at 2018-09-21 18:55 CST
Nmap scan report for localhost (127.0.0.1)
Host is up (0.00015s latency).
Not shown: 995 closed ports
PORT        STATE           SERVICE
111/udp     open            rpcbind
123/udp     open|filtered ntp
782/udp     open|filtered hp-managed-node
2049/udp open               nfs
5353/udp open|filtered zeroconf
Nmap done: 1 IP address (1 host up) scanned in 182.88 seconds
```

（2）检查 192.168.11.0/24 网段中有哪些主机提供 FTP 服务。

```
[root@rhel7 ~]# nmap   -p21   192.168.11.0/24
Starting Nmap 6.40 ( http://nmap.org ) at 2018-09-21 19:09 CST
Nmap scan report for 192.168.11.2
Host is up (0.00034s latency).
PORT     STATE   SERVICE
21/tcp   closed  ftp
MAC Address: 00:50:56:C0:00:01 (VMware)

Nmap scan report for rhel7.cqcetli.net (192.168.11.254)
Host is up (0.012s latency).
PORT     STATE   SERVICE
21/tcp   closed  ftp
Nmap done: 256 IP addresses (2 hosts up) scanned in 10.81 seconds
```

（3）快速检测 192.168.11.0/24 网段中有哪些存活主机。

```
[root@rhel7 ~]# nmap   -n -sP   192.168.11.0/24
Starting Nmap 6.40 ( http://nmap.org ) at 2018-09-21 19:14 CST
Nmap scan report for 192.168.11.2
Host is up (0.00032s latency).
MAC Address: 00:50:56:C0:00:01 (VMware)
Nmap scan report for 192.168.11.254
Host is up.
Nmap done: 256 IP addresses (2 hosts up) scanned in 2.95 seconds
```

（4）检测在 192.168.11.2-254 之间的主机是否开启了文件共享服务。

```
[root@rhel7 ~]# nmap   -p 139,445   192.168.11.2-254
Starting Nmap 6.40 ( http://nmap.org ) at 2018-09-21 19:17 CST
Nmap scan report for 192.168.11.2
Host is up (0.092s latency).
PORT      STATE   SERVICE
139/tcp   open    netbios-ssn
445/tcp   open    microsoft-ds
MAC Address: 00:50:56:C0:00:01 (VMware)

Nmap scan report for rhel7.cqcetli.net (192.168.11.254)
Host is up (0.00014s latency).
PORT      STATE   SERVICE
```

```
139/tcp    closed   netbios-ssn
445/tcp    closed   microsoft-ds
Nmap done: 253 IP addresses (2 hosts up) scanned in 21.29 seconds
```

4. 禁止响应 ping

入侵者喜欢使用 ping 命令进行网络扫描，测试主机和网络的可到达性，危害系统的安全。为了增强主机的安全性，建议禁止主机对 ping 命令做出响应。

```
[root@rhel7 ~]# echo "net.ipv4.icmp_echo_ignore_all=1" >>  /etc/sysctl.conf          //永久禁止
[root@rhel7 ~]# sysctl  -p            //使新配置生效
net.ipv4.icmp_echo_ignore_all = 1
```

思考与练习

一、填空题

1．ClamAV 杀毒软件安装完毕后，配置文件在/etc 目录中，杀毒软件的主配置文件是_________，更新病毒库的配置文件是_________。

2．在 Linux 系统中，文件的基本权限是可读、可写、可执行，还有所谓的特殊权限，分别是_________、SGID 和_________。由于特殊权限会拥有一些特权，因而用户若无特殊需求，不应该启用这些权限，避免安全方面出现严重漏洞，造成黑客入侵，甚至摧毁系统。

3．配置普通权限时可以使用字符或数字，SUID、SGID、Sticky 也是一样。使用字符时 s 表示 SUID 和 SGID，t 表示 Sticky；_________表示 SUID，_________表示 SGID，_________表示 Sticky。在使用 umask 命令显示当前的权限掩码时，千位的“0”就是表示 SUID、SGID、Sticky 属性。

4．通过使被攻击对象的系统关键资源过载，从而使被攻击对象停止部分或全部服务，这种攻击叫做_________。

5．只向目标发出 SYN 数据包，如果收到 SYN/ACK 响应包就认为目标端口正在监听，并立即断开连接，否则认为目标端口并未开放，这种扫描方式叫做_________。

二、判断题

1．虽然 Linux 被病毒攻击的概率远远小于 Windows 系统，但并不代表没有病毒攻击。（　　）

2．使用 chmod 命令可以针对单一用户、单一文件或目录来进行 r、w、x 的权限控制，对于需要特殊权限的使用状况也有一定的帮助，如某一个文件不让单一的某个用户访问。（　　）

3．Freshclam 是 ClamAV 病毒库更新程序，可以使用交互式或者守护进程式（freshclam -d）运行，也可以使用 crond 定时启动升级程序，但用户必须为 root 或者 clamav。（　　）

4．在安装有 John the Ripper 的主机中，可以直接对 shadow 文件进行检查，进行弱口令的分析，但分析出来的弱口令账号不能即时输出，只能保存到指定文件中。（　　）

5．使用命令#find / -ctime -3 -ctime +1 可查看三天以内一天之前修改的文件。（　　）

三、选择题

1．下面（　　）不是 PAM 支持的验证类型。

A．auth　　B．account
C．password　　D．user

2．如果系统管理员在离开系统时忘记了注销该账户，则可能造成严重后果。通过在文件（　　）中使用 TMOUT 指令可以实现 BASH 终端环境下的自动注销。

A．/etc/profile　　B．/etc/login.defs
C．/etc/freshclam.conf　　D．/etc/rsyslog.conf

3．在下列（　　）PAM 所支持的验证类型中是验证使用者身份，提示输入账号和密码的。

A．auth　　B．account
C．password　　D．session

4．通过 chattr 命令修改属性能够提高系统的安全性，但是它并不适合所有的目录，chattr 命令不能保护的目录不包括（　　）。

A．/home　　B．/tmp
C．/dev　　D．/var

四、综合题

1．简述 Linux 系统面临的安全风险以及常用的加强 Linux 系统安全的方法。

2．如何配置系统可以使得 root 用户从控制台登录后，发呆（idle）超过 30 分钟，系统就自动注销其登录？

3．自行查阅资料并做实验，如何使用 crond 服务设置服务器每天晚上 12 点定时更新杀毒软件并开启病毒查杀的操作。

4. Sendmail 本身提供了一个名叫 libmilter 的 API 库，通过这个 API 接口可以去调用 ClamAV 杀毒软件中的邮件扫描器 clamav-milter 实现邮件查杀的功能。可以启动两个 sendmail 进程，一个 sendmail 负责把信收进来，进行一次杀毒，另一个进程供用户使用，来收杀过毒的邮件。实验成功后，可以去查 log，看看是否有关于邮件已经杀毒过的信息。请将实验的关键过程截屏并保存为 Word 文档。

5．阅读并熟悉/etc/clamd.conf 配置文件中下列配置项的具体功能：

- LogFile /var/log/clamd.log：日志文件。
- LogFileMaxSize 0：日志文件最大体积。
- LogTime yes：是否在日志文件中记录时间。
- LogVerbose yes：是否详细记录日志。
- PidFile /var/run/clamav/clamd.pid：进程文件。
- TemporaryDirectory /var/tmp：扫描时的临时目录。
- DatabaseDirectory /var/clamav：病毒库目录。
- LocalSocket /var/run/clamav/clamd.sock：本地通信的 socket 文件。
- TCPSocket 3310：TCPSocket 端口（与 LocalSocket 不可并存）。
- ScanOLE2：扫描 Office 文档。

- ScanMail：扫描邮件。
- ScanArchive：扫描压缩包。
- ScanRAR：扫描 RAR 压缩包。
- ArchiveMaxFileSize 10M：最大扫描压缩包文件为 10MB。
- ArchiveMaxRecursion 9：扫描压缩包 9 层。
- ArchiveMaxFiles 1000：最多扫描压缩包内 1500 个文件。

6．在 Linux 内核中，根据日志消息的重要程度不同，将其分为不同的优先级，这些等级可以用 0～7 来表示，数字越小表示优先级越高，消息越重要。请查资料学习，不同等级日志等级的含义。

7．生产环境中的 Linux 服务器，每多一个人知道特权密码，其安全风险就多增加一分。有没有一个折中的方法，既可以让普通用户拥有一部分特权，又不需要把 root 用户的密码告诉他？如果有，请自行查资料学习并完成实验。

参考文献

[1] 郭大勇．Linux/UNIX OpenLDAP 实战指南[M]．北京：人民邮电出版社[M]，2016．

[2] 芮坤坤，李晨光．Linux 服务管理与应用．大连：东软电子出版社[M]，2014．

[3] 胡玲，曲广平．Linux 系统管理与服务配置[M]．北京：电子工业出版社，2016．

[4] 刘遄．Linux 就该这么学[EB/OL]．http://www.linuxprobe.com.

[5] 於岳．Linux 深度攻略．北京：人民邮电出版社[M]，2017．

[6] 红联 Linux 论坛[DB/OL]．http://www.linuxdiyf.com.

[7] 阮一峰．System 的入门教程[EB/OL]．http://www.ruanyifeng.com/blog/2016/03/systemd -tutorial -commands.html，2016-03-07．

[8] 佚名．Fedora/CentOS 7 防火墙 Firewalld 详解[EB/OL]．http://www.cnblogs.com/yudar/p/4294500.html，2018-11-05．

[9] 王亚飞，王刚．CentOS 7 系统管理与运维实战[M]．北京：清华大学出版社，2016．